合成生物学丛书

农业合成生物技术

林　敏　主编

山东科学技术出版社　　科学出版社
　　济　南　　　　　　　　北　京

内 容 简 介

农业合成生物技术的科学内涵是什么？农业合成生物技术的重点研究方向是什么？我国为什么要大力发展农业合成生物技术？合成生物农业为什么是未来农业的发展方向？本书作为"合成生物学丛书"的农业分册，内容包括绪论、农业合成生物底盘重建、人工光合体系与农业应用、人工固氮体系与农业应用、抗逆模块设计及育种应用、农业微生物组工程化应用、农业细胞工厂与合成食品，最后是回顾与展望。本书力图以科学权威和通俗易懂的语言阐释农业合成生物技术的发展历程，尽可能让读者从多方位角度掌握农业合成生物技术相关的最新科学知识和发展动态。

本书适合生命科学和生物技术工作者、中学和大专院校师生，以及广大的生物学爱好者阅读。

图书在版编目（CIP）数据

农业合成生物技术 / 林敏主编. -- 北京 : 科学出版社 ; 济南 : 山东科学技术出版社, 2025.3. --（合成生物学丛书）. ISBN 978-7-03-081301-5

Ⅰ.Q503

中国国家版本馆 CIP 数据核字第 2025KE2272 号

责任编辑：王　静　罗　静　尚　册　陈　昕　张　琳
责任校对：杨　赛　/责任印制：吴兆东　/封面设计：无极书装

山东科学技术出版社 和 科学出版社 联合出版
北京东黄城根北街 16 号
邮政编码：100717
http://www.sciencep.com
涿州市般润文化传播有限公司印刷
科学出版社发行　各地新华书店经销

*

2025 年 3 月第　一　版　　开本：720×1000　1/16
2025 年 6 月第二次印刷　　印张：19 1/2
字数：395 000
定价：198.00 元
（如有印装质量问题，我社负责调换）

"合成生物学丛书"编委会

主　编　张先恩

编　委　（按姓氏汉语拼音排序）

陈　坚　　江会锋　　雷瑞鹏　　李　春
廖春阳　　林　敏　　刘陈立　　刘双江
刘天罡　　娄春波　　吕雪峰　　秦建华
沈　玥　　孙际宾　　王　勇　　王国豫
谢　震　　元英进　　钟　超

《农业合成生物技术》编委会

主　　编　林　敏

副 主 编　燕永亮　中国农业科学院生物技术研究所
　　　　　　承　磊　农业农村部沼气科学研究所
　　　　　　王　磊　河南大学农学院
　　　　　　刘　柱　云南农业大学动物科学技术学院
　　　　　　董　亮　深圳中科欣扬生物科技有限公司

编写人员（按姓氏汉语拼音排序，★为1~8章编写负责人）

白　洋	刁永红	顿宝庆	冯海超★
符　力	郜晓峰	柯秀彬★	李　春
李　毅	林章凛	刘　龙	平淑珍
苏　律★	苏泊丹★	田长富	王　劲
王　玥★	王忆平	王友华	魏金凤★
战嵛华	张大乐★	张婧赢	张立新
周正富★	朱文杰	朱新广	

丛 书 序

21世纪以来,全球进入颠覆性科技创新空前密集活跃的时期。合成生物学的兴起与发展尤其受到关注。其核心理念可以概括为两个方面:"造物致知",即通过逐级建造生物体系来学习生命功能涌现的原理,为生命科学研究提供新的范式;"造物致用",即驱动生物技术迭代提升、变革生物制造创新发展,为发展新质生产力提供支撑。

合成生物学的科学意义和实际意义使其成为全球科技发展战略的一个制高点。例如,美国政府在其《国家生物技术与生物制造计划》中明确表示,其"硬核目标"的实现有赖于"合成生物学与人工智能的突破"。中国高度重视合成生物学发展,在国家973计划和863计划支持的基础上,"十三五"和"十四五"期间又将合成生物学列为重点研发计划中的重点专项予以系统性布局和支持。许多地方政府也设立了重大专项或创新载体,企业和资本纷纷进入,抢抓合成生物学这个新的赛道。合成生物学-生物技术-生物制造-生物经济的关联互动正在奏响科技创新驱动的新时代旋律。

科学出版社始终关注科学前沿,敏锐地抓住合成生物学这一主题,组织合成生物学领域国内知名专家,经过充分酝酿、讨论和分工,精心策划了这套"合成生物学丛书"。本丛书内容涵盖面广,涉及医药、生物化工、农业与食品、能源、环境、信息、材料等应用领域,还涉及合成生物学使能技术和安全、伦理和法律研究等,系统地展示了合成生物学领域的新成果,反映了合成生物学的内涵和发展,体现了合成生物学的前沿性和变革性特质。相信本丛书的出版,将对我国合成生物学人才培养、科学研究、技术创新、应用转化产生积极影响。

丛书主编
2024年3月

前　言

距今 200 万至 212 万年前，原始人类开始出现。这个拥有高等智慧的物种，在蓝色星球上不断繁衍生息，创造出有史料记载的几千年灿烂文明。特别是近代农业革命与工业科技革命，到现代信息与生物科技革命，不过几百年的历史，不仅对自然界产生了前所未有的深刻影响，同时给人类自身的生活方式和社会结构带来翻天覆地的变化。纵观全球科技发展的历程，每一次重大理论和技术突破，都会引发根本性的产业革命和社会变革。18 世纪末，蒸汽机的发明，极大提高了工农业的生产效率；19 世纪中叶，化学氮肥和农药的使用，使全球粮食产量成倍增长；20 世纪到 21 世纪初，信息技术和生物技术发展的突飞猛进，引发影响全球经济、世界格局和人类文明的百年未有之大变局。其中，21 世纪兴起的合成生物技术最具代表性和颠覆性。合成生物技术采用工程学的模块化概念和系统设计理论，改造和优化现有自然生物体系，或者从头合成具有预定功能的全新人工生物体系，不断突破生命自然遗传法则，颠覆传统产业生产方式，孕育影响世界未来发展的战略性新业态和新动能。

毋庸置疑，正是在一次次科技革命的推动下，人类文明实现从"神创论"向"进化论"，从"认识生命"向"设计生命"的伟大跨越，逐步摆脱对自然界的依赖和束缚，开启了操纵生命，驾驭未来的新纪元。

一、造物主终极之问：地球上的物种如何起源进化？

联合国环境署于 2011 年发布的报告称，地球上约有 870 万种动植物，已鉴定出的种类大约有 170 万种，其中哺乳动物有 4200 种，鸟类有 8700 种，爬行动物有 5100 种，两栖动物有 3100 种，鱼类有 21 000 种，无脊椎动物约有 130 多万种，高等维管植物约 25 万种，低等植物约 15 万种。此外，还有微生物与昆虫新种被不断发现和鉴定。由此衍生出一个关于造物主的终极之问：这些形形色色的物种是如何起源和进化的？

关于生命起源，神创论在西方世界曾占据神圣不可侵犯的统治位置。在中国上古神话中，女娲是一个创造万物的自然之神。化学起源理论是被普遍接受的生命起源假说，认为生命起源于大约 37 亿年前的原始海洋中，一系列有机物质的化学反应形成原始的生命体。历史上第一个系统地阐述物种进化假说的是法国博物学家拉马克，提出用进废退和获得性遗传的物种进化法则，否认神创论和物种不变论。十九世纪中叶，英国生物学家达尔文提出，所有生物都可以追溯到共同的祖先，物种的多样性是通过长期的演化过程形成的，遗传变异与自然选择是物种进化的内动力。达尔文的进化论不仅是科学史上的里程碑，更是哲学、宗教和社会科学等领域的思想启蒙。

大量科学证据证明"进化论"一个基本观点：地球上的所有生物起源于同一个原始祖先，即一个大约 35 亿年前诞生的单细胞生物。所有生物的遗传物质是 DNA，其携带的基因可以遗传变异，也可以从一种生物个体转移到另一种个体。在自然界中，任何一个新物种的产生都是物种自身基因遗传和突变，以及群体间基因转移与组合的结果。基因突变与基因组合是物种演化的原始动力，也是人工设计生命与合成生物的理论基础。将原核生物的抗病虫和抗逆基因进行人工改造后，转入高等动植物中，就可以培育优良农业新品种；而将动植物功能基因，如牛乳蛋白和豆血红蛋白编码基因，在大肠杆菌或酵母菌底盘中高效表达，是合成细胞工厂产业化的最成功案例。

在生命进化过程中，为适应不断变化的环境，每种生物都演化出独特的神奇能力，其中光合作用和生物固氮是约 32 亿年前原始细菌进化出来的生化反应过程。光合作用利用光能将二氧化碳合成碳水化合物，是几乎一切生命活动的能量和物质来源，是作物生物量和产量形成的基础。生物固氮通过固氮酶系将空气中的氮气还原为铵，地球上生物固氮每年合成氮素可达 2 亿 t，约占全球作物需氮量的 3/4，因此又被称为"空气炼金术"。合成生物技术在农业中应用，有望实现光合与固氮系统模块化、线路最优化和人工体系实用化，为光合作用和生物固氮等农业科技难题提供革命性的解决方案。

二、生物体构造之美：自然界的生物为何如此精美？

核酸（包括 DNA 和信使 RNA）是携带遗传信息的基本物质，由 5 种核苷酸模块缩合而成，而核苷酸由碱基、戊糖和磷酸 3 种小分子模块组成。DNA 携带的不同基因序列决定不同性状，而基因序列的变化，则是由 4 种核苷酸排列组合的不同所决定。蛋白质是生命活动的主要承担者，其结构与功能千差万别。地球上所有生物体的蛋白质均由 20 种氨基酸模块组装而成，信使 RNA 上的每相邻的三个碱基模块组成一个密码子，对应一个特定氨基酸。形形色色的地球生物看似千姿百态，但竟然是由一种通用性的分子模块排列组合方式所决定，本质上就是一个构造精美的模块化体系。

DNA 双螺旋结构问世，是继相对论、量子力学之后 20 世纪自然科学的第三大发现。通过碱基配对，形成两条平行向右螺旋的 DNA 长链，显示出一种天衣无缝的生命结构对称之美，在分子水平上完美阐明了遗传物质复制、转录和翻译机制。人类细胞的一个 DNA 分子完全展开长达 2 m，这种长链大分子是如何装配进直径仅为 10 μm 的细胞核中的？科学证据发现，在细胞核中 DNA 长链围绕组蛋白八聚体组成核小体，如同细丝般将大量核小体串起，形成了 11 nm 的念珠状结构,然后以螺线管或 Z 字形排列为 30 nm 的染色质纤维。这种复杂精细的组装过程发生在细胞核这个狭小空间中,如此化繁为简的有序之美令人叹为观止。

蛋白质合成的"中心法则"是生命活动必须遵循的自然法则,即遗传信息从 DNA(基因)传递到 RNA(信使),后者指导蛋白质合成。蛋白质分子直接发挥调控和生理功能,或作为酶分子参与核酸、脂类和多糖等生物大分子合成。在细胞、组织和器官层面,这些生物大分子共同完成各种生命过程,如种子萌发、花朵绽放和果实飘香等等。基因表达和蛋白质合成还涉及许多调控元件和功能模块,如原核生物的乳糖操纵子、真核生物的顺式作用元件和反式作用因子等,共同构成了控制生命活动的复杂调控网络,使得生命体能够精准调控各种代谢反应,完美适应所栖息的环境。合成生物学以天然调控网络和代谢途径为模板,设计人工调控元件和代谢回路,突破天然体系的能力极限,满足不同应用场景的需求。

生命体从简单到复杂的进化历程中,其基因数量也在不断增加。低等原核生物在几百到几千之间,而高等真核生物则有数万之多,其中包括许多未知功能的新基因,蕴藏着无数新功能、新性状和新生命诞生的奥秘。大自然的特别神奇之处,就在于所有生物拥有看似简单的基因,却造就了形形色色的生命形态,如同一个魔法无边的超级合成生物学实验室,不断随心所欲地创造"移花接木"和"无中生有"的生命奇观,而如今的合成生物学家不过是受自然大师点化,不断吸取自然生命的精髓而已。

三、人造儿颠覆之举:非自然的生命可否人工设计?

合成生物学(synthetic biology)一词最早出现在 1911 年出版的《生命的机理》专著中,其技术内涵是对生物性状和结构的合成。20 世纪生命科学和生物技术取得了巨大进步,包括 1967 年发现 DNA 连接酶,1970 年发现 II 型限制性核酸内切酶,1971 年完成 II 型限制性核酸内切酶对 DNA 分子的切割,1972 年实现 DNA 体外重组等,这些成果为合成生物学的兴起和应用奠定了科学原理和技术方法的基础。2017 年,美国发布《2016—2045 年新兴科技趋势:领先预测综合报告》(*Emerging Science and Technology Trends: 2016-2045—A Synthesis of Leading Forecasts Report*),将合成生物技术列为影响世界未来发展的六大颠覆性技术之一。

2010 年,首个"人工合成基因组细胞"诞生。美国 Venter 团队设计、合成并组装了大小约 107.9 万个碱基对的支原体基因组,随后将其移植到山羊支原体受体细胞中,产生了仅由 900 余个合成基因控制的新支原体细胞(JCVI-syn1.0),并将其命名为"Synthia",意为人造儿。2016 年,该团队创建了维持生命所需的最小基因组 JCVI-syn3.0,大小为 53.1 万个碱基对,携带 473 个基因。2017 年,

"人工合成酵母基因组计划"国际合作组宣布完成了真核生物酵母菌 5 条染色体的从头设计与全合成工作,这一成果标志着真核生物合成时代的来临。目前,科学家已经实现了人工合成细菌、构建半合成酵母,还创造出具有活细胞功能的人工细胞以及具有代谢活性的无膜细胞器。

合成生物技术的颠覆之举,还表现在与人工智能结合,预测天然生物分子高级结构,从头设计自然界不存在的新蛋白。2022 年,DeepMind 公司开发的 AlphaFold 预测出超过 100 万个物种的 2.14 亿个蛋白质结构,几乎涵盖了地球上所有已知蛋白质。此后,升级版 AlphaFold 2 在原子精度上预测出所有生物分子,包括蛋白质、DNA、RNA 及其分子复合物的结构,生成生物活动中分子相互作用的高清动画。通过深度学习模型来设计基于假环肽的、具有模块化重复结构和中央结合口袋的小分子结合蛋白,对靶标小分子化合物具有高结合亲和力,为蛋白质从头设计和生物传感开辟新的研究方向;设计出可通过变构控制,在组装和拆卸间转换的蛋白质,可响应特定分子信号改变结构,为开发自适应生物材料和药物输送系统带来了新的可能性;设计合成了一个非天然碱基配对:X 和 Y,并将它们整合到大肠杆菌基因组,遗传字母表从 4 个变成 6 个,密码子可以从 64 个扩充到 216 个,这意味着未来的生命形式有近乎无限种可能。

在前两次生物科技革命成果,即 DNA 双螺旋的发现所催生的分子生物学,以及"人类基因组计划"所催生的基因组学的基础上,作为第三次生物科技革命的前奏曲,合成生物技术必将给人类社会生活带来颠覆性的变化。特别是生命科学与生物技术的飞速发展,推动农业育种从"耗时低效的传统育种"向"高效精准的分子育种"发生革命性转变,有望突破传统农业瓶颈和资源刚性约束,培育细胞农业、低碳农业和智能农业等未来农业新业态,激发新动能,促进以二氧化碳为基础原料生产碳水食物的碳循环经济,以及以氮气为原料合成蛋白质的氮循环经济发展。

四、战略性必争之地:为何要发展农业合成生物技术?

习近平总书记在 2021 年两院院士大会上指出:"科技创新精度显著加强,对生物大分子和基因的研究进入精准调控阶段,从认识生命、改造生命走向合成生命、设计生命。"合成生物技术被誉为影响世界未来的颠覆性技术之一,其广泛应用将催生出智能生物农业、精准生物医药、先进生物制造、高效生物环保和绿色生物能源等战略性新兴产业,引发继 DNA 双螺旋结构发现和基因组测序之后的第三次生物科学革命。农业是合成生物技术应用的重要领域,农业合成生物技术将为生物光合、生物固氮、生物抗逆、生物转化和生物合成等世界性农业生产难题提供革命性解决方案,是当前国际农业科技必争的战略前沿领域。

中国是一个传统农业大国,基本国情是人多地少,资源短缺。我国人均耕地是世界平均水平的 40%,淡水资源人均占有量约为世界平均水平的 1/4。此外,我国农田化学农药和化肥利用率为 30%～35%，化肥农药的滥用带来了严重的土壤退化、环境污染和食品安全等问题。另据《中国农业展望报告（2021—2030）》预测，2030 年我国稻谷产量达 22 248 万 t、奶制品消费量为 6933 万 t，但饲料用粮等市场缺口巨大，预计 2030 年大豆和奶制品进口分别为 1.1 亿 t 和 2563 万 t。当前和今后一段时期，我国农业科技发展处于重要战略机遇期，但与此同时为应对全球气候变化、人口增长、环境污染和资源匮乏等问题，以及确保"碳达峰碳中和"目标的实现，所面临的挑战将更加严峻。因此，迫切需要借助合成生物技术突破性地提高对光、肥、水和土地等资源的利用率，增强产业国际竞争力，颠覆传统农业生产方式，促进我国现代农业跨越式发展，保障粮食安全、生态安全和国民健康。

当前，合成生物技术已在农业领域显示出巨大应用潜力，受到农业科技界和产业界的广泛关注。但遗憾的是，目前国内尚无一本全面系统介绍农业合成生物技术的专著。在"合成生物学丛书"编委会和各方权威专家的悉心指导及持续激励下，在河南大学农学院、农业微生物资源发掘与利用全国重点实验室和中国农业生物技术学会的大力支持下，经过编写组同仁的不懈努力，《农业合成生物技术》一书终于将付梓出版。

本书编写分工如下：第 1 章"绪论"由苏律负责编写；第 2 章"农业合成生物底盘重建"由王玥负责编写；第 3 章"人工光合体系与农业应用"由苏泊丹负责编写；第 4 章"人工固氮体系与农业应用"由柯秀彬负责编写；第 5 章"抗逆模块设计及育种应用"由周正富负责编写；第 6 章"农业微生物组工程化应用"由冯海超负责编写；第 7 章"农业细胞工厂与合成食品"由魏金凤负责编写；第 8 章"回顾与展望"由张大乐负责编写。此处未能一一列出编写组其他人员的姓名，在此一并表示感谢。

本书作为"合成生物学丛书"的农业分册，编写组成员耗时 3 年多，搜寻浏览大量外文资料，不断对书稿进行调整、修改和完善，力求全面系统地反映当今世界合成生物技术的发展动态，以及在农业应用中的最新成果和最新趋势，让读者能真正开卷有益。但由于农业合成生物技术的高度颠覆性、前沿性和交叉性，加上本书编写组成员主要是由一群工作在第一线的青年科研人员与管理骨干组成，受知识水平与语言能力所限，书中难免存在遗漏和错误，欢迎广大读者提出宝贵意见。

2025 年 2 月

目　录

第1章　绪论：农业合成生物技术的前世今生 ··············· 1
1.1　技术发展历程 ··············· 1
- 1.1.1　人工驯化 ··············· 1
- 1.1.2　杂交技术 ··············· 2
- 1.1.3　转基因技术 ··············· 4
- 1.1.4　基因编辑技术 ··············· 9
- 1.1.5　农业合成生物技术 ··············· 15

1.2　相关技术知识产权分析 ··············· 22
- 1.2.1　基因编辑技术 ··············· 23
- 1.2.2　表观遗传修饰技术 ··············· 23
- 1.2.3　根际生物固氮技术 ··············· 24
- 1.2.4　人造肉技术 ··············· 24
- 1.2.5　人造奶技术 ··············· 25

1.3　生物安全监管法规 ··············· 26
- 1.3.1　世界各国监管现状 ··············· 26
- 1.3.2　监管内容与风险评估 ··············· 27

1.4　生物伦理风险与管理 ··············· 30
- 1.4.1　人造生命体 ··············· 30
- 1.4.2　活的基因工程机器 ··············· 30
- 1.4.3　将合成生物体释放到环境中进行生物修复 ··············· 31
- 1.4.4　致病病毒或微生物的合成 ··············· 31
- 1.4.5　哺乳动物细胞的合成生物技术 ··············· 31

第2章　农业合成生物底盘重建 ··············· 34
2.1　农业合成生物理想底盘 ··············· 34
- 2.1.1　植物底盘 ··············· 35
- 2.1.2　微生物底盘 ··············· 39

2.2　农业合成生物底盘重建策略 ··············· 52
- 2.2.1　设计编程 ··············· 54
- 2.2.2　构建验证 ··············· 54
- 2.2.3　测试验证 ··············· 55
- 2.2.4　学习反馈 ··············· 55

2.3 农业合成生物底盘重建技术 ··· 56
　2.3.1 DNA测序、合成与组装技术 ·· 56
　2.3.2 高效遗传转化与精准基因编辑技术 ·································· 61
　2.3.3 全局性基因动态调控技术 ·· 63
　2.3.4 蛋白质设计与酶工程技术 ·· 64
　2.3.5 数字建模与定量合成生物技术 ······································· 66
　2.3.6 微流控芯片与微型生物反应器技术 ·································· 68
　2.3.7 自动化合成生物设施平台 ·· 69
2.4 农业合成生物底盘重建工程 ··· 72
　2.4.1 启动子与动态调控元件工程 ·· 73
　2.4.2 新酶设计与辅因子工程 ··· 74
　2.4.3 基因线路组装与底盘重建工程 ······································· 78

第3章　人工光合体系与农业应用 ··· 90
3.1 光合作用与人工光合体系 ·· 91
　3.1.1 光合作用原理 ··· 91
　3.1.2 光合作用的生态意义 ·· 92
　3.1.3 人工光合体系创建 ·· 93
3.2 研发历程与最新进展 ··· 96
　3.2.1 天然光反应系统的改造优化 ·· 97
　3.2.2 光呼吸和CO_2固定途径的重新设计 ································ 99
　3.2.3 高光效作物的从头驯化 ·· 100
　3.2.4 人工自养微生物的工程化设计 ······································ 102
　3.2.5 电驱动人工固碳与人工叶片固碳 ···································· 103
　3.2.6 光合细胞工厂与叶绿体高效表达系统创建 ························· 104
　3.2.7 以二氧化碳为原料合成人工淀粉 ···································· 105
3.3 未来重点发展领域 ··· 106
　3.3.1 国际动态 ··· 106
　3.3.2 技术路径与发展目标 ·· 106
　3.3.3 重点研究内容 ·· 111

第4章　人工固氮体系与农业应用 ·· 117
4.1 提高氮肥利用率的痛点问题 ·· 118
　4.1.1 化学氮肥农业应用的痛点问题 ······································ 119
　4.1.2 生物固氮农业应用的痛点问题 ······································ 120
4.2 生物固氮研发历程与研发动态 ·· 121
　4.2.1 研发历程 ··· 121

4.2.2　研发动态 ········ 124
　　4.2.3　产业化应用动态 ········ 132
4.3　技术路线与研发布局 ········ 134
　　4.3.1　技术路线 ········ 134
　　4.3.2　重点研发布局 ········ 141
4.4　未来发展趋势 ········ 147

第5章　抗逆模块设计及育种应用 ········ 149
5.1　抗非生物逆境生物育种工程 ········ 150
　　5.1.1　植物抗非生物逆境机制 ········ 150
　　5.1.2　植物抗逆模块挖掘与功能评价 ········ 151
　　5.1.3　微生物抗逆基因挖掘与功能评价 ········ 156
　　5.1.4　植物抗非生物逆境育种工程的重点研发方向 ········ 162
5.2　抗生物逆境生物育种工程 ········ 165
　　5.2.1　抗病虫基因及其产物 ········ 165
　　5.2.2　抗病虫育种技术及品种创制 ········ 167
　　5.2.3　耐除草剂作物新品种创制 ········ 171
5.3　新型RNA农药创制 ········ 174
　　5.3.1　RNA农药的作用机制 ········ 175
　　5.3.2　RNA农药的合成与递送技术 ········ 176
　　5.3.3　新型RNA农药产品研发 ········ 177
5.4　高性能抗逆底盘菌株创制 ········ 179
　　5.4.1　底盘菌株抗逆能力提升 ········ 181
　　5.4.2　高性能抗逆底盘菌株创制的重点研究方向 ········ 189

第6章　农业微生物组工程化应用 ········ 191
6.1　农业微生物组工程化策略 ········ 191
　　6.1.1　"自下而上"微生物组工程化策略 ········ 192
　　6.1.2　"自上而下"微生物组工程化策略 ········ 192
6.2　农业微生物组工程化技术 ········ 193
　　6.2.1　培养与非培养相结合的高通量分析技术 ········ 193
　　6.2.2　农业微生物组遗传操作与功能测试技术 ········ 197
　　6.2.3　厌氧微生物组关键技术 ········ 202
　　6.2.4　种子生物包衣技术 ········ 204
6.3　农业微生物组工程的应用场景 ········ 210
　　6.3.1　植物微生物组工程 ········ 210
　　6.3.2　基于宿主与微生物组互作的新品种选育 ········ 217

6.3.3　动物肠道微生物组工程····················218
　　6.3.4　厌氧微生物组工程······················222
6.4　农业微生物组工程重点研发方向··················223

第7章　农业细胞工厂与合成食品····················229
7.1　细胞工厂设计原理与应用场景····················229
7.2　农业细胞工厂的表达系统······················232
　　7.2.1　植物细胞表达系统······················233
　　7.2.2　动物细胞表达系统······················235
　　7.2.3　微生物表达系统·······················237
7.3　农业细胞工厂的表达产物······················237
　　7.3.1　蛋白质···························238
　　7.3.2　碳水化合物·························238
　　7.3.3　脂肪····························238
　　7.3.4　食品添加剂·························240
7.4　未来合成食品开发·························240
　　7.4.1　国际发展趋势························242
　　7.4.2　我国发展动态························250
7.5　国家战略与重点领域························254
　　7.5.1　重大需求··························254
　　7.5.2　发展战略··························255
　　7.5.3　重点研发领域························256
　　7.5.4　政策建议··························258

第8章　回顾与展望：未来30年的农业合成生物技术············262
8.1　发展历程回顾···························262
　　8.1.1　设计原理与工程化技术创建阶段（20世纪中叶至1999年）···264
　　8.1.2　合成生命与颠覆性创新阶段（2000～2019年）········264
　　8.1.3　技术成熟与产业化应用阶段（2020年至今）·········265
8.2　农业合成生物技术发展远景·····················265
　　8.2.1　促进从研究范式到产业模式的未来科技革命·········265
　　8.2.2　合成生物创制孕育生物经济的颠覆性产品··········267
8.3　未来30年我国农业合成生物技术发展战略··············268
　　8.3.1　面临的挑战与存在的问题··················268
　　8.3.2　战略布局与发展目标····················270

参考文献·······························272

第1章 绪论：农业合成生物技术的前世今生

人类原始文明进步的历史就是一部利用可食用生物资源的历史，大致经历了三个阶段：一是采集植物和渔猎动物；二是驯化野生动植物；三是利用经验选择、种间或远缘杂交、物理化学诱变等方法培育优良新品种。人工驯化大约始于1万年前，由于缺乏育种理论与方法，人类根据经验积累和肉眼观察，选择基因自然变异的农业生物，经长期人工驯化获得性状改良的品种。19世纪中叶到20世纪初，遗传学三大定律的创立，奠定了杂交育种技术在农业生产中广泛应用的理论基础，其后随着矮秆、耐肥、抗倒伏和高产作物新品种的培育与应用，引发了全球第一次农业绿色革命。

基因工程技术诞生于20世纪70年代，以分子生物学理论为基础，以重组DNA技术为核心，将高产、优质和抗逆等功能基因转入受体生物中，获得稳定遗传的新性状并培育新品种。其后，全基因组选择技术和基因编辑等前沿技术在农业育种领域崭露头角。全基因组选择技术颠覆了以往表型选择测定的育种理念和技术路线，能够在个体全基因水平上对其育种值进行评估，大幅度提高育种效率。基因编辑技术为快速精准改良农业生物重要性状提供了强大的技术工具，培育出的一大批农业新品种正逐步实现产业化。20世纪末到21世纪初，组学、系统生物学、合成生物学和计算生物学等前沿学科交叉融合。21世纪初，由于结构生物学、组学、代谢工程、基因编辑和人工智能等前沿学科与技术的不断突破，集各种前沿技术大成、培育革命性和颠覆性重大品种的农业合成生物技术应运而生，将为光合作用（高光效固碳）、生物固氮（节肥增效）、生物抗逆（节水耐旱）、生物转化（生物质资源化）和未来合成食品（人造肉奶）等世界性农业生产难题提供革命性解决方案。

1.1 技术发展历程

1.1.1 人工驯化

人工驯化是指人类通过长期选育和人工干预，将野生动植物逐渐改良为适应人类需求的品种或品系的过程。原始农业的起源就是人工驯化触发的一次巨大而深刻的人类文明变革。人类在公元前8000年左右开始驯养繁殖动物和种植谷物，今天常见的主要作物和家畜大多在4000年以前就已基本完成驯化过程。距今

7000～5000 年的河姆渡遗址出土的陶猪，造型兼具野猪和家猪的特征，表明当时人们可能已广泛驯养猪，猪肉已成为食物的重要来源。同时，河姆渡遗址还发现了距今约 7000 年的丰富的稻作遗存，如稻谷、稻秆、稻叶、谷壳等，表明河姆渡人已告别了刀耕火种，处于一个相当成熟的稻作农业时期。

在上万年的动物驯化史中，只有不到 10 种大型陆生哺乳动物被成功驯化为牲畜。人类祖先驯服野生动物的基本要素是：饲养成本低、生长速度快，可以在圈养条件下繁殖。最早被驯化的绵羊和山羊是在伊朗西南部的扎格罗斯及周边地区，距今有 1 万多年的历史。对猪的驯化从新石器时代前期开始，距今有 10 000～8000 年的历史。中国是世界上最早养猪的国家，在距今 7000 多年的河姆渡遗址和距今约 9000 年的河南舞阳贾湖遗址出土过猪骨。非洲北部的埃及地区在公元前 7000 年左右独立地驯化出了牛类。

玉米的野生祖先是墨西哥类蜀黍，一种在墨西哥中部地区温暖潮湿环境中生长的草本植物，在距今 10 000～6000 年被人类首次驯化。小麦起源于亚洲西部，是新石器时代的人类将其野生祖先驯化的产物，中国最早的小麦遗存可以追溯到距今 4500～4000 年。我国是野生水稻的发源地，新石器时代早期我国先民就开始种植水稻，随后经过漫长的栽培过程，逐步把种子易散落、谷粒少且小、匍匐生长且有休眠期的野生稻，驯化成今天高产优质的栽培稻。商周时期常见的"五谷之首"——粟，是从狗尾草驯化而来的，因其耐旱、耐贫瘠、生长期较短等优点，非常适合中国北方旱地种植。

早在人类还居住在洞穴中的时候，就开始利用微生物发酵来制作食品和饮料。8000 年前，埃及人就开始用发酵的方式制作啤酒和面包。5000 年前的苏美尔石板上描绘了一种古老的酒桶，此外，考古学家在伊朗西部和中国北方发现了用于盛放啤酒原料（如大麦）及其发酵残留物的壶，预计现代酿酒酵母的祖先可以追溯到几千年前。比较基因组学发现，人类驯化啤酒酵母开始于 16 世纪晚期和 17 世纪早期。这个时期正好与欧洲的啤酒制造从家庭转移到酒馆和修道院的时间一致。

中华民族的祖先以发芽或发霉的谷物为曲，催化蒸熟或者碎裂的谷物，使其转变成酒，制造酒曲是世界上最早的保存酿酒微生物及其酶系的技术，甚至被称为是继四大发明之后的"第五大发明"。《齐民要术》是我国最早的一部完整的农书，第七卷涉及造神曲并酒、白醪酒、笨曲并酒和法酒，共载 12 种制曲法，这些制曲法本质上就是富集培养和人工驯化酿酒微生物的过程。

1.1.2 杂交技术

杂交技术是遗传学中经典的、常用的实验方法，指通过不同的基因型的个体之间的交配而取得某些双亲基因重新组合的个体的方法。2016 年，有研究观点认为，宋徽宗《芙蓉锦鸡图》画中的锦鸡是对 900 年前鸟类杂交的真实记录，也是迄今为止关于鸟类杂交的最早记录。明末科学家宋应星所著的《天工开物》，记录了农民培育水稻、大麦新品种的事例以及家蚕新品种的培育过程，如将早雄与晚雌杂交，或黄茧蚕与白茧蚕杂交，培育出嘉种和褐茧蚕，比法国的同类记录早 200 多年。

杂交的本质，即是从同种其他品系或者同属近缘种获取优秀的基因。早在 1761 年，育种学家就开始把同属同一个物种但性状不同的品系通过雌蕊和雄蕊进行杂交，从杂交后代中选择兼具两个品系好性状的作物，这一方法称为近缘杂交。1961 年，袁隆平在实验田里发现了一株"鹤立鸡群"的天然杂交水稻，植株高大，穗大粒多，一蔸稻秧分出 10 余穗，每穗有壮谷一百六七十粒。于是他提出水稻不育系、保持系和恢复系"三系法"杂交育种的技术路线，但找到雄性不育野生株是关键。他在 6 年的水稻雄性不育性研究中，先后用 1000 多个品种的水稻，与最初找到的不育株及其后代进行了 3000 多次的测交和回交实验，最终找到一个能使后代保持 100%不育株率的理想组合。中国杂交水稻历经三次理论创新突破、五轮高产跃升，累计推广应用于 70 多个国家，共计 100 亿余亩（1 亩≈667 m^2），增产粮食近 10 000 亿斤（1 斤=500 g）。但同一物种或者近缘种内基因资源的有限性，制约着杂交技术的应用。

远缘杂交是指种间杂交，部分为属间杂交，不仅能培育出突破性的优良品种，而且可以创造新物种。今天广泛种植的六倍体普通小麦，是其二倍体祖先一粒小麦与山羊草和节节草通过两次属间杂交，并经染色体自然加倍进化而成的。骡是马科马属动物家驴和家马种间杂交的后代。据记载，中国北方少数民族在公元前 16 世纪前后的夏商时代就发现了骡，比国外（古希腊）早 1000 年左右。骡结合了马和驴的优点，如体格健壮、性格温顺且有力气，能够适应各种恶劣的环境，堪称杂交动物中的佼佼者。近 20 年来，有 111 个野生种基因被转入 19 种作物栽培种中，其中 80%与抗病性状相关。但远缘杂交的染色体数目异常和配子间不亲和等原因，导致传粉或受精障碍、杂种后代结实率低甚至不育等问题。

随着农业生产的进步，仅靠物种间的遗传重组是远远不够的，生物多样性的减少、遗传基础的狭窄对育种的影响是致命的。于是，利用物理或化学手段诱变种子，为杂交育种提供全新变异的诱变杂交育种技术应运而生。以"上天入地"的太空育种技术为例，利用太空特殊的、地面无法模拟的环境，如高真空、微重力、宇宙高能离子辐射等，使种子产生变异，再返回地面选育新品种。目前，中国已进行航天育种搭载实验 3000 余项，育成优质、高产和多抗的粮食作物、蔬菜、水果、林草和花卉等新品种，以及微生物新菌种等，创造直接经济效益逾千亿元。诱变育种技术的优点是突变率比自然条件下高出千百倍，而且有些变异是自然条件下难以获得的，但诱变产生的有益突变频率低，而且众多随机变异难以有效控制。

马铃薯原产于南美洲,在中国的种植则可以追溯到 16 世纪明朝万历年间。马铃薯作为重要的块茎作物之一,是全球约 13 亿人的主粮,但其四倍体遗传的复杂性阻碍了栽培马铃薯的遗传改良。2021 年,黄三文研究团队运用"基因组设计"的理论和方法体系,通过选择育种亲本材料、淘汰有害突变、打破有害突变和优良等位基因的连锁以及选择杂交亲本,培育出了第一代高纯合度(>99%)二倍体马铃薯自交系和杂交优势显著的杂交马铃薯品种'优薯 1 号'。几千年来,马铃薯都是依靠薯块繁殖栽培的,相比于种子,种薯的脱毒、存储和运输成本高,容易遭受病虫害侵袭。'优薯 1 号'的成功选育证明了杂交马铃薯育种的可行性,预示着一个马铃薯杂交种子繁殖的绿色革命时代的到来。

杂交技术是生物技术领域的重要组成部分,已广泛应用于工农业、医药等领域,但其局限性也非常显著,迫切需要新一代高效、精准和安全的农业生物技术出现。

1.1.3 转基因技术

转基因技术又称为重组 DNA 技术或遗传修饰技术,是指将不同生物的一段 DNA、一个基因片段,或一个携带目的基因的表达载体,采用物理、化学和生物学等方法转入受体中表达或使受体特定基因沉默,从而改变受体性状的技术。

20 世纪 40 年代,开启了从认识基因到改造和应用基因的科技探索之旅。从 20 世纪初到中叶,生命科学与生物技术的重大突破,为转基因技术诞生提供了关键理论指导和遗传工具支撑。这些理论与技术突破包括以下几个方面。①遗传物质是 DNA 的证明:1944 年通过肺炎链球菌的体内和体外转化实验,证明了生物的遗传物质是 DNA,可以从一种生物个体转移到另一种生物个体;②DNA 双螺旋结构的解析:1953 年根据碱基互补配对原则和 X 射线衍射数据,建立了 DNA 双螺旋结构模型,在分子水平上完美阐明了 DNA 储存遗传信息的规律和 DNA 半保留复制的机制;③遗传密码子的破译:1961 年,在体外无细胞蛋白质合成体系中加入人工合成的 polyU,开创了破译遗传密码子的先河,此后,采用混合共聚物碱基配对、转运 RNA(tRNA)与确定密码子结合和以三核苷酸为单位的重复共聚物,于 1965 年破译了所有氨基酸的密码子;④基因转移和表达载体的发现:1967 年,研究发现了细菌染色体 DNA 之外的环状质粒有自我复制的能力,其可以在不同细菌间转移和表达,可以作为一种通用的基因运载工具;⑤DNA 重组工具酶的发现:1970 年,第一个限制性内切酶 *Hind*Ⅲ被分离并确定功能,20 世纪 70 年代初相继发现了多种限制酶、连接酶和逆转录酶等;⑥基因体外重组和表达:1973 年,抗四环素、抗新霉素及抗磺胺的重组质粒被转入大肠杆菌,获得了具有多重抗药性的重组工程菌株。同年，一段非洲爪蟾的核糖体 RNA（rRNA）基因被转入大肠杆菌中表达，这表明两栖动物的基因能在原核细菌中复制和表达。

20 世纪后半叶，转基因技术横空出世，利用该技术培育的转基因作物应运而生。1980 年，借助根癌农杆菌体内的 Ti 质粒将外源基因转入植物细胞的方法建立，人类历史上第一个转基因植物问世，同时通过显微注射法培育出的第一个转基因小鼠诞生。1983 年，全球首例转基因作物抗病毒转基因烟草和首例生长快速的转基因冠鲤诞生。1987 年，全球首家转基因烟草研发公司成立，利用苏云金芽孢杆菌杀虫蛋白基因培育出抗虫转基因烟草。1994 年，全球首例产业化的转基因农作物耐贮存转基因番茄在美国批准上市。1995 年，美国批准了抗虫转基因马铃薯，以及抗除草剂或抗虫转基因油菜、玉米、棉花和大豆等的商业化种植。自 1996 年转基因农作物商业化种植以来，转基因技术及其产业在经历了"技术成熟期"和"产业发展期"两个阶段之后，目前已进入至关重要的抢占技术制高点与生物经济增长点的"战略机遇期"，正在从抗病虫和耐除草剂等第一代产业化特性向节水抗旱、改良营养品质、改变代谢途径等第二代、第三代特性发展，为解决全球性粮食、环境、健康和能源安全问题提供了不可替代的技术支撑作用。2023 年，全球转基因作物种植面积比上年增长 1.9%，达到 2.063 亿 hm^2（30.9 亿亩），创下历史新高。种植面积最大的作物是转基因大豆，达 1.009 亿 hm^2，其次是转基因玉米（6930 万 hm^2）、转基因棉花（2410 万 hm^2）。棉花的转基因普及率最高，占全球棉花总面积的 76.0%，其次是转基因大豆，占大豆总面积的 72.4%，转基因玉米占 34.0%，转基因油菜占 24.0%，转基因甜菜占 11.0%。

中国是较早开展农业转基因研发工作的国家之一，自 20 世纪 80 年代以来，国家高技术研究发展计划（863 计划）、国家重点基础研究发展计划（973 计划）先后对棉花、水稻、大豆等转基因研发工作进行部署。2008 年，我国启动农业领域唯一的国家科技重大专项——转基因生物新品种培育，农业转基因研发进入快速发展期。从总体上看，我国转基因研发取得了由局部创新到整体跃升的历史性跨越，奠定了自主基因、自主技术、自主品种的种业创新发展格局。

1. 自主基因研发进展显著

我国系统解析了水稻、小麦、玉米等农作物高产、优质、抗逆等重要性状的分子调控机制，水稻、小麦功能基因组学研究处于国际领先地位。我国主持完成了多种农业生物的全基因组测序，发现了猪高产仔数性状主效基因 *FSHβ*、蛋鸡性连锁矮小基因等，解析了抗病免疫、性别决定和生殖发育等重要经济性状形成的遗传基础与调控网络。基因克隆从零星少量到数量质量双升，获得了抗病虫、耐除草剂、耐寒、耐盐碱、养分高效利用、优质、高产等功能基因 5902 个，其中重要育种价值基因 317 个，重大育种价值基因 58 个，抗虫、耐除草剂、抗旱、优质等功能基因已应用于农业新品种选育。

2. 自主技术取得重大突破

我国形成了完整的生物技术自主研发和产业体系，创新能力显著提升，已经进入国际第一方阵。我国构建了水稻、小麦、玉米、大豆和棉花等主要农作物规模化转基因技术体系，动物转基因技术达到国际先进水平。粳稻品种转化效率稳定在80%以上，部分籼稻品种转化效率达到30%以上，小麦主栽品种幼胚转化效率达到20%，玉米和大豆模式品种批量转化效率稳定在10%以上，棉花模式品种转化效率稳定在20%以上。此外，我国还创新了多基因转化、纳米转化、智能雄性不育、无选择标记等新技术并实现了应用。围绕转基因产品的安全性，我国研制新技术、新方法426项，制定转基因生物安全标准和规程193项，形成了科学、规范、高效的转基因生物安全评价和检测监测技术体系，确保转基因产品研发与产业化的安全。我国转基因专项实施期间共形成转基因相关专利4889项，授权专利仅次于美国，远超日本和欧盟，与2009年相比呈现巨大变化。

3. 自主品种开发硕果累累

我国新培育转基因抗虫棉品种192个，国产抗虫棉市场份额达99%以上。转基因抗虫水稻国际领先，获得美国上市许可。截至2024年6月，我国农业农村部发放转基因玉米、棉花和大豆生产应用安全证书43件（表1-1）。同时，我国在抗旱玉米、抗旱小麦、抗虫大豆、优质棉、抗乳房炎奶牛、瘦肉型猪、抗蓝耳病猪等方面形成了较为丰厚的产品储备。2020年，农业农村部发布十项"十三五"农业科技标志性成果，"转基因玉米和大豆新品种培育成功"作为第4项成果，被认为填补了国内空白，实现了转基因研发从追赶到跨越的重大转变，奠定了现代种业发展的坚实基础。2023年，农业农村部发布《农业农村部关于落实党中央国务院2023年全面推进乡村振兴重点工作部署的实施意见》，提出进一步扩大转基因玉米、大豆产业化应用试点范围。2021~2023年，试点扩展到河北、内蒙古、吉林、四川、云南等5省区20个县，推广面积超过400万亩。这三年试点转基因作物耐除草剂性状表现突出，可增产6.6%~11.6%。以转基因大豆为例，预计每公顷降低人工和机械除草成本500元，预期产值新增700元，综合效益新增1200元以上。

表 1-1 我国转基因作物生产应用安全证书批准清单

	审批编号	申报单位	项目名称	有效期
1	农基安证字（2019）第291号	北京大北农生物技术有限公司	转 *cry1Ab* 和 *epsps* 基因抗虫耐除草剂玉米DBN9936在北方春玉米区生产应用的安全证书	2019~2024
2	农基安证字（2019）第292号	杭州瑞丰生物科技有限公司/浙江大学	转 *cry1Ab/cry2Aj* 和 *g10evo-epsps* 基因抗虫耐除草剂玉米瑞丰125在北方春玉米区生产应用的安全证书	2019~2024

续表

	审批编号	申报单位	项目名称	有效期
3	农基安证字(2019)第293号	上海交通大学	转 g10evo-epsps 基因耐除草剂大豆 SHZD3201 在南方大豆区生产应用的安全证书	2019~2024
4	农基安证字(2020)第195号	北京大北农生物技术有限公司	转 epsps 和 pat 基因耐除草剂玉米 DBN9858 在北方春玉米区生产应用的安全证书	2020~2025
5	农基安证字(2020)第196号	中国农业科学院作物科学研究所	转 g2-epsps 和 pat 基因耐除草剂大豆中黄6106 在黄淮海夏大豆区生产应用的安全证书	2020~2025
6	农基安证字(2020)第214号	北京大北农生物技术有限公司	转 epsps 和 pat 基因耐除草剂玉米 DBN9858 在黄淮海夏玉米区生产应用的安全证书	2020~2025
7	农基安证字(2020)第215号	北京大北农生物技术有限公司	转 epsps 和 pat 基因耐除草剂玉米 DBN9858 在南方玉米区生产应用的安全证书	2020~2025
8	农基安证字(2020)第216号	北京大北农生物技术有限公司	转 epsps 和 pat 基因耐除草剂玉米 DBN9858 在西南玉米区生产应用的安全证书	2020~2025
9	农基安证字(2020)第217号	北京大北农生物技术有限公司	转 epsps 和 pat 基因耐除草剂玉米 DBN9858 在西北玉米区生产应用的安全证书	2020~2025
10	农基安证字(2020)第218号	北京大北农生物技术有限公司	转 cry1Ab 和 epsps 基因抗虫耐除草剂玉米 DBN9936 在黄淮海夏玉米区生产应用的安全证书	2020~2025
11	农基安证字(2020)第219号	北京大北农生物技术有限公司	转 cry1Ab 和 epsps 基因抗虫耐除草剂玉米 DBN9936 在南方玉米区生产应用的安全证书	2020~2025
12	农基安证字(2020)第220号	北京大北农生物技术有限公司	转 cry1Ab 和 epsps 基因抗虫耐除草剂玉米 DBN9936 在西南玉米区生产应用的安全证书	2020~2025
13	农基安证字(2020)第221号	北京大北农生物技术有限公司	转 cry1Ab 和 epsps 基因抗虫耐除草剂玉米 DBN9936 在西北玉米区生产应用的安全证书	2020~2025
14	农基安证字(2020)第223号	北京大北农生物技术有限公司	转 vip3Aa19 和 pat 基因抗虫耐除草剂玉米 DBN9501 在北方春玉米区生产应用的安全证书	2020~2025
15	农基安证字(2020)第224号	北京大北农生物技术有限公司	转 epsps 和 pat 基因耐除草剂大豆 DBN9004 在北方春大豆区生产应用的安全证书	2020~2025
16	农基安证字(2021)第366号	北京大北农生物技术有限公司	聚合 cry1Ab、epsps、vip3Aa19、pat 基因的抗虫耐除草剂玉米 DBN3601T 在西南玉米区生产应用的安全证书	2021~2026
17	农基安证字(2022)第029号	杭州瑞丰生物科技有限公司	转 CdP450 和 cp4epsps 基因耐除草剂玉米 nCX-1 生产应用的安全证书(南方玉米区)	2022~2027
18	农基安证字(2022)第030号	中国种子集团有限公司	聚合 cry1Ab、pat, mepsps 基因抗虫耐除草剂玉米 Bt11×GA21 生产应用的安全证书(北方春玉米区)	2022~2027
19	农基安证字(2022)第031号	北京大北农生物技术有限公司	聚合 cry1Ab、pat, vip3Aa20, mepsps 基因抗虫耐除草剂玉米 Bt11×MIR162×GA21 生产应用的安全证书(南方玉米区、西南玉米区)	2022~2027
20	农基安证字(2022)第032号	中国种子集团有限公司	转 mepsps 基因耐除草剂玉米 GA21 生产应用的安全证书(北方春玉米区)	2022~2027

续表

	审批编号	申报单位	项目名称	有效期
21	农基安证字（2022）第087号	袁隆平农业高科技股份有限公司等	转 cry1Ab、cry1F 和 cp4epsps 基因抗虫耐除草剂玉米 BFL4-2 生产应用的安全证书（北方春玉米区）	2023~2028
22	农基安证字（2022）第088号	中国林木种子集团有限公司等	转 maroACC 基因耐除草剂玉米 CC-2 生产应用的安全证书（北方春玉米区）	2023~2028
23	农基安证字（2023）第113号	北京大北农生物技术有限公司	转 mvip3Aa 和 pat 基因抗虫耐除草剂大豆 DBN8002 生产应用的安全证书（黄淮海夏大豆区）	2023~2028
24	农基安证字（2023）第331号（续申请）	北京大北农生物技术有限公司	转 cry1Ab 和 epsps 基因抗虫耐除草剂玉米 DBN9936 生产应用的安全证书（全国）	2024~2029
25	农基安证字（2023）第332号（续申请）	杭州瑞丰生物科技有限公司	转 cry1Ab/cry2Aj 基因抗虫玉米瑞丰125 生产应用/的安全证书（北方春玉米区、西北玉米区、黄淮海夏玉米区）	2024~2029
26	农基安证字（2023）第333号	北京大北农生物技术有限公司	聚合 cry1Ab、epsps，vip3Aa19、pat 基因抗虫耐除草剂玉米 DBN3601T 生产应用的安全证书（全国）	2024~2029
27	农基安证字（2023）第334号	杭州瑞丰生物科技有限公司	转 CdP450 和 cp4epsps 基因耐除草剂玉米 nCX-1 生产应用的安全证书（全国）	2024~2029
28	农基安证字（2023）第335号	中国种子集团有限公司	聚合 cry1Ab、pat, mepsps 基因抗虫耐除草剂玉米 Bt11×GA21 生产应用的安全证书（全国）	2024~2029
29	农基安证字（2023）第336号	中国种子集团有限公司	聚合 cry1Ab、pat, vip3Aa20、mepsps 基因抗虫耐除草剂玉米 Bt11×MIR162×GA21 生产应用的安全证书（全国）	2024~2029
30	农基安证字（2023）第337号	中国种子集团有限公司	转 mepsps 基因耐除草剂玉米 GA21 生产应用的安全证书（全国）	2024~2029
31	农基安证字（2023）第338号	北京大北农生物技术有限公司	转 epsps 和 pat 基因耐除草剂大豆 DBN9004 生产应用的安全证书（全国）	2024~2029
32	农基安证字（2023）第339号	杭州瑞丰生物科技有限公司	转 cry1Ab/vip3Da 基因抗虫大豆 CAL16 生产应用的安全证书（全国）	2024~2029
33	农基安证字（2023）第340号	中国农业科学院作物科学研究所等	转 g2-epsps 和 gat 基因耐除草剂大豆中黄6106 生产应用的安全证书（全国）	2024~2029
34	农基安证字（2023）第341号	杭州瑞丰生物科技有限公司	聚合 cry1Ab、cry2Ab，CdP450、cp4epsps 基因抗虫耐除草剂玉米浙大瑞丰 8×nCX-1 生产应用的安全证书（全国）	2024~2029
35	农基安证字（2023）第342号	杭州瑞丰生物科技有限公司	聚合 cry1Ab/cry2Aj、g10evo-epsps、CdP450、cp4epsps 基因抗虫耐除草剂玉米瑞丰 125×nCx-1 生产应用的安全证书（全国）	2024~2029
36	农基安证字（2023）第343号	隆平生物技术（海南）有限公司	转 cry2Ab、cry1Fa、cry1Ab 和 epsps 基因抗虫耐除草剂玉米 LP026-2 生产应用的安全证书（全国）	2024~2029
37	农基安证字（2023）第344号	隆平生物技术（海南）有限公司	转 epsps 和 pat 基因耐除草剂玉米 LW2-1 生产应用的安全证书（全国）	2024~2029

续表

	审批编号	申报单位	项目名称	有效期
38	农基安证字（2023）第 345 号	浙江新安化工集团股份有限公司	转 am79epsps 基因耐除草剂玉米 WYN17132 生产应用的安全证书（全国）	2024～2029
39	农基安证字（2023）第 346 号	浙江新安化工集团股份有限公司	转 cry1Ab 和 am79epsps 基因抗虫耐除草剂玉米 WYN041 生产应用的安全证书（全国）	2024～2029
40	农基安证字（2023）第 347 号	浙江新安化工集团股份有限公司	转 cp4epsps 基因耐除草剂大豆 WYN341GmC 生产应用的安全证书（全国）	2024～2029
41	农基安证字（2023）第 348 号	浙江新安化工集团股份有限公司	转 mam79epsps 基因耐除草剂大豆 WYN029GmA 生产应用的安全证书（全国）	2024～2029
42	农基安证字（2023）第 349 号	新疆国欣种业有限公司等	转 gr79epsps 和 gat 基因耐除草剂棉花 GGK2 生产应用的安全证书（黄河流域、西北内陆）	2024～2025
43	农基安证字（2024）第 052 号	北京奥瑞金种业有限公司等	转 cry1Ab、cry3Bb 和 cp4epsps 基因抗虫耐除草剂玉米 BBL2-2 生产应用的安全证书（全国）	2024～2029

1.1.4 基因编辑技术

基因编辑技术主要以序列特异性核酸酶为工具，高效而精准地实现基因的插入、缺失或替换，从而改变其遗传信息和表型特征。目前，序列特异性核酸酶主要包括 3 种类型：锌指核酸酶（ZFN）、转录激活因子样效应物核酸酶（TALEN）和 CRISPR/Cas 系统。CRISPR/Cas 系统与基于蛋白附着特定序列的限制性内切酶 ZFN 和 TALEN 的最大不同之处是，以一小段 RNA 序列作为特异性识别位点，切割特定与其序列互补的 DNA。特别是 CRISPR/Cas9 系统，设计简单且易于操作，同时还具有编辑效率高、成本低廉等优点，目前已广泛应用于动植物和微生物基因功能研究、性状遗传改良及合成生物重构等领域。

CRISPR/Cas 系统广泛分布于 90%的古细菌及 50%的细菌基因组或质粒上，是古细菌和细菌不断进化而来的免疫防御机制。早在 1987 年，日本学者石野良纯等发现大肠杆菌基因组上存在着含有 29 个碱基的高度同源重复序列，且这些重复序列间存在着含有 32 个碱基的间隔序列。21 世纪初，这种具有规律性的重复序列被正式命名为 CRISPR（clustered regulatory interspaced short palindromic repeat），即成簇规律间隔短回文重复，并且在其重复序列附近发现了一系列保守的 CRISPR 相关基因。

CRISPR/Cas 系统作为基因编辑系统能走向应用，得益于 2011 年两位研究细菌防御病毒入侵机制的女科学家詹妮弗·杜德纳和埃马纽埃尔·卡彭蒂耶的不期而遇。仅仅一年后，她们便阐明了 CRISPR 复杂系统中各个不同组成部分所扮演的角色，并在试管中实现了对目标 DNA 的剪切。2012 年，她们将题为"A Programmable Dual-RNA-Guided DNA Endonuclease in Adaptive Bacterial Immunity"的成果发表在 *Science* 上，宣告了一种全新的基因编辑技术的诞生。此后十余年，CRISPR/Cas9 系统一枝独秀，并不断推陈出新。

2013年,美国张锋团队证明,在短RNA的诱导下,Cas9核酸酶可以对人和小鼠细胞的基因组进行位点特异性的精确切割,实现了对哺乳动物基因组中多个位点的同时编辑。同年,CRISPR/Cas基因编辑技术被 *Science* 杂志评为当年的十大科学突破之一;2014年,中国高彩霞团队就利用基因编辑技术定向突变小麦的感病基因 *MLO*,获得了对白粉病具有广谱持久抗性的材料,2024年全球首例抗白粉病高产基因编辑小麦在中国获批生产应用安全证书;2016年,美国杨亦农团队利用CRISPR/Cas9技术对双孢菇多酚氧化酶基因进行定向修饰,获得具有了抗褐变能力的双孢菇,这是全球第一例获得美国农业部监管豁免的商品化基因编辑品种;2019年,美国刘如谦团队公布了一种先导编辑技术,通过一系列ABE蛋白突变体,最大限度地减少了CRISPR基因编辑技术的脱靶效应,迈出了基因编辑技术临床应用的一大步。2020年,开发CRISPR基因编辑技术的两位科学家埃马纽埃尔·卡彭蒂耶和詹妮弗·杜德纳荣获诺贝尔化学奖。

基因编辑技术,尤其是CRISPR/Cas技术已经广泛用于动植物研究中,除了常见的模式生物,如线虫、果蝇、斑马鱼、小鼠等,还有猪、狗、猴等大型动物,以及水稻、小麦、玉米、大豆和棉花等重要粮食和经济作物,展现了巨大的育种应用价值(表1-2)。

表1-2 基因编辑技术在动植物和微生物遗传改良中的应用

类型	物种	靶标基因	修饰方式	突变体表型
ZFN	玉米	肌醇多磷酸激酶基因	敲除	低植酸含量
TALEN	水稻	蔗糖转运蛋白基因	敲除	抗白叶枯病
		甜菜碱醛脱氢酶基因	敲除	具有香味
		脂氧合酶基因	敲除	耐贮藏性
	小麦	麦角甾醇结合蛋白基因	敲除	抗白粉病
	大豆	脂肪酸去饱和酶基因	敲除	高油酸含量
	马铃薯	可溶性酸性转化酶基因	敲除	耐冷藏性
CRISPR/Cas9	水稻	乙烯反应因子基因	敲除	对稻瘟病的抗性增强
		Squamosa启动子结合蛋白基因	敲除	分蘖和穗粒数改变
		异三聚体G蛋白γ亚基基因	敲除	直立穗密度增加
		细胞分裂素氧化酶/脱氢酶基因	敲除	主穗粒数增加
		谷粒大小调控蛋白基因	敲除	谷粒变长
		RING型E3泛素连接酶基因	敲除	粒重增加
		钙调素结合蛋白基因		
		葡萄糖水解酶基因		
		R2R3类MYB转录因子基因	敲除	光敏核雄性不育
		核糖核酸酶基因	敲除	温敏核雄性不育

续表

类型	物种	靶标基因	修饰方式	突变体表型
CRISPR/Cas9	水稻	颗粒结合淀粉合成酶基因	敲除	低直链淀粉含量
		淀粉分支酶基因	敲除	高直链淀粉含量
		乙酰乳酸合成酶基因	定点替换	抗除草剂
		5-烯醇丙酮酸莽草酸-3-磷酸合成酶基因	定点替换	抗除草剂
	玉米	乙烯反应的负调控因子基因	定点插入	抗旱
		乙酰乳酸合成酶基因	定点替换	抗除草剂
		丝氨酸蛋白酶基因	敲除	雄性不育
		半乳糖苷酶基因		
		类 HD-ZIP IV 转录因子基因	敲除	无叶舌
	小麦	赤霉素调控蛋白基因	敲除	粒重增加
		III 型 Gγ 蛋白基因	敲除	植株变矮
	大豆	促开花同源蛋白基因	敲除	花期推迟
	番茄	开花应答因子自剪切蛋白 5G 基因	敲除	花期提前、产量增加
	柑橘	侧生器官边界蛋白基因	敲除	对溃疡病的抗性增强
	双孢菇	多酚氧化酶基因	敲除	抗褐变
	水稻	叶绿素 a 加氧酶基因	敲除	植株黄化
	大豆	内源脂肪酸脱氢酶基因	定向编辑	油酸含量达 80%以上
	绵羊	N-乙酰血清素-O-甲基转移酶和 5-羟色胺-N-乙酰基转移酶基因	定点整合	产出富含褪黑素的羊奶
	大白猪	体细胞原癌基因	精确删除	贫血症状得到改善，肉色也显著提高
	猪	解偶联蛋白 1 基因	定点整合	增强体温调节能力
	猪	α-半乳糖苷酶基因	精确删除	消除细胞表面的 α-半乳糖，减少食用的过敏反应
	牛	补体调节蛋白 46 基因	定向编辑	增强对牛病毒性腹泻病毒的抗性
	鸡	肌肉生长抑制素基因	精准调控表达	抑制肌源性分化
	鸭	I 型 Na^+/H^+交换蛋白基因	精确删除	增强对 B 亚群白血病病毒的抗性
	真鲷	肌肉生长抑制素基因	精确删除	节省大量饲料并快速生长
	虎河鲀	肌肉生长抑制素基因	精确删除	节省大量饲料并快速生长
	大肠杆菌	柠檬酸合酶基因	定点突变	抑制琥珀酸副产物生成
	酵母菌	番茄红素合成基因	定点整合	快速构建了番茄红素半合成途径
	稻瘟霉菌	小柱孢酮脱水酶基因	精确删除	阻断黑色素生物合成

续表

类型	物种	靶标基因	修饰方式	突变体表型
CRISPR/Cas9	花生	2S 蛋白编码基因	多基因精确删除	降低过敏反应
	番茄	7-脱氢胆固醇还原酶基因	精确删除	提高维生素 D_3 含量
CRISPR/Cpf1	水稻	八氢番茄红素脱氢酶基因	敲除	植株白化
		细胞色素 P450 单加氧酶基因	敲除	对除草剂敏感
CRISPR/Cas12iMax	巴马猪	膜内氨酰氨基肽酶基因	基因敲除	提高抵抗猪繁殖与呼吸综合征病毒和猪传染性胃肠炎病毒感染的能力

1. 基因编辑朝着高通量、智能化、精准性和可预测发展

在底层技术的原创突破后,欧美搭建了对不同物种适用的多种核心共性技术。如利用大规模地构建靶向不同基因的小向导 RNA(sgRNA)文库,先后建立了基因定点突变、激活、抑制、删除等各种 CRISPR 高通量功能性筛选平台。而借力于 CRISPR 的 DNA 结合特性,通过其他功能蛋白的引入,基因表达调控、表观遗传调控、活体成像跟踪等各种衍生技术也相继问世。利用对不同 Cas 成员的挖掘,将基因编辑的范畴从传统的 DNA 编辑拓展至 RNA 编辑。对基础理论的研究也愈发深入,解析了多种基因编辑机制和脱靶效应,结构生物学在新工具的研发中发挥了巨大的作用,各种高效、精准的工具陆续问世。随着基因编辑技术的不断进步,特别是与大数据、人工智能以及合成生物学等前沿科技的交叉融合,有望实现对基因组的高通量、智能化和精准性编辑改造。

2. 应用领域广泛,未来产业发展前景广阔

基因编辑技术已广泛应用于农业作物育种、工业生物智造、能源材料开发、生态环境保护以及创新药物研发、疾病筛查诊断等领域。CRISPR/Cas9 系统已成功应用于各种植物育种,不仅包括模式植物,如拟南芥,更包括诸多农业作物或经济林木,如水稻、小麦、玉米、大豆、烟草、高粱、番茄、马铃薯、杨树、苹果、香蕉等,在提高产量、增加营养成分、增强抗病性和抗逆性等方面发挥越来越重要的作用。基于基因编辑技术的精准分子设计育种,为加速动物的遗传改良提供了潜在动力,快速培育出具有生长速度快、繁殖能力强、抗病性强、肉质好等优点的动物新品种,提高动物生产效率和食品安全水平。基因编辑技术为工业微生物改造与模式微生物设计提供了高效的工具,大大推动了新药、新材料和新能源的开发应用。目前,全球陆续研发出糯玉米、抗病油菜、抗褐变马铃薯、高番茄红素番茄等 70 多种基因编辑农产品,高油酸大豆油、富含 γ-氨基丁酸的番茄、体重快速增长的河鲀、可食肉量增加的真鲷、GalSafe 基因编辑猪等基因编辑动植物产品已分别在美国、日本等国上市销售。植物油酸作为一种单不饱和ω-9脂肪酸，其不饱和性与抗寒性密切相关，是评价植物种质资源抗寒性的一个重要生理指标，同时也是人体不能合成但又必需的一种营养成分，被誉为人体血管清道夫。FAD2KO 大豆是美国 Calyxt 公司利用 TALEN 技术通过编辑大豆内源的两个油酸去饱和酶编码基因 *FAD2-1A* 和 *FAD2-1B* 开发而成的，其油酸含量高达 80%，是普通大豆油酸含量的 4 倍。2019 年，美国食品药品监督管理局（FDA）确认该产品的食用安全性。同年，Calyxt 公司开始以 Calyno 品牌销售其高油酸大豆油。

3. 欧美国家将基因编辑作为国家优先发展战略给予重点支持

2018~2022 年，美国国立卫生研究院（NIH）启动了"体细胞基因编辑计划"，旨在大幅加速基因疗法的临床转化，促进癌症和遗传病的治愈。2022 年，美国总统拜登签署一项关于促进国家生物技术和生物制造的行政命令，推动美国生物技术和生物制造研发，简化生物技术产品的监管流程，以提高美国在生物领域的全球竞争力。德国继 2011 年发布《2030 年德国生物经济战略研究：通往生物经济之路》后，2020 年又发布新版《国家生物经济战略》。同时，欧美国家对基因编辑知识产权进行系统布局。以美国为代表的欧美国家是基因编辑技术的发源地，研发、创新、转化能力在全球具有绝对优势和影响力。同时，欧美在疾病治疗、诊断和农业育种等重要基因编辑应用领域上具有较为全面的产业化布局，形成了源头创新、技术研发、产业转化全链条，掌握了行业话语权。

4. 国外基因编辑技术及产品的监管体系分析

世界各国的基因编辑监管模式可分为三类：一是以阿根廷、巴西、日本和美国等为代表的"宽松型"；二是以欧盟为代表的"限制型"；三是包括中国和英国在内的国家，正逐步建立积极的监管政策。美国一直积极推进基因编辑技术的商业化应用，并采取措施鼓励基因编辑产品的商业化。早在 2015 年，美国食品药品监督管理局经过严格和详细的科学审查后，批准 AquaBounty 公司培育的转基因鲑鱼用于人类消费，这是全球第一种获准供人类食用的基因改造动物。2017 年，美国农业部提出一项调控基因编辑作物的规定：含有任何大小的基因缺失或单碱基对替换的产品将免于监管。2020 年，美国农业部动植物卫生检验局发布生物技术作物管理新规定，明确绝大部分基因编辑农产品可免除监管，并进一步简化了监管方式。日本、加拿大、澳大利亚、印度、阿根廷、巴西、瑞典和法国等采取备案制。这些国家将没有导入外源基因的基因编辑作物视为非转基因生物，一般采取备案制，且其无需进行安全评价即可进入市场。英国在推进基因编辑技术产业化方面一直持积极态度，2022 年出台《基因技术（精准育种）条例草案》，进一步放松了对基因编辑产品的监控。相反，欧盟对基因编辑产品持谨慎态度。2018 年欧洲法院做出裁定，基因编辑植物属于转基因生物，需接受相同的严格监管程序。

5. 我国基因编辑领域研究现状

目前，我国基因编辑技术方面的研究成果与影响力总体处于并跑和局部领跑地位，农业基因编辑相关论文和专利数量排名全球第一，具备在基因编辑相关应用领域突破重大科技前沿问题、抢占全球竞争引领地位的基础和实力。

我国已成为植物基因编辑研究的全球领跑者，取得了一系列具有国际影响力的成果。我国率先在植物中建立了 CRISPR 编辑技术，获得了首株 CRISPR 编辑植物。在小麦、水稻和玉米等作物上率先建立了 C>T、A>G、A3A 等多种碱基编辑技术，首次在个体水平上揭示了胞嘧啶碱基编辑的脱靶机制，并开发了高精准胞嘧啶碱基编辑工具。在植物中率先建立了引导编辑技术，实现了高效的任意碱基替换、小片段精准插入或删除。在精准靶向编辑上，建立了内含子靶向基因精准替换和插入技术，使用 RNA 作为修复模板实现了同源重组修复。创建了基于 CRISPR 元件瞬时表达的基因编辑体系，避免了外源基因的导入，提高了技术适用性。首次实现了小麦的编辑，创制了兼具高产和抗白粉病的小麦新种质，开启了多倍体复杂农作物编辑的新时代。开发了双碱基编辑器 STEME，实现了对植物内源基因的体内定向进化。建立了水稻高通量突变库创制技术，研发出基因编辑抗病毒育种新方法。建立了无融合生殖体系，实现了杂交稻自留种"从 0 到 1"的突破。首次实现了野生番茄和异源四倍体野生稻的从头驯化，为应对未来粮食危机提出了新的可行策略。我国山东舜丰生物科技有限公司利用具有自主知识产权的基因编辑底层核心工具 CRISPR Cas-SF01，调控大豆的脂肪酸合成通路，创制出舜丰高油酸大豆，油酸含量最高可达 85%，并且饱和脂肪酸含量降低且不含反式脂肪酸，2023 年获批全国首个植物基因编辑安全证书。我国齐禾生科生物科技有限公司通过对大豆内源脂肪酸脱氢酶基因进行编辑，获得高油酸大豆 P16，该大豆种子中油酸含量高达 80%以上，于 2024 年获批农业基因编辑生物安全证书，同年在美国获得监管豁免，这是我国在美国获得监管豁免的第一个基因编辑产品。

我国动物基因编辑技术取得了国际一流的重大成果。在抗病方面，我国在 2020 年获得了能够抵御猪繁殖与呼吸综合征病毒、猪传染性胃肠炎病毒和猪德尔塔冠状病毒感染，同时又能保持正常生产性能的基因编辑猪。2022 年培育出由基因编辑系统构建的抗乳房炎山羊。在高效节粮方面，陆续对猪、绵羊、山羊和牛等物种的 MSTN 基因进行编辑，创制出具有双肌臀表型的基因编辑动物，大大提高了多种大型家畜的产肉性能。利用针对 UCP1 基因以及 IGF2 基因第 3 内含子 G 到 A 的有利突变的精准编辑，分别获得了抗寒能力强、瘦肉率增加和脂肪沉积减少的猪，首次报道了基于化学诱变的正向遗传学策略在猪基因组中诱导点突变并大规模创制了猪突变体。近年来，相继对草鱼和鲤鱼等重要养殖鱼类的内源基因进行精准编辑与外源基因高效导入，获得了高产、优质、抗逆的多种转基因经济鱼类新品种。2022年，利用基因编辑与分子育种技术靶向 *Runx2b* 基因，培育出完全无肌间刺的武昌鱼。

我国基因编辑植物安全评价指南的制定促进产业发展。2022年，为规范农业用基因编辑植物的安全评价工作，依据《农业转基因生物安全管理条例》和《农业转基因生物安全评价管理办法》，农业农村部发布了《农业用基因编辑植物安全评价指南（试行）》。该指南明确规定，当目标性状不增加环境安全风险和食用安全风险时，可在完成中间试验后，直接申报生产应用安全证书，无需提供环境安全和食用安全数据材料，大大简化了安全评价流程。基因编辑技术是打好种业翻身仗、带动种业发展的新引擎，也是提升我国种业国际竞争力的利器。该指南顺应我国保障粮食安全的战略要求，优先解决农业用基因编辑植物领域在安全评价申报流程上的痛点问题，对推动我国农业生物育种产业化具有里程碑意义。

1.1.5 农业合成生物技术

21世纪兴起的合成生物技术集转基因、基因编辑和人工智能等各种前沿技术大成，通过构建生物功能元件、装置和系统，对细胞或生命体进行遗传学设计、改造，使其拥有满足人类需求的生物功能，甚至创造新的生物系统。合成生物技术涉及3个主要研究方向：一是利用已知功能的天然生物模块构建新型的代谢调控网络，使其拥有特定的新功能；二是基因组DNA的从头合成以及生命体的重新构建；三是完整的生物系统以及全新的人造生命体的创建。其标志性技术特征包括：颠覆性，即采用工程学的模块化概念和系统设计理论，颠覆自然法则与传统生产模式；智能性，即智能响应环境和内源信号，大幅度增强农业生物的生产性能与抗性；精准性，即实现基因精准整合、特异性表达以及高效合成。

合成生物技术被誉为影响世界未来的颠覆性技术之一，其广泛应用将催生智能生物农业、精准生物医药、先进生物制造、高效生物环保和绿色生物能源等战略性新兴产业，引发继DNA双螺旋结构发现和基因组测序之后的第三次生物科技革命，已成为世界各国增强核心竞争力、抢占未来发展制高点的重大国家战略。农业是合成生物技术应用的重要领域，农业合成生物技术将为光合作用（高光效固碳）、生物固氮（节肥增效）、生物抗逆（节水耐旱）、生物转化（生物质资源化）和未来合成食品（人造肉奶）等世界性农业生产难题提供革命性解决方案，特别是在农业生物育种方面，将开创人工设计和创建农业生物新品种与新产品的新纪元。

1. 国际发展态势

当前，新一轮科技革命和产业变革加速演进，现代生命科学和生物农业技术创新加快突破，已进入一个大数据、大平台、大发现的新时代，具有颠覆性、引领性、智能化和工程化等特征的合成生物技术应运而生并发展迅猛，必将引发世界经济格局的重大调整和国家综合国力的重大变化，同时为加快解决制约人类发展所面临的环境、资源和健康等问题带来新的机遇。

1）合成生物技术极大提高人类对生命本质的认识水平

2010年，首次合成了人造生命"辛西娅1.0"，2016年，合成了只含473个基因的最简人造生命"辛西娅3.0"。2017年，人工合成酵母基因组计划完成2号、5号、6号、10号和12号这5条染色体的从头设计与全合成，最终获得与普通酵母菌高度一致的人工合成酵母菌。2018年，将酿酒酵母中的16条天然染色体合成为1条，创建出国际首例人造单染色体真核细胞。合成生物技术不断突破生命的自然遗传法则，标志着现代生命科学已从认识生命进入设计生命的新阶段。

2）合成生物技术颠覆传统工业制造的生产模式

青蒿素的生物合成，使抗疟疾药物的成本下降90%；1000 m^2 车间的人参皂苷生物合成能力相当于10万亩人参种植，而成本仅为人参种植提取的1/4；L-丙氨酸生物合成技术将传统五步化工线路变为一步生物合成线路，生产成本降低40%以上，废水排放减少90%以上。合成生物学正在突破传统的工业生产模式，推动一场制造业革命，将开辟工业文明的新纪元。由合成生物学驱动的下一代生物制造带来了新的优势：生产效率和经济效益的提高，性能新颖的化学品和材料的生产潜力，以及可持续的"循环"生产模式。

3）合成生物技术将为人类和农业动物疾病治疗提供新型可编程的生物治疗方案

利用基因线路和新一代基因表达干预技术，定量检测和整合疾病信号，编程和修复宿主细胞功能，识别和攻击肿瘤细胞等，将为人类战胜诸如癌症、肥胖、痛风、糖尿病和高血压等疾病提供全新的技术途径。同时，合成生物学还为诊断和预防提供了新的方法。在体外诊断应用中，基于 RNA Toehold 开关或 CRISPR-Cas13/Cas12a 的核酸传感器的反应混合物已发展成快速而灵敏的诊断工具，在包括登革病毒、寨卡病毒和新型冠状病毒在内的病毒检测中得到了示范。

4）合成生物技术与人工智能等新兴技术结合将引发新一轮产业技术革命

根据 DNA 存储生物遗传信息的特点，利用 DNA 来储存计算机数据，颠覆了传统的数据存储和提取技术手段，将数据存储密度提高100亿到10 000亿倍，将在计算存储领域引发一场新的技术革命。生命信息的感知、存储和计算，已经催生了生物传感器、人机交互和神经调节等技术的开发，也带动了生物学计算机辅助设计工具和合成生物学开放语言等基础设施的开发。利用深度学习直接从氨基酸序列中预测天然蛋白质和从头设计蛋白质功能，开启了生命计算设计时代。

5）合成生物技术将为世界性农业难题提供革命性的解决方案

合成生物技术作为改变世界的十大颠覆性技术之一，有望突破全球资源短缺和极端气候变化等农业发展的"瓶颈"，将开创人工设计和创建农业生物新品种的新纪元（表 1-3）。利用合成生物技术提高作物光合效率的策略主要包括提高核酮糖-1,5-双磷酸羧化酶/加氧酶（Rubisco）活性、引入碳浓缩机制和减少碳损耗，以及提高光能利用效率等，以将 C4 光合途径导入 C3 水稻为例，理论上 C4 水稻的光合效率和产量提高 50%，同时水和氮的利用效率显著增加。利用生物固氮为农作物提供氮源是最环境友好的氮素供应方式。盖茨基金会（原比尔及梅琳达·盖茨基金会）资助开展扩大共生结瘤固氮范围与人工构建非豆科作物结瘤固氮体系研究，近中期目标是大幅度提高非豆科粮食作物根际联合内生固氮效率，部分替代化学氮肥，中远期目标是实现非豆科作物结瘤固氮，大幅度减少化学氮肥用量。

表 1-3 合成生物学在未来农业中的应用

应用目标	技术路线	底盘种类
改善植物生长和农业产量		
（1）改善羧化反应		
在 C3 植物中创建 C4 光合途径	C3 植物中 C4 光合作用的实现包括生化和发育工程，典型案例是 C4 水稻项目（http://c4rice.com）	水稻和烟草等 C3 作物
创建碳浓缩机制	在植物叶绿体中建立藻类（类胡萝卜素）或蓝细菌（羧基体）碳浓缩机制，抑制 Rubisco 活性	
CO_2 同化的人工合成途径	以迄今报道活性最高的羧化酶——巴豆烯酰辅酶 A 羧化酶/还原酶为起始，人工设计和组装了一个由 17 种酶组成的巴豆酰辅酶 A/乙基丙二酰辅酶 A/羟基丁酰辅酶 A（CETCH）循环，实现 CO_2 体外固定	
（2）减少光呼吸过程 CO_2 损失		
叶绿体光呼吸旁路	在田间条件下，叶绿体中乙醇酸氧化释放两个 CO_2 分子，并降低光呼吸通量，导致生物量增加 40%	烟草
人工光呼吸旁路	针对底物和辅因子的特异性，设计高效的人工乙酰辅酶 A 合成酶和丙酰辅酶 A 还原酶，实现乙醇酸体外转化为乙醇酸 CoA，再同化进入 CBB 循环（Calvin-Benson-Bassham cycle，CBBC），同时不释放 CO_2	
减少呼吸 CO_2 损失	潜在目标： 1）优化蛋白质周转 2）重新设计呼吸旁路 3）避免耗能性无效循环 4）高效离子转运	
（3）提高水分利用效率和光合作用的光反应		
气孔动力学的光遗传学操纵	人工设计保卫细胞特有的蓝光诱导钾离子通道，在变化的光照条件下，快速响应并打开气孔	拟南芥
加速光保护恢复	光保护蛋白 PsbS 和叶黄素循环酶的过表达，更快地恢复到 CO_2 同化的最大值	烟草

续表

应用目标	技术路线	底盘种类
(4) 设计育种		
从头驯化	野生型植物中几个驯化基因的遗传改造,加速驯化过程;异源四倍体野生稻的快速从头驯化	番茄、水稻
减少农业中的化肥用量		
(1) 作物自主固氮、非豆科作物结瘤固氮和根际联合固氮		
在非固氮生物底盘中表达功能性固氮酶	植物线粒体中表达 16 种固氮酶;人工合成 5 个编码固氮聚蛋白(polyprotein)的巨型基因,支持大肠杆菌固氮	烟草、大肠杆菌
非豆科作物结瘤固氮	扩大共生结瘤固氮范围,人工构建非豆科作物结瘤固氮体系(http://synthsym.org)	水稻、玉米
人工固氮根瘤	一种具有固氮功能的生物电化学混合系统,模拟天然固氮根瘤的氧浓度梯度,为根瘤菌固氮提供能量和还原力	根瘤菌
非豆科作物根际人工高效联合固氮	构建耐铵泌铵固氮工程菌株,采用种子包衣技术增强根际定植、固氮和抗逆能力	根际联合固氮菌、氮高效利用转基因玉米和水稻
(2) 合成微生物组提高养分利用率		
培养可以促进生长的植物根际有益细菌组	不同的根瘤菌目分离菌株,促进拟南芥生长	拟南芥
培养植物根际有益真菌组	鉴定菌根真菌,接种非菌根植物,提高磷的利用率	高山南芥
招募有益功能菌群	将籼稻硝酸盐转运蛋白基因 $NRT1.1B$ 导入粳稻中,可以招募特定根际有益微生物,显著提高产量和氮利用效率	水稻
提高作物的营养价值		
提高维生素 A 含量	Golden Rice 项目(http://www.goldenrice.org)	水稻
提高超长链多不饱和脂肪酸如亚麻酸含量	亚麻酸合成基因在种子中特异性表达	甘蓝型油菜
去除氰苷	针对两个细胞色素 $P450$ 基因进行 RNA 干扰	木薯
提高花青素含量	两个转录因子(Del 和 Ros1)在果实中特异性表达,诱导花青素生物合成	番茄
降低小麦面筋含量	CRISPR/Cas9 介导敲除 45 个小麦基因,降低面筋含量	小麦
生物底盘中维生素 B_{12} 的生物合成	创建维生素 B_{12} 从头合成途径	大肠杆菌、玉米
细胞或非细胞合成体系产品		
疫苗和化妆品	将苔藓作为生产疫苗和化妆品的细胞工厂	小立碗藓
青蒿素前体	在叶绿体中表达青蒿酸的核心生物合成途径和相关酶基因,实现青蒿酸的规模化生产	烟草
紫杉醇前体	在模式微生物中创建紫杉醇前体的合成途径	酵母菌、蓝藻
生物柴油	采用合成生物技术改造富油光合蓝藻,实现生物柴油生产	微拟球藻
人工叶片	构建人工叶片和光合细胞工厂,通过太阳能驱动,生产功能蛋白质、药物等高附加值产品	非细胞合成体系
人造淀粉	光电驱动人工固碳体系,实现从二氧化碳到淀粉的生物合成	非细胞合成体系
细胞蛋白	创建光电驱动固氮细胞工厂,实现从氮气到富铁蛋白的合成	固氮施氏假单胞菌、棕色固氮菌

6) 合成生物技术引领未来食品生产的发展方向

人造肉和人造牛奶等技术及其产业化不断取得新突破（表 1-4）。美国 Perfect Day 初创公司通过人工设计改造酵母菌，使其作为"人工奶牛"合成微生物，生产的人造牛奶在口味和质感上与天然牛奶相同，而且营养更为丰富，保质期比天然牛奶的更为长久。人造牛奶替代奶牛产奶可以减少 98% 的用水量，减少 84% 的温室气体排放，同时还可以减少 91% 的土地和 65% 的能源需求。2021 年，采用"搭积木式"策略，设计了一种无细胞化学-酶法线路，经 11 个化学和酶学催化步骤，成功实现二氧化碳从头合成淀粉，为下一代生物制造和未来食品生产带来变革性的重大影响。

表 1-4 替代蛋白种类与研发现状

品类	技术路线	代表公司	产业阶段
植物源蛋白肉	以改造的大豆蛋白、豌豆蛋白等作为基质，通过添加剂调味（部分使用生物发酵增添风味）	国外：不可能食品（Impossible Foods）公司；别样肉客（Beyond Meat）公司 国内：米特加（上海）食品科技有限公司；北京未食达科技有限公司	Impossible Foods 公司的人造肉汉堡产品已获得美国 FDA 的认证，正式进入零售阶段
生物发酵肉奶	通过微生物发酵来生产目标蛋白	国外：Nature's Fynd 公司 国内：新奇点智能科技集团有限公司	Nature's Fynd 公司真菌蛋白获得美国 FDA 上市许可，并推出香肠和奶酪等产品
细胞培养肉	动物的干细胞培养组织	国外：优赛食品（UPSIDE Foods）公司；摩萨肉业（Mosa Meat）公司 国内：南京周子未来食品科技有限公司	新加坡批准了全球首个细胞培养肉的上市许可
人造乳制品类	将提取出的牛奶 DNA 添加到微生物中，通过发酵技术产生乳清蛋白和酪蛋白	国外：皇家帝斯曼（Royal DSM）公司；完美日（Perfect Day）公司；Eden Brew 公司；Remilk 公司 国内：上海昌进生物科技有限公司	Perfect Day 公司生产的无动物乳清作为食品添加剂已获得美国 FDA 的认证

7) 合成生物技术成为世界主要经济体国家重点发展战略

美国 2021 年通过《无尽前沿法案》，拟在未来 5 年内向包括生物技术、基因组学和合成生物学在内的十大关键技术领域投资 1000 亿美元。欧洲合成生物学研究区域网络（ERASynBio）于 2014 年推出《欧洲合成生物学下一步行动：战略愿景》，"欧洲地平线"项目计划在 2021~2027 年投资 1000 亿欧元用于支持合成生物等前沿基础和技术创新研究。英国于 2012 年发布《英国合成生物学路线图》，2016 年实施《生物经济的生物设计：英国合成生物学战略计划 2016》。加拿大和日本等发布了一系列国家战略规划，提出针对发展合成生物等高科技以应对粮食安全、清洁能源增长和健康老龄化挑战的路线图。世界新兴国家如印度和巴西等，纷纷把合成生物技术等前沿技术创新列入国家科技优先发展战略。美国是在合成生物学领域投入最多、发展最快的国家，政府对合成生物学的投资为每年约 1.4 亿美元。美国国防部致力于将合成生物学打造成一种先进制造平台，在美国陆军部公布的《2016-2045 年新兴科技趋势报告》中，合成生物学被列入了 20 项最值得关注的科技发展趋势中。

8）全球合成生物技术市场呈高速增长态势

近年来，全球合成生物技术市场呈高速增长态势。2017 年全球合成生物技术市场规模近 44 亿美元，2019 年为 53 亿美元，2020 年达 68 亿美元，市场规模增长源于对合成基因和合成细胞的需求增加。从合成生物技术市场的细分领域来看，2019 年医疗和科研是规模较大的领域，市场规模分别达 21.09 亿美元、14.82 亿美元。全球合成生物技术市场将保持年均 28.8% 的增长，至 2025 年市场规模将突破 200 亿美元。在合成生物核心技术不断更迭发展的趋势下，应用市场也将逐步扩大至农业、食品和饮料等传统行业，其市场增速将达 60% 以上。麦肯锡全球研究院（McKinsey Global Institute）于 2020 年发布《生物革命：创新改变经济、社会和我们的生活》，报告预测，合成生物产业在未来至少带来 4 万亿美元的经济价值。

9）全球合成生物技术风险资本投资表现强势

鉴于合成生物学的巨大应用前景，跨国集团和行业巨头纷纷进入合成生物产业，金融和风险投资积极介入合成生物学领域。2016 年，全球风险投资额排前 3 位的公司都是合成生物中小企业，分别是 Zymergen、Ginkgo Bioworks、Twist Science，累计风险投资额均超过 3 亿美元。2018 年，合成生物学领域融资总额高达 38 亿美元，相比 2017 年增长了近 20 亿美元。2019 年，合成生物学平台型公司 Ginkgo Bioworks 融资 2.9 亿美元，目前的累计融资金额已达 7.19 亿美元，估值超过 40 亿美元。2020 年，美国明星公司 Zymergen 获得 3 亿美元融资，促进生物基新材料的研发。人造肉头部公司 Impossible Foods 累计融资高达 12 亿美元，人造奶公司 Perfect Day 实现融资 2 亿美元，成为人造食品新兴行业中发展势头最强劲的高科技初创企业。

2. 我国发展现状

习近平总书记于 2021 年发表在《求是》上的《努力成为世界主要科学中心和创新高地》一文中强调"以合成生物学、基因编辑、脑科学、再生医学等为代表的生命科学领域孕育新的变革"。同年其在两院院士大会指出"科技创新精度显著加强，对生物大分子和基因的研究进入精准调控阶段，从认识生命、改造生命走向合成生命、设计生命"。

我国政府高度重视合成生物技术研发与产业化，积极加强合成生物技术战略布局。2016 年，我国《国家创新驱动发展战略纲要》指出要重视合成生物技术对工业生物领域的深刻影响，加快生物制造产业发展。同年，《"十三五"国家战略性新兴产业发展规划》将合成生物技术列为引领产业变革的颠覆性技术。2021年，我国国家发展和改革委员会（国家发展改革委）印发中国首部生物经济的五年规划《"十四五"生物经济发展规划》，提出要加快生物技术和信息技术融合，推动合成生物学技术创新，突破生物制造菌种计算设计、高通量筛选、高效表达、精准调控等关键技术，并强调着眼保障粮食等重要农产品生产供给，适应日益多元的营养健康食物等消费需求，重点围绕生物育种、生物肥料、生物饲料、生物农药等方向，推出一批新一代农业生物产品。

"十二五"期间，我国国家重点基础研究发展计划（973计划）启动了农业合成生物学第一个项目"生物固氮及相关抗逆模块的人工设计与系统优化"，针对现有生物固氮体系的天然缺陷，系统开展固氮网络调控机制研究，设计并合成人工启动子、人工设计非编码RNA、人工铵载体等元器件和耐铵泌铵固氮、广谱结瘤等功能模块。中国农业科学院生物技术研究所采用合成生物学理论与方法构建的高效人工根际联合固氮体系，分别人工设计了两种全新的功能模块，即在固氮微生物底盘中构建的泌铵基因模块与在水稻、玉米和小麦等非豆科作物底盘中构建的氮高效利用模块，并在作物根际通过种子包衣技术，实现了上述两种人工模块的功能偶联。与天然固氮体系比较，该体系固氮效率提高1~2倍。北京大学成功地将原本以6个操纵子（共转录）为单元的含有18个基因的产酸克雷伯菌钼铁固氮酶系统合成为5个编码固氮聚蛋白的巨型基因，并证明其可支持大肠杆菌以氮气作为唯一氮源生长。结合植物铁硫原子簇合成模块和电子传递模块可以功能替代固氮酶系统中对应模块的研究成果，理论上只需要3个巨型基因就可以构建出能够自主固氮的高等植物。

2011~2019年，科学技术部（科技部）在合成生物学领域先后启动10项国家重点基础研究发展计划（973计划）项目，主要支持国家重大需求驱动的基础研究和重大新兴交叉科学前沿领域，为中国合成生物学发展奠定了重要基础。2018年，科技部启动国家重点研发计划"合成生物学"重点专项。该专项以构建实用性的人工合成生物体系为目标，以基因回路、功能装置和人工细胞的创建为核心任务，从设计合成不同功能的元件、模块和系统等不同层面开展理论研究和技术创新工作，提升生命科学的定量预测、精准化设计、标准化合成与精确调控的知识基础和技术能力，解决人工生物构建的基础科学问题以及在工业制造、生物固氮、智能医疗等方面应用的技术瓶颈。该专项设置"基因组人工合成与高版本底盘细胞""人工元器件与基因线路""人工细胞合成代谢与复杂生物系统"以及"使能技术体系与生物安全评估"等4项主要任务，涵盖11个任务模块、47个研究方向。

自2023年以来，我国多地政府发力生物制造、布局合成生物产业。上海市发布《上海市加快合成生物创新策源 打造高端生物制造产业集群行动方案

（2023—2025年）》，计划到2030年，建设合成生物全球创新策源高地、国际成果转化高地和国际高端智造高地，基本建成具有全球影响力的高端生物制造产业集群。浙江省发布《浙江省人民政府办公厅关于培育发展未来产业的指导意见》，提出要优先发展合成生物等9个快速成长的未来产业，杭州市发布《支持合成生物产业高质量发展的若干措施》，这是全国地级市层面发布的首个合成生物专项政策。江苏省发布《关于加快培育发展未来产业的指导意见》，提出加快培育合成生物等10个成长型未来产业等。河南省发布《中原农谷发展规划（2022—2035年）》，提出重点突破新型基因编辑、分子设计育种、分子标记辅助选择育种、双倍体快速育种、细胞工厂等种业底盘技术，融合生物学、农学、新一代信息技术等，打通"BT+IT"（生物技术+信息技术）应用难点堵点。北京市发布《北京市加快合成生物制造产业创新发展行动计划（2024—2026年）》，提出北京合成生物制造的创新资源集聚力、产业创新策源力、示范应用引领力、区域辐射带动力全面提升，北京创新策源、津冀承接支撑、辐射带动全国的发展格局基本形成。

1.2 相关技术知识产权分析

当前，全球合成生物技术进入专利数量剧增阶段，申请量达26 656项。美国是合成生物学研究领域的领头羊，也是典型的技术输出国，技术影响力明显高于其他国家。美国基础知识类专利最多（53.20%），中国第二（20.78%），但数量不到美国的40%，再次是英国和韩国，数量均不到美国的10%。中国和美国在使能技术类专利中申请量较多，分别为46.60%和26.06%，其次是韩国、日本和德国。应用类专利大部分来自中国（62.83%），其次是美国、俄罗斯，再次是日本、韩国。

大型跨国企业和国际顶尖研究机构是海外专利申请的主体，其中包括以帝斯曼、味之素、巴斯夫公司为代表的生物技术公司，以诺华公司、罗氏公司为代表的医药公司，以三星、飞利浦公司为代表的机械制造公司，以加利福尼亚大学、哈佛大学为代表的国际一流研究机构，都非常重视专利的国际布局，特别是高价值的专利。美国专利申请数量最多的是Dharmacon公司，该公司是世界领先的干扰小RNA（siRNA）产品供应商和RNA干扰技术服务商，专利多围绕特异性siRNA功能开发。加利福尼亚大学是合成生物学专利技术研发的佼佼者，涉及细胞生化指标检测、微流体、基因递送系统、蛋白质改造、化学品生物合成等多个方向。哈佛大学近5年专利占比67.46%，涉及人类基因工程工具、微流控系统、表观遗传测序、DNA折纸技术等。麻省理工学院近5年专利占比50%，在CRISPR系统、微流控技术方面布局较多。美国斯克利普斯研究所专注于蛋白质的合成与修饰。

农业是合成生物技术应用的重要领域，目前在表观遗传修饰和根际生物固氮等前沿生物技术，以及人造肉和人造奶等未来合成食品领域取得重要进展，相关专利简要分析如下。

1.2.1 基因编辑技术

截至 2019 年，ZFN 技术、TALEN 技术和 CRISPR 技术的相关专利分别有 1961 项、3182 项和 7833 项，其中，CRISPR 技术在 2012 年后，相关专利申请数量呈现爆炸式增长。基因编辑技术是近年来飞速发展的一种对基因组 DNA 进行靶向修饰的新技术，目前主要包括锌指核酸酶（ZFN）、转录激活因子样效应物核酸酶（TALEN）、成簇规律间隔短回文重复（CRISPR）和单碱基编辑（BE）技术等。作物基因组编辑技术专利申请数量排名前 5 位的国家依次为：美国、法国、中国、德国、日本。其中，美国的专利申请数量最多，达 1088 项，遥遥领先于其他国家。中国的专利申请数量排名第三位，达 225 项。美国在 4 种不同的基因组编辑技术上的布局较为均衡，且每类技术专利申请数量均排名第一位；中国则偏重在 CRISPR 技术领域。从作物基因组编辑技术专利数量的分布来看，CRISPR 技术的专利数量最多，达 1259 项，占总量的 46.68%。CRISPR 技术核心专利自 2013 年后才出现，这些专利主要集中在博德研究所、加利福尼亚大学、哈佛大学和瑞士基因编辑公司（CRISPR Therapeutics）等机构，技术内容涉及 CRISPR/Cas 系统和 RNA 直接靶向 DNA 修饰调控转录的方法、调控多种靶向核酸以及新的单分子向导 RNA 等的方法、对新型的 CRISPR 酶及相关体系的研究等。作物基因组编辑技术的专利申请机构主要来自美国、德国、法国、中国、奥地利和以色列 6 个国家，并且相关专利申请以企业为主。法国 Cellectis 公司（280 项）、美国陶氏益农公司（256 项）和美国桑加莫生物科技公司（184 项）的专利数量位居全球前三位，在该领域处于领先地位。

1.2.2 表观遗传修饰技术

表观遗传学的相关专利在全球布局广泛，共涉及 20 多个国家/地区组织。技术布局市场分析对 INPADOC 同族专利进行扩展，获得专利总计 360 项。其中，最主要的布局国家是中国和美国。向世界知识产权组织和欧洲专利局进行专利申请，也是在表观遗传相关技术方面进行专利布局的两个主要途径。加拿大、澳大利亚、韩国、日本、印度和墨西哥也是进入专利布局前十位的国家。微生物或酶及其组合物是表观遗传学相关专利最关注的技术方向，其次是新植物或获得新植物的方法及通过组织培养技术的植物再生。表观遗传修饰技术相对于其他子技术的专利申请更为活跃。从解决的问题看，表观遗传学相关技术最主要的研发目的是提高耐逆性、提高环境适应性和提高产量。其中，通过非编码 RNA 的方法或技术提高耐逆性的专利最多（72 项），其次是通过表观遗传育种技术提高水稻耐逆性的专利（27 项），另外通过非编码 RNA 的方法或技术提高环境适应性（23 项）、通过非编码 RNA 的方法或技术提高产量（22 项）和通过非编码 RNA 的方法或技术提升株型（20 项）这几个技术点也是专利保护密集区。表观遗传修饰中 DNA 或 RNA 修饰、提高光合效率等方面的专利布局比较薄弱。

1.2.3 根际生物固氮技术

全球生物固氮相关专利有 2023 项，中国专利为 1031 项。美国 Pivot Bio 公司申请 55 项专利，涉及固氮工程菌制备、复合菌剂配方和使用技术等，2021 年 D 轮融资 4.3 亿美元。AZOTIC TECH 公司申请 31 项专利，涉及复合菌剂配方及固氮菌导入植物细胞的方法。国内固氮相关专利比较集中的单位包括中国农业科学院生物技术研究所（23 项）、中国农业科学院农业资源与农业区划研究所（18 项）、福建农林大学（17 项）、华中农业大学（14 项）、东莞市保得生物工程有限公司（10 项）、北京林业大学（10 项）、北京大学（7 项）等机构。中国农业科学院农业资源与农业区划研究所、北京林业大学、福建农林大学的相关专利主要集中在新型固氮菌株的筛选及农业应用；东莞市保得生物工程有限公司的专利集中在固氮菌株发酵条件及菌肥生产方法等方面；中国农业科学院生物技术研究所的专利集中在启动子元件、功能元件的用途以及人工非编码 RNA 和人工固氮体系设计等。

1.2.4 人造肉技术

专利检索的结果显示，人造牛肉技术的专利申请始于 2010 年，截至 2020 年，美国、日本、中国、韩国和德国公开的专利文献数量占全球相关专利的 90%左右。人造肉国际专利主要申请人为：舒莱公司（Solae LLC）、富士石油集团（Fuji Oil Co., Ltd.）、Impossible Foods 公司、Beyond Meat 公司、味之素公司（Ajinomoto Co., Inc.）等。排名第一的舒莱公司主要研究用于生产人造肉食品的各种结构化的蛋白质及其组成物，先后在美国、欧洲、韩国、加拿大、日本等进行了专利申请。排名第二的富士石油集团是一家日本公司，主要在食品配料、油脂和脂肪等生产方面研究较多。而 Impossible Foods 和 Beyond Meat 公司是人造肉方面研究较为领先的公司，两家公司的专利也在多个国家进行了布局。Impossible Foods 公司主要基于大豆蛋白、血红蛋白、风味物质的添加，可以模拟碎肉的纤维性、不均一性和牛肉风味。Beyond Meat 公司主要基于植物改性蛋白、风味物质的添加，可以模拟碎肉的外观和风味。味之素公司的专利主要集中于赋予植物蛋白合适的韧性和口感。

中国公开的人造肉相关专利的申请数量最近 10 年内有明显的增长,企业申请数量占 71.35%。贵州省贝真食业有限公司的专利申请数量排名第一,目前公开的 51 项专利数据中,3 项发明专利获得授权,分别为一种促进生长发育的植物肉及其生产方法（CN104026585A）、一种调节女性生理机能的素肉及其生产方法（CN104026584B）、一种纯植物防癌仿生肉及其生产方法（CN104026586B）；3 件实用新型专利获得授权,分别为一种素肉成型模头（CN207411435U）、一种素肉成型冷却装置（CN207411464U）、一种素肉加工设备专用螺杆（CN207411465U）。佛山市聚成生化技术研发有限公司申请的专利数量位居第二,同样申请了数量较多的保健功能、膳食纤维类素肉加工相关的专利,如一种补充矿物质的花生蛋白素肉及其制备方法（CN105831264A）、一种补充维生素的花生蛋白全素速冻素肉及其制备方法（CN105831265A）、一种魔芋果蔬全素速冻素肉及其制备方法（CN105831635A）、一种复合菌类全素速冻素肉及其制备方法（CN105815761A）等。

1.2.5 人造奶技术

2014 年,人造乳制品公司 Perfect Day 在全球首次开发人造牛奶并申请专利。利用独创的酵母发酵工艺,重组表达牛奶蛋白成分,如酪蛋白、乳清蛋白（乳白蛋白）和乳球蛋白。目前全球与人造牛奶相关的专利仅 3 项,即 Compositions comprising a casein and methods of producing the same（US20190216106A1,2015 年 8 月）、Food products comprising milk proteins and non-animal proteins, and methods of producing the same（US20190216106A1,2017 年 8 月）、Recombinant milk protein polymers（US20210235714A1,2019 年 4 月）,均由 Perfect Day 公司申请,并在美国、欧盟、澳大利亚、日本、韩国、中国等进行了专利布局。我国在人工乳品领域研发起步较晚,2016 年中国科学院深圳先进技术研究院以及 2019 年中国农业科学院生物技术研究所的研究人员通过大肠杆菌分别表达了 7~8 种牛乳蛋白,并申报相关专利 10 余项,其中一种高效表达 α-乳白蛋白的酵母菌株和 α-乳白蛋白及其应用（ZL202210646500.7）、重组 κ-酪蛋白及其制备方法和人造乳（ZL202210421072.8）、提高重组牛奶蛋白异源表达效率的氨基酸序列（ZL2020112971079）、一种 β-酪蛋白的人工优化与合成方法及其应用（ZL202210421074.7）、低致敏性 α-乳白蛋白及其制备方法和应用（ZL202210421070.9）与提高重组牛奶蛋白异源表达效率的氨基酸序列（ZL2020112971079）等获得授权。此外,南昌大学的研究人员开发了牛乳蛋白致敏性的靶向消减关键技术及产业化应用,申报专利 7 项,其中一种用于降低牛乳过敏蛋白潜在致敏性的方法（ZL201010102333.7）、一种用于改变牛乳过敏原蛋白免疫特性的脉冲电场加工方法（ZL201410148142.2）和一种用于天然蛋白分子分离鉴定的梯度电泳方法（ZL201310613929.7）获得授权。江南大学的研究人员以毕赤酵母作为底盘细胞，通过诊断限速步骤、优化启动子与信号肽、表达分子伴侣，使乳铁蛋白和 α-乳白蛋白在 3 L 发酵罐上的产量分别达到 5.38 g/L 和 56.3 mg/L，同时申报专利"一种牛源乳铁蛋白抗菌肽改造体及其在毕赤酵母中的表达与应用"（CN118878701A）。

1.3 生物安全监管法规

作为一门新兴的具有不确定性的技术，合成生物技术需要一种兼具前瞻性、灵活性和适应性的技术治理方法，以跟上科学发展的步伐，解决人类健康和环境所面临的新风险。目前，国内外已建立了科学有效的农业生物风险评估与安全管理体系，将农业合成生物产品纳入转基因生物监管体系，能够防控潜在风险，保障农业合成生物产业的健康发展。

1.3.1 世界各国监管现状

各国政府、国际组织、科研机构等基于对合成生物学理念的理解，结合合成生物学特性，提出了合成生物学的管理设想。目前，大多数国家以生物技术和基因修饰或遗传修饰生物为切入点对合成生物学进行监管与治理。但是，合成生物元件大部分为从头合成，拓展了转基因生物受体、基因供体来源，对风险管控提出了新的挑战。

1. 美国对农业合成生物按转基因生物管理

在美国，实验室研究管理隶属于美国国立卫生研究院（NIH）。对于合成核酸的研究，NIH 重组 DNA 咨询委员会认为，在多数情况下，其生物安全风险类似于重组 DNA 研究，当前的风险评估框架能够用来评估合成生物学的研究。为了提供关于合成核酸风险评估和管理研究的基本原则与程序框架，NIH 将重组 DNA 分子研究指南改编以用于重组或合成核酸分子的评估指南制定。美国对生物技术产品的风险评估和安全监管是针对产品而非过程，重点评估产品的分子特征、环境安全和食用安全三方面。农业合成生物与转基因生物的管理框架和模式相同，由农业部、环境保护局和食品药品监督管理局三个部门依据《生物技术管理协调框架》进行协同管理。

2. 欧盟将农业合成生物纳入现有转基因生物监管法律体系

欧盟对新技术采取的是预防原则，认为新技术存在潜在风险，采取以过程为基础的安全评价管理模式，总体上对转基因产品的控制十分严格。欧盟食品安全局是转基因生物安全管理的专门机构，负责对转基因产品全过程监控，并为欧盟委员会和各成员国相关法规的制定提供科学依据。欧盟认为合成生物仍属于重组 DNA 的技术范畴，已建立的转基因生物和病原体风险评估标准、方法和风险管理体系在农业合成生物监管中仍然适用，应将其纳入现有的转基因生物监管法律体系中。

3. 我国对农业合成生物的安全管理考虑

目前，我国已建立了一套科学规范并符合国情的转基因生物安全管理体系，具有完善的法律法规体系、健全的管理体系和强有力的技术支撑体系。我国转基因生物安全评价既针对产品又针对过程，依照受体、基因、遗传操作的风险程度实行分级分阶段评价管理，在任何一个阶段发现任何一个对健康和环境不安全的问题，都将立即终止以确保安全。依据我国《农业转基因生物安全管理条例》对转基因生物的定义，农业合成生物也属于基因工程技术管理的范畴，对其进行科学规范的监管，可有效防控其对人类、动植物、微生物和生态环境构成危险或者潜在风险。

1.3.2 监管内容与风险评估

合成生物学生物研究安全性治理的重点是评估和管理与以下问题相关的风险：①新遗传信息意外暴露于人类和环境；②新遗传物质在批准使用范围以外的环境中扩散；③在人工遗传物质可能改变或影响人类、动物或环境的遗传信息的情况下，发生水平基因转移的可能性；④食品营养品质改变、产生潜在过敏原和未知成分；⑤若外源基因整合进入人体肠道微生物，可能改变被称为"人体第二基因组"的肠道菌群。

此外，不同于传统基因工程，具有颠覆性特征的合成生物技术能设计全新的人工元器件，创制全新的人工基因线路如高效固氮基因回路、表观遗传回路等，人工生物细胞如最小基因组、细胞工厂等，人工生物装置如人工叶片、生物纳米机器等，非天然化合物如非天然氨基酸、非天然药物等以及人造未来食品如人造牛肉、人造奶等，在食用安全或环境安全方面可能产生新的潜在风险。

在合成特征风险方面，合成生物中导入多个组件，在与底盘生物整合的过程中可能产生染色体重组、基因重排而干扰底盘生物的基因表达和特征特性，产生一些新的功能而引起非预期效应，以及组件能否稳定遗传的问题。这些合成特征存在不确定性和复杂性，需要从组学水平精准解析合成特征，从分子水平识别生物组件对底盘生物基因表达和遗传稳定性的影响。在生态风险方面，合成生物改变了底盘生物的代谢途径和表型特征，其生存适应性不确定，有可能会改变其生存竞争能力；将其释放到环境中，导入的生物组件可能会通过基因漂移在不同的生物间传递，可能会对有益生物等其他非靶标生物产生潜在影响，也可能会对动物、植物和微生物生态群落以及有害生物地位演化产生影响等。这些不确定性和复杂性都可能会带来一定的生态环境风险，需进行环境安全评估。在食用饲用安全风险方面，合成生物存在插入的生物元件 DNA 片段和转录 RNA 的安全性问题，表达蛋白是否具有毒性、过敏性、致畸性等问题；除了目标产物，代谢中间产物多样，是否影响底盘生物的食用饲用安全；外源基因插入引起底盘生物组成的预期和非预期的变化，从而影响食用安全性问题等。合成生物需要从营养学评价、新表达物质毒理学评价、致敏性评价等方面进行评估。

1. 人工基因线路

合成生物学的显著特点之一就是可以利用已有的生物元件进行基因回路的组装，设计出更加复杂的基因调控网络，如大肠杆菌中双稳态基因调控网络的构建、压缩振荡子的合成等。借助基因回路的研究，不仅可以更深入地了解生命的构成和调控原理，还可以设计具有所需功能的基因元件，构建、合成生物系统。合成生物学研究依赖的不是单一部件，而是运用数种来自不同供体的基因或部件的特性改变整个体系，这也是合成生物学与传统基因工程最显著的差别。新合成基因的功能特性会在设计和合成过程中产生难以预计的影响。显然，现有生物安全法规不能应对这种复杂的基因回路系统。当前不仅需要评价特定环境下新基因元件在新细胞中的行为，更应特别关注基因回路中插入到细胞中的诸多新型基因部件之间相互作用所产生的安全问题。但是，目前仍很难准确地预测细胞的全部行为。对于基因回路中的安全性问题，一般考虑以下几个方面。①预见性。能否结合现有的风险因素评估来预测新基因功能网络的行为特征？②进化趋向。如果新的基因回路中某个或某几个元件按照预期停止工作或其功能发生改变，整个网络将会发生怎样的改变？③适配性。如何评价新的基因回路在遗传特性或功能方面的适配性？④潜在风险。是否会有某一意外事件或一系列导致诸如死亡、受伤、职业病、损坏、设备或财产丢失或环境损害等事件发生？

2. 人工合成基因组

最小基因组的人工合成既可用来研究难以获取的基因或人工设计的核酸序列的生物学特性，也是人工合成生命体构建的其中一步。2002 年合成了有生物活性的脊髓灰质炎病毒基因组，2003 年合成了 ΦX174 噬菌体基因组。这些具有最小基因组的最小生物只能在特定的环境中生存，可被视为安全的生物个体。但是，为了证实这种受限生物的生存能力，需要得到最小有机体的最适生存环境范围的实验数据，以做出更好的预测。因此，在模拟实验过程中，仍需关注其对现实环境的潜在影响。

3. 组合生物与非天然化合物

这是合成生物学的一个极其重要的应用领域，主要包括 DNA 化学合成以及聚合酶、氨基酸和蛋白质的化学修饰等。备受关注的经典工作是美国加利福尼亚大学伯克利分校的 J. Keasling 合成了抗疟疾药物青蒿素，大幅度降低了生产青蒿酸的成本。另一个备受关注的焦点是转录机制的改变。例如，一个大肠杆菌 tRNA 合成酶突变体可以进化为选择性地结合带有非天然氨基酸的 tRNA。这种 tRNA 具有很强的位点特异性，能够结合非天然氨基酸，形成哺乳动物细胞中存在的一种蛋白质。此外，可以通过替代 DNA 的化学基本物质（如糖分子和碱基对）来修饰 DNA。由不同的骨架分子组成的非天然核酸的设计，将会导致某些新型的生物大分子的产生，如苏糖核酸（TNA）、乙二醇核酸（GNA）、己糖醇核酸（HNA）等。虽然目前还不存在以此类非天然核酸为基础构建的活的生命体，也没有证据表明在短期内会发生类似的事件，但是某一扩展的遗传密码与适当的新型聚合酶组合，必然会导致一个人工遗传系统的形成。尽管我们还不清楚什么时候将会创造出这样的人工有机体，但如何评价这些异形生命出现的潜在风险仍是应当关注的问题。各国尚未完全明确对合成生物学食品的管理措施，尤其是对基因操作相关的食品、环境安全风险。以"人造肉"为例，美国农业部和食品药品监督管理局等正着手制定相关的安全标准、监管框架，密西西比州等 13 个州出台了植物蛋白肉、培养肉等不能再用"肉"字宣传的立法提案。欧盟根据《新食品成分法案》（1997 年发布，2018 修订），在新食品框架内对"人造肉"实施管理。

转基因、基因编辑和合成生物技术都涉及基因操作，产生类似的食品、环境安全风险。基因编辑和转基因技术是合成生物学的技术工具，一些基因编辑操作也伴随外源基因的插入，三种技术的发展呈现交叉会聚态势，产业边界也愈加模糊。在我国有关合成生物学的指导方针和规章制度未建立之前，合成生物学建立在基因工程的基础之上，学术界对二者之间的区别一直存在争议。从目前的进展来看，二者有一部分内容仍是互相重叠的。因此，合成生物学的安全评价可以参考转基因生物管理规范。同时，我国现行的转基因安全管理法规无法完全适应合成生物技术及其产品的安全管理，相关安全评价面临的新问题，譬如目前我国生物安全管理办法只接受植物用微生物或植物单独申报，没有植物-微生物联合体系申报渠道。这类似于汽车的安全性评价，只能分别申报发动机与制动系统的安全评价。因此，我国在合成生物技术安全管理、操作规范、安全标准、评价方法、管理和监控体系等方面还存在相对滞后和不完善等问题需要完善。而随着合成生物技术的深入发展，有必要针对合成生物技术完善相关安全评价和管理法规，为合成生物技术的研究人员、科研管理者提供行动参考，也能增强相关法规的可操作性。

1.4 生物伦理风险与管理

合成生物学的出现，不仅引发了对"生命概念"及"生命尊严"的争议和挑战，还引发了一系列伦理问题。在 WOS 数据库中检索到合成生物学伦理研究最早的一篇文献为 Sheldon Krimsky 于 1982 年在 *Environment* 上发表的《合成生物学时代的社会责任》（"Social Responsibility in an Age of Synthetic Biology"），该文关注基因拼接技术的潜在影响，并提出了关于重组 DNA（rDNA）技术的社会、环境和经济等方面影响的问题。

合成生物学的各个研究领域，如 DNA 合成、代谢工程、原细胞的合成、计算机模拟生命设计或可供选择的碱基合成，其程序和研究方法各不相同。合成生物学与传统的生物技术有相同之处，而其特殊之处在于其研究目标，即创造或设计新的生命形式。这一目标本身就存在一定的伦理问题，包括人类和其他生物体之间的关系，以及合成生物学产品的法律和道德地位。

此外，合成生物技术对社会伦理道德的影响主要体现在方法、应用和分配三个方面。方法主要涉及研究目标、程序和方法对社会的影响；应用方面的关注点集中在合成生物学的某些应用和产品在未来可能会引起的社会影响；分配包括产品使用权和所有权的问题。一项技术的伦理道德问题通常与其特定的目标和方法相关。就合成生物学而言，备受关注的问题涉及生物体的概念以及由此引起的道德问题。比较类似的伦理争论，有助于合成生物学的伦理道德评价。对某一合成生物学产品的关注可随着时间的变化而变化。

1.4.1 人造生命体

到目前为止，现有生物有机体（包括经过育种或基因工程修饰之后的）本质上是自然的产物，其整体构建与代谢在一定程度上仍然遵循进化规律，但运用合成生物学创造出的新的生命体是人类依照自己的设计合成的生命。类似的，机器也是以人类设计为特征的。因此，正如一些合成生物学家所期望的，像机器一样是人造细胞的特征之一。然而，人类通常能够控制一台机器的随时开关，但却无法控制人造细胞。人造细胞是自创性的，意味着它能够自我复制和自我繁殖，具有生物体传统的特性。根据现有的知识尚无法确定这类细胞将会类似于一个有机体还是一台机器。那些关于生物体内在价值的争论因此可能会面临一个问题，即如何定义人造生物体的道德地位。

1.4.2 活的基因工程机器

合成生物学的生物工程分支旨在通过基因工程系统化，以标准化的基因元件

（这些元件不仅能组装成分子，其自身也可以组合进入代谢途径）为基础，使生物学成为一门工程学科。由此，一些合成生物学家称他们的产品为"基因工程机器"。经基因工程方法改造过的机器将是一种活的机器，这将会引出以下问题：①是否能将生物体转变为机器，或将机器转变为生物体？如果该方法可行，在生物体与机器之间是否存在基本的差异？这种差异最终是否会丢失或被消除？②是否可以从任一有机体中去除活的属性，或者把这一属性增加到一台机器中来改变生物体的伦理地位？这些问题的答案取决于人们对自然和生物体的态度，目前尚无法做出明确的回答。但是，合成生物学显然引起了许多具有潜在社会影响的问题，特别是对一些传统信仰和对生物体的传统态度是一种挑战。

1.4.3 将合成生物体释放到环境中进行生物修复

微生物可以降解塑料、甲苯等有机物，分解纤维素，可用于处理工业废水和废气，并促进资源的再生利用。因此，微生物在环境污染治理中潜力巨大。应用合成生物学可以制造各种各样的微生物，用来消除水污染、清除垃圾、处理核废料等。生物修复的具体目标之一是合成能辨别污染物或者能降低环境污染物的微生物。但是，微生物释放到环境中，可能会复制或进化，在污染物降解之后，它们可能会存留、互相作用、影响或者置换当地物种，从而产生风险。其中涉及的伦理问题包括：如何对待环境，我们所处的自然环境将面临何种程度的风险，我们是否有权力直接利用这种方式去干扰生态系统等。

1.4.4 致病病毒或微生物的合成

研究结果显示，DNA 从头合成可以用于生产致病病毒。假定 DNA 合成变得很便利，将在很大程度上有利于病原体的获取，也将会使设计和生产新型的传染性病毒变得更为容易。这将会是一个非常严重的生物安全和安保问题，因此必须制定相关法规以防止滥用。但这一法规应该深入到何种程度？是否会导致某些机构或组织不公平的垄断？只有在公正公平的前提下，人们才会赞同对 DNA 合成的严格监管。

1.4.5 哺乳动物细胞的合成生物技术

合成生物学家最初设计的是细菌和单细胞真核生物（如酵母）的人工合成途径，该项技术已经越来越多地应用于人类细胞中，如用于基因治疗。但是，这些将会引起伦理争议，特别是被应用于人类胚胎干细胞之后。与天然的优势胚胎的选择相比，合成生物学的应用可能具有更大的不确定性，致使人种改良的极端形式出现。因此，需要密切监控合成生物学在保存、培养和改良哺乳动物细胞（包括人类细胞）等方面的应用。

合成生物技术会聚了计算机科学、分子生物学、材料科学、化学等领域的先进技术，具有较强的交叉性、复杂性。从合成生物技术的发展现状来看，目前的技术手段并不成熟，潜藏着一定的不确定性。从合成生物技术的长远影响来看，合成物质在自然界的释放是否会影响到自然基因库，进而影响整个生态系统的稳定是不确定的，特别是合成生物技术及其产品的研发由于都是在微观纳米级技术水平上进行的，因此运用现行的宏观物质的安全检测机制可能无法实现。开展建立合成生物技术安全检测标准的研究具有十分重要的意义，这对今后我国全面开展合成生物技术研究具有很重要的规范和指导作用。因此，需要建立体系化的合成生物技术安全风险的预防机制，在对合成生物技术进行研发的同时，也要加大对该类生物的安全性检测方法的研究，以降低风险事件发生的概率及实际影响。为此，提出如下几项加强合成生物学技术伦理监管的建议。

（1）构建伦理审查机制。合成生物技术发展的伦理审查机制主要包括对合成生物学的科研活动、合成生物技术专利申请、合成生物医药制品的人体试验等活动进行的伦理审查。合成生物学具有广阔的应用前景，在造福人类生活的同时也带来了一系列的伦理问题。例如，合成生物学能够消除环境污染，但同时也因为合成微生物的不可控制性给环境带来了许多风险。在医疗方面，合成生物学在未来能够合成器官，甚至是人的生命，这必然引起了有关对生命不尊重的伦理问题等。同时，合成生物学作为一门新兴的交叉学科，是对生物学、物理学、化学、材料科学和计算科学等学科知识与技术的集聚；而一个研究者乃至一个研究团队所擅长的只是某几个研究领域，导致其研究的角度可能是单一的，研究的视角可能是孤立的。这种理性上的局限性可能让研究人员做出错误的价值判断与行动选择，不仅是技术路线上的错误，更有可能是对规范原则的违背。因此，需要有伦理审查这项外在的制度，来防范科研人员因有限理性而出现的违规行为。再者，合成生物技术具有巨大的经济效益，不排除部分研究者在利欲的驱使下铤而走险而做出违背伦理原则的行动，这就需要伦理审查的及时制止。建立伦理审查机制可以明确合成生物技术的研发过程中各个参与部门和参与人员的工作职责，从各个环节的主体性角度杜绝合成生物技术及其产品的社会危害。

（2）制定伦理审查、评估的标准与体系。对合成生物技术及其产品进行伦理审查，必须要有健全的伦理审查、评估的标准。一般而言，对合成生物学提出的审查标准有：对合成生物技术的风险与收益评估，权衡预期的收益水平和可接受的风险水平；对生命的尊重，能够制造生命并不代表可以为所欲为地对待人类生命，保护人类的尊严；避免出现较大的社会不公正现象。制定伦理审查、评估的标准与体系，以伦理规制来指导合成生物学更好发展，使伦理规制深入人心，从而规范合成生物学的发展，以确保合成生物学不会给社会带来灾难。这是合成生物学发展的内在要求，也是进行伦理规制的必然结果。

（3）成立合成生物技术伦理委员会。合成生物技术的复杂性和独特性，要求合成生物学的研究必须要设立相应的伦理委员会，对合成生物学的问题进行评估和监督。从长远的角度来看，合成生物技术的议题可能会产生超出既定风险评估程序和现行监管范围的产品。在合成生物技术可能产生更多的伦理问题和社会影响之前，应当成立合成生物技术相关的伦理委员会来对合成生物技术的发展进行伦理审查和引导，使得伦理观念深入到技术研发的各个环节，通过体制机制建设来杜绝违背科技伦理的行为，从而规范合成生物技术的发展，使得其更好地为全人类服务，这是该技术发展的内在要求，也是人类伦理价值取向对技术活动进行合理规制的必然结果。

第 2 章 农业合成生物底盘重建

底盘生物是合成生物技术的一个基本概念,即承载一个或多个模块发挥功能的生物细胞体系。理想的底盘生物不但有维持生命的必需功能,还能通过技术改造来支撑人工设计的生物模块高效并稳定地发挥功能。在合成生物技术的基本框架中,生物模块组合是指各种调控和代谢元件的人工设计与功能组合,而生物底盘重建则是指承载生物模块并实现设计功能的关键技术环节,后者涉及最佳生物底盘的优选和底层合成技术的建立两大关键环节。常用的农业合成生物底盘包括农业植物和微生物,嵌入的合成装置或系统必然受到底盘原有调控系统无关代谢过程的影响。解决办法之一是根据需要对底盘进行改造,如删除一些非必需基因,构建简约基因组,或对目标途径基因进行突变、替换和重组。随着基因"读-改-写"能力提升,以及自动化实验的大规模应用,系统开展高通量元器件挖掘、智能化基因线路设计、多维度组学数据整合、底盘细胞与基因线路互作评估以及定量预测模型框架建立等研发工作,为农业合成生物底盘重建提供重要理论指导和关键技术支撑。

2.1 农业合成生物理想底盘

理想情况下,农业合成生物底盘应具备的基本特征包括:①生物学背景清晰,为遗传操作、基因改造和工艺设计提供理论指导;②营养需求简单,生长快速,便于稳定且规模可扩大的产业化应用;③遗传操作手段成熟,便于工程化改造;④具有高效表达或分泌能力,便于目标产物的获得;⑤对逆境条件具有较强的耐受性,适合高密度工程化生产。因此,选择并重建理想的农业合成生物底盘,对实现人工合成体系的特定技术指标和产业化应用具有重要意义。

常用的农业合成生物底盘包括农业植物和微生物。其中微生物底盘的优点是生物学背景清晰,工业发酵培养模式相对较为成熟等,特别是微生物基因组的简化与最小化,可以减少底盘原有代谢的干扰,并提高生产效率;遗传操作便捷,便于快速、精确地插入、删除或修改基因;细胞生长迅速,可以在短时间内达到高密度培养,缩短生产周期;环境适应性强,能耐受极端条件,如高温、高压或特殊 pH,这为在特定环境下进行生物制造提供了可能性。植物底盘可以依赖阳光和大气中的二氧化碳高效生长,无需像微生物底盘的生长需要提供外源的碳水化合物。此外,植物底盘拥有组成丰富的酶辅因子和代谢前体、功能多元的内膜系统与细胞器、高度特化的代谢基因途径、极其精细的代谢调控网络，为正确的信使 RNA（mRNA）和蛋白质加工、蛋白质定位与亚细胞化合成等研究提供了理想的模式体系。此外，微生物底盘存在诸如细胞色素 P450 酶表达活性差、对活性产物的耐受性不强等缺陷。相比之下，植物底盘能够克服这些局限性，以植物为底盘进行天然产物的生物合成具有天然优势，如利用容易种植、产量高的植物作为底盘生物，成功实现了重要药物前体如青蒿酸和紫杉醇的高效合成。

2.1.1 植物底盘

1. 拟南芥底盘

拟南芥（*Arabidopsis thaliana*）作为模式生物底盘，优点是植株小、结实多、生命周期短；形态特征分明，突变表型易于观察；自交繁殖，易于保持遗传稳定性；基因组简单，遗传操作简便。拟南芥基因组在 2000 年已完成测定并公开发表，是第一个实现全序列分析的植物基因组。拟南芥的基因组由 5 对染色体组成，大小只有 1.35 亿个碱基对，而人类有 23 对染色体，32 亿个碱基对，是拟南芥的 23.7 倍。拟南芥的生长周期极短，从种子发芽到开花只需要 4~6 周的时间，可以在短时间内进行多代的繁殖和实验，从而加快研究进程。拟南芥的结实率非常高，一株植物可以产生数千枚种子，这满足了遗传学研究中对大量后代的需求。拟南芥由于其独特的生物学特性，成为遗传学、发育生物学、生态学及合成生物学等多个领域中不可或缺的模式生物。拟南芥可以使用根癌农杆菌进行转化，通过简单的花浸法用含有目的基因的载体转化。目前，利用根癌农杆菌转移 DNA（T-DNA）诱导，建立了涵盖几乎所有基因的拟南芥突变体库。

拟南芥作为合成生物学的底盘植物，可用于生产天然产物、检测环境以及合成药物相关的化合物。例如，利用分析评估拟南芥的代谢过程，实现了萜烯的高效生产；将荧光锌生物传感器引入拟南芥中，可作为植物传感器来监测易受污染的区域；敲除拟南芥中产生硝基自由基的蛋白质基因，拟南芥表现出增强的三硝基甲苯耐受性，使其可用于三硝基甲苯爆炸后田间环境的修复；对每个拟南芥基因的分析评估代谢过程中每个步骤的转录控制并推断出通量瓶颈，实现了异戊二烯衍生的高价值代谢物工程。此外，拟南芥木质素生物合成中靶向咖啡酰莽草酸酯酶的敲除导致细胞壁多糖更有效地分解为单糖或糖化，木质素相关产品芥子醇 4-*O*-葡萄糖苷的生产也取得了成功。在鱼类中发现的长链多不饱和脂肪酸，通常通过饮食从藻类中获取，已在拟南芥中通过线虫和斑马鱼的脂肪酸链延长与去饱和酶的组织特异性表达实现生产。在拟南芥中过表达关键的生物合成酶会显著增加叶子和种子中的硫胺素含量，通过突变两个硫代葡萄糖苷转运蛋白基因以提高硫代葡萄糖苷产量。但拟南芥作为一种生产力低的模式植物，不适合作为高效生物工厂的生产平台。

2. 烟草底盘

烟草（*Nicotiana tabacum*）生物量大，生长周期相对较短，具有较好的生物安全性，且遗传转化易操作。大量的遗传操作手段已在烟草中实现应用，包括杂种合成、雄激素生成、组织培养和异性杂交、细胞核与叶绿体转化、同源依赖性基因沉默以及细胞器间和移植介导的基因与基因组转移等。特别是瞬时转染和稳定转染技术，在烟草中得到广泛应用。在瞬时转染技术中，将重组 DNA 导入烟草细胞，获得目的基因暂时而高水平表达，转染的 DNA 不必整合到宿主染色体上，在较短时间内收获转染的细胞，快速生产得到微量至中量的重组蛋白，表达效率高，实验成本低。而在稳定转染技术中，外源基因转染至烟草染色体上，目的基因不会随着细胞传代而消失，能够长期稳定地生产目的蛋白。

烟草如普通烟草（栽培烟草）和本氏烟草（澳大利亚矮化烟草）的高代谢多功能性和高产栽培能力，使其成为基于蛋白质的生物制剂（如杀生物剂、抗体，尤其是重组疫苗）的成熟制造平台。1986 年，重组人生长激素（hGH）首次在烟草中成功表达，1989 年，首个烟草来源的重组抗体问世。烟草经过合成生物技术改造，可在细胞核和叶绿体中表达多种抗原，如今诸多重组蛋白如药物、疫苗、激素、细胞因子、生长调节剂和工业产品等都可以在烟草中生产，烟草被认为是植物界的"分子生物学工作室"。本氏烟草是一种有效合成大麻素的植物底盘。利用对酰基活化酶和橄榄醇合酶的稳定表达以及对橄榄酸环化酶的瞬时表达，可高水平合成大麻素前体。同时，针对烟草中大麻素中间体的内源性修饰反应，进一步改造植物底盘，如对修饰酶相关基因进行沉默或敲低处理，使其成为生物合成大麻素的理想底盘。

烟草作为生物反应器的优点主要包括以下几个方面。①成本效益高：利用烟草作为生物反应器生产生长因子，可以显著降低生产成本。以色列食品科技初创公司通过分子农业技术，将烟草转化为生物反应器，利用其大规模生产优势，能够以较低的成本生产高质量的生长因子。②环境友好：烟草作为一种植物，其生长过程对环境的污染较小，且烟草种植相对容易管理。③生产效率高：烟草具有较高的生物量，适合大规模种植和收获。优化基因表达和蛋白质提取技术，可以在烟草中高效表达和纯化目标蛋白。④应用广泛：烟草不仅可以用于生产生长因子，还可以用于生产其他生物制品，如从烟草中提取的茄尼醇具有抗癌和治疗心血管疾病等多种用途。

3. 水稻底盘

水稻（*Oryza sativa*）是世界上产量最高的谷物之一，每公顷的产量可高达 4000 kg 以上。同时，水稻具有适应性强、耐寒、耐旱、耐涝和抗病虫等特点，适应丰富的生境。此外，在粮食作物中，水稻基因组较小，约为 430 Mb，重复序列大约占 50%。水稻作为模式植物，拥有丰富的基因组学、代谢组学、遗传学资源，以及完善的遗传改良技术手段，是合成生物学理想的底盘植物。水稻胚乳是淀粉的主要合成场所，因水稻遗传与生物信息资源丰富、具有表达外源蛋白和代谢物的能力、提取与处理目标产物的简易性、较低的生产成本和较高的生物安全性等优点，被广泛用于分子农业生产重组医用蛋白多肽和其他生物活性物质，其优势包括以下几个方面。①稳定表达复杂蛋白：在结构和组成上，水稻胚乳能够稳定地储存重组蛋白和其他生物活性物质。由于其蛋白质合成和修饰机制，水稻的胚乳细胞还可以产生具有高活性的复杂结构蛋白质。例如，α1-抗胰蛋白酶（AAT）是一种结构复杂的人类血浆蛋白，难以在其他生物反应器中表达和生产。然而，在水稻胚乳中表达的重组人 AAT（OsrAAT）具有与人 AAT 相似的结构和高生物活性。同时，在水稻胚乳中表达的蛋白质具有良好的亲和力和低致敏性，大大降低了其临床应用的风险。②易于提取和处理：对于大多数生物反应器来说，产品的纯化成本约占生产成本的 80%，底盘的正确选择可以大幅降低生产成本。基于目标蛋白与水稻贮藏蛋白的差异，可以很容易地从水稻胚乳中分离出目标蛋白，目前已有多种重组蛋白在水稻胚乳中被成功地表达和纯化。③生产成本低：水稻产量高，在水稻种子成熟后的 30~45 天，籽粒会持续积累重组蛋白或生物活性代谢产物。在 4~8℃干燥环境中储存的种子，重组蛋白或代谢产物在几年内都能保持高生理活性，没有显著变性或降解。④几乎没有生物安全风险：水稻是一种严格的自花授粉者，花粉粒寿命短，降低了转基因逃逸的风险。

增强水稻胚乳的生物合成产量的技术策略包括：①优化代谢途径和关键酶，如提高限速酶或多种关键酶的表达水平和活性、抑制竞争途径或分解途径的基因，以及激活代谢途径的关键内源性基因；②提高转基因表达水平，如使用胚乳特异性强表达启动子或通过人工修饰提高启动子活性、进行密码子优化等；③增加重组蛋白和代谢物稳定性，如选择合适的分泌或储存途径等。目前，以水稻胚乳作为生物反应器可生产医用重组蛋白或生物活性物质，包括：①抗原和疫苗/口服疫苗，如重组猪蛔虫疫苗 OsrAS16 和霍乱疫苗 MucoRice-CTB；②抗体，如人类免疫缺陷病毒（HIV）抗体 2G12 和轮状病毒抗体 MucoRice-ARP1；③药用蛋白质和多肽，如重组人血清白蛋白（OsrHSA）和重组人 α1-抗胰蛋白酶（OsrAAT）；④维生素和微量元素，如维生素 B_1、维生素 B_2 和维生素 B_9，以及铁和锌等；⑤类黄酮，如富含花青素的"紫晶米"等；⑥类胡萝卜素，如富含 β-胡萝卜素的"黄金大米"和富含高级类胡萝卜素虾青素的"赤晶米"等。利用转基因技术培育富含能转化为维生素 A 的胡萝卜素、外表金黄的转基因大米，此大米被称为"黄金大米"。2000 年，第一代黄金大米研制成功，其胡萝卜素含量为每克大米约 1.6 μg。2005 年，第二代黄金大米品种问世，其胡萝卜素含量是第一代品种的 23 倍，达到 37 μg/g。研究显示，2018 年，美国食品药品监督管理局宣布经过基因改造的、富含 β-胡萝卜素的黄金大米可以安全食用。中国科学家将人血清白蛋白基因转入水稻中，培育出能"种"出人血清白蛋白的转基因水稻。植物源重组人血清白蛋白的纯度达到了 99.9999%，产量达到了每千克大米可提取出 10 g 人血清白蛋白的国际最高水平。植物源重组人血清白蛋白注射液是国际上第一个基于水稻胚乳细胞生物反应器生产的一类创新药，已进入临床Ⅲ期试验。

4. 番茄底盘

番茄（*Solanum lycopersicum*）是世界上主要的园艺作物之一，生长周期相对较短，种植后 65～85 天即可采摘果实，全球番茄的平均产量为每株 3～9 kg 果实，最高可达每株 40 kg 果实，可以在较小的空间内快速且大量地生长，120 天的种植周期内产量达到 110 t/hm^2。同时，番茄还是一种成熟的模式物种，能够产生大量重要的初级和次级代谢物，这些代谢物可以作为生产有价值的新化合物的中间体或底物。番茄拥有广泛的遗传资源，在其基因组、表观基因组、代谢组、遗传图谱和突变表型等方面都建立了系统性的数据库。同时，针对番茄目标基因的稳定和瞬时表达/沉默以及 CRISPR/Cas9 基因组编辑等技术方法相对成熟，番茄已成为农业基因工程和合成生物技术的理想底盘植物。1994 年，美国 FDA 批准转基因番茄 Flavr Savr 在美国进行商业种植，它是首个商业化的食用转基因作物，其通过抑制多聚半乳糖醛酸酶的活性，延长了果实的保质期。利用基因工程手段改良番茄的品种特性，已培育出抗虫害、抗病毒病、抗真菌病、抗除草剂、抗逆、延长贮藏期、改善风味和雄性不育等转基因番茄。例如，将烟草花叶病毒（tobacco mosaic virus，TMV）外壳蛋白（coat protein）基因转入番茄，培育出能稳定遗传的抗病毒植株。利用农杆菌将比目鱼体内的抗冻蛋白基因转入番茄，结果发现转基因番茄的组织提取液在冰冻条件下能有效阻止冰晶的增长。该转基因植株经温室鉴定，抗冻能力明显提高。目前，番茄作为合成生物的底盘植物，可生产维生素、辣椒素、甜菜碱、迷迭香酸、胆固醇、酮类和胡萝卜素以及各种蛋白质等。以基因编辑技术培育出的富含维生素 D 的"超级西红柿"为例，采用 CRISPR/Cas9 基因编辑技术敲除 7-脱氢胆固醇还原酶的编码基因 *Sl7-DR2*，对番茄品系的生长、发育或产量都没有影响，但导致番茄叶片和未成熟的绿色果实中 7-脱氢胆固醇水平大幅增加，经紫外线照射后 7-脱氢胆固醇转化为维生素 D$_3$，其含量相当于两个中等大小的鸡蛋或 28 g 金枪鱼中的维生素 D$_3$ 含量。此外，在番茄中上调 *PAL*、*KAS*、*COMT*、*FaTA* 这 4 个基因，以及启动 *BCAT*、*CS* 这两个基因，就可以在番茄中开启辣椒素基因的表达，从而更大量、更高效、更廉价地生产辣椒素。植物甜蛋白具有甜度高、甜味纯、热量低、口感好、无毒害，被消化后可降解为人体所需的各种氨基酸，增进或改善食品风味的功效。选择番茄作为生物反应器来生产植物甜蛋白有着巨大的商业潜力，一是容易实现外源目的基因的转化，二是外源基因的成功转入可以提高番茄果实甜味、改善果实品质，三是借助番茄的高产量可大量、低成本地生产食品添加剂甜蛋白。

5. 光合藻类底盘

藻类（algae）属于水生光合植物，可以分为肉眼可见的大型藻类（如海带、紫菜等）和只能通过显微镜才能观测到细胞形态的微藻类。微藻是一种自养生物，属于植物界，但在分类上更接近微生物，含有叶绿素 a，能够进行光合作用，在生态系统中扮演着重要的角色，同时在食品、保健品、生物燃料等领域有广泛应用。其中，绿色单细胞藻类莱茵衣藻是一种广泛使用的真核细胞生物学模型，因其具培养简单快速、良好的遗传学特征、广泛的 DNA 转化工具和详细的"组学数据"等特点，被称为"绿色酵母"。目前有 40 多种不同的治疗性蛋白质已在莱茵衣藻的叶绿体中成功生产，其中许多被证明具有生物活性，包括激素（如人类生长激素）、抗高血压肽、伤口愈合因子和抗菌酶。同时，莱茵衣藻还可作为口服蛋白质疫苗生产的生物系统，生产的产品包括亚单位疫苗和含有多个二硫键的单克隆抗体等。微藻是一种依赖太阳能驱动 CO_2 生物转化的模式生物，建立微藻叶绿体细胞器工厂是实现"碳中和"的重要技术途径之一。莱茵衣藻细胞拥有单个叶绿体，约占细胞体积的 40%。与更高等的植物类似，藻类叶绿体包含由原始蓝藻（蓝细菌）祖先进化而来的原核生物衍生的遗传系统。莱茵衣藻叶绿体的 DNA 转化于 1988 年首次得到证实，此后开发了一套广泛适用的分子工具，包括转基因的引入和调节表达工具等。微藻可以利用太阳能，在自养条件下转化 CO_2 而合成某些平台化合物，是生物基平台化合物的重要来源，如 C3 平台化合物丙二醇，是生产不饱和聚酯、环氧树脂、聚氨酯等化学品的重要原料，在食品、医药等领域应用广泛。微藻由于光合作用效率高、生长速度快、油脂含量高、不占用耕地、可以利用废水废气培养以及可以全年生产等优势，成为第三代生物能源的典型代表。微藻生物能源有多种形式，如固态的生物炭，液态的生物柴油、生物原油、生物乙醇，气态的生物氢等，利用合成生物学技术，可以通过有针对性地修改或设计相关的酶来构建工程菌株以显著提高微藻细胞中氢的产量和产率。藻类中的高附加值化合物主要包括碳水化合物、生物碱、类胡萝卜素、萜类以及类固醇激素等，一些模式微藻作为底盘具有生长快、基因组和代谢途径背景清晰、遗传操作技术成熟等优势，已经被用来合成多种高附加值化合物，如虾青素、对香豆酸、柠檬烯和叶黄素等。

2.1.2 微生物底盘

微生物底盘包括原核和真核微生物底盘。原核微生物是一类细胞核无核膜包裹，只存在被称为核区的裸露 DNA 的原始单细胞生物，包括细菌、放线菌、立克次氏体、衣原体、支原体、蓝细菌和古细菌等，其结构简单，个体微小，一般在 1～10 μm，仅为真核细胞的十分之一至万分之一。原核微生物的基因组一般小于 10 Mb，远小于真核细胞（图 2-1）。一种叫作新喀里多尼亚叉蕨（*Tmesipteris oblanceolata*）的微小蕨类植物的 DNA 中有 1600 亿个碱基对，其成为地球上拥有最大基因组的测序生物。而美洲肺鱼（*Lepidosiren paradoxa*）的基因组被认为是所有测序动物中最大的，拥有 910 亿个碱基对，是人类基因组的 30 倍。在人体内寄生的生殖支原体之前被认为是具有最小基因组的原核微生物，其基因组大小仅为 580 kb，编码 477 种蛋白。2002 年，分离自冰岛一个深海热液口的一株纳古菌，其基因组大小为 490 kb，预测编码 536 种蛋白，含有完整而高度简化的代谢途径。2005 年，分离鉴定了一株营光合异养的细菌远洋杆菌，其基因组大小约为 1.3 Mb，编码 1354 种蛋白，几乎没有冗余或无功能的基因。2024 年，在寡营养海域中分离获得一株根瘤菌新种，其基因组大小约为 1.7 Mb。上述天然进化的小基因组原核微生物，大多数为难培养微生物，且遗传操作方法尚未建立，作为未来合成生物技术开发的潜在底盘生物，还难以用于大规模的工业生产。

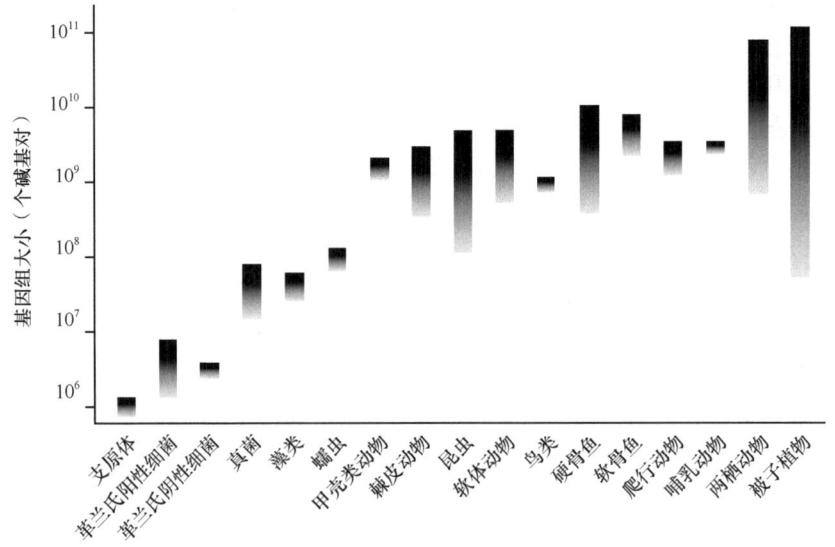

图 2-1　已完成测序的生物基因组大小范围

目前，已广泛应用于农业合成生物技术研发的原核微生物底盘主要是大肠杆菌、芽孢杆菌、乳酸菌等。真核微生物与原核微生物相比，个体更大，结构更复杂，显著特征是有明显的细胞核，还有一些由膜包裹的细胞器。有细胞壁的真核细胞的内部为原生质体，由细胞质膜包裹着，其中为细胞质和细胞核。细胞质是透明而黏稠的溶胶，由各种细胞器及其他物质组成。真核微生物主要包括真菌、显微藻类和原生动物等，目前已广泛应用于工农业、医药、能源材料和环境保护中，其中已作为合成生物技术底盘的主要有酵母菌、丝状真菌等。然而，由于这些模式菌株自身的局限性，其作为细胞工厂时面临多种问题，导致生物合成效率低、生产成本高，并且在化学产品规模化生产方面存在限制。例如，大肠杆菌难以表达细胞色素 P450 等真核酶，而酿酒酵母则倾向于优先生产乙醇，从而降低了其他目标产物的产量。同时，这两种微生物都需要温和的生长条件，且对底物的利用能力有限。此外，第三代原料生物转化提倡使用廉价的一碳资源和非粮食材料作为微生物发酵的底物。这对这些模式微生物合成生化物质提出了更大的挑战，因为它们在非粮食原料的利用方面存在局限性。目前，随着基因编辑技术和合成生物学的快速发展，越来越多具有优良特性的非模式微生物被开发为细胞工厂，用于天然产物的合成。这些优势特性包括广泛的底物范围、强大的抗逆性和快速的生长速率。

1. 原核微生物底盘

1）大肠杆菌底盘

大肠杆菌（*Escherichia coli*）是一种革兰氏阴性、杆状、兼性厌氧细菌，由儿科医生特奥多尔·埃舍里希于 1885 年发现，因其研究历史悠久、遗传背景清晰、遗传操作技术成熟、生长速率快、低营养需求和高密度发酵等优势，已成为重要的模式原核微生物底盘。目前，最常用的大肠杆菌菌株源于 1922 年的 K-12 菌株和 1918 年分离的 B 菌株，其后针对特定目的设计了多种改良菌株，如大肠杆菌 BL21 Rosetta，其设计目的是使用识别 mRNA 中罕见密码子的 tRNA 来生产异源蛋白；大肠杆菌 BL21（DE3），含有编码来自噬菌体 T7 的 RNA 聚合酶的基因拷贝，将其整合到染色体中；大肠杆菌 C41（DE3）和 C43（DE2），其特征在于对膜蛋白表达具有高度的耐受性。此外，科研人员还构建了一些基因组简化的菌株，如基因组被删除 15%的菌株，表现出显著的生理优势，电穿孔效率高，外源 DNA 稳定性增强。大肠杆菌作为基因工程底盘用于 L-苏氨酸和胰岛素生产，可以追溯到 20 世纪 60 年代。目前，科研人员开发了不同的大肠杆菌平台菌株，旨在促进中心碳代谢关键代谢产物的形成，然后将其用作生产目标化合物如有机醇、氨基酸、有机酸、有机胺、维生素、其他天然产物及聚羟基脂肪酸酯等大宗化学品的关键前体，并广泛应用于医药、化工、农业生产。人工设计的大肠杆菌代谢途径包括：①改造与调控大肠杆菌自身代谢途径，将代谢流最大程度地引向目标产品。这类操作的典型例子包括增加丙酮酸或乙酰辅酶 A 代谢通量或通过糖酵解途径促进碳通量。此类代谢工程策略不仅包括靶结构基因的操纵，还包括代谢的全局调节子，如 ArcAB 双组分系统。②引入外源代谢途径。大肠杆菌自身拥有的基因有限，常常需要利用外源基因将代谢途径补充完整或提高原有代谢途径的效率。例如，在产 1,3-丙二醇大肠杆菌细胞工厂中引入了来源于酿酒酵母的甘油-3-磷酸脱氢酶、甘油-3-磷酸酶以及肺炎克雷伯菌的甘油脱水酶；在 l-丙氨酸细胞工厂中引入了来自嗜热脂肪地芽孢杆菌的丙氨酸脱氢酶，在 4-丁二醇大肠杆菌细胞工厂中则整合了 5 个不同来源的外源基因。③创建自然界中不存在的代谢途径。在蛋白质理性改造与从头设计等技术的加持下，代谢途径的设计也突破了天然途径的限制，逐步发展出了非天然的合成途径，如设计并制造了乙醇醛合酶，在底盘菌株中重建一个合成乙酰辅酶 A 的一碳（甲醛）代谢新途径。

2）枯草芽孢杆菌底盘

枯草芽孢杆菌（*Bacillus subtilis*）是一种需氧的杆状革兰氏阳性细菌，广泛分布在土壤及腐败的有机物中，具有孢子休眠期、生殖生长期两个生长时期，在生长环境恶劣、营养物质缺乏等不适宜的环境下进入孢子休眠期，形成具有极强抗逆作用和在高温、酸碱等极端环境下亦可生存的芽孢。枯草芽孢杆菌基因组大小约为 4.2 Mb，随着基因组编辑等遗传工具的完善，其基因组精简后遗传背景更简单，无其他二级代谢产物的影响，可以提高蛋白质的合成与分泌。基因组简化的菌株 MGB874 已被证明能生产更高浓度的碱性纤维素和蛋白酶。枯草芽孢杆菌作为一种广泛应用于基础研究和工业生产的重要模式菌株，具有无致病性、蛋白质分泌能力强、遗传背景清晰等多种优势，是生产异源蛋白的理想宿主。相较于传统的大肠杆菌表达系统，枯草芽孢杆菌作为合成生物技术的底盘菌株具有如下优势：①作为一种肠道益生菌，不产致敏蛋白质和各种已知毒素，用于蛋白质等产物生产的安全程度达到食品级；②具有天然的 DNA 摄取能力，并通过双交换、同源重组等方式将 DNA 整合到染色体中，易于遗传操作和外源基因整合；③具有强大的蛋白表达系统和高效的分泌机制，有 300 多种蛋白质可以被直接分泌至胞外，且不易形成包涵体，从而降低纯化和回收的生产成本；④培养周期短，生长速度快，发酵所需的培养基配方简单，发酵技术成熟，易实现工业化应用。枯草芽孢杆菌还用于合成核苷酸、维生素、杆菌肽和枯草菌素等的工业生产。如枯草芽孢杆菌在培养基中大量积累肌苷，在这种自然发生的基础上，通过经典随机突变、靶突变和培养优化，促进核苷酸的积累，提高肌苷一磷酸（IMP）和鸟苷一磷酸（GMP）等核苷酸产量。聚-γ-谷氨酸由 D-谷氨酸和 L-谷氨酸单元组成，是一种由枯草芽孢杆菌天然产生的同质聚酰胺，广泛用于食品、医疗、化妆品和废物处理行业。在枯草芽孢杆菌中，聚-γ-谷氨酸的生物合成关键酶由 *pgsBCAE* 基因簇编码，其表达由两个小分子多肽 DegQ 和 DegS-DegU 二组分系统共同调控。针对上述调控系统，利用基因工程改造，获得高效合成聚-γ-谷氨酸的工程菌株。以枯草芽孢杆菌为底盘进行合成的小分子化合物主要以维生素、软骨素和 *N*-乙酰葡萄糖胺等为代表。许多维生素如核黄素、钴胺素和生物素也是以枯草芽孢杆菌作为底盘生产的。已知前体核苷酸[即鸟苷三磷酸（GTP）]的可用性限制会阻碍核黄素的生成，通过下调嘌呤合成，能促进核黄素的有效积累。利用比较转录组分析不同溶氧条件下枯草芽孢杆菌全基因组范围内基因表达的变化,采取组合策略,使核黄素产量在 5 L 发酵罐水平提高 45.51%,滴度达到 10.71 g/L。透明质酸作为一种用于制药和化妆品行业的高分子量糖胺聚糖,2,3-丁二醇作为一种用作生物燃料和化学合成的大宗化学品,目前均已在枯草芽孢杆菌底盘中实现了规模化生产。

3)谷氨酸棒杆菌底盘

谷氨酸棒杆菌(*Corynebacterium glutamicum*)在分类上属于放线纲棒状杆菌属,凭借着生长速度快、底物谱广、工业环境适应能力强以及生产强度高等优势,已经成为一种重要的工业底盘菌株,目前是全球用于氨基酸发酵工业的主要生产菌,年产氨基酸超过 600 万 t,主要产品包括 L-谷氨酸、L-赖氨酸、支链氨基酸和 L-脯氨酸等,此外其还被用于有机酸、醇类、植物天然产物等 70 余种产品的生物制造,产值超过千亿元。谷氨酸棒杆菌作为合成生物技术底盘菌株的优势包括以下几个方面。①高生产效率和产量:谷氨酸棒杆菌具有生长速度快、底物谱广、工业环境适应能力强以及生产强度高等优势;②遗传操作技术成熟:目前已对 53 株谷氨酸棒杆菌进行了基因组测序,且开发了完备的基因组编辑操作系统,包括同源重组介导的基因编辑体系、CRISPR/Cas9 和最新的 CRISPR-Cpf1/dCpf1 等技术;③安全性:谷氨酸棒杆菌被美国食品药品监督管理局(FDA)认证为安全菌株,这使得其在食品、药品和其他工业应用中具有更高的安全性;④代谢工程改造的潜力:通过代谢工程改造,谷氨酸棒杆菌的合成路径被优化,使得 L-赖氨酸的产量超过 200 g/L,糖酸转化率超过理论最大值的 85%;⑤环境适应性强:谷氨酸棒杆菌能够在不同的工业环境中稳定生产,这使得其在各种工业应用中具有更高的可靠性和稳定性。

4)恶臭假单胞菌底盘

恶臭假单胞菌(*Pseudomonas putida*)是一种革兰氏阴性杆状细菌,在自然界中广泛分布,具有多种代谢途径,能够分解多种有机物质,拥有强大的对氧化应激的耐受性,被用作恶劣操作条件下的底盘菌株。目前,已经开发了大量用于恶臭假单胞菌基因工程和基因组工程的工具,包括整套模块化载体、高级基因组编辑工具、天然启动子和合成启动子等。此外,恶臭假单胞菌 KT2440 能够使用多种化合物作为碳源,如琥珀酸、柠檬酸和三羧酸循环的其他中间体。更重要的是,恶臭假单胞菌 KT2440 的原始土壤环境及其在根际生长的能力与其降解木质素产生芳香化合物(如苯甲酸盐、对香豆酸、咖啡酸盐和香草酸盐)的能力有关。恶臭假单胞菌对高浓度的芳香化合物(如甲苯、二甲苯和苯乙烯)有许多耐受机制,包括各种各样的外排泵,如将甲苯等从细胞中排出,这是一个高能耗的过程。恶臭假单胞菌能维持高还原型烟酰胺腺嘌呤二核苷酸磷酸(NADPH)的再生率,而 NADPH 可作为维持对胁迫条件高耐受性的有效还原力来源。甲苯是一种剧毒的芳香溶剂，在浓度低至 0.1%（V/V）时可杀死大多数微生物，而恶臭假单胞菌的分离株能够在饱和浓度的甲苯下生长。恶臭假单胞菌对芳香分子的天然耐受性及其通过单氧酶和双氧酶转换这些化学结构的能力已应用于工程菌株构建，并实现了 3-甲基邻苯二酚、邻甲酚、顺式-己二烯二酸和苯乙烯的生物合成。

5）拜氏不动杆菌底盘

拜氏不动杆菌（*Acinetobacter baylyi*）是一种严格需氧的革兰氏阴性细菌，具有基因组小（约为 3.59 Mb）、生长迅速（在丰富的培养基中的增殖周期为 35 min）、遗传操作技术成熟（建立了基于 *sacB* 和 *tdk* 基因负筛选方法的无痕同源重组技术和编辑效率接近 100%的 CRISPR/Cas9 基因编辑技术）等特点，同时其代谢途径独特，是能降解各种长链二羧酸以及芳香族化合物的代谢途径，具备天然生产三酰甘油的能力，在自然状态下通过 β-酮己二酸途径分解芳香族化合物，可以利用木质纤维素降解过程中衍生的芳香族化合物抑制物。拜氏不动杆菌最为突出的生理特点是具有很高的自然转化效率，同时能够在自然状态下摄取线性 DNA 并发生同源重组，以其为受体进行质粒转化时，无需制备感受态，流程较大肠杆菌的化学转化更为便捷。拜氏不动杆菌 ADP1 有天然积累脂质的趋势，使其成为脂质合成的理想底盘菌株，如通过异源还原酶复合物 LuxCDE 替换 ADP1 中的脂肪酰基辅酶 A 还原酶 Acr1，从而产生可修饰的蜡酯。该菌株是第一个被证明可以合成藻蓝素的非蓝藻菌株，鉴于其藻蓝素合成取决于磷酸盐限制和精氨酸供应两个关键因素，通过代谢工程改造精氨酸代谢相关基因和磷酸盐调节子系统，使其藻蓝素产量提高 8 倍。

6）运动发酵单胞菌底盘

运动发酵单胞菌（*Zymomonas mobilis*）是目前已知的唯一能够在厌氧条件下利用 Entner-Doudoroff（ED）途径代谢葡萄糖、果糖和蔗糖产乙醇的革兰氏阴性细菌，具有葡萄糖代谢速率快、乙醇产率高、低 pH 和高浓度乙醇耐受性强等优点。通过 ED 途径，运动发酵单胞菌能将>95%的碳源快速转化成乙醇。运动发酵单胞菌基因组大小约为 2.2 Mb，并含有 4 个内源质粒，其遗传操作工具相对成熟，除了常规的同源重组和 CRISPR/Cas9 基因编辑方法，还成功开发了基于外源 CRISPR/Cas12a 和内源 I-F 型 CRISPR/Cas 系统的基因编辑体系以及基于 dCas9 的 CRISPRi 技术。运动发酵单胞菌还可以利用多种生物质原料如作物秸秆、豆粕、米糠、甘蔗糖蜜、竹残渣和废纸渣等，经过预处理与酶水解等方法释放单糖，进行乙醇发酵。运动发酵单胞菌野生型菌株可利用的碳源只有葡萄糖、果糖和蔗糖，研究人员利用代谢工程手段扩大了其底物利用谱，使其可以利用阿拉伯糖、木糖和甘露糖等多种碳源。此外，运动发酵单胞菌还被改造用于聚 β-羟基丁酸酯

（PHB）、D-乳酸、2,3-丁二醇、山梨醇、乙醛、异丁醇和乳糖酸等的生物合成。在运动发酵单胞菌中异源表达乙酰乳酸合成酶（ALS）、乙酰乳酸脱羧酶和丁二醇脱氢酶，实现了 2,3-丁二醇的生物合成，进一步采用敲除乙醇生产途径中的丙酮酸脱羧酶以阻断乙醇途径的改造策略，使 2,3-丁二醇的浓度从 10 g/L 提高到 120 g/L 以上。外源引入由组成型强启动子 P_{gap} 驱动的 2-酮基异戊酸脱羧酶，并结合由诱导型启动子 P_{tet} 驱动的人工操纵子，在运动发酵单胞菌中成功构建了异丁醇的生物合成途径，异丁醇产量达到 4.0 g/L。

7）固碳细菌底盘

自然界中已经发现的天然固碳途径分别为卡尔文循环（Calvin cycle/CBB 循环）、还原性乙酰辅酶 A 途径（W-L 循环）、还原性三羧酸（rTCA）循环、还原性甘氨酸途径（RGP）、3-羟基丙酸（3-HP）双循环、3-羟基丙酸/4-羟基丁酸（3-HP/4-HB）循环和二羧酸/4-羟基丁酸（DC/4-HB）循环。其中，CBB 循环广泛存在于蓝细菌、紫色细菌和一些变形菌门固碳细菌中。W-L 循环在化能自养厌氧细菌和古菌中被发现，推测其是所有生物物种的共同祖先拥有的固碳方式。rTCA 循环仅存在于紫硫细菌、绿硫细菌和嗜热氢杆菌等厌氧菌中，其绝大多数酶与常规 TCA 所需基本相同。3-HP 循环在光合绿色非硫细菌中被发现，其关键代谢途径包括乙酰辅酶 A（Acetyl-CoA）的羧化及其产物丙酰 CoA 的再次羧化。DC/4-HB 循环在某些极端嗜热嗜酸古菌中被发现，其关键代谢途径包括 AcCoA 羧化为 Pyr，以及磷酸烯醇式丙酮酸（PEP）的羧化反应。上述 7 条天然路径由于反应复杂、效率较低等原因，难以满足实际需求。因此，科学家开始设计和构建人工固碳途径。①理论设计。借助生物信息学和基因组网络模型，通过计算路径反应的自由能、热力学数据和动力学数据等，评估路径的可行性。②固碳元件选取。从 BRENDA、KEGG 和 UNIPORT 等数据库挖掘固碳路径中的固碳羧化酶和固碳还原酶，并进行生物化学和酶动力学测定。③固碳元件改造。利用体外和体内实验，确定固碳路径的限速酶，并对其进行蛋白质工程改造，提高固碳效率。④固碳路径构建。将最优固碳元件进行体内组装和优化，提高固碳途径的效率。

蓝细菌（cyanobacteria）是地球上最古老的单细胞原核微生物，革兰氏染色阴性、无鞭毛、含叶绿素 a，但不含叶绿体（区别于真核藻类），能进行产氧性光合作用，同时 120 多种蓝细菌已被鉴定出具有固氮能力。集胞藻 PCC6803 和聚球藻 PCC7942 等蓝细菌已作为生物燃料与生物材料生产的底盘菌株，其代表性产品包括乙醇、没药烯、法尼烯、1-丁醇、异戊二烯、异丙醇和 3-羟基丁酸。近年来，具有快速生长、耐受高温强光等胁迫特性的新型底盘不断涌现，其中聚球藻 PCC2973 最短倍增时间可达 1.5 h，可耐受强光和 42℃高温，半连续培养可获每升细胞干重 23.4 g。海洋聚球藻 PCC11901 最短倍增时间为 2.1 h，可耐高温、高光及高盐，每升细胞干重可达 32.6 g，是迄今为止蓝细菌的最高纪录。虽然蓝藻等模式自养光合微生物具有固定 CO_2 的能力，但培养条件有限、整体固碳和转化效率尚低，不能满足工业应用的需求。天然可利用一碳气体（CO 和 CO_2）的梭菌逐渐受到研究人员和产业界的关注，其中最具代表性的菌株是乙醇梭菌（*Clostridium autoethanogenum*）。乙醇梭菌最早于 1994 年由比利时科学家从兔子肠道中分离出来，是一种典型的厌氧自养气体发酵产乙醇菌，有两条乙醇合成途径，一条为经典的 AdhE 途径，即从乙酰辅酶 A 出发，经过双功能醛/醇脱氢酶（AdhE）两步氧化还原反应形成乙醇；另一条是以乙酸作为前体物质，经乙醛铁氧还蛋白氧化还原酶催化形成乙醛，再由 AdhE 催化形成乙醇的醛脱氢酶途径。该菌进行 CO 和 CO_2 固定的代谢途径为还原性乙酰辅酶 A 途径，是目前已知的天然固碳途径中最短且耗能最少的固碳途径，可将工业废气（主要成分是一碳气体 CO 和 CO_2）作为碳源，转化为乙醇和细胞蛋白。乙醇梭菌细胞的粗蛋白含量高达 80% 以上，10 种必需氨基酸的含量及结构比例接近鱼粉，远优于豆粕，具有高蛋白、低脂肪、易消化吸收等特点，可替代传统饲料蛋白，提高饲料利用率，降低饲料成本和减少环境污染。2021 年，乙醇梭菌蛋白获得了我国农业农村部颁发的饲料原料的新产品证书。我国每年工业废气排放总量约为 70 亿 t，若 10% 的钢铁冶金、石化炼油、电石尾气被用于生物发酵，可年产乙醇 1000 万 t、饲料蛋白 120 万 t，相当于每年节省粮食 3200 万 t、节约耕地 8000 万亩。

8）固氮细菌底盘

固氮微生物在自然界中分布广泛，在土壤、水系，甚至白蚁的肠道中均有发现。目前，已广泛应用于农业生产的固氮微生物主要是共生结瘤细菌和根际联合固氮细菌两类。根际联合固氮细菌施氏假单胞菌（*Pseudomonas stutzeri*）分离于我国南方根际土壤，能在非豆科作物根际定植，在根表固氮和生长，适应能力强，在田间表现出一定的节肥增产效果，是一种根表固氮模式菌。该菌的生物安全等级为 I 级（无毒级），富铁蛋白占细胞总蛋白的 30%，可替代传统饲用或食用蛋白，是潜在的固氮细胞工厂生产菌株。棕色固氮菌（*Azotobacter vinelandii*）为专一性好氧固氮微生物，能合成三种不同类型的固氮酶，即钼固氮酶、钒固氮酶和铁固氮酶。其中，铁固氮酶能产生大量的生物燃气，如甲烷和氢气，具有很高的呼吸强度，可通过加强有氧呼吸，迅速地将周围环境中的氧消耗掉，使细胞周围微环境处于低氧状态，确保固氮酶在好氧条件下具有高水平的催化活性。因此与大多数固氮菌不同，该菌能够在好氧条件下固氮，可作为好氧固氮和可再生能源生产的理论底盘菌株。

根瘤菌（rhizobia）是能够与豆科植物结瘤固氮的一类细菌的总称，其诱导植物形成特异化器官"根瘤",也可在某些豆科植物上形成"茎瘤",并在被侵染的植物细胞中分化形成具有固氮能力的类菌体。得益于高通量 DNA 测序技术,大量根瘤菌的完整基因组得以迅速发表。运用 Mariner 转座子插入测序技术分析了根瘤菌-豆科植物共生过程中的连续生活方式阶段,明确了根瘤菌在根际生长、根系定植、侵染根毛细胞、形成根瘤、分化成固氮类菌体和从根瘤中释放各个阶段的必需基因。虽然只有 27 个基因被注释为固氮基因(*nif* 和 *fix*),但研究发现有 603 个基因是豌豆结瘤和固氮过程中的必需基因。费氏中华根瘤菌为天然广宿主的快生型大豆根瘤菌,能与至少 112 个属的植物结瘤,是目前已知的宿主范围最广的根瘤菌,同时因其生长迅速、胞外多糖合成量少,可作为商业化应用的模式根瘤菌底盘。

固氮弧菌(*Azoarcus* spp.)是水稻和其他禾本科植物的内生固氮菌,为宿主植物提供大量生长所需的氮素。该菌通过生物固氮作用为其宿主植物——耐盐的盐土草提供源自大气中 N_2 的氮元素,在未感病植株中的定植数量极大:田间生长的耐盐的盐土草每克根干重所含该菌的可培养细胞数为 $10^8 \sim 10^{10}$ 个细胞,该菌是通过分子方法在植物根部内生菌自然群落中鉴定出的唯一一种最活跃的固氮细菌。在实验室中,该菌大量地定植在宿主根系(10^9 个细胞/g 根干重),并传递到其茎秆,是禾本科植物内生菌的模式底盘。需钠弧菌(*Vibrio natriegens*)为一种兼性厌氧海洋固氮细菌,是目前已知生长周期最短(9.8 min)、在营养缺乏低代谢状态下长时间存活以及可利用广泛底物快速繁殖的细菌。需钠弧菌的基因组大小约为 5.17 Mb,由大小分别约为 3.24 Mb 和 1.92 Mb 的两条染色体组成,无内源质粒。需钠弧菌具有天然转化能力,在对数期可有效摄取外源 DNA,其转化可以不依赖于感受态制备。目前,已在该菌中建立了转座子突变、同源重组、CRISPR/Cas9 以及基因组多基因同时编辑等多种基因组编辑方法和工具,并被用于丙氨酸、聚羟基烷酸酯、吲哚-3-乙酸和纳米硒等天然产品的生物合成。

针对上述固氮微生物底盘,人工设计和构建非编码 RNA、耐铵泌铵与根际抗逆等调控元件、功能模块和基因线路;以根际联合固氮微生物为底盘,进行人工调控元件、功能模块和基因回路适配性研究与系统优化,研发适用于机械化播种、水肥一体化滴灌和无土栽培等农业现代化生产方式的新型固氮产品;以固氮微生物和宿主作物为底盘,进行人工基因回路适配性研究和系统优化,开发高效智能的人工根际联合固氮体系,在田间应用中实现高效稳定的节肥增产目标。

9)极端微生物底盘

极端微生物是最适合生活在极端环境中的微生物的总称,包括嗜热、嗜冷、嗜酸、嗜碱、嗜压、嗜金属、抗辐射、耐干燥和极端厌氧等多种类型。极端微生物作为合成生物技术的底盘生物具有得天独厚的优势,如高效利用木质纤维素等可再生资源，具有超强的工业极端环境适应能力和底盘鲁棒性，实现无需严格灭菌可连续发酵等更节能节水的生产过程，是发展下一代工业生物技术的战略途径。特别是来自农业极端污染环境微生物资源库或通过人工智能设计的极端酶，能够在极端温度、pH、压力和离子强度下表现出生物学活性，已广泛用于农产品加工和生物质转化等领域，引发新的产业工艺革命。

耐辐射异常球菌（*Deinococcus radiodurans*）是迄今为止发现的对电离辐射、紫外线、干燥和化学诱变剂耐受性最强的微生物，已成为 DNA 损伤修复研究的模式生物和极端污染环境生物技术应用的理想底盘。该菌基因组大小为 3.25 Mb，包含大小分别为 2.6 Mb 和 0.4 Mb 的两条染色体，一个 0.17 Mb 的大质粒和一个约 45 kb 的小质粒，有较高的 GC 含量（67%）。表达来自恶臭假单胞菌的甲苯双加氧酶的耐辐射异常球菌工程菌株，能够在 60 Gy/h 持续 24 h 辐射下对甲苯、氯苯、3,4-二氯丁烯和吲哚引起的生物损伤进行生物修复，并且对 1 g/L 的甲苯具有抗性。一株表达大肠杆菌汞还原酶基因（*merA*）的耐辐射异常球菌工程菌株，能在 Hg（II）浓度高达 50 mmol/L 的环境中生长，并将有毒的 Hg（II）还原为毒性和挥发性较小的元素 Hg。耐辐射异常球菌具有显著的基因组可塑性，能够维持、复制和表达整合在染色体多拷贝中的超大外源 DNA 片段，如大小超过 50 kb 的固氮基因岛和天然代谢物合成基因簇。

极端嗜热微生物是一类生活在高温环境中的微生物，如火山口及其周围区域、温泉、工厂高温废水排放区等，其最佳生长温度在 80℃左右（图 2-2）。其中，热解纤维素果汁杆菌属（*Caldicellulosiruptor*）、嗜热厌氧杆菌属（*Thermoanaerobacter*）、栖热袍菌属（*Thermotoga*）、热球菌属（*Thermococcus*）和火球菌属（*Pyrococcus*）等，在极端高温条件下，展现出与众不同的、具有应用潜力的原生代谢能力，如降解纤维素、金属增溶作用和无 Rubisco 碳固定等。嗜热厌氧杆菌具有在高温下促进底物的高效转化、较宽的底物利用范围、较高的分解代谢活性、较短的发酵时间和乙醇易于回收等特点，是利用复杂木质纤维素生产生物乙醇等产品的理想生物底盘。基于耐热 Cas9 核酸酶的基因组编辑技术建立，为嗜热厌氧杆菌的高效遗传操作提供了解决方案。此外，嗜热栖热菌具备高效的自然转化能力及较短的生长周期，能产生多种具有应用价值的天然产物，包括色素（如类胡萝卜素和藻胆蛋白）、营养补充剂（如 ω-3 和 ω-6 多不饱和脂肪酸）、可再生燃料（如生物乙醇、生物柴油和氢气）、肥料与次级代谢产物（如胞外多糖、维生素、毒素以及具有抗病毒、防腐、抗真菌和抗癌活性的生物活性化合物）等。任何最佳温度高于 45℃的生物体都被归为嗜热菌，可进一步被细分为中度嗜热菌（在≥45～70℃最佳生长）、极端嗜热菌（在≥70℃最佳生长）和超嗜热菌（在≥80℃最佳生长）。

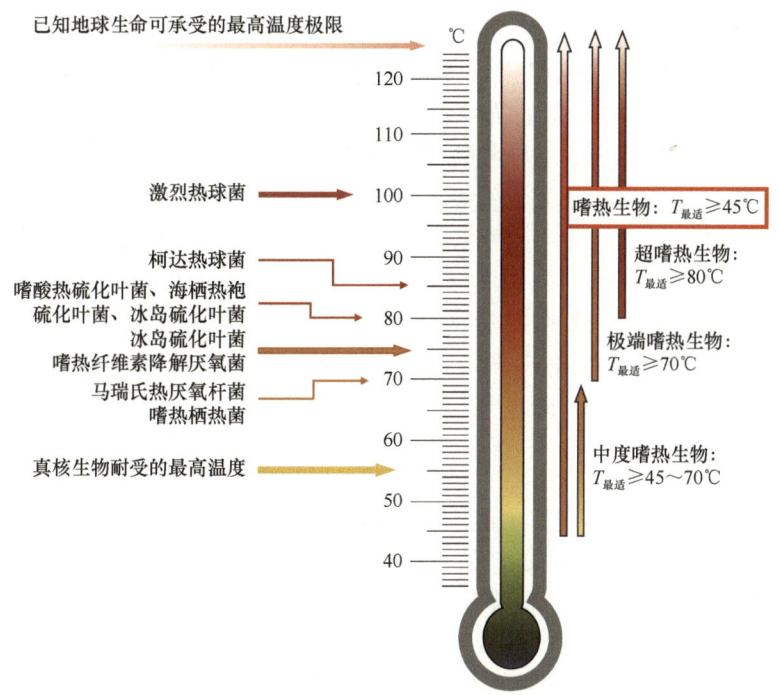

图 2-2 极端嗜热微生物及其最适生长温度

盐单胞菌（*Halomonas* spp.）是一类可以在高盐条件下生长的微生物。以嗜盐微生物作为工业生产菌株，其生长过程能够避免被普通微生物污染，可实现开放式连续发酵，具有低能耗、少淡水消耗、低固定资本投入、可连续生产等优势，从而大大降低了发酵生产成本。1972 年，从新疆艾丁湖土壤样品中分离筛选得到的盐单胞菌可耐受高 pH、高盐浓度，并有广泛的底物利用谱，在开放式连续发酵中表现出优异的聚羟基脂肪酸酯（PHA）合成能力，已经实现了从实验室 1 L 发酵罐扩大到 1000 L 中试的开放和连续化生产，以及多元化的 PHA 相关产品[如聚(3,4 羟基丁酸酯)、聚(3 羟基丁酸-3 羟基戊酸酯)]生产。盐单胞菌细胞工厂作为下一代工业生物技术细胞工厂，实现了生物表面活性剂蛋白 PhaP、5-氨基乙酰丙酸、乙偶姻和苏氨酸等多种高附加值生物化学品的生产。

2. 真菌底盘

真菌（fungi）是一大类真核微生物，已有大约 15 万个真菌种类被科学界所发现和记录，通常分为酵母菌、霉菌和蕈菌（大型真菌）三类。真菌，特别是以酵母菌和丝状真菌为代表的模式真菌，在工农业、医药、能源、环保等领域中均具有举足轻重的作用。通过人工设计与智能改造，酵母菌和丝状真菌等模式真菌已成为相关研发的重要底盘生物，有望高效、稳定地生产出特定的目标产物，譬如模式真菌底盘细胞被用于生产在生物质转化和工业发酵中具有重要作用的纤维素酶与糖化酶,在化工和食品工业中有广泛应用的柠檬酸与衣康酸等大宗有机酸以及在医药领域有重要应用的抗生素。

模式真菌底盘在合成生物技术研发中有如下显著优点。①遗传操作技术成熟:真菌的生理生化特征较为清晰,遗传操作相对简单,便于进行基因工程改造;②发酵原料廉价、多样:可以利用多种廉价的碳源和氮源,如农业废弃物、木质纤维素等;③具有高效表达与分泌能力:具有高效的蛋白质翻译后修饰和分泌能力,适用于生产复杂的生物制品;④应用领域非常广泛:真菌底盘细胞被广泛应用于生产纤维素酶、糖化酶等工业酶,柠檬酸、衣康酸等大宗有机酸,以及抗生素等次级代谢产物。

1) 酵母菌底盘

酵母菌(yeast)是一种单细胞低等真核生物,遗传背景清晰、培养条件简单、生长速度快、蛋白质产量高、产品容易分离提纯,具有一定程度的蛋白质翻译后加工修饰功能,克服了细菌生物底盘的诸多局限性。其中,酿酒酵母(*Saccharomyces cerevisiae*)是第一个完成全基因组测序的真核生物,具有培养条件简单、生长繁殖快、理化特征和遗传背景清晰、分子操作成熟、代谢调控可控等优势。目前,工程酵母菌底盘改造已逐渐由基因水平的酶蛋白高表达 1.0 版、组学水平的代谢通路调控 2.0 版,进入智能化人工设计 3.0 版的新阶段。利用开发表达系统的模块、基因元件重构、基因的大规模重组和重排等关键技术,突破蛋白质高效合成与表达路径各环节的技术和理论瓶颈,可实现蛋白质合成路径和代谢调控网络的优化与全新合成、底盘细胞全局性改造,创建低能耗、高产出、易加工、抗逆性强的蛋白质高效表达体系来生产重组牛乳蛋白。酿酒酵母在合成生物学研究领域不断取得突破性进展,人工合成酵母基因组计划于 2011 年成功实现酿酒酵母 6 号染色体左臂和 9 号染色体右臂的设计与合成,2018 年完成 6 条酿酒酵母人工染色体(2、3、5、6、10、12 号)的设计与合成。2018 年,中国科学家成功设计并完成了将酿酒酵母 16 条天然染色体人工创建为具有完整功能的单条染色体,为探索真核生物的染色体结构和功能进化、研究端粒功能及细胞衰老提供了实验模型。以酿酒酵母为底盘,将二氧化碳衍生的系列低碳化合物,比如甲醇、乙醇、异丙醇等,转化为糖及糖衍生物,包括木糖、木糖醇、葡萄糖、肌醇、氨基葡萄糖、蔗糖和淀粉。利用来自多种植物和真菌的 15 个异源基因,在删除三个内源基因之后,将内质网和细胞质作为合成场所,分别合成了 α-亚麻酸、12-氧代植物二烯酸、茉莉酸、茉莉酸甲酯和茉莉酸-异亮氨酸等。

解脂耶氏酵母(*Yarrowia lipolytica*)属于半子囊菌类,严格好氧,是食品安全级菌株,由于其抗逆性强、耐酸碱环境、底物谱广、胞内乙酰辅酶 A 和三羧酸循环代谢通量高等特殊的理化性质与代谢特征，被广泛地认为具有卓越的生物技术工业应用价值，因此已被开发作为诸多精细化学品和天然产物的潜在微生物细胞工厂，生产二十二碳六烯酸、赤藓糖醇、番茄红素、法尼烯和超长链蜡酯等产品。解脂耶氏酵母的脂质积累量能达到细胞干重的 38%。在解脂耶氏酵母的油脂合成途径中，三酰基甘油酯首先被合成，随后通过一系列氧化、碳链延伸、分解或碳氢活化等反应，生成脂质终产物。重构解脂耶氏酵母细胞内 NADPH 的合成网络，有效地促进了油脂的合成，最终油脂含量达到 98.9 g/L。引入多个拷贝的异源延长酶和去饱和酶基因，同时对解脂耶氏酵母自身的脂质合成途径进行重构，包括过表达 C16/18 脂肪酸延伸酶、Δ12 去饱和酶，降低过氧化物酶 β 氧化活性等，最终工程菌株能生产占总细胞干重的 25%的二十碳五烯酸（EPA），成功实现了 EPA 的微生物发酵法商业生产。

2）丝状真菌底盘

丝状真菌（filamentous fungi）为多细胞异养型真核微生物，基本上由丝状或管状结构的菌丝和孢子两大基本结构组成，无光合作用，不产生大型肉质子实体结构，包括曲霉菌（*Aspergillus* spp.）、毛霉菌（*Mucor* spp.）、镰刀菌（*Fusarium* spp.）和木霉（*Trichoderma* spp.）等，因为其具有能够利用廉价原料发酵、蛋白质分泌能力强等优势，所以可作为重要的工业发酵底盘微生物。目前，丝状真菌已经被用于生产多种大宗发酵产品，如工业蛋白质（纤维素酶、糖化酶等）和大宗有机酸（柠檬酸、苹果酸、衣康酸等）以及抗生素等次级代谢产物。经过持续的菌株改造及发酵条件优化，在工业发酵中黑曲霉的柠檬酸转化率已经接近理论水平，产量可以达到 170 g/L。在粗糙脉孢菌、黑曲霉、嗜热毁丝霉和里氏木霉等丝状真菌中也已开展了纤维素酶、糖化酶、抗体等蛋白质产品的合成研究，蛋白质分泌量已超过 100 g/L。此外，丝状真菌还可生产多款重要药物分子，如青霉素和头孢菌素（抗生素）、洛伐他汀与辛伐他汀（治疗心血管疾病、降低胆固醇）等。米曲霉是一种丝状真菌，属于曲霉属。它具有强大的蛋白质分解能力，能够分解各种蛋白质底物，同时也会产生多种有益的代谢产物。以米曲霉为细胞底盘，利用近缘宿主解决同源基因异源表达的适配性和产量低的问题。利用模块化组合重构了 39 个丝状真菌来源的萜类生物合成基因簇，构建了 173 个质粒，并在细胞底盘内重构 208 株突变体，形成了包含 185 个萜类产物的化合物库，同时通过对细胞底盘代谢工程改造，解决了目标产物产量低的问题。木霉菌属于子囊菌门粪壳纲肉座菌目肉座菌科木霉属，地球上已知的种类有 80 多种，最常见的木霉种类有哈茨木霉（*Trichoderma harzianum*）、康宁木霉（*T. koningii*）、绿色木霉（*T. viride*）、长枝木霉（*T. longibrachiatum*）和里氏木霉（*T. reesei*）等。自 1932 年发现木霉菌具有拮抗作用以来，木霉菌已被广泛运用于农业生产之中。木霉菌可产生许多对植物病原真菌、细菌及昆虫具有拮抗作用的生物活性物质，从而达到防病、治病的效果，而且还具有促进作物生长、提高养分利用率、增强作物抗逆性和修复农化环境污染等功能。

嗜热毁丝霉（*Myceliophthora thermophila*）是一种子囊菌门真菌，因其具有高温发酵、高效蛋白质分泌及广谱底物利用能力等工业特性，显示出作为高效蛋白质重组表达和化学合成宿主菌株的巨大潜力。嗜热毁丝霉以其分泌多种水解酶而闻名，这些酶包括纤维素酶、漆酶、木聚糖酶、果胶酶、脂肪酶、植酸酶以及各种异源酶，具有广泛的生物技术应用。该菌被广泛用于通过生物质生产有机肥料。例如，利用嗜热毁丝霉及其他菌株（包括枯草芽孢杆菌、地衣芽孢杆菌、嗜热脂肪芽孢杆菌和嗜热放线菌）制备了一种嗜热微生物联合体。该联合体用于在50～75℃下处理蓝藻、大型植物和沉积物的混合物，通过生物浸出有效降低了混合物中的水分含量。嗜热毁丝霉还具有独特的内源代谢特性，并在大规模发酵中表现出显著的鲁棒性。通过设计不同的代谢途径，嗜热毁丝霉已成为一种能够用多种原料生产多种产品的细胞工厂，包括工业酶（纤维素酶、木聚糖酶、漆酶、植酸酶、淀粉酶）、其他化学品（富马酸、丙二酸、苹果酸、琥珀酸、乙醇等）以及抗体蛋白（流感疫苗）。此外，嗜热毁丝霉C1获得美国食品药品监督管理局的"公认安全"（GRAS）认证，已被开发为生产治疗性蛋白质、疫苗以及高价值的初级和次级代谢物的理想工业底盘。但是，嗜热毁丝霉作为一种非模式微生物，其遗传元件的挖掘与开发相对滞后。尽管已经开发出一些表达元件和基因编辑工具，这些工具促进了嗜热毁丝霉的遗传改造，但仍存在诸如工具有限、效率低下和操作烦琐等挑战。

2.2 农业合成生物底盘重建策略

农业合成生物底盘的重建从单一零散的元器件合成，到复杂多样的功能模块和基因线路组装，"自下而上"地逐级在底盘生物上构建特定功能的人工代谢途径，或创造全新功能的人工生命体系。在不同底盘或同一底盘生物中，为应对不同的环境和生长条件，底盘细胞会将其资源以不同的策略分配给不同的代谢环节，以最大限度地提高其生长与适应能力。但是，人工调控元件、功能模块和代谢线路回路作为一种外源配置，额外占用底盘生物有限的DNA、RNA和蛋白质合成机器以及物质代谢与能量供给资源，其设计功能的实现受底盘细胞的资源调配机制调控的同时，还会改变底盘细胞的生理状态，导致底盘细胞重建后的表型难以预测。因此，农业合成生物底盘重建能达到预期设计目标的关键是，需要建立一个"设计-构建-测试-学习"（DBTL）的技术循环策略（图2-3）。目前，深度学习和人工智能发展迅速，发展出一系列的算法、设计软件和

- 构建
  - DNA合成：Roche/454焦磷酸测序；单分子实时DNA测序
  - 片段组装：体外（BioBrick、BIgBricks、In-Fusion、Golden Gate、Gibson）；体内（CasHRA）
  - 基因编辑：内源性Ⅰ型CRISPR-Cas；性Ⅱ型CRISPR-Cas9/Cpf1
  - 底盘重建：元器件、模块和回路设计与构建

- 测试
  - 体外：酶催化测定；无细胞体系测定
  - 体内：转录组、蛋白质组和代谢组分析、时空调控
  - 平台：Biolog、Bioscreen C、MMC、微流控、FACS、FADS、高分辨率成像系统、BioFoundry

- 设计
  - 元件设计：RSBP；非标准生物部件的程序（RBS计算器、DOOR）；密码子优化（COOL）；从头（De novo）设计；计算机模拟；GSM分析
  - 线路设计：计算机模拟
  - 基因组和细胞工厂设计：计算机模拟与GSM分析

- 学习
  - 数据化：公共数据库和私有数据集组学数据分析、生物信息学习、机器学习
  - 可视化：本地图形、网络交互式可视化
  - 模型化：不同类型和层次的模型（GSM、全细胞模型）

图 2-3　农业生物底盘的"设计-构建-测试-学习"技术循环策略

智能操作平台。在农业合成生物底盘重建的"设计-构建-测试-学习"过程中，通过基于支持向量机、梯度提升树和神经网络算法的数据增强与集成学习，可以改进关键设计特征数据集，评估生物生产效率的关键工程目标，实现每个环节的精准化、自动化和智能化。

2.2.1 设计编程

"设计"是合成生物底盘重建的基础，通常采用"自上而下的设计策略"和"自下而上的设计策略"，利用先验知识、经验和计算机模型等，进行合成生物底盘重建的路径设计，包括选择底盘细胞、设计基因回路、调控代谢回路和利用底物等，对调控元件、功能模块、代谢回路和智能体系进行理性设计。自上而下的设计策略是通过代谢以及遗传工程赋予已有生命体新型的生物功能和特性，达到改良生命体的目的，而自下而上的设计策略是通过生物学零件的逐级组装来创造新的生物系统，目标是创造满足人类需求的人造生命体。尽管传统的"自上而下"的设计方法为宏观过程提供了框架，但它常常忽略了驱动微生物和相关化学转化的复杂原位代谢网络，也未考虑到依赖于微生物群落成员之间的复杂互动的过程，从而限制了在分子层级上对系统进行优化的潜力。多组学和自动化技术的最新进展使研究人员得以使用自下而上的方法，并专注于针对微生物组的代谢网络和微生物的相互作用进行工程化开发。自下而上设计方法的实际使用也面临着重大的挑战，包括代谢网络的重构存在不准确和/或不完全的情况，许多基因、蛋白质和代谢物的功能还是未知的，对驱动个体和群落层级表型的进化压力知之甚少，以及对基因、代谢和生态系统调节机制（如群体感应信号响应系统）的了解不足等。合成生物底盘重建的设计从识别目标化合物开始，然后高通量挖掘候选途径和候选基因元件，再将元件进行装配以生成实验设计。最终产生的设计蓝图用某种标准形式进行编程，再从设计阶段转移到构建阶段。

2.2.2 构建验证

"构建"是合成生物底盘重建的技术核心，通过DNA合成、DNA组装、基因编辑和基因扩增等技术手段，构建所需的调控元器件、基因模块、表达系统和代谢网络路线，导入理想的底盘细胞内，创建实现预期目标的生物体系。该过程包括DNA合成、大片段组装和精准编辑等。DNA合成技术在合成生物学的发展过程中起着十分重要的支撑作用，其不同于体内扩增，不需要使用模板，可直接根据DNA序列进行人工合成。目前，主流技术为固相亚磷酰胺化学合成法，由于合成长度、错配率与生产成本之间的制约关系，该方法合成长度一般不超过200

bp。微阵列芯片的发展进一步提高了合成效率,降低了合成成本。针对 DNA 大片段的拼接和组装,开发了 BioBrick、In-Fusion、Golden Gate、Start-Stop 及寡核苷酸连接介导的 DNA 组装等多种组装方法。Gibson 组装法利用核酸外切酶、DNA 聚合酶和 DNA 连接酶 3 种酶实现大片段 DNA 的无缝拼接,由于其操作简单且可以无缝拼接而被广泛使用,实现了将 4 个大于 100 kb 的片段在体外组装成 583 kb 完整基因组的目标。另外,基于同源重组原理的多个 DNA 大片段体内高效组装方法也在酿酒酵母、大肠杆菌和枯草芽孢杆菌等常用宿主中实现应用。该阶段人工构建的元器件、功能模块、代谢线路和重组底盘等,将进入下一阶段进行测试验证。

2.2.3 测试验证

"测试"是质控环节,通过对所构建的生物体系进行表型测试表征,包括基因型数据和表型数据的测定,以及目标产物的产量和质量的表征等,高通量获取生长代谢、生产能力等海量参数,用于评估底盘重建的功能性和适配性。由于逻辑线路及模块化的代谢途径在通过理性或非理性设计后,都会存在大量的突变体或候选目标,需要高效、准确和经济的检测技术生成相应数据,用于评估底盘重建的功能性和适配性,如通过测量确定是否达到了设计成果(如测量生物产品的滴度、速率和产量),进而获得生态系统的理化特性(如 pH、温度和化学浓度)以及关键生态系统动力学数据(如生物量增长、化学转化、养分吸收和代谢通量)。传统的检测方法无法满足合成生物学对大量定量化生物元件、逻辑线路及代谢与调控途径组合的需求,目前已开发利用多种高通量或自动化的筛选与检测技术来提高测试的效率,如用于 DNA 组装、基因线路和天然产物活性检测、菌株筛选与表型检测的微流控芯片技术、荧光激活液滴分选系统,以及基于拉曼光谱、傅里叶变换红外光谱或近红外光谱和先进光谱传感器的筛选、Biolog 表型芯片、微孔板高通量筛选及全自动高通量微液滴培养等技术平台。例如,使用液滴微流控技术可以对构建的微生物组进行高通量的表型检测;采用质谱成像技术可将元素及其同位素以及生物分子在复杂样品中的分布可视化,分析空间有序的微生物组以及研究细胞之间的相互作用。在测试阶段量化的实验数据被传送到学习平台。

2.2.4 学习反馈

"学习"是限速步骤,利用大数据、机器学习、深度学习、人工智能等方法,对测试结果进行综合评估分析和预测,用于进一步改进和优化设计。利用不断迭代优化的方式,可以逐步提高农业合成生物底盘的设计性能,提高目标产物的生产效率和质量，同时为下一个循环优化提供理论指导。学习反馈过程涉及数据收集整合、数据分析、结果可视化和建模分析等，为下一个循环改进设计提供理论与技术指导。对收集整理的大量数据可以利用生物信息学和人工智能、机器学习等相关技术进行分析以及构建数学模型，如利用基于系统生物学方法的组学技术进行"基因-RNA-蛋白-代谢-表型"不同层面分析，获得基因组尺度的代谢网络模型和全细胞模型数据。相关数据结果通过关联、集中查询与可视化，可以促进合成生物学的进一步发展。基于 Web 的可交互式数据平台具有可视化、方便性和实用性，目前许多数据库都提供基于 Web 端可视化的结果展示。例如，提供上万种已测序微生物基因组及其代谢途径的 BioCyc 数据库，将分析工具与结果展示集成在一起，是基于 Web 端的网页可视化的优秀实例。目前已经发表的唯一全细胞模型，即生殖支原体全细胞模型，建立了专门的可视化平台 WholeCellViz，以动态展示其模拟过程，直观地理解内部发生的过程。学习反馈阶段总结的规律与结论，可以指导合成生物学 DBTL 其他阶段的模块构建，优化建立更为高效精简的合成生物学工作流程，用于不同底盘细胞的构建和性能优化。有价值的信息可用于推断设计规则，再将这些规则应用于下一个"设计-构建-测试-学习"循环。如此反复循环优化，形成正向可靠的科学闭环。

2.3　农业合成生物底盘重建技术

2.3.1　DNA 测序、合成与组装技术

DNA 测序、合成与组装技术是整个合成生物学领域的核心技术体系，也是农业合成生物底盘重建的关键底层技术平台。随着测序技术的不断迭代发展，遗传信息的读取数据呈爆炸式海量增长，与此同时，编写 DNA 的尺度也不断延伸，逐渐由单个基因、某一代谢通路向完整基因组拓展。研究对象复杂性的提升对 DNA 测序、合成与组装提出了更高的要求。

1. DNA 测序技术

第一代测序技术由英国生物化学家桑格发明，其基本原理是双脱氧核苷三磷酸（ddNTP）造成 DNA 聚合反应终止，因此也被称为双脱氧链终止测序法。目前，基于第一代测序技术的测序仪都是采用桑格提出的链终止法原理，测序读长可达 1000 bp，准确性高达 99.999%。但第一代测序仪存在通过手工测序、测序成本高、通量低等方面的缺点，难以满足物种大范围测序以及 DNA 微量测序的需求。1990 年，荧光自动测序技术的出现，使 DNA 测序技术步入了自动化时代。从第一例噬菌体基因组序列到人类基因组图谱分析，全部采用半自动化毛细管电泳的双脱氧链终止测序法。第二代测序技术又称大规模并行测序或高通量测序技术，基本

原理是边合成边测序，具有成本低、准确度高、单次运行产出序列数据量大，以及一次可对成百上千个样本的几十万至几百万个 DNA 分子同时进行快速测序分析的特点。利用第二代测序技术可以进行全基因组从头测序（*de novo* sequencing），也可以在全基因组水平上进行重测序，或在转录组水平上进行全转录组测序，开展基因表达水平检测、可变剪接、单核苷酸多态性等生物组学研究。目前，第二代测序技术包括以下三种类型。

（1）Roche/454 焦磷酸测序：不需要凝胶电泳以及对 DNA 样品进行特殊形式的标记和染色，具有大通量、低成本、快速、直观的特点。其基本原理是在引物与模板 DNA 退火后，在 4 种酶的协同作用下，将引物上每一个脱氧核苷三磷酸（dNTP）的聚合与一次荧光信号的释放偶联起来，通过检测荧光的释放和强度，实现实时测定 DNA 序列。

（2）Illumina/Solexa 合成测序：是目前性价比最高、应用最广泛的测序技术。其原理是采用不同颜色的荧光标记 4 种不同的 dNTP，当 DNA 聚合酶合成互补链时，每添加一种 dNTP 就会释放出不同的荧光，根据捕捉的荧光信号并经过特定的计算机软件处理，从而获得待测 DNA 的序列信息。

（3）ABI/SOLiD 测序：以四色荧光标记寡核苷酸的连续连接合成取代了传统的聚合酶连接反应，在测序时单链荧光探针按照碱基互补规则与单链 DNA 模板配对，不同探针的 5′端分别标记不同颜色的荧光染料，每两个碱基确定一个荧光信号，因此也被称为两碱基测序法。SOLiD 系统单次运行可产生 50 Gb 的序列数据。

第三代测序技术又称单分子实时 DNA 测序技术。与前两代相比，第三代测序技术无需进行聚合酶链式反应（PCR）扩增，无需荧光标记，读长更长，后期数据处理更加方便，根据技术原理分为三大类型。

（1）单分子荧光测序：将 DNA 聚合酶、待测序列和不同荧光标记的 dNTP 进行合成反应。在一个 dNTP 被添加到合成链上的同时，在激光束的激发下发出荧光，根据荧光的种类就可以判定 dNTP 的种类。测序过程包括文库构建和上机测序两步。文库构建是将长片段 DNA 分子与测序接头连接成茎环结构，然后加上与接头互补的测序引物及 DNA 聚合酶。上机测序是将构建好的文库复合物载入纳米孔中，通常一个纳米孔固定一个 DNA 分子，DNA 聚合酶通过共价连接的方式固定在纳米孔底部。

（2）纳米孔单分子测序：借助电泳驱动单个分子逐一通过纳米孔来实现测序。由于纳米孔的直径非常细小，仅允许单个核酸聚合物通过，4 种核苷酸的空间构象不一样，因此当它们通过纳米孔时，所引起的电流变化不一样。由多个核苷酸组成的 DNA 或 RNA 链通过纳米孔时，检测通过纳米孔的电流的强度变化，即可判断通过的核苷酸类型，从而实现单分子测序。

（3）Ion Torrent 半导体测序：利用半导体直接将碱基化学信号转换为数字信

号。当 DNA 聚合酶将一个核苷酸加入到 DNA 分子中，就会释放出一个氢离子，导致局部可检验的 pH 发生变化，被离子传感器检测并转换为数字信号。该技术完全摆脱了利用光路系统进行碱基识别的限制，不需要昂贵的物理成像设备，测序过程更简单、快捷和低成本。

纵观 DNA 测序技术的历史，从 1977 年第一台测序仪，到 2005 年第一台第二代测序仪 454 GS20，再到 2008 年单分子测序，即第三代测序技术问世，经过了近半个世纪的时间。当前，DNA 测序技术在读长长度、测序速度等方面都有了质的飞跃，测序成本也以比摩尔定律更快的速度在下降。2003 年，绘制人类基因组图谱约花费 30 亿美元，到 2019 年，其花费还不到 1000 美元。新一代测序技术一秒可以测 10 个碱基，测序速度是化学测序法的 2 万倍。第二代测序一个反应可以测几百个碱基，但是第三代测序可以测几千个碱基，将在 RNA 测序、甲基化研究、突变鉴定检测等新测序领域发挥重要作用。

2. DNA 合成技术

DNA 合成技术是利用化学方法或酶学方法，在体外人工合成目标 DNA 片段。第一代 DNA 合成技术采用亚磷酰胺三酯合成法，也就是将 DNA 固定在固相载体上完成 DNA 链的合成。第二代 DNA 合成技术是基于芯片的方法，包括喷墨法、光化学法及电化学法。最新一代 DNA 合成技术是酶促合成技术，主要包括微阵列法、酵母体内 DNA 合成法、连接介导 DNA 合成法。作为合成生物学的关键基础性技术，其重要性堪比测序技术对基因组学的支撑。随着海量组学数据的积累和人工智能技术的不断创新，合成生物设计能力得到了飞速提升，催生了越来越多的 DNA 片段合成需求。

目前，DNA 合成的主流技术是化学合成法，该技术始于 20 世纪 50~60 年代，采用磷酸二酯法实现寡聚二核苷酸的合成。随后，寡核苷酸的化学合成法不断被完善，主要包括改善亚磷酰胺单体的稳定性和反应活性以提高单体偶联步骤的效率，以及优化保护基团的反应活性和产物的稳定性以提高氧化环节的氧化效率等。到 20 世纪 80 年代，基于亚磷酰胺的 DNA 合成法逐步发展为柱式合成法，即第一代 DNA 合成技术。寡核苷酸合成法分为脱保护、偶联、盖帽和氧化 4 步循环。首先，按照预定碱基序列，通过液路系统依次在提前做好表面修饰的固相载体上加入相应的 4 种亚磷酰胺合成单体（A、T、C、G）及其他必需的化学试剂，以完成指定寡核苷酸序列的合成。待合成完毕后，通过氨气或利用其他碱性条件，将产物从固相载体上切除并收集，即可获得目标碱基序列的寡核苷酸。但是由于每一步化学反应的不完全性和副反应的发生（如脱保护过程中的脱腺苷等），寡核苷酸合成链越长，合成效率越低，合成错误率越高，这极大地限制了寡核苷酸合成的长度及合成质量。

第二代 DNA 合成技术始于 20 世纪 90 年代，采用基于高通量固相芯片的 DNA 合成策略，如光化学合成法、电化学合成法、喷墨打印法等，单张芯片可进行上万条长度不等的单链 DNA 合成。为了实现高通量并行的寡核苷酸化学合成，芯片合成技术需要保证在一个非常小的芯片位点上，能够不受干扰地单独完成每一轮的化学反应。微阵列 DNA 合成技术利用硅芯片，可以控制将单个核苷酸分子加到特定位置的寡核苷酸序列上。相比第一代技术，第二代技术通量高、成本低，已由 2001 年每 Mb 碱基合成的平均费用超过 5000 美元，下降至 2021 年的 0.006 美元。第二代技术的合成原理仍沿用第一代合成底层化学法，因此在合成长度、速度、环保等瓶颈问题上仍未突破。

DNA 合成技术是指在不依赖 DNA 模板的情况下，通过酶促反应实现 DNA 分子的从头合成。酶促 DNA 合成技术具高效、高准确率、低底物消耗和环保性等特点，使得其有希望解决当前 DNA 合成面临的问题，被认为是有望打破 DNA 化学合成法瓶颈的第三代DNA 合成技术。DNA生物合成技术相较于传统的化学合成法，主要有以下显著优势：①酶促反应准确率高，在工艺优化后，国际上已实现从头合成 1005 nt 的单链DNA；②酶促反应速率快，据测算，理论上添加天然核苷酸的速度可达毫秒级，催化修饰核苷酸底物可实现 1~3 min 的单碱基延伸时间；③酶催化体系底物浓度低、用量少，只需两步循环反应、3 种生物试剂，试剂种类较化学合成法降低 60% 以上，成本可降低 1~2 个数量级。近年来，第三代 DNA 生物合成技术及其产业化应用得以快速发展。DNA Script 公司基于生物酶技术，于 2020 年推出了世界上首台桌面型 DNA 酶促打印机，单孔产量可达 200 pmol，单步反应效率高达 99.5%。2023 年，新一代酶促 DNA 合成先驱 Ansa Biotechnologies 公司成功从头合成 1005 个碱基长度的 DNA，这是目前世界上一次合成最长的 DNA 寡核苷酸，其合成的序列不仅长，还包含复杂的特征，包括二级结构和高 GC 含量。DNA 合成初创公司 Elegen 推出 ENFINIA™ DNA 新产品，可快速合成多达 7000 个碱基的全长 DNA，每个碱基的准确率为 99.999%。

3. DNA 组装技术

DNA 组装是合成生物底盘重建的关键底层技术，化学合成法从头合成 DNA 的长度被限制在 200 nt 以内，要想获得千碱基对超长基因乃至兆碱基对级别的全基因组，可将分段合成的寡核苷酸片段装配成长片段 DNA 或基因组。常用的 DNA 组装方法可分为三类：酶依赖的 DNA 组装（基于 DNA 聚合酶、核酸内切酶、核酸外切酶、连接酶）、非酶依赖的 DNA 组装、依赖于体内同源重组的 DNA 组装。当前较为常用的技术有重叠延伸 PCR（OE-PCR）组装技术、BioBricks™组装技术、Golden Gate 组装技术、TPA（twin-primer non-enzymatic DNA assembly）组装技术和 Gibson 组装技术等。

2003年，美国麻省理工学院发明了Golden Gate组装技术，利用II型限制性内切酶切割位点识别序列外部的特点,通过设计切割后的4 bp悬挂序列来实现DNA片段的无缝顺序拼接，随后利用5′核酸外切酶、DNA聚合酶和耐热DNA连接酶的混合物开发了新型组装方式，实现了DNA片段之间的无痕连接。体内组装技术包括基于枯草芽孢杆菌重组系统的BGM载体组装方法、酿酒酵母同源重组的转化辅助组装、大肠杆菌λ噬菌体Red操纵子和Rac噬菌体RecE/RecT系统介导的RedET组装系统等。例如，以枯草芽孢杆菌基因组作为DNA克隆的载体，开发了多米诺骨牌法组装技术，或结合蓝/白筛选的方法，开发出一种在酿酒酵母体内可以快速准确地组装DNA片段的方法，或基于全长Rac噬菌体蛋白RecE及其伴侣RecT开发了高效的同源重组Red/ET技术。与体外组装策略相比，体内组装策略可以实现更大尺度的DNA片段，甚至是基因组的组装，如在枯草芽孢杆菌体内通过尺度延伸法组装了光合细菌蓝藻PCC6803的基因组，成功把3.5 Mb的蓝藻PCC6803基因组整合到4.2 Mb的枯草芽孢杆菌BGM载体上，形成了一个7.7 Mb的杂合基因组。

近年来，已建立和完善了一系列高通量DNA组装技术，实现了从单个转录单元到整个合成生物系统的高效无痕拼装，这些技术由于不引入额外序列，所以对目的蛋白的表达不产生干扰，且重组效率高。其中，Golden Gate组装技术和Gibson组装技术都可以一步实现转录单元的高效率、规模化拼装，有利于节省后续对构成转录单元的生物元件进行优化和替换的时间，是最常用的DNA组装技术。

（1）Golden Gate组装技术：此类技术基于IIs型限制性内切酶使基因片段和载体产生互补的黏性末端序列，并通过DNA连接酶，组装成不含酶切位点的DNA片段，实现多个片段的无缝连接。目前常用的载体构建系统有：基于II型限制性内切酶的载体构建系统、基于IIs型限制性内切酶的Golden Gate载体构建系统。与传统的酶切连接不同，IIs型限制性内切酶（如 *Bsa*I）在识别序列以外剪切DNA，产生4个碱基的黏性末端，重组克隆不会残留酶切位点，真正做到了"无缝"拼接。

（2）Gibson组装技术：Gibson组装技术是一种不受酶切位点限制、适合多片段DNA的无缝组装技术，由多个酶协同参与，DNA 5′核酸外切酶首先切出一个黏性末端，各黏性末端间根据同源关系互补，按照同源序列的顺序进行组装。相比T4连接酶法（即传统酶切连接法）的数小时甚至过夜连接，Gibson组装技术仅需1 h就可完成连接，大大缩短了连接时间。传统酶切连接法需要分步进行，耗时较长，Gibson组装技术可实现一步连接6个片段。但该方法不适用于高度重复的片段重组，重复片段会影响同源臂的设计与连接，而且该技术也不适用于＜200 bp长度的短片段重组，较容易引起碱基缺失。

（3）CPEC组装技术：基于环形聚合酶延伸克隆（circular polymerase extension

cloning，CPEC），对 DNA 片段的要求类似于 Gibson 组装技术，末端含同源序列。CPEC 组装技术是一种通过 PCR 实现 DNA 片段组装的技术：DNA 片段及载体经过变性解链，退火时末端同源序列互补，序列间互为模板和引物在 DNA 聚合酶的作用下延伸为含有缺口的环状 DNA 分子，该缺口可在大肠杆菌中得到修复从而得到完整的质粒。总的来说，CPEC 组装技术是一种更为简单、高效且经济的 DNA 组装技术，应用更加广泛，但不适合高 GC 含量 DNA 片段的组装。

（4）自动化组装技术：基于 Golden Gate 组装技术开发的转录激活因子样效应物核酸酶表达质粒的自动化组装技术，通过将 192 个基因组位点信息输入自主开发的 DNA 组装设计软件 Script Generator 来对 TALEN 序列进行设计，并生成自动化组装流程脚本，实现连接酶反应、大肠杆菌转化和培养、质粒提取、酶切验证等过程的自动化运行，每天可以构建 400 对编码 TALEN 蛋白的 DNA 序列，正确组装效率达 96% 以上。基于自动化设施平台搭建的全自动化的多片段 DNA 构建平台 DNA-BOT，包含 4 个功能执行模块，即剪接反应、核酸纯化、组装和转化模块，通过 1578 步移液操作，38 步磁珠法核酸提取、96 步热激转化（96 孔板）的自动化操作，实现各包含 3 个 DNA 片段的 88 个质粒的同步组装。

2.3.2 高效遗传转化与精准基因编辑技术

1. 动植物高效遗传转化技术

高效遗传转化技术是合成生物底盘重建的关键环节。但是，外源候选基因必须借助各种手段，才有可能进入受体细胞并整合到受体生物的基因组中，特别是在高等生物如动植物中，这是一个极其复杂和艰难的遗传转化过程。

植物遗传转化方法包括农杆菌介导法、病毒介导法、噬菌体介导法和脂质体介导法等载体介导法，以及聚乙二醇转化法、电击法、基因枪法、花粉管通道法、激光束法、纤维注射法、超声波冲击法、子房注射法及浸胚法等 DNA 直接摄取法。此外，最新开发的纳米颗粒转化法是将装载外源基因的纳米粒子，通过基因枪技术或借助磁场等转入植物中，从而获得转基因植株。该技术具有穿透性强、装载量大、保护外源基因不被降解以及较短的遗传转化周期等特点。在适合的磁场条件下，将磁性纳米颗粒载体传递到花粉中，利用磁转染花粉授粉并在子房受精产生转基因种子，可以有效地转化某些难以使用常规方法进行遗传转化的植物。一种不依赖植物细胞遗传转化体系的核糖核蛋白转化法，通过将 CRISPR/Cas9 蛋白和指导 RNA（gRNA）在体外组装成核糖核蛋白复合体，进而转化到作物原生质体中，可以获得不含转基因片段的突变植株。农杆菌介导的基因瞬时表达渗透技术具有如下特点：一是操作简单，仅需利用无针注射器与根癌农杆菌悬浮液浸润叶片；二是转化效率高，同时实现多基因表达；三是检测周期短，几小时或几天就可以产生蛋白，已广泛应用于植物底盘的遗传转化。比起核基因组遗传转化技术，叶绿体遗传转化技术具有多重优势，主要包括：①由于缺乏表观遗传或转录后基因沉默机制，蛋白表达水平高且稳定；②叶绿体 DNA 通过母系遗传，几乎不存在转基因不良扩散的风险；③叶绿体中多为原核性质的转录翻译机制，可以运用多顺反子调控的表达策略等。目前叶绿体的遗传转化一般是通过基因枪法或聚乙二醇（PEG）介导的转化将转基因引入叶绿体基因组中。

动物遗传转化的主要方法包括：体细胞核移植法、精子载体法、原核显微注射法、逆转录病毒载体法、胚胎干细胞介导法等。其中，体细胞核移植法即体细胞克隆转基因技术，是将转基因的供体细胞核通过显微操作的方法直接注射或融合到去核的卵母细胞中，构建成重构胚，再将重构胚移植到受体动物的输卵管，完成妊娠并最终获得克隆转基因动物。1997 年，英国科学家利用成年母羊的乳腺上皮细胞，通过体细胞核移植法获得世界首例体细胞克隆绵羊多莉。同年，英国罗斯林研究所和 PPL 公司将体外培养的绵羊体细胞进行人凝血因子Ⅸ基因的转染，通过体细胞核移植法克隆出转基因绵羊波莉。精子载体法是以精子作为外源基因的载体，通过受精过程将外源基因导入动物胚胎而进入子代基因组中。自从首次利用小鼠附睾精子与 DNA 温育产生转基因小鼠以来，精子载体法已经在哺乳动物、鸟类、鱼类、贝类、甲壳类等几十多种动物的转基因上获得成功。1994～1996 年，采用精子载体法先后对 1586 只绵羊进行了转人胰岛素原基因试验，平均转基因效率为 6.67%。原核显微注射法是生产转基因猪的经典方法，已有 30 多年的应用历史。1985 年，科学家利用原核显微注射法将人的生长激素基因注入猪的受精卵中，获得了世界上第一头转基因猪，其生长速度提高了 10%。2001 年，采用原核显微注射法将大肠杆菌肌醇六磷酸酶基因导入猪的胚胎，培育出转基因"环保猪"，能够有效地消化植物磷，不需要在饲料中额外添加磷元素，粪便中排出的磷元素含量减少 20%～60%。

2. 精准基因编辑技术

精准基因编辑技术主要以序列特异性核酸酶为工具，这些酶主要包括 3 种类型：锌指核酸酶、转录激活因子样效应物核酸酶和 CRISPR/Cas 系统。其中，CRISPR/Cas 系统具有效率高、操作快捷、效果准确等优点，是目前基因编辑的主流技术，尤其是Ⅱ型的 CRISPR/Cas9 或 CRISPR/Cas12a(Cpf1)基因编辑系统，已在多种生物体系中得到广泛应用。核酸内切酶 Cas9 和 Cpf1 通过 sgRNA 被引导至特定的基因组位点，识别目标 DNA 序列并完成切割，产生双链断裂的基因组位点，通常通过非同源末端连接或同源重组，导致基因敲除或替换。对于生物合成中的多个基因或同一通路的调控，可以针对不同基因的靶点设计 gRNA，采用 Golden Gate 或 Gibson 组装技术将多个 gRNA 序列装配到 CRISPR/Cas9 双元表达载体中。此外，由诱导型或组织特异型启动子驱动的 Cas9 的表达可以用于控制特定细胞、组织、发育阶段的基因表达。

随着单碱基编辑技术的开发，基因编辑领域进入了一个更为精准的时代。基于 CRISPR/Cas 系统开发的单碱基编辑技术是一种新型靶基因定点修饰技术，在不产生 DNA 双链断裂的情况下，利用胞嘧啶脱氨酶或人工进化的腺嘌呤脱氨酶对靶点进行精准的单碱基编辑，实现 C-T 或 A-G 的替换。同时，为了解决单碱基编辑的脱靶问题，已建立了适用于植物任意碱基编辑的技术，如植物引导编辑技术，在水稻和小麦的原生质体中实现了 12 种类型、16 个位点的精确编辑。此外，新型的饱和靶向内源基因突变碱基编辑器的成功建立，实现了水稻乙酰辅酶 A 羧化酶基因的定向进化，从而获得了除草剂抗性突变，这也为快速获得有益农艺性状提供了可能。但是大多数底盘细胞 CRISPR/Cas 技术的使用需要外源引入 Cas 蛋白，会引起细胞毒性，从而限制了 CRISPR/Cas 系统的应用。为了解决这个问题，研究人员在多种微生物中开发出了基于微生物自身内源 CRISPR/Cas 系统的基因组编辑技术，如硫化叶菌、巴斯德梭菌和运动发酵单胞菌等，可快速实现基因插入、缺失和单碱基编辑等基因编辑，部分操作的编辑效率高达 100%，且不会受到外源 Cas 蛋白毒性的影响。

2.3.3 全局性基因动态调控技术

全局性基因动态调控技术是指生物体内基因表达受到多个不同因素调控的技术。这些因素包括细胞内信号传递通路、表观遗传、转录因子等。这些因素共同作用于一个生物体的基因组，以确保基因的表达和功能在不同阶段的细胞发育与生命过程中得到协调和调节。基因表达调控是生物底盘代谢途径重建和优化的重要手段，通过单基因调控、多基因调控以及基因动态调控技术，对关键节点的基因进行表达强度的调控，包括增强产物合成途径和辅因子合成途径，或弱化一些敲除后会导致菌体不生长但对产品生产有不利影响的基因。单基因调控是在染色体上对代谢途径某个特定基因的表达进行调控，常用强启动子进行单基因调控，如 IPTG 诱导型 Tac 启动子、T7 启动子等。在大肠杆菌底盘中，构建了启动子文库，获得了不同强度的启动子，用于葡萄糖转运蛋白基因 *galP* 和葡萄糖激酶基因 *glk* 的调控，组合调控菌株 GalP93-Glk37 显著提高了葡萄糖的消耗速率。利用核糖体结合位点文库对丁二酸转运蛋白 DcuB 和 DcuC 的单基因调控，提高了向细胞外转运丁二酸的能力和产量。为实现目标化学品的高效生产，常需要多个基因的协同表达才能达到代谢途径的优化，包括一种可调控基因间区域文库技术，基于基因间序列改变会对基因表达强度产生影响的原理，在大肠杆菌中实现甲羟戊酸途径多个基因的协同表达，甲羟戊酸产量提高了 7

倍；一种全局转录机器工程，实现大规模基因表达重编程，即通过对酿酒酵母TATA 盒结合蛋白进行随机突变，直接筛选耐受高浓度葡萄糖与乙醇的新型酵母，使乙醇产量提高了 50%。

基因动态调控技术是优化代谢途径的重要手段，其基本思路是设计人工基因回路，使细胞能够实时感应胞内代谢信号和外部环境条件的变化，精准开启或关闭基因表达，从而实现代谢通路的动态调控。目前，已鉴定出大量微生物来源的新型诱导型启动子，通过感应小分子信号或环境胁迫信号，在不同强度水平上激活目标基因的表达。例如，一种动态感知-调控系统，能够在大肠杆菌中根据宿主的代谢状态调节代谢途径，进而控制脂肪酸乙酯的生产。这一策略使用了一个检测胞内代谢中间产物乙酰辅酶 A 的检测器，同时响应传感器的启动子被设计用来控制生物合成途径相关基因的表达。该系统根据胞内乙酰辅酶 A 的浓度动态调控整条代谢途径的生产与消耗，将脂肪酸乙酯的产量提高了 3 倍，同时提高了菌株的遗传稳定性，降低了有毒代谢产物的浓度。对代谢途径中关键基因的转录水平进行调控是生物底盘改造的常用策略，但该策略往往不能明显提高目标产物的效价，甚至导致工程菌株胞内碳/氮代谢网络和辅因子网络的失衡。细胞全局转录因子工程是通过对转录复合体成分，尤其是负责 DNA 序列识别从而决定 RNA 聚合酶结合偏好性的转录因子进行定性进化，对细胞整体的转录发生扰动，筛选相应细胞性状的策略。该策略可以有针对性地改变细胞基因组，筛选目标生理性能，获得遗传背景清晰的代谢工程菌。利用易错 PCR，对大肠杆菌 *rpoD* 基因编码的关键转录机器组分 sigma 因子突变，获得乙醇的耐受突变株，在 50 g/L 乙醇条件下倍增时间为 3.5 h。在应对发酵过程中 ATP 或辅因子失衡以及代谢物积累到毒性水平等代谢失衡问题时，基于启动子-转录因子构建的动态调控是代谢途径优化中最有效的策略之一。转录因子能与特定的代谢物及启动子区域特定的 DNA 结合，从而达到激活或抑制下游基因表达的效果。基于乙酰辅酶 A 响应性开发了动态传感器-调节系统（DSRS）以调节脂肪酸乙酯生产基因的表达，FapR 传感器动态调节乙醇生产的丙酮酸脱羧酶和醇脱氢酶以及脂肪酸积累的乙酰辅酶 A 合成酶与蜡酯合酶，最终使脂肪酸乙酯产量达到 1.5 g/L，效价由最大理论产量的 8%提升到 28%。

2.3.4 蛋白质设计与酶工程技术

蛋白质设计是指以蛋白质分子的结构规律及生物功能的关系作为基础，采用理性设计、定向进化等技术手段，按照人们意志改变蛋白质结构和功能，或创造全新蛋白质的过程，其重点方向包括蛋白质自体骨架设计、蛋白质与大分子相互作用设计以及蛋白质与小分子相互作用设计等。设计这些相互作用可以有效优化天然蛋白质作为合成生物元件的功能，为农业合成生物底盘重建提供重要技术支撑。蛋白质自体骨架设计主要用于提升天然蛋白质的鲁棒性,或改变蛋白质在特定条件下的稳定性。为了设计出具有平衡热稳定性和高效水解能力的新型聚对苯二甲酸乙二酯(PET)水解酶,中国科学家开发了一种结合蛋白质语言模型和力场算法的新策略,通过对来源于细菌的聚对苯二甲酸乙二酯水解酶进行设计改造,得到一种新型变体酶,结果发现该酶在高底物负载量(200 g/kg)PET 废弃物的条件下,在 8 h 内实现几乎完全降解了 PET 废弃物,其降解效率在不同的温度(50~65℃)条件下超越了此前国际已报道的多种类型的高效 PET 水解酶。蛋白质与大分子相互作用设计可以用于合成细胞中的信号转导与调控。通过计算设计了可以利用信号通路中天然存在的相互作用蛋白的生物传感器。在没有检测对象时,传感器的 lucCage 蛋白的锁扣结构域与笼结构域结合;有检测对象时,锁扣结构域的末端区域与检测对象结合,lucCage 蛋白打开并与传感器的 lucKey 蛋白结合,激活萤光素酶发出荧光。国外科学家设计了可调节蛋白质结合的逻辑门,通过从头构建主链螺旋骨架,建立氢键网络进行序列优化,设计了多对可特异性二聚化的蛋白质,使用单体或连接的单体作为输入,并通过设计的氢键网络编码特异性结合,构建出能够接受不同输入的门控单元。蛋白质与小分子相互作用设计可以用于获得新的酶催化元件、转录因子、小分子传感器等。通过分析天然蛋白质结合法尼基焦磷酸(FPP)的结构,筛选结合 FPP 的四残基结合模体,然后与大量骨架界面对接和进一步优化,设计出可被 FPP 调节的生物传感器。设计酶的底物选择性可以产生新的生化反应,不仅可以设计新路径,还可以直接用于生物工业催化。但是,酶的活性中心具有一定的柔性且有复杂的氢键网络,细小的偏差都会导致设计的直接失败,使用固定主链设计的方法,结合多次平行的短时间动力学模拟弥补固定主链和侧链采样不均匀的缺陷,设计天冬氨酸裂解酶催化氢胺化反应,实现了非天然氨基酸的工业化生产。当前,蛋白质设计正在发生革命性的转变,利用工程学原理从头设计可调性、可控性和模块性的多肽序列结构,创造出自然界所没有的全新功能蛋白。

酶工程技术是以现代酶学的理论知识为基础,结合信息技术、现代工程和纳米材料等前沿技术,利用酶的催化功能生产所需产品的应用技术,在农业合成生物底盘重建中具有重要作用。酶是一种生物催化剂,能够高效率和高特异性地将其底物转化为产品。引入酶催化步骤可以设计创新的合成路线,大幅减少反应步骤。利用酶催化技术,通过工艺和过程替代,可减少传统化学品的使用,降低原材料、水和能源消耗,避免或减少副产物的生成以及减少废物排放,其已广泛地应用于农产品加工、饲料添加和农药残留治理等农业生产领域。酶在食品工业中最大的用途是淀粉加工,其次是乳品加工、果汁加工、食品烘烤及啤酒发酵。与之有关的各种酶如淀粉酶、葡萄糖异构酶、乳糖酶、凝乳酶、蛋白酶等占酶制剂市场的一半以上。饲料用酶制剂作为饲料添加剂领域最为热门的研究热点之一,以其无残留、无污染、无抗药性等强大优势被广泛推广和应用,极大促进了饲料行业的健康发展。在饲料中添加饲料用酶制剂，不仅可以补充内源消化酶的不足、降解饲料中的抗营养因子，提高日粮营养的消化利用，而且还能调节肠道结构和功能，促进畜禽肠道健康。目前，《饲料添加剂品种目录》中包含饲料用酶制剂 14 种，分别为淀粉酶、α-半乳糖苷酶、纤维素酶、β-葡聚糖酶、葡萄糖氧化酶、脂肪酶、麦芽糖酶、β-甘露聚糖酶、β-半乳糖苷酶、果胶酶、植酸酶、蛋白酶、角蛋白酶和木聚糖酶等。近年来，随着合成生物技术的跨越式发展，基因挖掘、结构解析、分子设计等技术为饲料用酶制剂的研发提供了重要技术支撑。如基于合成生物技术的设计理念，综合随机突变、酰胺基优化、疏水核心优化、蛋白表面电荷优化、N-糖基化修饰、辅基稳定、能量计算等多种策略对葡萄糖氧化酶的热稳定性进行定向进化研究，经过多角度的设计与改造，使得葡萄糖氧化酶在 80℃条件下处理 2 min 后的剩余酶活由野生型的完全丧失提高到 80%，解决了该酶因耐热性能差无法满足饲料工业应用的行业性瓶颈问题。跨国公司也投入巨额资金，创建基于酶法和化学-酶法新策略的绿色生物制造工艺，将酶的应用领域扩展到化学工业以外的淀粉加工、动物饲料、造纸、水果或蔬菜加工、酿造等行业。例如，巴斯夫公司构建了 D-氨基酸氧化酶/L-谷氨酸脱氢酶催化体系的 L-草铵膦合成路径，实现了除草剂 L-草铵膦的绿色生物制造。当前，随着数据库中大量的酶催化数据被报道，未来酶催化技术需要大力发展基于大数据和人工智能的酶分子改造技术，从而降低酶分子改造的成本、提高其改造成功率，以解决目前天然酶催化类型受限、催化性能不足的问题，创制更多具有应用价值的非天然和高性能的生物酶催化剂，为提高关键催化元件与人工催化基因线路的人工设计能力、创建新一代农业生物底盘提供核心技术支撑。

2.3.5 数字建模与定量合成生物技术

数字建模技术利用生物信息学、人工智能等前沿技术，深入挖掘遗传变异、各类组学、杂交育种等数据，建立标准的底盘生物大数据挖掘、可视化与知识挖掘等方法，突破生物育种数字化预测模型的构建瓶颈，集成开发数字化底盘预测模型系统。基于这些模型建立重要功能元件的高通量智能挖掘与功能解析系统，构建基因序列与其功能和性质的人工智能模型，人工改造基因元器件与人工合成基因回路，在全基因组水平实现多基因有效聚合，系统提升功能元件的应用性能。针对传统底盘多维组学数据挖掘效率低下的问题，研发基于人工智能的表型组、代谢组、基因组等组学分析技术，研发基于生物组学的机器学习、深度学习等人工智能前沿数据挖掘技术。针对基因编辑技术发展过程中缺乏数字化、智能化编辑靶点筛选和设计的问题，开发基于生物组学和智能预测的基因编辑靶点预测与载体设计平台。针对合成生物技术开发过程中元件选择具不确定性、元件整合效果可预测性低、元件优化具有盲目性等问题，开展智能化生物合成元器件组装、智能基因元器件改造与人工合成基因回路组装研究，开发数字化智能生物合成设计平台。除了基因型和表型设施的硬件技术，基因组与表型信息的分析技术和数据管理技术也是表型与基因型鉴定的核心部分。控制环境和大田环境表型平台获取的各类检测数据，需要通过数据预处理、波段叠加、目标分割、特征提取和多源大数据挖掘分析等过程，才能实现表型组学信息的充分利用，这依赖于图形学、模式识别、机器学习、大数据等技术的有力支撑。多层次基因组和表型信息数据量大、运算量大，更需要与种质资源、环境等多源信息进行融合分析，高性能的计算集群、大规模的数据存储设备以及高效率的并行计算技术是表型与基因型鉴定设施建设的重要内容。同时，各种数据处理软件的研发，将有助于快速精准地从有效的海量数据中挖掘出有用的农业生物表型和基因型信息，加快农业生物表型数据与基因型信息的整合分析，为生物育种元件挖掘和农业生物底盘创建等研究工作提供重要手段与工具。

定量合成生物技术通过定量生物技术和合成生物技术的交叉融合，通过基于"定量表征+数理建模"的白箱模型与基于"自动化+人工智能"的黑箱模型，研究如何利用合成系统定量刻画生物学规律，以及基于理性设计和改造人工生命系统来解答生命科学前沿问题，正在引导生物科学与生物技术朝着更高的准确性和可预测性或真正的合理设计方向发展。发展定量合成生物技术将转变研究范式，涉及多个学科领域以及先进生物技术、数据科学与工程技术的结合，建立理性设计、合成能力、自动化平台融合创新技术体系，推动合成生物技术研发由定性、描述性、局部性向定量、理论化和整体化的革命性转变。目前，大部分合成生物系统的构建主要依靠人工反复试错，这种方法速度慢、效率低，极大限制了合成生物学的发展。因此，需要在分子到亚细胞再到细胞的"涌现"层次上，定量描述和预测基因回路与细胞行为，发展生命体系定量理解与理性设计的基础理论框架，建立复杂生物系统的设计理论、从头设计原则和数学模型，探索生命体维系运转的基本规律。同时，大力发展使能技术，提升大片段 DNA 合成、基因组组装、生物元件功能设计与定向进化、基因回路设计、自动化建模及仿真测试能力。建设和完善自动化、高通量的构建平台，发展高通量、数字化、标准化的设计、合成、测试技术体系，加强机器学习能力，包括硬件和软件能力，特别要做好数据标准化以及整合交互使用与知识图谱构建的基础性工作。中国科学家运用定量生物技术，通过定量实验和数理模型，利用简洁的数学模型刻画了生长速率调控下的基因网络动力学，通过分叉分析、能量势阱分析等手段解释并实验验证了多种稳态和动力学行为，为命运决定调控机制研究提供了新视角，也为通过合成生物方法定量控制细胞命运用于农业合成生物底盘重建提供了新思路。人工智能的发展为生物系统的定量预测提供了新的路径。基于人工智能的算法不需要理解生物系统内部的工作原理，而是基于大数据，寻找元件与功能之间的隐藏规律，从而预测产生特定功能应该如何设计元件。利用自动化技术高效构建与测试合成生物系统，为人工智能提供在系统设计指导下，利用机器自动化实验产生的标准化定量的海量数据，快速完成"设计-构建-测试-学习"的迭代。

2.3.6 微流控芯片与微型生物反应器技术

微流控芯片，又称微全分析系统或者芯片实验室，是把生物分析过程的样品制备、反应、分离和检测等基本操作单元，集成到一块微米尺度的芯片上，由微通道形成网络，以可控流体贯穿整个系统，用于取代常规化学或生物实验室的各种功能的一种技术平台。近年来，有许多研究在微流控芯片上设计了许多微结构以实现细胞或粒子的主动分选，包括微井结构阵列单细胞捕获、确定性横向位移和惯性流系统，可基于单个细胞的直径大小和弹性对大量细胞进行快速高通量分选，且无需对细胞进行标记检测即可实现对目标细胞的分离。微流控芯片技术在氨基酸分析中的应用较为广泛，如在硼硅玻璃电泳芯片上，以一环糊精作手性添加剂，对氨基酸样品进行了手性拆分分析，或对进样储液池加以改进，制成连续换样流通式储液进行装置，以实现微流控芯片对氨基酸的高通量分析。在玻璃微流控芯片上，利用聚焦分子流，以单分子荧光激发计数作为检测手段，实现了双链 DNA（dsDNA）片段的单分子分离检测，为微流控芯片在单分子检测中的应用开辟了先河。微流控芯片通道宽度一般为 10~50 μm，和生物细胞大小相当，生物细胞在微通道内非常容易操纵、观察和检测。因此，以微流控芯片进行细胞培养、操纵和分选研究具有独特的优越性：①微通道的尺寸与细胞尺寸相当，在微流控芯片上对细胞的研究可深入到单细胞甚至亚细胞器水平；②微通道尺寸、多维网络结构和相对封闭的环境，接近体内的生理状态，可实现无损或者微损检测；③平板式几何构型，更容易进行观察、检测，而且传热、传质迅速，提高分析的精确度和灵敏度；④可以将诸多细胞研究的操作步骤集成在同一块芯片上，有利于平行操作和连续分析；⑤可以满足高通量细胞分析的需要，同时获取大量的生物学信息；⑥芯片设计灵活多样，可与相关分析仪器集成或联用。

相对于升级和吨级的大型生物反应器，微型生物反应器是指培养通量在皮纳升级、微升级和毫升级的生物反应器，已成为农业合成生物底盘高通量表型检测的重要研究工具。皮纳升级微型生物反应器可以有效提高细胞生长的初始浓度，为生物底盘细胞提供非竞争性的生长空间，更有利于细胞的生长和代谢。其包括两种类型：一种是采用微加工技术在基板上制作微孔阵列，微孔直径常小于 500 μm，细胞在微孔中培养和检测，单批次筛选通量为 10^2~10^3 个细胞；另一种是基于微液滴的生物反应器，细胞封装在液滴中进行培养和检测，液滴直径常小于 200 μm，单批

次筛选通量为 $10^5 \sim 10^8$ 个细胞。其中，荧光激活液滴分选系统将液滴荧光检测和介电泳分选方式进行集成设计，检测到液滴荧光信号后，如果是感兴趣的目标液滴，则在微流控芯片下游用介电泳所产生的驱动力将其推动到收集通道中，完成液滴的检测分选，已在微生物高通量筛选和酶分子定向进化等研究中得到广泛应用。如基于微流控超高通量荧光激活液滴分选（fluorescence-activated droplet sorting，FADS）技术的超高通量单细胞筛选平台 DREMcell，实现了每天超百万液滴的筛选通量，显著提升了表型测试效率，并使试剂消耗成本降低至传统方法的百万分之一。与皮纳升级相比，微升级生物反应器可为细胞的生长和代谢提供更多的营养物质与生长空间，细胞浓度可以高达 $10^6 \sim 10^7$ CFU/mL，且细胞光密度和荧光检测方法更简单，用于微生物的高通量培养、分析和筛选，单批次筛选通量为 $10^2 \sim 10^3$ 个细胞。微升级多孔板中最常用的是 96 孔板，已成为包括平板克隆挑取仪、自动移液工作站和自动封板设备等各种自动化设备的标准物理接口。如基于微升级液滴设计的全自动的单克隆挑取装置，包含微升级液滴的发生、培养、检测、分选至 96 孔板等多个模块，实现了单个微生物的液滴包裹生成、培养、光密度（OD）检测和分选目标液滴至孔板，具有微型化、自动化、高通量特点，并应用于大肠杆菌和谷氨酸棒杆菌等底盘菌株的单克隆挑选。毫升级生物反应器使用的深孔板类型多样，单孔体积较大，且包含多种不同材质和形状的深孔板。相对于微升级多孔板而言，其单孔直径和深度更大，使得液体表面张力在孔板振荡混合过程中的阻碍作用更小，有利于保证微生物的培养效果，同时允许更大的液体振荡幅度和更高的振荡频率，提高了细胞悬液混合度和氧传质可控性。毫升级生物反应器可用于一定通量的表型测试和筛选场景，具有并行化、自动化和低成本等优点，除了对生长 OD、pH 和溶氧等简单参数的在线监测，还可以对培养液取样以进行离线色谱法、质谱法、滴定法等高通量检测分析。

微流控芯片与微型生物反应器作为自动化合成生物设施平台中广泛使用的一种高通量检测设备，可通过串口直接连接自动化平台集成控制系统，为农业合成生物底盘重建和工艺优化提供更多的生化、遗传与表型参数。

2.3.7 自动化合成生物设施平台

自动化合成生物设施平台如同一个软硬件一体化、功能元件标准化和合成线路模块化的大型合成生物铸造厂，以轨道机器人、定点机器人等为核心，整合各种操作装备、分析装备，形成集成化自动化装置系统，高通量、自动化地完成样品处理、DNA 合成组装，以及基因组规模化编辑、筛选和评价等设定的标准化工作任务；通过自动化物流机器人实现高通量的样品"流"管理与统筹；通过机器人与人力的"双轨制"实现人工智能与人类智能的协同工作；通过信息技术将获得的不同类型的大数据进行整合，为智能化机器学习提供数据基础；围绕需求打通从元件到基因线路、生物装置和人造生命的一体化创新路径，形成颠覆性产业技术。开发相应的硬件和软件系统是实现农业合成生物底盘重建自动化的关键。在硬件系统方面，标准化的实验容器及其配套设备，包括机械臂、液体工作站、分液器、封膜仪和撕膜仪等，均是必需的。而在软件系统方面，集成软件可以控制自动化实验仪器并管理物料与数据，实现实验过程的自动化控制和数据分析。如在农业合成生物底盘重建中引入人工智能算法，可大幅提升研究过程中实验对象、方法、技术的标准化和模块化水平，快速积累大批优质生物元件，产生高质量、大规模的实验数据，实现数据驱动的"设计-构建-测试-学习"自动化闭环，不断提升研发效率和理性设计水平。目前，在全球范围内相继投资建设了数十个自动化合成生物铸造厂，并成立了"国际合成生物设施联盟"，进行基础设施、数据资源、合成生物标准的开放共享，共同应对自动化合成生物研究的技术难题。如在英国合成生物化学铸造厂，一个由实验设计方法指导的逆向生物合成设计、酶筛选和途径优化的迭代周期，迅速于 85 天内在大肠杆菌菌株中创造了 17 种材料单体的生产。利用 Freedom EVO 150 移液工作站、8 通道移液机械臂、纳升移液器和自动化成像识别系统，开发了一套针对丝状真菌克隆挑取的自动化工艺流，极大地简化了微生物细胞底盘 DNA 转化等关键步骤的操作，显著减少了时间，又降低了劳动成本，使得细胞工厂的构建过程更加高效、精确和可重复。在美国孟山都 SNP 分子标记实验室，从籽粒激光切削取样到 DNA 提取、引物加注、PCR 扩增、生物信息读取、目标样品选择等实现了全程自动化，实验室内全部由机器人操控，每天可完成数百万个样品分子标记测试和海量信息采集分析任务，实现了大规模、高通量、全自动的基因型分析鉴定和筛选。

自动化合成生物技术的重要应用领域是开发标准化生物元件库、模块化的 DNA 组装技术和精准的基因编辑方法，以实现对细胞工厂的规模化设计、组装和改造。如在农业合成生物底盘重建过程中涉及"设计-构建-测试-学习"的循环步骤，其中"构建"涉及工程 DNA 组装和底盘细胞操作两大任务，是最耗时和耗人力的步骤，需要开发对应的硬件平台、软件系统和工艺流程。在工程 DNA 的构建过程中，涉及基因合成、PCR 扩增、酶切、组装、提取纯化、测序等多个步骤。而微生物细胞底盘操作包括工程 DNA 转化、菌落涂布、菌落挑取、细胞裂解和荧光分选等验证流程。开发相应的硬件和软件系统是实现生物学实验操作自动化的关键。在硬件系统方面，标准化的实验容器及其配套设备，包括机械臂、液体工作站、分液器、封膜机和撕膜机等，均是必需的。而在软件系统方面，集成软件可以控制自动化实验仪器并管理物料与数据，实现实验过程的自动化控制和数据分析。全球首个全自动合成生物学柔性加工平台 iBioFAB，通过将人工智能、机器学习与自动化相结合，进行模块高效组装、微生物自动转化及目标克隆的大规模筛选等。该平台由 26 台仪器组成的 10 套子系统组装而成，其自动化核心设备包括：多轴高精度机械臂、多功能微生物处理仪、自动化液体处理工作站、电动热盖 PCR 仪、耗材旋转堆栈和自动化振荡培养箱等。该平台实现了无人值守的自动化操作，可从 DNA 模板到质粒进行自动化基因组装，60 h 内完成 480 个测试样品的组装与筛选，可同时运行多个自动化程序，兼顾其他的生物学测试，如细菌生长监控、浓度定量及均一化、微生物进化实验等。2019 年，iBioFAB 融入人工智能/机器学习形成了 BioAutomata 平台，实现了"设计-构建-测试-学习"的闭环全自动流程，大大提高了高产番茄红素细胞的筛选效率。2021 年，基于 iBioFAB 的自动化平台 PlasmidMaker，实现了质粒构建的多功能化、自动化和高通量化。2022 年，研究人员开发了一个基于自动化设施可快速、高通量和可扩展发现新活性物质的平台 FAST-RiPPs，该平台能够以前所未有的速度和规模发现与表征新的核糖体合成和翻译后修饰的肽（ribosomally synthesized and post-translationally modified peptide，RiPP），并通过生信分析发现了 96 个疑似 RiPP 合成基因簇序列，基于 iBioFAB 自动化平台重构这些基因簇，在大肠杆菌细胞底盘中进行异源表达和肽结构表征，RiPP 合成基因簇的构建成功率达到 86%，合成了 30 种 RiPP，其中 7 种表现出了对超级细菌的抑制作用。中粮营养健康研究院搭建的微生物改造的自动化和高通量技术平台，用于开展传统发酵微生物的诱变与筛选、工业微生物的改造和筛选，以及酶的定向进化和筛选等方面的研究。该平台以两台移液工作站为基础，通过机械手臂、导轨、传送带等将高速振荡培养箱、PCR 仪、封膜机、撕膜机、离心机、酶标仪等设备一体化，同时配有 Qpix450 高通量菌落挑取工作站、96 孔电转化仪、24 通道核酸/蛋白毛细管电泳仪、多孔板摇床等离线设备，实现了多种工业微生物如大肠杆菌、乳酸菌、谷氨酸棒杆菌、酿酒酵母、枯草芽孢杆菌等的自动化基因操作，克隆挑取通量达到 10^3 个/h，复杂质粒的多模块化组装通量达到 100 个/h，质粒提取通量达到 500 个/天。

  蛋白酶定向进化是一种通过模拟自然进化的方式来逐步改进蛋白酶催化性能的方法，其基本流程包括两个关键步骤：①基因多样化，通过随机突变或基因重组等方法，生成一个包含大量蛋白酶突变体的库；②筛选或选择突变体，通过实验手段筛选出具有改进性能的突变体。尽管定向进化技术已经取得了显著成效，但这一过程由于需要构建和筛选大量突变体库，耗时长、成本高，阻碍了这一技术的更大规模应用。近年来，机器学习和人工智能成为加速定向进化的有力工具。利用机器学习和自动化构建一个闭环体外连续蛋白酶进化框架，以提高效率、降低成本，并减少人工干预。这个框架的关键在于将机器学习和自动化系统有机结合，形成一个自动迭代的进化流程。该框架包括以下步骤：①设计突变体库：通过零样本预测模型，机器学习可以在没有大量实验数据的情况下，基于蛋白质的序列信息，设计出一个高效的初始变体库；②构建、表达和筛选突变体：自动化实验系统执行蛋白酶突变体的构建、表达和筛选,极大地加速了实验流程;③机器学习模型的更新:实验获取的表型数据用于训练和更新机器学习模型,模型则进一步预测新的高适应性突变体;④优化突变体的选择:基于更新的模型,优化算法提出下一轮实验需要测试的变体,形成一个闭环的反馈循环。这一框架可以反复执行,直到找到最佳催化性能的蛋白酶突变体。每次实验循环都是基于上一次实验的数据进行的,从而使得实验效率和优化速度大大提升。机器学习不仅能够智能化地设计和筛选蛋白酶突变体,还能通过实验数据的反馈不断优化自身。而自动化实验系统则大大提高了实验速度和精度,将原本烦琐的实验步骤自动化处理。最终,这两种技术的结合为蛋白酶的定向进化提供了一个高效、灵活且可扩展的闭环平台,并应用于农业合成生物底盘重建。

2.4 农业合成生物底盘重建工程

合成生物技术最典型的特征是生物学与工程学的交叉融合,其工程化特性表现在两个方面:即自上而下改造理想生物底盘和自下而上创造全新生物底盘。在生物底盘重建过程中,通过传统生物工程(反向工程)与合成生物工程(正向工程)结合,赋予其全新的人工调控元件、功能模块和基因线路等(图2-4)。农业合成生物底盘重建工程涉及调控元件如启动子的遗传改造或异源替换,功能模块如蛋白酶与辅因子模块的设计和合成,以及基因线路的组装与优化等,在此基础上,以调控元件、功能模块和基因线路为"组装配件",以底盘细胞为"主体设备",创建一个正交性好、普适性强且具有特定功能或合成特定产品的人工细胞工厂。

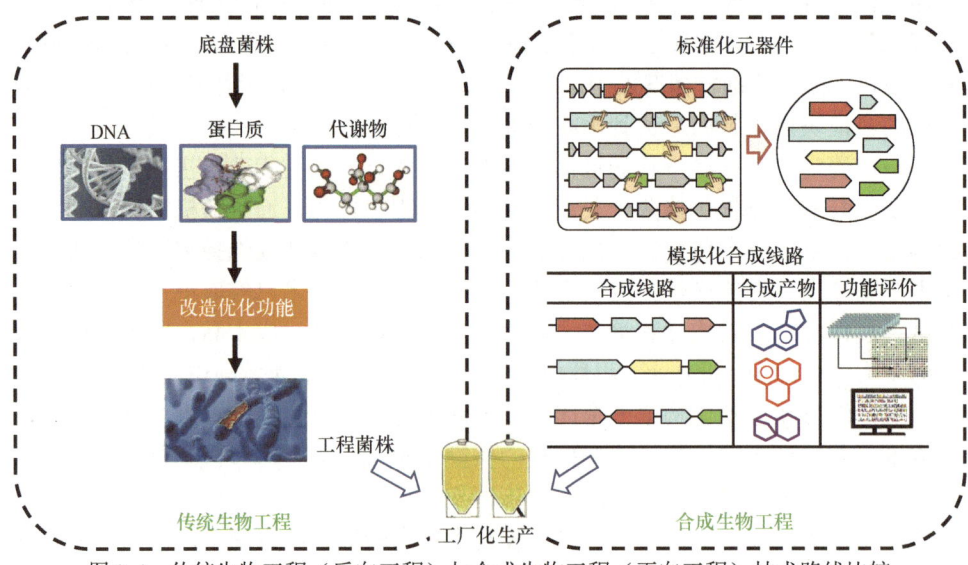

图2-4 传统生物工程(反向工程)与合成生物工程(正向工程)技术路线比较

2.4.1 启动子与动态调控元件工程

启动子作为调控目标基因表达的关键元件，能在转录水平上实现基因高效、精准表达调控。启动子是位于结构基因 5′端上游的 DNA 序列，能活化 RNA 聚合酶，使之与模板 DNA 准确结合并具有转录起始的特异性。启动子的活性和效率取决于其具体的序列组成，以及与之相互作用的转录因子，启动子可以分为强启动子、中等强度启动子和弱启动子。根据作用方式及功能可将启动子分为 3 类：组成型启动子、诱导型启动子和组织特异型启动子。随着启动子突变体文库的增多，越来越多的启动子序列及其表达强度数据被公开报道，同时结合合成生物学及生物信息学领域的快速发展，启动子的从头设计成为可能。基于生成对抗网络从天然启动子中学习关键特征，以捕获不同位置的核苷酸之间的相互作用，从而建立启动子的从头设计方法，一些人工启动子显示出与大多数天然启动子及其最强突变体相当甚至更高的活性，为农业合成生物底盘重建提供了更广泛的遗传元件来源。为了实现关键目标基因的优化表达，经常需要对核心启动子进行遗传改造，以实现基因转录水平的可控调节乃至表达强度的精细调控。启动子改造工程一般采用如下两种策略：①对靶基因自身的内源启动子进行突变改造，增强或降低启动子活性；②将原有的启动子替换成其他启动子，实现对目标基因转录水平的人工控制。在启动子突变方面，常用方法包括随机突变与定点突变。针对嗜盐菌孔蛋白启动子核心区间隔序列突变，获得了梯级强度的组成型启动子库，以满足细胞工厂代谢途径构建中目标基因的不同表达强度需要。近年来，采用人工神经网络模型直接预测启动子强度取得重要进展，借助具有自我学习、归纳能力的人工神经网络系统，并运用计算机辅助设计，可以直接获得所需强度的启动子序列，其准确度达到 98%。

基因表达动态调控是在诱导物、温度、pH、光等条件下，通过传感元件感知细胞内外环境的变化继而作用于调控元件，对关键基因的表达实现适时的开启、调节和关闭，从而实现细胞生长与产物合成的分段调控，进而实现代谢流的平衡，以提高底物转化率和目标产物产量。目前，已鉴定出大量微生物来源的新型诱导型启动子，通过感应小分子信号或环境胁迫信号，在不同强度水平上激活目标基因的表达。大部分基因表达动态调控研究都是在传感元件和调控元件筛选与改造的基础上进行的，旨在获得专一性强、调控范围大、信噪比高、调控精度准的动态调控体系。动态调控体系的构建包含传感元件和调控元件，传感元件是与诱导物结合或通过诱导因素作用的生物大分子，应用广泛的传感元件有两大类：蛋白质（如变构转录因子）和 RNA（如核糖开关）。转录因子与诱导物或诱导因素作用、变构后，再作用于调控元件即诱导型启动子，进行转录水平的调控；而核糖开关是传感元件与调控元件合为一体的 RNA 适配体结构，RNA 适配体与诱导物结合变构后，形成调控元件，以调控基因转录的适时终止、成熟 mRNA 的形成、核糖体结合位点的暴露，这些调控手段分别属于转录、转录后及翻译水平调控。

原核微生物中非编码 RNA（ncRNA）的长度在 50～500 nt，根据其位置和作用机制的不同，细菌非编码 RNA 主要分为顺式编码的反义 RNA 和反式编码的反义 RNA。到目前为止，大肠杆菌等模式微生物中已经发现了超过上百种的 ncRNA。并且这些 ncRNA 分子形成了新的调控网络，它们会感知外界环境信号和内部代谢信号，参与各种生理过程的调控（表 2-1），比如铁稳态（RyhB）、膜稳态（MicA/L、RybB）、碳代谢（Spot42、SgrS、GlmYZ）、氧化胁迫（OxyS、MicF）、胁迫抗性和稳定生长期调控（ArcZ、DsrA、RprA）、外膜扰动与渗透胁迫（OmrA/B）、生物膜形成（McaS、GcvB）、酸胁迫（GadY）等。自从 2015 年在蓝藻中鉴定出第一个直接参与氮代谢的非编码 RNA NsiR4 后，科学家陆续又在联合固氮菌和古菌中鉴定出了 3 个直接参与氮代谢的非编码 RNA。与 NsiR4 抑制靶标基因翻译不同的是，这 3 个非编码 RNA 是通过与靶标 mRNA 相互作用，从而影响靶标 mRNA 转录后的稳定性。2016 年，我国科学家首次在联合固氮施氏假单胞菌 A1501 中鉴定了直接参与氮代谢调控的非编码 RNA NfiS。研究表明，固氮酶基因 *nifK* 招募了感受逆境信号的非编码 RNA 调控因子 NfiS，并且经过长期的协同进化，使其 mRNA 稳定性或翻译活性受到 NfiS 高效而精细的调控，该非编码 RNA 在抗逆与固氮途径间建立一种确保高效固氮的新的调控偶联机制。2017 年，在产甲烷菌——甲烷八叠球菌 Gö1 中鉴定出了第二个直接参与固氮调控的 ncRNA sRNA154。sRNA154 在氮限制条件下被诱导表达，通过影响激活因子 NrpA（*nif* 特异性的）的编码基因 *nrpA* mRNA、固氮酶结构基因 *nifH* mRNA 以及谷氨酰胺合成酶（GS）编码基因 *glnA1*、*glnA2* mRNA 的稳定性，参与了固氮酶和谷氨酰胺合成酶的表达调控。其中，sRNA154 对 *nifH*、*glnA1*、*nrpA* mRNA 的调控是通过提高其稳定性促进翻译，对 *glnA2* mRNA 的调控是通过与其核糖体结合位点结合抑制翻译。2019 年，在联合固氮施氏假单胞菌 A1501 中鉴定出了第三个直接参与固氮调控的非编码 RNA——NfiR，首次证明了 2 个感应不同环境信号的非编码 RNA 协同调控固氮酶的最佳活性。研究表明 NfiR 在环境胁迫应答和固氮等代谢过程中同样发挥重要的调控功能，其中 NfiR 和 NfiS 分别与固氮酶基因 *nifD* 和 *nifK* 的 mRNA 结合，通过协同效应增强靶标 mRNA 的稳定性，进而使固氮酶保持最佳活性。

2.4.2 新酶设计与辅因子工程

蛋白酶是一类极为重要的生物催化剂，其催化作用有赖于酶分子的一级结构及空间结构的完整。蛋白酶由氨基酸长链形成极其复杂的高级结构。近年来，随

表 2-1 不同类型的 ncRNA 调控元件

作用方式	类型	机制	功能	优点	缺点
DNA 水平的调控	sgRNA（CRISPRi）	在与 dCas9（或 dCas9-转录-阻遏融合蛋白）的复合物中，sgRNA 靶向特定的 DNA 位点并阻断 RNAP 的延伸或/转录因子与启动子的结合	转录抑制	高效（基因表达变化高达 1000 倍）特异性：无脱靶结合多种基因的多重控制可在不同生物体中发挥作用	操纵子对下游基因的不良极性影响
	sgRNA（CRISPR 激活）	在 dCas9-转录-激活子融合蛋白的复合物中，sgRNA 将激活因子传递到其靶标 DNA，从而激活转录	转录激活	高度特异性多种基因的多重控制	仅适用于弱启动子（而非强启动子）操纵子对下游基因的不良极性效应
RNA 水平的调控	pT181-RNAI 型元件	与靶 mRNA 的 5'非翻译区（5'UTR）结合并触发编码区（CDS）上游的过早转录终止子的形成	转录衰减	可串联组装形成非门逻辑门可串联组装形成级联装置	动态范围窄，难以可预测的方式进行设计
	反式作用 RNA 型元件	阻断核糖体对靶 mRNA 的 RBS 的结合	翻译抑制	易于使用数学模型进行设计	难以组装成逻辑门和级联调控模块
	核糖体调节因子	与靶 mRNA 的 5'UTR 结合并触发茎环结构的展开，从而暴露 RBS 以供核糖体结合	翻译激活	易于使用数学模型进行设计	难以组装成逻辑门和级联调控模块
	siRNA	与 mRNA 结合并触发其降解	抑制基因表达	易于设计和实施	脱靶效应
	RNA 稳定性-控制元件	RNA 发夹结构，可以阻断或使核糖核酸酶与 mRNA 结合，分别导致 mRNA 的保护或降解	增加或减少基因表达	在不同的 mRNA 中起作用的模块化	在细菌中的限制性使用生物体特异性：不同细菌种类的功能需要不同的序列
蛋白支架	RNA 支架	与活细胞中的蛋白质结合并在空间上定位的复合 RNA 适配体	促进蛋白质与蛋白质的相互作用	模块化设计	背景问题，如由于存在多个适配体而导致的错误折叠

续表

作用方式	类型	机制	功能	优点	缺点
感应装置	合成核糖体开关	设计成对小分子做出反应并相应地调节基因表达	翻译抑制或mRNA降解	感知配体能力 用于其合理设计的方法越来越多	偶尔有较窄的动态范围
	适体酶	利用核酶介导的切割来检测小分子或多肽配体并调节mRNA表达的工程RNA器件	翻译和抑制或mRNA降解	感知配体的能力 用于其合理设计的方法越来越多	偶尔有较窄的动态范围
	配体感应反式作用ncRNA	涉及RNA适配体与反式作用的ncRNA（如pT181-RNAI型元件）的融合，通过配体结合打开或关闭基因表达	抑制转录或翻译	感知配体的能力 用于其合理设计的方法越来越多	偶尔有较窄的动态范围
复杂RNA器件	翻译-转录转换器	涉及一种基于大肠杆菌tna操纵子的先导肽调节元件的机制，该元件将mRNA的5'UTR的翻译调节耦合到下游基因的转录	激活或抑制转录	可串联组装形成非门逻辑门或串联组装形成级联装置 动态范围：基因表达变化高达1000倍	要构建复杂的器件
隔离元件	核糖核酸酶（如Csy4）	在特定序列上切割mRNA（不会导致降解），从而隔离相邻的RNA元件	提高复杂RNA器件的可预测性和可组合性	高效 减少对背景序列的依赖	对某些生物有毒
	核酶	切割mRNA（不会导致降解），从而隔离相邻的RNA元件	提高复杂RNA器件的可预测性和可组合性	不需要辅助蛋白参与反应	由于同一mRNA上其他序列的干扰，切割效率会受背景的影响

着组学、计算生物学以及蛋白质工程和合成生物学等学科与技术的交叉融合，按照人类的意愿和需要改造酶分子，甚至设计出自然界中原来并不存在的全新的酶分子模块成为可能。2022 年，DeepMind 公司的 AlphaFold 预测出超过 100 万个物种的 2.14 亿个蛋白质结构，几乎涵盖了地球上所有已知的蛋白质，其后，升级版 AlphaFold 3 在原子精度上预测出所有生物分子，包括蛋白质、DNA、RNA 及其分子复合物的三维结构与相互作用的高清动画。利用深度学习模型来设计基于假环肽的、具有模块化重复结构和中央结合口袋的小分子结合蛋白，对靶标小分子化合物具有高结合亲和力，为蛋白质从头设计和生物传感开辟新的研究方向；设计出可通过变构控制在组装和拆卸间转换的蛋白质，可响应特定分子信号改变结构，为开发自适应生物材料和药物输送系统开辟了可能性。为获得最简固氮基因线路，利用特异性蛋白酶将蛋白质剪切成各个蛋白肽段并进行组装的方法，对高度复杂的产酸克雷伯菌钼铁固氮酶系统进行合并同类项简化，成功地将原本以 6 个操纵子为单元的含有 18 个基因的钼铁固氮酶系统，改造成 5 个巨型基因编码的人工蛋白酶系统，并证明其具有支持大肠杆菌以氮气作为唯一氮源生长的固氮酶活性。为实现甲醇到淀粉的从头合成，首先挖掘和改造来自动物、植物、微生物等 31 个不同物种的 62 个蛋白酶，通过人工智能设计 C_1、C_3、C_6 和 C_n 四个催化模块并进行模块组装与适配优化，最终打通二氧化碳-甲醇-淀粉的人工合成线路。在充足能量供给条件下，1 t 反应罐年产淀粉量相当于 5 亩土地的玉米淀粉产量。

辅因子工程是通过人工设计合成辅因子模块，改造细胞内辅因子的再生途径，调控辅因子的形式和浓度，定向改变和优化微生物细胞代谢功能，最终实现代谢通量最高效、最大值地流向目标代谢途径。辅因子包括还原力 $NADH/NAD^+$、$NADPH/NADP^+$ 及能量 ATP/ADP 等。它们为生物合成与分解反应提供氧化还原载体，是细胞能量传递的重要代谢因子。辅因子在细胞内的形式及浓度，将影响代谢网络、信号转导和物质转运，进而影响细胞全局的生理功能。辅因子工程主要包括增强辅因子生产途径、平衡辅因子代谢通路、重构辅因子生产途径等改造策略，如通过强化表达鸟苷酸激酶、核苷二磷酸激酶、黄嘌呤磷酸核糖基转移酶，用于提高胞内 GTP 的浓度，最终使 GDP-L-岩藻糖的浓度提高了 3.97 倍；或在产 N-乙酰氨基葡萄糖（GlcNAc）的工程菌中重构还原力代谢途径，引入蜡样芽孢杆菌丙酮酸铁氧还蛋白氧化还原酶 PorAB、苹果酸脱氢酶 BmqO 以及海沼甲烷球菌甘油醛-3-磷酸脱氢酶 GoR，分别实现丙酮酸到乙酰辅酶 A、苹果酸到草酰乙酸和甘油醛-3-磷酸到 3-磷酸甘油酸的催化过程，避免 NADH 的过剩，进而实现胞内的氧化还原平衡，最终使 GlcNAc 的发酵产量提高了 4.06 倍。对相关的氧化还原酶进行定点或随机突变，可获得辅因子偏好性改变的新酶。如异丁醇合成途径中的关键酶酮酸还原酶辅因子偏好性从倾向于使用 NADPH 改变为 NADH，实现了途径还原力平衡，使大肠杆菌厌氧异丁醇合成达到 100%的理论转化率。NADPH

供给是解脂耶氏酵母脂质合成的重要限速步骤,且 NADPH 的供给方式会影响底物/产物电子传递效率,进而改变脂质产量和得率。利用设计和引入人工合成途径,重构胞质 NADPH 供给步骤,实现将糖酵解途径产生的 NADH 转化为 NADPH,最终油脂产量达 98.9 g/L。

2.4.3 基因线路组装与底盘重建工程

以天然调控网络和代谢途径为模板,在揭示生物调控元件的定量刻画与通用性设计原则、调控元件功能适配机制、人工基因线路的进化鲁棒性原理、基因线路和细胞的互作规律与适配机制等基础上,设计能够快速响应、动态应答、遗传稳定、高时空分辨、具有新功能的人工基因线路,突破天然生物底盘的能力极限,满足不同农业应用场景的需求。

1. 人工代谢途径基因线路

农业生物代谢途径包括初级代谢与次级代谢途径,其中初级代谢的产物为氨基酸、核苷酸、单糖、脂类等;而次级代谢的产物大多是分子结构比较复杂的化合物,如抗生素、激素、生物碱和维生素等。农业合成生物底盘重建从单一零散的元器件合成,到复杂多样的功能模块和基因路线组装,"自下而上"地逐级在底盘生物上构建具有特定功能或目标产品的人工代谢途径。在农业与食品领域,利用人工代谢途径基因路线在农业合成生物底盘中可以生产各种食品添加活性成分,其具有巨大的市场应用价值(表 2-2)。2022 年,全球食品添加剂市场规模达 982.2 亿美元,预计在未来几年内以年复合增长率 5.5%的速度持续增长。其中,核黄素作为黄色食品着色剂和膳食补充剂,2019 年全球市场总值约为 78 亿美元,预计未来 5~10 年将达 150 亿美元。香兰素是一种芳香性化合物,目前香兰素的市场需求量约为 20 000 t,预计未来 5~10 年香兰素的市场规模将达 10 亿美元。2023 年,全球甜味剂市场规模为 1050.85 亿美元,预计在 2023~2028 年预测期内该市场将以 6.64%的年复合增长率增长。2023 年,全球脂肪和油脂市场规模为 2547 亿美元,预计到 2028 年规模将达到 3082 亿美元。目前已报告了约 850 种天然存在的类胡萝卜素,一类只含碳氢两种元素,不含氧元素,如番茄红素,另一类有羟基、酮基、羧基、甲氧基等含氧官能团,如虾青素,预计未来 5~10 年市场规模将达到 23 亿美元。

表 2-2 利用微生物底盘生产的生物基食品添加活性成分

化合物	市场规模(美元)	碳源/前体	发酵规模	产量效价	每克碳源产率
黄原胶	9.6 亿(2019 年)	葡萄糖	20 L 反应器	62 g/L	0.82 g(每克葡萄糖)
赤藓糖醇	1.95 亿(2019 年)	甘油	5 L 反应器	224 g/L	0.77 g(每克甘油)

续表

化合物	市场规模（美元）	碳源/前体	发酵规模	产量效价	每克碳源产率
2'-岩藻糖基乳糖	NR	岩藻糖和乳糖	2.5 L 反应器	47 g/L	NR
		葡萄糖和乳糖	2 L 反应器	15 g/L	NR
		葡萄糖和乳糖	2 L 反应器	24 g/L	NR
		蔗糖	3 L 反应器	64 g/L	NR
L-谷氨酸	155 亿（2023 年）	葡萄糖	5 L 反应器	120 g/L	NR
核黄素	77.9 亿（2019 年）	葡萄糖	3 L 反应器	>20 g/L	NR
		葡萄糖	5 L 反应器	26.8 g/L	NR
香兰素	4.93 亿（2024 年）	异戊烯醇	烧瓶	32.5 g/L	NR
		阿魏酸	2 L 反应器	22.3 g/L	NR
		阿魏酸	1 L 反应器	13.3 g/L	NR
乳链菌肽	4.43 亿（2020 年）	葡萄糖	10 L 反应器	15 367 IU/mL	59 mg/g DCW
D-塔格糖	15.5 亿（2020 年）	D-半乳糖	NR	255 mmol/L	85% D-半乳糖
		乳糖	2 L 反应器	37.69 g/L	0.33 g（每克乳糖）
柠檬烯	NR	甘油	3 L 反应器	3.6 g/L	NR
番茄红素	1.26 亿（2020 年）	甘油	烧瓶	925 mg/L	67 mg/g DCW
		葡萄糖	7 L 反应器	3.28 g/L	NR
		葡萄糖	5 L 反应器	374.4 mg/L	60 mg/g DCW
瑞鲍迪苷 M	20 亿（2019 年）	葡萄糖	2 L 反应器	2673 mg/L	NR
		葡萄糖	3 L 反应器	740 mg/L	NR
索马甜	1.7 亿（2020 年）	甘油	3 L 反应器	100 mg/L	NR
		蔗糖	5 L 反应器	150 mg/L	NR
豆血红蛋白	NR	甘油	2 L 反应器	NR	总蛋白质含量的 6%~9%
姜黄素	5840 万（2019 年）	阿魏酸	烧瓶	563.4 mg/L	100%
		酪氨酸	烧瓶	15.9 mg/L	NR
EPA	40.7 亿（2019 年）	葡萄糖	3 L 反应器	1.65 g/L	总脂质的 1.41%
二十二碳六烯酸（DHA）	40 亿（2019 年）	葡萄糖	3 L 反应器	47.39 g/L	总脂质的 42.89%
柚皮苷	NR	葡萄糖	3 L 反应器	898 mg/L	NR
		香豆酸	5 L 反应器	648.63 mg/L	香豆酸的 15.6%

续表

化合物	市场规模（美元）	碳源/前体	发酵规模	产量效价	每克碳源产率
覆盆子酮	4.43 亿（2019 年）	香豆酸	烧瓶	99.8 mg/L	NR
γ-聚谷氨酸（γ-PGA）	NR	葡萄糖和 L-谷氨酸	10 L 反应器	101.1 g/L	0～57 g（每克总基质）
		葡萄糖	5 L 反应器	39.9 g/L	NR
乙酸异丁酯	95 亿（2019 年）	葡萄糖	1 L 反应器	36 g/L	0.18 g（每克葡萄糖）
乙酸异戊酯	53 亿（2019 年）	葡萄糖	烧瓶	780 mg/L	0.039 g（每克葡萄糖）
羟基酪醇	NR	酪氨酸	烧瓶	1243 mg/L	NR
		葡萄糖	烧瓶	647 mg/L	NR
		酪氨酸	5 L 反应器	4690 mg/L	95%
甜菜红	NR	左旋多巴	2 L 反应器	150 mg/L	NR
		葡萄糖	烧瓶	17 mg/L	NR
靛玉苷（Indigoidine）	NR	葡萄糖	烧瓶	7.08 g/L	NR
		葡萄糖和 L-谷氨酰胺	烧瓶	8.81 g/L	NR
		葡萄糖	2 L 反应器	86.3 g/L	0.91 g（每克葡萄糖）
		木质纤维素水解液	2 L 反应器	2.9 g/L	0.045 g（每克糖）
紫色杆菌素	NR	甘油和 L-色氨酸	5 L 反应器	4.13 g/L	NR
		葡萄糖	3 L 反应器	5.436 g/L	0.054 g（每克葡萄糖）
		葡萄糖	5 L 反应器	4.45 g/L	NR
黑色素	NR	葡萄糖	1 L 反应器	3.22 g/L	0.093 g（每克葡萄糖）
		L-酪氨酸	烧瓶	27.98 g/L	NR

注：NR. 无报道；DCW. 干细胞重量（dry cell weight）

大肠杆菌等原核微生物具有的中心代谢与旁支代谢途径可以产生各种合成前体，如丙酮酸、3-磷酸-甘油醛和莽草酸等，是异源合成萜类、卟啉类和氨基酸衍生物的理想底盘菌株（图 2-5）。叶黄素是一类由多个类异戊二烯单位组成的含氧萜类化合物，作为饲料添加剂具有增强抵抗力、促进性腺发育、提高生长性能和代替抗生素的作用。基于单环类胡萝卜素骨架，针对紫罗酮环上不同位点进行羟基化修饰，人工设计具超强抗氧化性的叶黄素产物，同时通过筛选不同来源的叶黄素合成酶和叶黄素酰基转移酶，构建类胡萝卜素骨架模块、紫罗酮环修饰模块和叶黄素酯化模块，组装从葡萄糖到叶黄素/叶黄素酯的人工合成基因线路，采

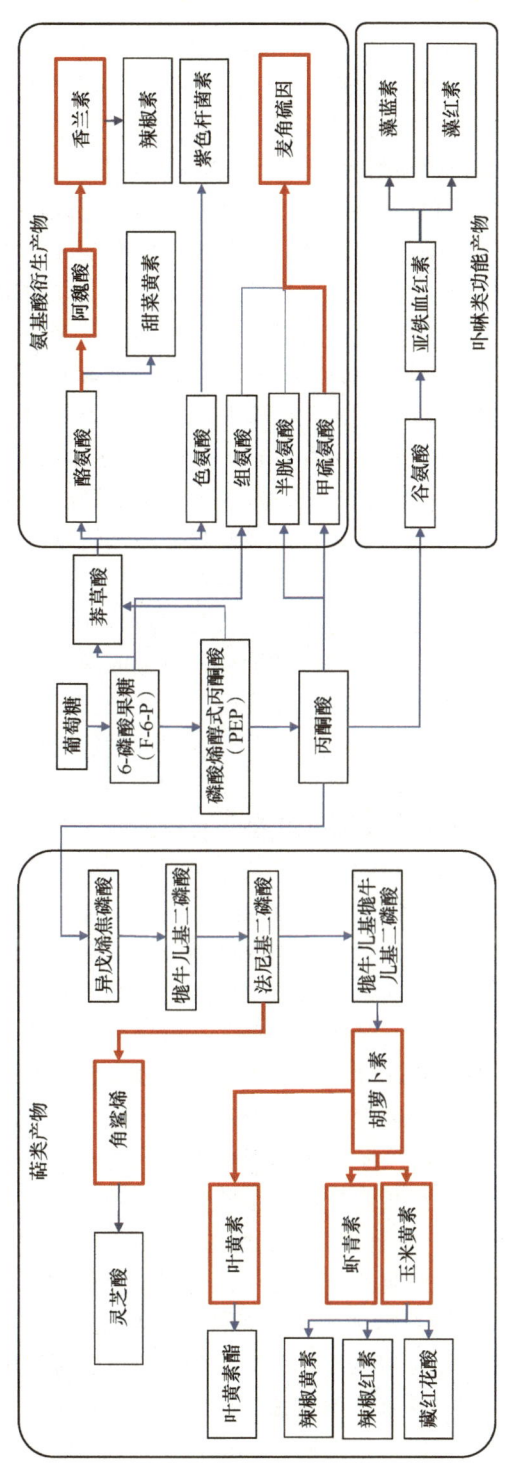

图 2-5 大肠杆菌底盘中各种活性物质合成的代谢通路

用替换与过表达关键酶及人工设计靶向 ncRNA 调控元件技术增强合成代谢流、提高途径碳通量，实现在大肠杆菌底盘中叶黄素/叶黄素酯一步法生物合成。香兰素又名香草醛，被誉为"食品香料之王"，目前市场上超过 99%的香兰素源于化学合成。香兰素生物合成的最佳路径是基于辅酶 A 依赖型的非 β 氧化级联基因线路，其由阿魏酰-CoA 合成酶和烯酰-CoA 水合酶编码基因组成，以阿魏酸为底物合成香兰素。此外，通过人工设计葡萄糖到阿魏酸的合成模块，阿魏酸到香兰素的去乙酰化模块和氧化脱羧模块，在大肠杆菌底盘中创建以葡萄糖为底物的香兰素生物合成基因线路，同时采用优化 S-腺苷甲硫氨酸循环，调控代谢通路的碳代谢流等底盘改造策略，高效合成香兰素。针对香兰素易于降解特性和细胞毒性，采用减少非特异性醛还原酶活性的代谢工程策略，搭建基于最简芳香醛还原酵母平台的香兰素合成基因线路，在摇瓶中香兰素产量达 365 mg/L，或在香兰素降解酶失活的 50℃温度下，在大肠杆菌中创建新型热稳定的阿魏酰-CoA 合成酶和烯酰-CoA 水合酶组合线路，高效合成香兰素，或构建葡萄糖基转移酶模块，将香兰素转化为毒性较低的香兰素葡萄糖苷，进一步提高香兰素产量。

  产油真核微生物如解脂耶氏酵母、圆红冬孢酵母和斯达氏油脂酵母，以及海洋真菌裂殖壶菌、破囊壶菌等能够天然地积累过量油脂，特别适用于油脂及其衍生物的合成。基于真核微生物脂质代谢网络，通过工程手段理性地进行合成途径设计、前体强化供给、途径表达优化、降解途径抑制及调控网络编辑重构等技术，能有效地改善、提高解脂耶氏酵母合成脂质产物的能力。引入多个拷贝的异源延长酶和去饱和酶基因，同时对解脂耶氏酵母自身的脂质合成途径进行重构，最终工程菌株能生产占总细胞干重的 25%的二十碳五烯酸。相比微生物底盘存在细胞色素 P450 酶表达活性差、对活性产物的耐受性不强等诸多缺陷，植物底盘更适于重建复杂天然产物生物合成途径。利用农杆菌介导的瞬时表达技术，在模式植物本氏烟草中重构天然活性物质合成线路，已成功生产多种天然物质，如长春花碱和长春新碱、紫杉二烯、甜菜碱和青蒿素等。2004 年，在比尔及梅琳达·盖茨基金会赞助下，美国生物技术公司 Amyris 启动人工酵母细胞生产青蒿素项目。青蒿素人工合成途径基因路线的创建经过 3 个步骤：首先，在酵母中构建与大肠杆菌中同样的代谢通路，随后将大肠杆菌和青蒿的若干基因导入酵母 DNA 中，导入的基因与酵母自身的基因组相互作用产生紫穗槐二烯。最后，将从青蒿中克隆的细胞色素 P450 酶基因在产紫穗槐二烯的酵母菌株中进行表达，从而将紫穗槐二烯转化为青蒿酸。2013 年，完成了半生物合成/体外光催化的青蒿素生产工艺。通过强化 3-羟基-3-甲基戊二酸单酰辅酶 A 还原酶（HMGR）基因表达、敲除半乳糖代谢基因等，青蒿二烯产量达 40 g/L，在合成青蒿二烯的酵母菌株中表达细胞色素 b5 基因、青蒿醇脱氢酶基因和青蒿醛脱氢酶基因，青蒿酸产量达 25 g/L，再通过体外光催化，将青蒿酸转化为青蒿素。Cre/loxP 介导的位点特异性重组方法操作简单、多基因组装效率高,已经被广泛用于特定营养缺乏的植物底盘重建,如以水稻胚乳作为加工车间,构建花青素、β-胡萝卜素和虾青素等活性物质的人工合成基因线路。成功案例包括:①利用玉米胚乳特异性双向启动子(PZmBD1)、2A连接肽和 4 个花青素合成基因及 7 个报告基因,在玉米胚和胚乳中创建花青素基因表达线路,开发出花青素富集的紫色玉米;②利用胚乳特异型启动子驱动双基因(*sZmPSY1*、*sPaCrtI*)、三基因(*sZmPSY1*、*sPaCrtI*、*sCrBKT*)和四基因(*sZmPSY1*、*sPaCrtI*、*sCrBKT*、*sHpBHY*)合成线路,培育出富含黄色 β-胡萝卜素的二代黄金大米、角黄素大米和虾青素大米新种质。

2. 高效抗逆固氮基因线路

目前,在农业生产中已广泛应用的两种根际固氮体系,即豆科作物结瘤固氮体系和非豆科作物根际联合固氮体系,存在固氮产物铵分子抑制固氮酶活性和不能分泌到胞外等天然缺陷,同时受环境的影响较大,田间应用效果不稳定。针对上述瓶颈问题,高效抗逆固氮基因线路以转录激活因子 IrrE、RNA 结合蛋白和酶活保护伴侣蛋白基因为候选元器件,设计人工抗逆模块,同时采用智能启动子和组成型表达启动子,创建在转录、翻译和蛋白活性水平上调控的人工抗逆基因线路,同时采用人工非编码 RNA,解除固氮负调控蛋白 NifL 的抑制作用,采用人工增强型固氮正调控蛋白 NtrC 和 NifA,激活固氮基因高效表达,构建人工固氮基因线路。采用氮高效转运模块与固氮线路的泌铵模块偶联策略,或采用人工高效固氮基因线路与根际抗逆基因线路在固氮生物底盘中从头组装策略,实现人工固氮体系的高效固氮和高效利用,其设计思路包括:①人工设计内生模块、耐铵模块和泌铵模块,构建高效固氮线路,并在根表对固氮假单胞菌底盘进行系统优化;②通过将信号胁迫响应、基因转录调控因子、非编码 RNA、分子伴侣、抗逆功能基因、表观修饰蛋白等模块偶联,搭建转录、转录后、翻译、翻译后不同调控水平的应答通路,人工设计智能抗逆固氮基因线路,创建根际高效人工抗逆固氮体系;③人工设计氮高效转运、智能耐旱和广谱抗地下害虫模块,构建与固氮相关的抗逆线路,并在非豆科作物玉米底盘中进行系统优化(图 2-6)。研发目标是以耐铵、泌铵、抗逆的固氮工程菌株替代天然固氮体系,以适合机械化、设施化的固氮产品替代传统固氮产品,以绿色、低碳、环保的生物固氮模式替代化学供氮模式,减少农业面源污染和温室气体排放,约节省 1400 万 t 标准煤,减少 1250 万 t 碳排放,确保生态环境安全。

目前,国内外构建的人工固氮元器件和基因线路在实验室验证显示有一定功效,但在作物根际环境条件下特别是田间示范试验中表现不佳,其中一个主要原因就是无法打破生物固氮"铵抑制和不泌铵"的自然法则。长期不合理施用氮肥,导致耕作层土壤氮含量甚至高达 350~500 mg/kg,严重抑制固氮活性,导致现有生物固氮产品的田间应用效果低下。因此,研发具有高效耐铵泌铵能力的固氮菌

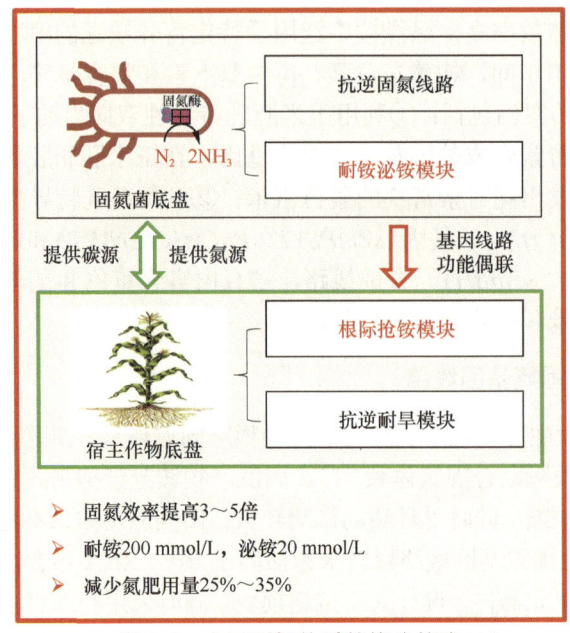

图 2-6　人工固氮体系的构建策略

采用固氮菌底盘中高效耐铵/泌铵/抗逆固氮基因路线与作物底盘中氮高效利用/耐旱基因路线的偶联策略,在作物根际创建人工高效固氮体系

株并实现农业应用尤为迫切。针对铵抑制固氮酶活性和固氮产物不能分泌到胞外的问题,目前国内外采用化学诱变、铵载体基因突变和 NtrC/NifA 过表达等策略,获得了一些耐铵泌铵固氮工程菌株,如采用特异阻断棕色固氮菌 $nifL$ 基因的表达,实现泌铵 12 mmol/L,或采用基因编辑技术精准敲除蔗糖小迫氏菌 NifL 蛋白和 GlnE 蛋白编码基因,实现耐铵 5 mmol/L 和泌铵 7 mmol/L。我国科学家采用低氮信号诱导和根际信号诱导等特异诱导表达的人工启动子元件,在固氮特异激活($nifA$)、一般氮代谢调节($ntrC$)和碳氮偶联调控($rpoN$)三个途径上,设计人工高效耐铵固氮基因线路,耐铵固氮能力达到 50~100 mmol/L,远高于文献报道的耐铵固氮水平。进一步针对固氮特异调控基因 $nifA$ 采取了点突变策略,选取 NifA 蛋白 AAA+结构域的 6 个保守氨基酸分别进行突变,并通过 pLAFR3 载体回补 $nifA$ 缺失突变株。固氮酶活及耐铵能力测定表明,工程菌株在 30 mmol/L NH_4^+ 下固氮活性比野生型的最佳酶活还要高 10%左右。在此基础上,进一步采用固氮信号诱导和根际信号诱导的人工启动子元件,以及人工非编码 RNA、人工外排铵载体和 NifA 位点突变等,构建新一代高效耐铵泌铵工程菌,有望完全打破生物固氮铵抑制和固氮产物不能分泌到胞外的自然法则。

根际固氮微生物广泛分布于作物根际,应用潜力巨大(表 2-3)。但根际环境存在多重逆境威胁,包括低温、干旱、盐碱以及除草剂等。特别是近年来全球每年种植约 1.9 亿 hm² 的转基因抗除草剂作物,因种植过程中大量使用草甘膦等除草剂,造成根表定植固氮或结瘤固氮效率显著降低。国内外针对上述问题,主要是通过从微生物资源库中分离鉴定抗逆固氮菌株,增强固氮产品抗高低温、耐渗透调节以及耐盐的性能,目前尚未见抗草甘膦固氮菌株构建的报道。采用特异响应根分泌物、根际盐碱或干旱等逆境信号的人工启动子,如包括胁迫抗性全局调控蛋白 IrrE、冷激蛋白 Csp、氧化应答非编码 RNA OsiR、高温应答非编码 RNA DnrH 等,创建抗高温 *algU-dosH*、抗旱 *irrE-csp*、耐盐 *irrE-algU* 和耐草甘膦 *aroA-gat* 等抗逆基因组合模块,并应用于固氮底盘改造,所构建的抗逆工程菌株根际抗逆性提高 3 倍(耐 48℃高温的生长能力提高 3 个数量级,抗旱能力即耐山梨醇浓度从 0.2 mol/L 提高到 0.8 mol/L,耐盐能力从 0.6 mol/L 提高到 2.0 mol/L),耐受草甘膦田间喷洒浓度达 500 g/亩,根表结合能力达 15 亿菌/g 根,从而大大增强了其根际竞争力。进一步将耐铵/泌铵/抗逆(耐盐碱和耐草甘膦)功能模块转入固氮微生物底盘中,创建高效耐铵/泌铵/抗逆固氮基因路线。水体中的某些微生物铵转运蛋白 AmtB 对铵离子具有很高的结合及运输能力,该能力远远高于植物。海洋氨氧化古菌的铵离子运输蛋白 AMT 对铵离子的亲和性是 10 nmol/L,其亲和性远远高于陆生植物的 AMT,如拟南芥基因组编码有 5 个 AMT 蛋白,它们对铵离子的亲和性在 4.5~250 μmol/L,比海洋氨氧化古菌的 AMT 低将近三个数量级。采用铵离子高亲和性的铵离子运输蛋白 AMT,人工设计并合成作物抢铵模块,与冷激蛋白 Csp 耐旱模块组合,在作物底盘中创建氮高效利用/耐旱基因线路。

表 2-3 非豆科植物根际生物固氮贡献

作物	接种菌剂	地点	生物固氮贡献率(%)
水稻	根瘤菌属	埃及,尼罗河流域	19~28
水稻	伯克氏菌属	菲律宾	31
水稻	固氮菌属和草螺菌属	菲律宾	19~47
水稻	克雷伯菌属	美国	42
水稻	伯克氏菌属	印度	40~42
玉米	复合固氮菌剂	乌拉圭	12.4~24.4
玉米	假单胞菌属	中国	8.0~28.4
玉米	假单胞菌属	阿根廷	70
玉米	固氮菌属	阿根廷,酸性土壤	58
玉米	草螺菌属和固氮螺菌属	巴西,酸性红土壤	10~19
玉米	类芽孢杆菌	加拿大	20
小麦	假单胞菌属	阿根廷	82
小麦	克雷伯菌属	美国	43~65
小麦	固氮螺旋菌属	荷兰	3~17
甘蔗	复合固氮菌剂	巴西,减氮 10%条件	29
甘蔗	复合固氮菌剂	中国	7~30

续表

作物	接种菌剂	地点	生物固氮贡献率（%）
甘蔗	复合固氮菌剂	巴西，低活性强酸土	43~61
甘蔗	复合固氮菌剂	日本	27~38
高粱	固氮菌属	德国	11
香蕉	固氮螺旋菌属	马来西亚	37
生菜	固氮螺旋菌属	西班牙，酸性泥炭土壤	50
红薯	复合固氮菌剂	日本，冲积土壤	26~44
菠萝	复合固氮菌剂	泰国	52

为增强田间固氮活性，采用固氮菌底盘中高效耐铵/泌铵/抗逆固氮基因路线与作物底盘中氮高效利用/耐旱基因线路偶联的策略，在作物根际创建人工高效固氮体系，实现节肥增产目的。在温室条件下测定人工固氮体系的促生效果，利用泌铵固氮菌株和转基因抗逆玉米品系共同构建高效固氮体系，60天后对玉米生长量和微生物固氮量的分析结果表明，接种泌铵固氮菌株后，植株生物量较施肥处理提高25.5%，全氮含量较不接种对照增加39%，^{15}N 同位素稀释法测定生物固氮量为每株 0.8 g；接种野生型菌株后植株生物量较施肥处理提高 24.8%，生物固氮量为每株 0.64 g。以上研究结果表明，通过将固氮菌尤其是泌铵固氮菌株与转基因玉米建立联合固氮体系，可以显著提高根际固氮量和植株生物量，节肥率为25.6%。同时，建立了全天候田间数据采集与分析平台，即全天候田间数据采集与分析系统，由 42 个智能土壤传感器、18 个气候变化与干旱模拟装置以及固氮活性原位测定等系统组成。利用土壤智能传感器获得模拟不同气候条件下的盐碱地土壤温度、水分和盐分含量等季节性变化数据，进一步结合季节性土壤和植物的取样与分析工作，实现长期监测全球气候变化影响下的植物生长量、土壤酶活、植物根际和土壤微生物群落等变化。在此基础上，开展固氮菌底盘中高效耐铵/泌铵/抗逆固氮基因路线与作物底盘中氮高效利用/耐旱基因线路偶联的人工高效固氮体系的田间效能评价，结果表明生物固氮贡献率约为22%，生物固氮量约为 54 kg 纯氮/（hm^2·a），节肥率约为26%，节省尿素 90 kg。

3. 优质蛋白合成基因线路

在全球范围内，水产动物产品、谷类和牛奶是人类食用蛋白质的三大来源。从 20 世纪 60 年代到 21 世纪 30 年代，全球动植物蛋白质的人均需求量和年需求量都在高速增长，"蛋白质短缺"问题已然逐渐显露。目前，中国是世界上最大的肉类和奶类产品进口国，蛋白类食物供给缺口持续扩大。农业合成生物技术以非传统的合成基因线路生产优质蛋白，替代传统种植养殖业来源的蛋白质，能够以更小的环境代价获得更高的经济产出，为应对传统蛋白质资源短缺、保障全球食物安全提供了新的技术路径。2020 年，全球消费了约 1300 万 t 替代蛋白，仅占动物蛋白市场的 2%。按照当前市场的基本情况，我们预计在未来十年半的时间中，替代蛋白市场规模将增长至目前规模的 7 倍。到 2035 年，替代蛋白市场将占总蛋白市场 11%的份额，从目前的每年 1300 万 t 增长到每年 9700 万 t。假设替代蛋白的平均收入为每千克 3 美元，那么这个体量就相当于 2900 亿美元的市场，其中植物基制品市场占比将达到 69%，其后是微生物发酵蛋白（22%）和细胞培养蛋白（9%）。

合成生物技术利用优质蛋白合成基因线路，创建细胞工厂生产人造肉和人造奶等未来食品，替代动物源的蛋白质产品，其重点领域包括如下几个。①植物源优质蛋白：合成生物学可以通过基因编辑和改良技术，提高植物蛋白的产量和营养价值。例如，利用基因工程技术改良大豆、豌豆等作物的蛋白质组成，使其更符合人类的营养需求。其商业化进程较快，国内外已有大量商业化案例，且大豆蛋白、豌豆蛋白市场接受程度较高。②微生物源蛋白：利用微生物发酵技术生产蛋白质是一种可持续且环保的方法。微生物生长迅速、繁殖周期短，能够在短时间内产生大量的蛋白质。合成生物学通过优化微生物的代谢途径和发酵条件，提高微生物蛋白的产量和质量。③细胞培养蛋白：细胞培养蛋白是通过在实验室中培养动物细胞而生产的蛋白质。这种方法可以精确地控制生产过程中的营养成分和生长条件，从而生产出高质量的蛋白质。合成生物学在细胞培养蛋白中的应用包括优化细胞培养条件、提高细胞生长速度和蛋白质产量等。细胞培养蛋白作为一种新型的替代蛋白来源，具有广阔的市场前景和巨大的商业化潜力。

人造奶作为一种已商业化面向市场并正在改变世界的新兴科技食品，营养风味与天然牛奶相当，但不含乳糖、胆固醇、抗生素和致敏原等不良因子，生产过程无需养殖动物，可以有效节约资源与能源，其工厂化生产已成为一种颠覆传统养殖业的未来乳制品生产新模式。2014 年，美国完美日（Perfect Day）公司提出人造奶概念，人工设计乳蛋白基因合成路线，在酵母菌底盘中组合表达牛 α_{s1}-酪蛋白、牛 α_{s2}-酪蛋白、牛 β-酪蛋白、牛 κ-酪蛋白、牛 α-乳白蛋白和牛 β-乳球蛋白，添加多种脂肪和风味化合物，包括向日葵油、椰子油、三丁酸甘油酯、单酸甘油酯和双酸甘油酯、游离脂肪酸与磷脂、δ-癸内酯、丁酸乙酯、2-呋喃基甲基酮、2,3-戊二酮、γ-十一内酯和 δ-十一内酯等，用于模仿动物源奶类的口感和风味。巴斯德毕赤酵母表达系统是近年来发展最快的高效外源表达系统，已有 5000 多种重组蛋白、70 种商业产品和 2 种批准的治疗药物在巴斯德毕赤酵母中实现表达。与天然动物奶比较，人造奶制品还有一个显著的优势就是不含乳糖、胆固醇和致敏原等不良因子。牛奶及其乳制品是联合国粮食及农业组织（FAO）和世界卫生组织（WHO）认定的导致人类食物过敏的八大类食品之一，牛乳蛋白过敏是婴幼儿最普遍的一类食物过敏，因此，美国及欧盟新食品标签法规定了牛奶必须标示的致敏原成分。目前，牛奶中已知的主要致敏原包括 α_{S1}-酪蛋白、α_{S2}-酪蛋白、β-酪蛋白、κ-酪蛋白、β-乳球蛋白和 α-乳白蛋白等。利用致敏原数据库比对分析，可以针对不同来源的乳蛋白序列进行人工设计，提高其生物活性，删除其致敏原，有望获得更加营养和健康的人造奶制品。牛奶特有的风味物质包括游离脂肪酸、醇、酯、内酯、醛、酮、酚、醚、含硫化合物及萜类等多种有机物，主要是由牛奶中蛋白质、脂肪、乳糖三大类物质降解或各类衍生物之间反应生成的。其中，脂肪作为一种重要食物成分对未来人造乳制品的风味、口感和营养品质等改良至关重要。天然牛奶含有免疫球蛋白、乳过氧化物酶、溶菌酶、酪蛋白源和乳清蛋白源的生物活性肽、不饱和脂肪酸、激素（如褪黑素）及细胞因子（如白细胞介素）等活性组分，具有多种生理功能和免疫保护作用。利用合成生物学技术改造微生物底盘，创制组合合成多种脂肪类风味物质以及多肽类生物活性物质的合成基因路线，应用前景将更加广阔。

微生物蛋白肉主要以细菌、酵母、微藻、丝状真菌和食用真菌等为原料，通过物理与生物加工处理，模仿天然肉的肉色和肉质，并且营养丰富、均衡。采用合成基因线路工厂化发酵生产微生物蛋白肉，具有巨大的市场潜力。目前，全球有超过 70 家食品公司从事微生物蛋白肉的开发生产。其中，英国无肉品牌（Quorn）的真菌蛋白产量达 25 000 t/年，在全球大约 20 个国家被商业化和销售。美国食品科技初创公司 Air Protein 用"空气造肉"，利用特殊微生物将 CO_2 转化为可食用营养蛋白。瑞典人造肉公司 Mycorena 推出了被认为是肉类理想替代品的真菌蛋白"PromycVega"。美国 Nature's Fynd 公司发酵真菌蛋白产品 FY 蛋白是含有 9 种必需氨基酸的完整蛋白质，已经被制作成肉类和乳制品的替代品在市场上销售。日本 Prime Roots 公司使用米曲菌作为主要成分来生产培根、鸡肉、猪肉、牛肉和火鸡替代产品。美国 Emergy 公司发酵生产高蛋白纤维，与其他素食原料及香料混合，制成素食肉排产品。豆血红蛋白是一种植物血红蛋白，由球蛋白和含铁血红素 B 辅因子组成，具有与动物血红蛋白和肌红蛋白相似的结构与功能，能赋予人造肉类似于动物肉的色泽与风味。美国 FDA 将毕赤酵母生产的大豆血红素蛋白 LegH 批准为安全的着色添加剂，将其用于牛肉产品和其他的肉类替代品中。Impossible Foods 公司采用密码子优化的大豆 *LegHc2* 基因以及编码 5-氨基酮戊酸合酶、δ-氨基-γ-酮戊酸脱水酶（ALA）、胆色素原脱氨酶、尿卟啉原 II 合酶、UPGIII 脱羧酶、粪卟啉原氧化酶、原卟啉原氧化酶和亚铁螯合酶基因，创建大豆 LegH 合成基因线路，在毕赤酵母底盘中实现大豆 LegH 的高效生物合成。

我国是世界上产生农业固体废弃物最多的国家，每年总量达 50 多亿 t，主要包括稻草和玉米秸秆等种植业有机废弃物与羽毛等养殖业有机废弃物等，资源化利用率不足 25%。这些农业有机废弃物资源可以通过合成生物技术，创建人工降解和转化基因线路，生产优质替代蛋白。挖掘极端环境微生物耐高温纤维素酶基因资源，从中获得一系列编码效能优良的纤维素酶基因，其中几种耐高温纤维素酶在酿酒酵母底盘中高效表达，其最适反应 pH 为 5.0～6.5，在 pH 4～8.5 内可保持 50%以上的酶活力，最适反应温度为 70℃，在 55～85℃可保持 50%以上的酶活力。在酿酒酵母底盘中构建高效降解秸秆的纤维素降解酶和富铁固氮酶高效合成的基因线路，可以把玉米秸秆中的纤维素高效酶水解，在有氧条件下低成本发酵生产优质细胞蛋白。索马甜是一种高甜度的甜味蛋白，由 207 个氨基酸组成，并含有 8 个二硫键。不同于热量较低的传统代糖产品，索马甜是一种能提供能量的代糖甜蛋白，2024 年其全球市场规模约 2 亿美元。由于天然索马甜的产量有限，索马甜已在大肠杆菌、枯草芽孢杆菌、酿酒酵母、变铅青链霉菌和泡盛曲霉等微生物底盘中生产。毕赤酵母具有成熟的蛋白表达和翻译后修饰平台以及高效的分泌系统，目前在该底盘中通过创建高效降解秸秆的纤维素降解酶和重组型索马甜合成酶的基因线路，实现了索马甜 I 和索马甜 II 异构体在异源底盘中的高效合成，产量分别为 15～100 mg/L 和 25～50 mg/L。从极端高温环境中挖掘耐热索马甜基因，获得了在 90℃下保持 60%甜度的耐高温索马甜，可用于人造奶制品的甜味调节与营养添加剂。基于角蛋白酶分子结构基础，利用结构域重组技术对角蛋白酶进行人工设计与改造，构建新型 C 端结构域的角蛋白酶 DgKer1T，最适 pH 由 5.0 改变为 8.0，在碱性环境下酶活稳定性显著提高。将角蛋白酶 DgKer1T、异常球菌丝氨酸蛋白酶 DrA0283 和二硫还原酶 TrxA 人工装配为羽毛废弃物高效降解基因模块，在大肠杆菌底盘中创建由羽毛废弃物高效降解基因模块与优质蛋白合成基因模块组成的基因线路，实现以羽毛为底物合成大豆血红蛋白和动物肌红蛋白。工程菌株能完全降解羽毛，目标蛋白表达量达克级/L。

第3章 人工光合体系与农业应用

二氧化碳气体是大气组成的一部分，占大气总体积的0.04%左右，在自然界中含量丰富。公元3世纪，在中国西晋时期的张华所著的《博物志》一书中，记载了一种在烧白石作白灰过程中产生的气体，即为如今工业上用作生产二氧化碳的石灰窑气。19世纪，化学结合氧和碳的原子量计算出二氧化碳中氧与碳的原子个数简单的整数比是2∶1，化学式为CO_2。进入21世纪以来，大气中二氧化碳浓度上升引发全球气候变化等一系列环境问题，目前世界主要国家都将"碳中和"作为国家战略。二氧化碳的生物固定和转化成为当前的研究热点，包括天然固碳途径的改造和人工固碳途径的设计合成等研发领域。

自然界中已经发现7条天然固碳途径，根据其代谢特点和固碳种类可分为三大类。第一类是磷酸戊糖途径相关的卡尔文循环。卡尔文循环，也称为光合碳循环或暗反应，是光合作用中的一个关键过程，负责将吸收的二氧化碳转化为有机物。卡尔文循环广泛存在于绿色植物体、蓝细菌、藻类、紫色细菌和一些变形菌门中，是自然界中最主要的固碳途径。地球上超过90%的碳固定是由卡尔文循环完成的，每年固定约百亿吨的CO_2，同时在维持了大气中21%的氧含量。第二类是直接还原CO_2的还原乙酰辅酶A途径和还原性甘氨酸途径，在化能自养厌氧细菌和古菌中发现，推测是所有生物物种的共同祖先拥有的固碳方式。还原乙酰辅酶A途径是厌氧途径，限速酶分别是甲酸脱氢酶、一氧化碳脱氢酶和呋喃脱氢酶，而还原性甘氨酸途径则是耐氧途径，限速酶是甘氨酸裂解酶复合体。第三类是靠近碳中心代谢的3条固碳循环途径：①同时固定CO_2和HCO_3^-的二羧酸/4-羟基丁酸循环，在某些极端嗜热嗜酸古菌中被发现，其关键代谢途径包括AcCoA羧化为Pyr及PEP羧化反应。该途径通过丙酮酸合酶固定1摩尔CO_2，然后通过磷酸烯醇式丙酮酸羧化酶固定1摩尔HCO_3^-；②仅固定HCO_3^-的3-羟基丙酸/4-羟基丁酸循环和3-羟基丙酸双循环。它们具有高耗能、长路径的特点，可通过乙酰辅酶A和丙酰辅酶A羧化酶固定HCO_3^-；③仅固定CO_2的还原三羧酸循环，仅存在于紫硫细菌、绿硫细菌和嗜热氢杆菌等厌氧菌中。含有3种不可逆的酶：富马酸还原酶、2-酮戊二酸合成酶和柠檬酸合成酶，其中，2-酮戊二酸合成酶是重要的固碳元件。该途径为低耗能的耐氧途径，能利用光能使每个循环固定CO_2。

光合作用是地球上规模最大、最重要的化学反应过程，是几乎一切生命活动的能量和物质来源，是作物生物量和产量形成的基础。21世纪初，工程学思想策略与现代生物学、系统科学、物理学、化学及合成科学的融合，形成了以采用标准化表征的生物学部件，在理性设计指导下，重组乃至从头合成新的、具有特定功能的人工元器件乃至人造生命为目标的"合成生物学"。合成生物学的出现，使得以优化设计、系统整合、提高效率为目标的光合作用合成生物学成为国内外新的研究热点，为系统改造光合作用以提高光合效率从而提高作物产量提供了一条崭新的途径。

3.1 光合作用与人工光合体系

3.1.1 光合作用原理

所谓光合作用，通常是指植物和某些细菌利用光合色素，吸收光能，把二氧化碳和水合成碳水化合物，同时释放氧气的过程，其化学方程式为：$6CO_2 + 6H_2O +$ 光能 → 碳水化合物 $+ 6O_2$，其中包括很多复杂的步骤，一般分为光反应和暗反应。光反应从光合色素吸收光能激发开始，经过水的光解、电子传递，最后是光能转化成化学能，并将这些化学能储存在 ATP 和 NADPH 中。光反应包括光能吸收、电子传递和光合磷酸化 3 个反应步骤，又称为光系电子传递反应，其反应方程式为：$2H_2O + 2NADP^+ + 3ADP + 3Pi +$光能 $\rightarrow O_2 + 2NADPH + 3ATP$。其中，$H_2O$ 分子通过光解作用产生氧气，$NADP^+$和 ADP 分子为电子受体和底物，Pi 为无机磷酸盐，NADPH 和 ATP 为反应生成物。暗反应是指利用光反应形成的 ATP 提供能量，通过 NADPH 还原 CO_2，制造葡萄糖等碳水化合物的过程，也称碳同化反应。高等植物固定 CO_2 的生化途径有 3 条：C3 途径（卡尔文循环）、C4 途径（四碳二羧酸途径）和景天酸代谢途径。其中以卡尔文循环为最基本的途径，同时，也只有这条途径才具备合成淀粉等产物的能力；其他两条途径不普遍（特别是景天酸代谢途径），而且只能起固定、运转 CO_2 的作用，不能形成淀粉等产物。

1. 卡尔文循环（C3 途径）

C3 途径是所有植物光合作用碳同化的基本途径，其 CO_2 固定产生的第一个产物是三碳化合物如 3-磷酸甘油酸（甘油酸-3-磷酸）。水稻、小麦、大豆和棉花等具有 C3 途径的植物，约占植物种类的 85%。C3 途径可分为 3 个阶段：①羧化：CO_2 必须经过羧化阶段，固定成羧酸，然后被还原。核酮糖-1,5-二磷酸是 CO_2 的接受体，在核酮糖-1,5-二磷酸羧化酶/加氧酶（Rubisco）的作用下，形成 2 分子的甘油酸-3-磷酸；②还原：甘油酸-3-磷酸被 ATP 磷酸化，在甘油酸-3-磷酸激酶的催化下，形成甘油酸-1,3-二磷酸，然后在甘油醛-3-磷酸脱氢酶的作用下被 NADPH 还原，形成甘油醛-3 磷酸；③更新：甘油醛-3 磷酸经过一系列的转变，再形成羧化底物 1,5-二磷酸核酮糖。

2. 四碳二羧酸途径（C4 途径）

C4 途径是指固定 CO_2 的最初产物为 C4 化合物草酰乙酸的光合途径，通过 C4 途径固定 CO_2 的植物被称为 C4 植物，如甘蔗、玉米、高粱等。C4 途径包括以下 4 个步骤：①羧化：C4 途径的 CO_2 受体是叶肉细胞质中的磷酸烯醇式丙酮酸（PEP），在 PEP 羧化酶的催化下生成草酰乙酸；②转变：草酰乙酸经过 NADP-苹果酸脱氢酶作用，被还原为四碳二羧酸如苹果酸，或谷氨酸在天冬氨酸转氨酶的作用下，形成天冬氨酸和酮戊二酸；③脱羧与还原：上述四碳二羧酸在维管束鞘中脱羧后，转变成丙酮酸或丙氨酸（C3 酸），同时释放的 CO_2 进入卡尔文循环被还原为糖类；④再生：丙酮酸或丙氨酸经丙酮酸磷酸双激酶催化和 ATP 作用，生成 CO_2 受体 PEP。C4 途径可更好地适应高浓度 CO_2 环境，具有高效利用光能和固定 CO_2 能力。在全球变暖和大气 CO_2 浓度升高的背景下，C4 植物比 C3 植物具有更高的竞争优势。

3. 景天酸代谢途径（CAM）

景天酸代谢途径又称 CAM 途径，最早在景天科植物如仙人掌和多肉植物中发现。这类植物生长在热带和亚热带干旱及半干旱地区，该途径是这类植物具有的一种光合固定 CO_2 的附加途径。该途径包含夜间和日间两个阶段：①在夜间细胞中的磷酸烯醇式丙酮酸作为二氧化碳接受体，在 PEP 羧化酶的催化下，形成草酰乙酸，再还原成苹果酸，并贮于液泡中；②白天苹果酸则由液泡转入叶绿体中进行脱羧而释放二氧化碳，再通过卡尔文循环转变成糖。景天酸代谢途径在还原二氧化碳的同时，还能维持水分平衡，是景天科植物为适应特定胁迫环境而进化出的一套独特的固碳生存策略。

3.1.2 光合作用的生态意义

光合作用是地球上最大规模的能量和物质转换过程，是人类赖以生存和发展的物质基础。光合作用通过消耗二氧化碳和产生氧气来调节大气中的气体成分，维持大气的平衡。将二氧化碳和水转化为有机物质与氧气，维持了碳循环、氧气平衡以及能量流动和生态系统的平衡。此外，光合作用还能够影响水循环和土壤保持，促进自然生态系统的稳定健康。

1. 为生态系统提供能量

光合作用是生态系统中最为重要的能量来源。植物通过光合作用合成有机物质，这些有机物质被其他生物利用，形成食物链和生态系统的能量流。植物通过光合作用制造有机物的规模是非常巨大的。据估计，植物每年可吸收 CO_2

约 $7×10^{11}$ t，合成约 5000 亿 t 的有机物。地球上的自养植物同化的碳素，40%是由浮游植物同化的，余下 60%是由陆生植物同化的。人类所需的粮食、油料、纤维、木材、糖、水果等，无不来自光合作用，没有光合作用，人类就没有食物和各种生活用品。换句话说，没有光合作用就没有人类的生存和发展。

2. 调节大气成分

光合作用通过消耗 CO_2 和产生 O_2 来调节大气中的气体成分。植物吸收大量的 CO_2，将其固定为有机物质，同时产生 O_2。这种过程有助于控制大气中的 CO_2 和 O_2 的浓度，维持大气的碳-氧平衡。大气能经常保持 21%的氧含量，主要依赖于光合作用。光合作用一方面为有氧呼吸提供了条件，另一方面 O_2 的积累，逐渐形成了大气表层的臭氧层。臭氧层能吸收太阳光中对生物体有害的强烈的紫外辐射。植物的光合作用虽然能清除大气中大量的 CO_2，但大气中 CO_2 的浓度仍然在增加，这主要是由城市化及工业化所致。光合作用也对温室效应和全球气候变化产生了影响。通过大规模吸收 CO_2，植物降低了大气中这种温室气体的浓度，从而减缓了地球的气候变化。

3. 影响水循环

绿色植物在生物圈的水循环中发挥着重要作用，其光合作用对水循环也有一定的影响。植物通过蒸腾作用将水分子从根部输送到叶子，然后蒸发到空气中。这种过程有助于调节地表水的流动和水循环的平衡，提高大气湿度，增加降雨量。总之，光合作用是地球上绝大多数生物体生存的基础，它将太阳能转化为化学能，为生态系统提供能量和物质基础。光合作用在生态系统中扮演着重要的角色，对生态系统的稳定和健康具有重要意义。

3.1.3 人工光合体系创建

光合作用的基本过程是通过色素以及色素结合蛋白吸收光能并且在常温常压下将水裂解产生电子、质子和氧气，这一过程将光能转化为活跃的化学能。以 CO_2 为原料，利用上述化学能，通过一系列生理生化酶促反应生成碳水化合物。整个光合反应要经过数百个在一个相对独立空间中进行的化学反应过程。例如，光能的吸收传递和转化（光反应）是在叶绿体的类囊体膜上进行的，而碳的固定（暗反应）是在叶绿体基质上进行的，在体外完全可以分开进行操控。光反应的具体过程可以继续分解成更小的反应系统，水的裂解由放氧复合物进行，电子传递由 PSII、PSI 等复合物完成而 ATP 的产生由 ATP 酶复合物产生。看似复杂的光合作用过程，是由多个生化反应模块分布在叶绿体的不同位置协同完成的，这一特征使光合作用成为合成生物技术操作的理想对象。

21世纪初,工程学思想策略与现代生物学、系统科学、物理学、化学及合成科学的融合,形成了以采用标准化表征的生物学部件,在理性设计指导下,重组乃至从头合成新的、具有特定功能的人工元器件乃至人造生命为目标的"合成生物技术"。合成生物技术的出现,使得以优化设计、系统整合、提高效率为目标的光合作用合成生物学成为国内外新的研究热点,为揭示光合作用的核心科学问题如光能高效吸收、传递和转化的分子机制及其调控原理等,系统改造光合体系并革命性提高光合效率提供了一条崭新的途径。2017年,比尔及梅琳达·盖茨基金会、美国粮食与农业研究基金会和英国国际发展部联合资助高光效实现项目,旨在全方位改善和提高光合效率,最终实现主要粮食作物产量的提高。

叶绿素是高等植物和其他所有能进行光合作用的生物体含有的一类绿色色素。叶绿素有多种,如叶绿素a、叶绿素b、叶绿素c和叶绿素d,以及细菌叶绿素等。光合作用是通过合成一些有机物将光能转变为化学能的过程,叶绿素则是与光合作用有关的最重要色素(图3-1)。科学界曾认为,叶绿素只能吸收光谱在400~700 nm的可见光,并利用这部分光能参与光合作用。研究人员在西澳大利亚鲨鱼湾的一个藻青菌菌落中偶然提取到一种叶绿素,将其命名为叶绿素f。测试表明,叶绿素f可吸收光谱上限为720 nm的光并参与光合作用,这一光谱范围位于深红光区域,比叶绿素d吸收的光谱上限长10 nm,比叶绿素a吸收的光谱上限长20 nm。绝大多数能够放氧的光合生物,包括蓝细菌、藻类和高等植物,都只能吸收可见光中的波长集中在400~700 nm的蓝光和红光,而叶绿素f的发现突破了我们原先认为的光合作用发生的物理极限,将光合作用可利用光谱扩展至750 nm甚至800 nm的近红外光。然而,叶绿素f只存在于一些低等光合生物如蓝细菌中,

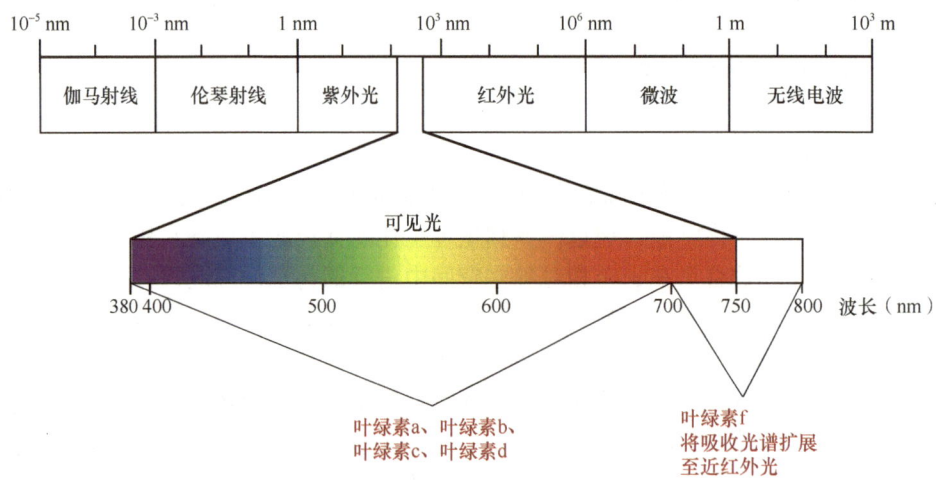

图3-1 太阳光谱及叶绿素只能吸收的光谱

如果我们通过遗传工程将叶绿素 f 引入高等植物，估计可以使太阳能的利用率增加 19%。因此，叶绿素 f 的发现为提高作物光能利用效率打开了新思路。

近年来，世界各国科学家围绕二氧化碳生物转化，开展了深入研究，通过解析自然界已有的生物固碳途径和固碳酶催化机理，创建了多种基于已有生物代谢途径的新型人工固碳途径，甚至依据化学原理设计了全新的人工固碳路线，利用多学科交叉，克服自然生物固碳的瓶颈，创建超越自然极限的人工生物固碳体系已经成为主要发展趋势。

1. 基于天然光合固碳途径的改造优化

目前已发现自然界存在 6 条二氧化碳生物固定途径，主要通过羧化酶或还原酶进行二氧化碳固定。卡尔文循环是自然界中最主要的生物固碳途径，其核心酶是核酮糖-1,5-二磷酸羧化酶/加氧酶（Rubisco）。近年来，围绕着卡尔文循环途径改造优化做了大量研究工作，主要包括定向进化提高 Rubisco 的活性、碳浓缩机制的人工设计及异源表达卡尔文循环途径等。由于 Rubisco 活性相对较低，而且空气中广泛存在的氧气还会和 CO_2 竞争该酶的活性中心而发生氧化反应，极大限制了 Rubisco 的人工改造应用。Wood-Ljungdahl 途径是自然界存在的 6 条天然固碳途径中唯一的基于还原酶的固碳路径。该途径的实质是 2 个 CO_2 分子合成一个乙酰辅酶 A，需要严格的缺氧条件，并且广泛使用辅酶如四氢蝶呤和钴胺素等。

2. 基于生物代谢的非天然固碳途径设计

由于天然二氧化碳固定转化途径存在途径复杂、反应速度慢、严格厌氧等固有缺陷，生物固碳途径效率低下依然是制约二氧化碳生物高效利用的关键瓶颈。为克服自然界二氧化碳固定转化途径的固有缺点，提高碳源利用效率，近年来越来越多的研究聚焦于如何人工构建高效的生物固碳途径。以自然界固碳效率最高的磷酸烯醇式丙酮酸羧化酶为基础，计算获得了非天然的固碳途径。利用磷酸烯醇式丙酮酸羧化酶实现了 CO_2 转化为甲醛，最后甲醛与四氢叶酸结合进入中心代谢。利用磷酸烯醇式丙酮酸羧化酶，构建了苹果酰辅酶 A-甘油酸途径，与卡尔文循环途径结合后，不仅降低了 Rubisco 的催化负担，还提高了能量效率。另外，结合乙醇酸脱氢酶，苹果酰辅酶 A-甘油酸途径还能够减少光呼吸的碳损失。苹果酰辅酶 A-甘油酸途径能够在理论上实现光呼吸路径的 100%碳得率，对光合生物改造具有重要意义。此外，通过构建基于还原羧化酶的巴豆酰辅酶 A/乙基丙二酰基辅酶 A/羟基丁酰基辅酶 A 循环途径，其纯蛋白酶体外固定 CO_2 的效率为 5 nmol/（mg·min），达到了与天然的 CBB 循环固碳效率相当的水平。基于 2-羟酰基辅酶 A 裂解酶设计了与宿主自身代谢途径正交的增强途径，利用该途径可以将一碳化合物转化为乙醇酸、乙二醇、乙醇和甘油酸等化学品。

3. 基于化学原理的光电驱动人工固碳途径设计

由于热力学限制，CO_2 还原不能自发进行，需要外部能量来驱动。聚糖反应是一百多年前由俄国化学家布特列洛夫提出的天然糖合成反应：即甲醛（或其他低碳羟醛）在碱的作用下，生成异常复杂的单、多糖混合物。根据聚糖反应原理，二氧化碳可以先通过光电等可再生能量还原，并形成甲醛中间体，甲醛可以缩合为羟基乙醛，生成的羟基乙醛可以引发一系列的多碳糖类化合物的合成。光催化 CO_2 的还原可以看作是人工光合作用，其中的光催化剂是半导体或者染料。光催化 CO_2 的还原反应条件非常温和，可与生物固碳相结合，将半导体光催化纳米材料与微生物形成杂化体系，即半人工光合作用系统。如采用硫化镉纳米材料 CdS 和金纳米材料 AuNC 诱导非光合细菌自光敏化，通过光能驱动将 CO_2 还原为乙酸。在模拟日光下，这两种材料的量子产率分别达 2.44% 和 2.86%，前者在 435～485 nm 发光二极管（LED）灯下量子产率达到 52% 的极高水平。CO_2 电化学还原就是一个利用电能将 CO_2 在电解池中还原的过程。将电能引入到酶催化反应中可以实现生物固碳，如甲酸脱氢酶、甲醛脱氢酶等催化的固碳反应。如将甲酸脱氢酶与金属氧化物 TiO_2 偶联，实现高效电催化 CO_2 还原为甲酸。某些微生物利用电子作为能量来源，可被开发用于 CO_2 还原的微生物电催化，如产甲烷菌以 CO_2 作为唯一碳源，通过电驱动生产甲烷。

3.2　研发历程与最新进展

化石证据表明，最早的原始生命可能出现在 35 亿年前，而光合作用起源可能与生命本身一样古老。在澳大利亚 11 块岩石薄片中，包裹着 35 亿年前微生物化石中两种原始细菌具有不释放氧气的原始光合作用。采用生命进化分子钟数学模型研究发现，光合作用的祖先蛋白如祖先光系统 II，具有与最古老的酶几乎相同的进化模式。在加拿大北极地区发现一种距今约 12 亿年具有光合能力的红藻化石，被认为是现代动植物最古老的祖先，真核生物开始进化出能进行光合作用的叶绿素。

光合作用的研究始于 1771 年，英国化学家普里斯特利进行密闭钟罩试验，发现有植物存在的密闭钟罩内蜡烛不会熄灭，老鼠也不会窒息死亡，提出植物可以"净化"空气。1773 年，荷兰医生英格豪斯在普里斯特利研究的基础上进行了多次实验，发现植物只有在光下才能"净化"空气。以上 2 位科学家被认为是光合作用研究的先驱，1771 年被定为光合作用的发现年。19 世纪末，证明光合作用的原料是空气中的 CO_2，能源是太阳辐射能，产物是糖和 O_2。

20 世纪初，光合作用的分子机理有了突破性进展，里程碑式的工作主要包括：德国科学家威尔斯泰特在提纯叶绿素并阐明其化学结构方面作出突出贡献，获

1915 年诺贝尔化学奖；美国生物化学家卡尔文利用碳 14 标记的 CO_2，首次揭示了自然界最基本的生命过程，即植物叶绿体将 CO_2 转化为碳水化合物的循环过程，获 1961 年诺贝尔化学奖；美国科学家伍德沃德因在叶绿素等天然有机化合物合成中所取得的成就，获 1965 年诺贝尔化学奖；德国科学家戴森霍费尔首次得到了可供 X 衍射结构分析用的细菌光合反应中心的膜蛋白结晶并解析其高分辨率的三维空间结构，获 1988 年诺贝尔化学奖；美国科学家马库斯阐明了光合作用电子传递在内的生命体系的电子传递理论，获 1992 年诺贝尔化学奖；沃克和波耶尔因催化光合作用的光合磷酸化和呼吸作用的氧化磷酸化的酶的动态结构与反应机理研究，获 1997 年诺贝尔化学奖。近年来光合作用研究在光合膜蛋白结构与光反应机理、光合碳代谢、叶绿体生物发生与发育、光合作用蛋白质量控制、光合色素合成与叶绿体反向信号、光保护与环境适应、高光效育种以及人工光合体系构建等方面取得了重要进展。

3.2.1 天然光反应系统的改造优化

陆生植物光合作用的光依赖性反应由两个光化学复合物组成，分别被称为光系统 I（photosystem I，PSI）和光系统 II（photosystem II，PSII）；它们在时间上会先后发生，在空间上分别发生于类囊体和片层膜中。光系统 I 和光系统 II 有着各自的光吸收天线系统，即捕光复合物 I（light-harvesting complex I，LHCI）和捕光复合物 II（light-harvesting complex II，LHCII），并且通过电子传递链（electron transport chain，ETC）彼此互联。虽然捕光复合物中的吸光色素分子会负责收集光能并以物理的方式对能量进行传输，但与光反应中心复合物相关的特定叶绿素分子却能对来自光线的能量进行转换并将其用于光化学反应，从而实现长期的化学能储存。

植物天然光合效率低下，是因为存在天然缺陷，包括：①不同波段的光利用率不足。在入射到地球表面的各种频段的太阳光线中，平均只有不到一半是能被用于驱动植物中的生氧光合作用，即只有波长为 400~740 nm 的太阳光才能被光合作用所利用。②天然光合作用将太阳能转化为生物量的理论效率低下。C3 和 C4 植物的最高效率分别为 4.6%和 6%，农作物的典型值为 1%~2%，大部分其他植物为 0.1%。③当光线的强度较高时，光合系统 II（PSII）极易发生光抑制的情况，可能的原因是原核生物光合作用的进化起源于低光照和无氧气存在的早期地球海洋。由此可见，在从光能吸收到光化学反应的过程中存在着许多的能量损失，这为高光效植物改良提供了必要的空间。

1. 通过核心光合蛋白改造，减少能量损失

针对上述问题，研究人员已经提出了若干种方法，旨在减少光合作用过程中的能量损失,如对非光化学猝灭进行了改善,以实现更快速的光保护恢复,从而使烟草的生长速度显著增加。此外,对细胞色素 b_6f 复合物及其相关的 PsbS 蛋白和铁硫亚基蛋白进行了调控。除了改变非光化学猝灭或细胞色素 b_6f 复合物的方法,研究人员提出的植物光能利用效率的优化方法主要还有两种:拓宽植物的光吸收谱以捕获更多的可获得光能,以及减少光系统的天线尺寸。其中,一种有潜力的策略是使用无氧光合生物,这些生物吸收的光能的最大波长延伸到了近红外光区域(~1100 nm),对其细菌叶绿素中一套光合系统进行工程化改造,从而拓宽植物光合机构可用的可见光谱。另一个优化策略是将光合蛋白插入缺乏相关同源物的宿主物种中,在拟南芥和烟草的光合作用电子传递链中引入了藻类细胞色素 c_6 蛋白后,获得了较高光合速率和较快生长。将来自绿色大型海藻裂片石莼的细胞色素 c_6 蛋白在烟草中过表达后,可观察到色素含量的升高以及水分利用效率的提升。因此,以异源细胞色素 c_6 蛋白为靶标,通过合成生物技术进行工程化改造,有望减少光合作用过程中的能量损失,大幅度提高作物的生产力。核酮糖-1,5-二磷酸羧化酶/加氧酶(Rubisco)是决定 C3 途径的光合效率的关键酶,由于其对 CO_2 亲和力弱且催化速率低,因此提高 Rubisco 的羧化活性是提高光合效率的有效途径。在玉米中同时过表达 Rubisco 及其组装因子 RAF1,能够使 Rubisco 的含量提高 30%以上,CO_2 同化速率提升 15%,株高和鲜重明显增加,还可显著提高玉米耐受冷胁迫的能力。在水稻中过表达 Rubisco,能同时提高光合作用效率及氮素利用效率,并实现田间产量的提升。采用 CRISPR/Cas9 技术敲除水稻 Rubisco 小亚基,导入 C4 高粱小亚基,获得催化速率增强的 Rubisco 杂合酶,在高 CO_2 条件下能显著提高光合能力。

2. 通过光合系统改造优化,定向调控代谢能量流

细胞色素 P450 单加氧酶(P450)普遍存在于生物界,是一个庞大且多样化的氧化还原酶家族。由于 P450 的多功能性以及它们所催化的反应的不可逆性,其是生物技术应用研究中的高吸引力潜在靶标。真核生物的 P450 位于内质网中,被膜结合的 NADPH 依赖性还原酶所还原。植物中 P450 的表达水平通常较低,其活性也受到 NADPH 和内质网内底物的可用性的限制。因此,将 P450 途径引入植物的叶绿体,将电子从光系统 I 定向至 P450,是光合系统改造优化的一个新策略。例如,将来自两色高粱的 P450 直接偶联至大麦的光系统 I,就可以在氰苷类物质蜀黍苷的生物合成过程中,实现从酪氨酸到羟苯基乙醛肟的高效转化。此外,P450 和铁氧还蛋白融合后在本氏烟草类囊体膜中的表达,实现了光合作用还原力与血红素的铁还原的有效耦合。对 P450 依赖途径进行转化,将光合电子流定向至叶绿体中的初级和次级代谢物的高效合成。除通过 P450 的催化作用生产高价值的化合物外,通过光反应直接为酶提供动力,可以实现多种多样的生物技术应用,如微

藻将长链脂肪酸转化为烷烃、光合微生物将 CO_2 转化为碳氢化合物,以及在非光合膜中创建出光驱动催化反应等。另一个成功的案例是构建含有甲基弯菌膜结合的颗粒甲烷单加氧酶的重组光系统 II。由于光系统 II 从水中获取电子的能力强,可以在光系统 II 的受体侧形成跨膜电化学电位,使颗粒甲烷单加氧酶能获取大量的额外化学能,将甲烷高效转化为甲醇。

3. 通过 C3 循环的改造优化,大幅度提高光合效率

作物中 90%以上的生物量直接来源于光合固碳作用,因此其效率的高低直接关系到作物的产量。根据光合作用碳同化途径中 CO_2 固定的最初光合产物的不同,可把高等植物分成 C3、C4 和景天酸植物。玉米、高粱和甘蔗等 C4 植物具有 CO_2 浓缩机制,光呼吸弱,光合效率和水分利用效率高。因而,C4 作物的光合效率比水稻和小麦等 C3 作物高 50%,生物学产量是后者的 1.5~3 倍,在高温、干旱等逆境条件下具有明显的生长优势。因此,在 C3 植物中实现 C4 循环,可以大幅度提升其光合效率。C4 光合途径在自然界中已经成功地独立进化了 60 多次,这表明从 C3 到 C4 光合途径的改造是可以实现的,但这是一个颇具挑战性的长远目标。因为从 C3 到 C4 代谢的转化需要对光合活性维管束鞘细胞进行分化、对 C4 途径关键酶 PEP 羧化酶、磷酸丙酮酸双激酶、NADP-苹果酸酶、苹果酸脱氢酶和苹果酸酶等的生物化学反应进行改造,以及对细胞间和细胞内区室中的代谢物运输进行调控。对 C3 循环工程化改造的第二种策略是创建具有景天酸代谢光合机制的植物。与 C4 途径的植物不同,景天酸植物对磷酸烯醇式丙酮酸羧化酶和 Rubisco 活性的分离是在时间上而非空间上。由于 CAM 植物能在夜间(此时气孔闭合)实现对 CO_2 的固定,因此景天酸代谢机制减少了水分的蒸发并使水分利用效率提升了 20%~80%,这也是景天酸植物对炎热和干燥气候的适应性特征。C3 植物景天酸代谢的中间型植物就是合成生物学中非常明确的一个潜在目标,有望借此实现 C3 作物在更高温、更干燥条件下的水分利用效率的提升。第三种策略是将蓝细菌和绿藻的碳浓缩机制引入 C3 植物的叶绿体中。微藻和蓝细菌的碳浓缩机制依赖于一系列具活性的、受协助的无机碳吸收机制。蓝细菌转运蛋白 IctB 在拟南芥和烟草中的过表达增强了植株的光合作用和长势。此外,在水稻和大豆中表达来自蓝细菌的 CcaA、IctB 和 FBP/SBPase 蛋白,也能大幅度提升其光合能力和产量。

3.2.2 光呼吸和 CO_2 固定途径的重新设计

光呼吸是一个依赖光的过程,在这个过程中,O_2 被吸收,同时 CO_2 被释放,其速率通常相当于净光合作用固定 CO_2 的 25%。在干热生长条件下,随着叶片内部 CO_2 浓度接近表观 CO_2 补偿点,光呼吸可能进一步增加,其高成本主要来自释放氨的再吸收和还原组分从叶绿体向线粒体的输出所需的能量。在当前的 CO_2 浓度下，光呼吸可以使光合效率降低 30%。建立光呼吸旁路可以减少光呼吸释放的 CO_2，减少 ATP 消耗，进而提高光能利用效率，或阻断光呼吸，即使在预测大气二氧化碳浓度增幅最大的气候变化情景下，总光合作用也可能增加 12%~55%。在过去的几年里已设计出三个光呼吸旁路，通过核酮糖-1,5-二磷酸氧化产生的乙醇酸，使碳、氮和能量的损失最小化，同时避免光呼吸中间产物的积累。旁路 1 将光呼吸乙醇酸转移到叶绿体内的甘油中，将 CO_2 的释放从线粒体转移到叶绿体，并减少了氨的释放，进入这个旁路的 75% 的乙醇酸回到了卡尔文循环中。在旁路 2 中，在过氧化物酶体中使用了两种大肠杆菌酶，以两步法催化乙醇酸转化为羟基丙酮酸和二氧化碳。这条捷径将二氧化碳释放的位置从线粒体转移到过氧化物酶体，减少了氨的释放，并回收了 75% 的乙醇酸。在旁路 3 中，乙醇酸在叶绿体内被新引入的酶和天然酶完全氧化成 CO_2。其中，旁路 1 和旁路 3 只有在低光和短日照条件下能够增加拟南芥的光合作用和生物量，但不能应用于喜光植株如水稻。为此，研究人员采用来自水稻的三种氧化酶，即乙醇酸氧化酶、草酸氧化酶和过氧化氢酶，设计了一条新型叶绿体光呼吸旁路：乙醇酸首先被乙醇酸氧化酶氧化成草酸，产生的草酸被草酸氧化酶完全氧化成 CO_2 和 H_2O_2，反应产生的 H_2O_2 被过氧化氢酶清除。利用多基因组装和转化系统，将该旁路导入水稻叶绿体中，在温室和大田条件下，具有新型叶绿体光呼吸旁路的水稻植株的光合作用效率、生物产量、氮素含量都显著提高。

3.2.3 高光效作物的从头驯化

在采用传统或现代生物技术对作物进行改良的过程中，因过分追求产量和遗传瓶颈效应，导致栽培品种遗传多样性降低，从而丢失了大量野生祖先原有的优良基因。据估计，现代作物栽培群体只有野生物种基因库中 6% 的遗传多样性，如与野生祖先相比，玉米、大豆、番茄和水稻的遗传多样性分别下降约 17%、64%、70% 和 80%。野生植物具备丰富的遗传变异，具备独特风味、营养、极端气候和逆境胁迫适应性等优异性状，能显著扩大未来作物如高光效、抗病虫和气候适应型作物品种的设计空间。C3 植物的光合效率在生理和生化方面存在三项主要限制因素，即气孔导度、叶肉导度以及由 Rubisco 决定的生物化学机制，涉及一系列与光合速率和作物产量相关的驯化基因（表 3-1）。已有证据表明可以通过单一的驯化基因实现对模型和非栽培物种的改良，如利用水稻乙烯应答因子 137（HYR），能直接激活参与光合碳代谢的相关基因，在正常或干旱条件下增强光合效率并提高产量，或利用玉米 MADS 盒转录因子基因 *zmm28*，调控光合作用、前体代谢产物和能量的产生以及碳水化合物代谢等途径，能显著提高作物光合效率、氮利用能力和产量。但是,培育一个全新品种,不仅需要较高的光合效率,同时还需要高产、优质和抗逆等优异性状,这显然难以通过常规育种手段在短时间内实现,因此发展新的育种策略势在必行。

表 3-1 光合速率和作物产量相关的驯化基因

作物	驯化基因	功能	性状
烟草	FBPA/SBPase	果糖-1,6-二磷酸醛缩酶/景天庚酮糖-1,7-二磷酸醛缩酶	提升光合碳同化量、叶片面积和生物量
	ictB	无机碳转运蛋白 B	
	GCS H	甘氨酸裂解系统	增加生物质产量
	PsbS	光系统 II 亚基 S	减少单位 CO_2 同化量对应的水分损失
	ZEP	玉米黄质环氧化酶	增加叶片对 CO_2 的吸收和植物干物质的生产率
	VDE	紫黄质脱环氧化酶	
	PsbS	光系统 II 亚基 S	
玉米	zmm28	MADS 盒转录因子	增强光合作用、生长和氮利用能力
水稻	SBPase	景天庚酮糖-1,7-二磷酸醛缩酶	增强高温下的光合作用
	ictB	无机碳转运蛋白 B	更高的光合和羧化效率,更低的 CO_2 补偿点
	FBPA/SBPase	果糖-1,6-二磷酸醛缩酶/景天庚酮糖-1,7-二磷酸醛缩酶	提高净光合速率、羧化效率
	HYR	乙烯应答因子 137	增强光合作用,在干旱等胁迫条件下提高产量
小麦	SBPase	景天庚酮糖-1,7-二磷酸醛缩酶	增强光合作用效率和谷物产量
拟南芥	PRK	磷酸核酮糖激酶	增强光合能力、长势和种子产量
	GDC L	甘氨酸裂解系统	提升 CO_2 同化速率、光呼吸和植物长势
	PetC	细胞色素 b_6f 复合物的铁硫亚基蛋白	提升电子传输速率和生物量
大豆	ictB	无机碳转运蛋白 B	提高光合利用率和干物质量
狗尾草	PetC	细胞色素 b_6f 复合物的铁硫亚基蛋白	更优的光转换效率,更高的 CO_2 同化率

基于作物组学和基因编辑的从头驯化是一种全新的育种策略,将野生植物作为育种底盘,通过驯化基因的直接导入,快速创制新作物。2021 年,中国科学家提出基因编辑技术"从头驯化"新作物的技术路径:①筛选综合性状最佳的野生种质资源;②建立野生种从头驯化技术体系,包括参考基因组的绘制、高效遗传转化体系和基因编辑技术体系;③品种分子设计与驯化,包括基因功能验证、品种分子设计、基因编辑与田间性状评估;④新作物的推广应用。对异源四倍体野生稻的多个基因进行精准编辑,创制出落粒性低、芒长短、株高变矮、粒变长和花期缩短的新型多倍体水稻材料,其显示出比当代二倍体品种产量更高和适应性更好的特性,这是首次将异源四倍体野生稻从头驯化成栽培品种。从头驯化策略不仅适用于野生稻,也适用于其他野生植物,如采用多靶点 CRISPR/Cas9 载体系

统，精准靶向开花光周期敏感性、株型和果实同步成熟控制基因 *SP/SP5G* 的编码区，果实大小控制基因 *SlCLV3/SlWUS* 的顺式调控元件和维生素 C 合成酶基因 *SlGGP1* 的上游开放阅读框，在保持野生番茄的耐盐碱和抗病能力的同时，将产量和品质性状精准地导入野生番茄，实现野生番茄光敏性增强、果实变大、果实数量增加和植株紧凑的从头驯化改良。将基因组编辑和精准育种相结合的从头驯化，将开启作物育种的新浪潮，会有更多的野生作物被驯化成优良的栽培品种，引领农业领域的"第三次绿色革命"。

3.2.4　人工自养微生物的工程化设计

自养生物是能将无机碳固定在有机化合物中而产生生物质的生物，如植物能通过光合作用将大气中的 CO_2 固定成有机物。相反，自然界中许多异养微生物，如大肠杆菌和酿酒酵母等，则不具备这种利用 CO_2 进行自养生长的能力。将天然的或非天然的 CO_2 固定途径引入异养微生物中，可以创建人工自养微生物。进而利用微生物遗传操作简单和单位面积产能高等显著优势，构建高效固定 CO_2 细胞工厂，可将 CO_2 转化为淀粉、蛋白质、燃料和材料单体等高价值产品。以工程化自养生长的大肠杆菌构建为例，在生命进化的历史长河中，从第一个生命诞生开始到第一个可以利用二氧化碳的自养型生命出现，需要 20 亿年，而采用合成生物技术，将一个异养型细菌改造进化成可以利用二氧化碳生长的人工自养型细菌，仅耗时 200 天。大肠杆菌在定向进化过程中获得了 11 个基因突变，包括磷酸葡萄糖异构酶基因 *pgi* 突变，增加循环与流出间的通量比率，实现自养循环，或全局调控因子 *crp*/RNA 聚合酶 β 亚基 *rpoB* 突变，导致细胞内碳固定循环电子供体 NADH 的增加，以及碳固定模块如 cbbM/prkA 和能量模块如 fdh 等少量遗传改变，实现大肠杆菌像植物一样能利用 CO_2 自养生长。

细菌视紫红质是一种具有光驱动质子泵功能的跨膜蛋白，与视黄醛辅基结合后，形成一种结构相对简单但广泛存在于自然界的光能利用系统，其已在光电化学 CO_2 转化和生物光敏材料等领域显示出良好的应用前景。为构建具有自养固碳功能的工程化酵母菌，研究者把液泡作为外源视紫红质定位的最佳位点，将已知的存在于液泡中的玉米黑穗病真菌病原体的视紫红质引入普通面包酵母液泡中。在视紫红质最敏感的绿光下，工程化菌株能够有效地转化光能，其繁殖速度高于酵母底盘菌株。此外，另一个成功案例是构建酵母蓝藻内共生系统，打造人工光合生命形式。内共生理论认为，光合真核生物是由于非光合真核宿主细胞与光合蓝藻内共生而进化的。光合内共生体在宿主细胞的细胞质内繁殖，进化并最终转化为叶绿体。基于上述内共生理论，研究者选择细长聚球藻 PCC7942 菌株与酿酒酵母作为底盘菌株，前者与叶绿体是近亲，同时两株底盘易于遗传操作。为模拟叶绿体的生物能量功能，研究人员获得了一系列工程化菌株，其在 ADP 存在的情况下，能够有效输出 ATP。采用优化聚乙二醇诱导的融合和选择方案，实现光合细菌突变株与酵母细胞内共生，并通过异源表达类 SNARE 样蛋白与 ADP/ATP 转位酶，提高人工光合内共生体的稳定性，工程化的蓝藻菌株支持酵母细胞在光合作用条件下生长。

3.2.5 电驱动人工固碳与人工叶片固碳

人工固碳作用包含两个核心反应，分别是光电驱动的水裂解反应和 CO_2 还原反应，对应天然光合作用中的光反应和暗反应。CO_2 电化学还原就是一个利用电能将 CO_2 在电解池中还原的过程。将电能引入酶催化反应中可以实现生物固碳，如甲酸脱氢酶、甲醛脱氢酶等催化的固碳反应。将甲酸脱氢酶与金属氧化物 TiO_2 偶联，可实现高效电催化 CO_2 还原为甲酸，转换数达到 (11 ± 1) s^{-1}，是 Rubisco 转换数的近 10 倍。还有一些微生物可以耐受低电压，并利用电子作为能量来源，利用这些微生物可以开发用于 CO_2 还原的微生物电催化，如 *Methanococcus maripaludis*、*Methanobacterium congolense* 等产甲烷菌。利用产甲烷菌制造微生物电解池，以 CO_2 作为唯一碳源，利用电能生产甲烷，生产率达到了 22%。此外，研究者设计了一个极简的合成电生物模块（AAA 循环），由 3~4 种酶组成，不需要任何膜结构，通过多步级联反应将储存在电子中的能量转化为 ATP 中的化学能，实现电能驱动复杂的生物过程。在此基础上，构建耐氧人工 CO_2 固定途径，引入自动化光学监控系统控制辅因子再生，其体外持续运行的固碳速率达到甚至超过典型的光合或自养微生物。此外，研究者采用水作为电子供体，利用钴磷催化剂作为电化学阴极输出电子，构建氢细菌-生物电催化固碳体系，最高光能转化率约为 10%，优于天然光合作用效率。一种完全不需要阳光的电驱动无机-生物耦合的人工固碳系统研发也取得了重要进展，研究者采用两步电催化过程将二氧化碳、电和水转化为乙酸盐，乙酸盐是醋的主要成分，这种有机-无机混合系统与太阳能电池板相结合，能量转化效率是自然光合作用的 18 倍，产生了迄今为止电解槽中最高水平的乙酸盐，其作为唯一碳源和能源支持微生物与作物生长。绿藻、酵母和蘑菇可以在黑暗的环境中直接利用电解槽生成的乙酸盐进行生长繁殖，其中藻类的能量转化效率大约是光合作用的 4 倍。同时，豇豆、番茄、烟草、水稻、油菜和青豆等多种常规农作物可以在黑暗环境下利用乙酸盐来生长。

植物叶片吸收二氧化碳和水分，并利用阳光将其转化为碳水化合物。这个神奇的功能是在叶绿体中实现的。能否模仿叶片的光合作用？现在，这个问题的答案呼之欲出。2011 年，麻省理工学院的科学家设计出了"人工叶片"概念产品，能将阳光转换为化学能，以储存备用，但由于人工叶片使用的二氧化碳为实验室容器中的加压纯二氧化碳，只能在实验室内工作。

为了让人工叶片具备实际工程意义，必须使其能在低浓度二氧化碳下工作。2019 年，美国伊利诺伊大学的科学家提出了一种新的设计方案，制造了新一代人工叶片，包括两块光吸收装置，中间是一种新型的钴磷催化剂。改良后的人工叶片将二氧化碳转化为燃料的能力超过天然叶片近 10 倍。人造光合作用可以模仿植物光合作用以实现对太阳能的转化、存储和利用，如从菠菜中分离得到类囊体膜，利用微流体技术将其与 16 种酶一起包裹在油包水液滴中，形成半天然和半合成的人造叶绿体。2020 年，科研人员成功开发了一种自动化人造叶绿体组装平台，能够生产成百上千个细胞大小的人造叶绿体，同时还能根据人们的需求通过添加不同的酶自动化生产不同功能的人造叶绿体，理论上还可以根据需求，利用 CO_2 合成各种不同的碳水化合物。

3.2.6　光合细胞工厂与叶绿体高效表达系统创建

光合细胞工厂是基于光合细菌发展起来的一种新型合成生物技术，可以直接利用太阳能驱动 CO_2 来合成目标产物，包括生物燃料、大宗化学品、可降解塑料、糖和植物天然活性物质等。蓝细菌存在于海水、淡水、温泉以及各种极端环境中，能以太阳能作为唯一的能源和以 CO_2 作为唯一的碳源生长。目前，光合细胞常用的模式菌株包括集胞藻 PCC6803、聚球藻 PCC7942、鱼腥藻 PCC7120、聚球藻 UTEX2973 和聚球藻 PCC7002 等，某些工程化菌株的生长速度已超过以葡萄糖为底物的酵母等异养微生物底盘，目标产物已达到 g/L 级别，某些产量甚至超过了大肠杆菌等异养细胞工厂。异戊二烯是重要的化工原料，可通过形成聚合物来合成橡胶、塑料和萜类化合物。研究者将外源异戊二烯焦磷酸异构酶（IDI）和 IspS 融合酶，以及 1-脱氧-D-木酮糖 5-磷酸合酶和 4-羟基-3-甲基-2-烯基二磷酸合酶转入聚球藻 PCC7942 中高效表达，重组菌株在 21 h 内产生 1.26 g/L 异戊二烯。蓝细菌在盐胁迫的状态下会自然积累蔗糖，研究者在聚球藻 UTEX2973 中过表达蔗糖转运蛋白 CscB，重组菌株在 200 mmol/L NaCl 盐胁迫下的蔗糖产量达 8 g/L。此外，利用螺旋藻表达针对弯曲杆菌的单链抗体，其占总生物量的比例高达 15%，所合成的抗体稳定性高，无需冷藏和纯化，小鼠试验表明其口服具有疾病预防功效。

叶绿体是绿色植物等真核自养生物细胞中的一种半自主细胞器，有自己独特的 DNA 复制、转录和翻译体系。近年来，烟草叶绿体高效表达系统已广泛应用于重组蛋白和生物活性物质合成，具有高产量与低成本的技术优势，每千克烟草叶片材料可以生产 2~5 g 蛋白质，在 10 m^3 大小的生物群落空间内，每年可达到

1 t 的生物量。此外，采用烟草叶绿体高效表达系统生产植物源生长因子，替代市面现有的细胞肉培养基中的生长因子，可将培养基成本从每升 376 美元降至 21.70 美元，生产 1 kg 培养肉的成本降低了 90%。同时，相较于某些真核重组蛋白对细胞内的蛋白水解酶较敏感，高等植物叶绿体中含有的蛋白酶具原核特性，可为这类重组蛋白的表达提供一个相对稳定的内环境，且叶绿体的转基因缺乏表观遗传或转录后基因沉默机制，因此基于叶绿体的蛋白质表达具有稳定性。特别值得一提的是，由于叶绿体 DNA 的母系遗传，基于植物的蛋白质表达不含有有害的内毒素或病毒和朊病毒污染物，减少了不良转基因传播的风险，符合美国食品药品监督管理局（FDA）的公认安全（GRAS）认证，从而有助于降低下游加工生产环节的成本，如蛋白质纯化。

3.2.7　以二氧化碳为原料合成人工淀粉

作为最主要的粮食成分之一，淀粉的可持续供应是人类未来面临的重要挑战。淀粉是生物界贮藏最丰富的多糖之一，也是许多农作物收获器官的主要贮藏性物质。淀粉和糖类，合称碳水化合物，与脂肪、蛋白质并称三大能量物质，是人类食物的三大基本构成，同时也是重要的工业原料。通过农作物的光合作用合成淀粉，涉及一系列生化反应和复杂的调控网络，理论上其能量转化效率仅为 2% 左右。此外，农作物种植通常需要较长的周期，需要使用大量土地、淡水等资源以及肥料、农药等农业生产资料。我国科学家采用"搭积木式"策略，设计了一种无细胞化学-酶法线路，成功实现了二氧化碳从头合成淀粉。这条人工淀粉合成线路由两个催化反应器组成。①化学催化反应器：采用 $ZnO\text{-}ZrO_2$（氧化锌-二氧化锆）催化剂，通过电解产生的高密度氢气将高浓度二氧化碳还原为一碳化合物甲醇；②生物催化反应器：通过 10 步酶促反应，依次将甲醇聚合成三碳化合物二羟基丙酮，再聚合成碳六化合物磷酸葡萄糖，最终合成直链和支链淀粉。该成果从头创建了二氧化碳到淀粉的人工合成途径，将自然界 60 多步的淀粉合成途径简化到了 11 步，通过协同优化生物催化与化学催化过程，将人工淀粉合成速度提升了 8.5 倍，能量转换效率提升了 3.5 倍。理论上用 1 m³ 大小的生物反应器进行生产，年产淀粉量可相当于 5 亩土地玉米种植的淀粉产量，使工业车间以二氧化碳为原料生产淀粉成为可能，促进以二氧化碳为基础原料生产碳水食物、碳基材料和碳基能源等碳循环产业发展。

目前，人造淀粉生物合成尚处于实验室阶段，离产业化应用还有相当长的距离，需要尽快实现从"0 到 1"的概念突破到"1 到 10"和"10 到 100"的应用转换，包括：①化学催化反应器从实验室到生产应用，亟须解决大规模生产过程中高密度氢气的安全性问题与高浓度二氧化碳的可控性问题；②生物催化反应器涉及一系列酶促反应，酶蛋白成本极高，一旦进入大规模生产，亟待提高酶的利用效率和降低酶的生产成本；③无细胞化学-酶法合成淀粉需要加入一系列的生化试剂，如氧化锌-二氧化锆催化剂、多聚磷酸盐、双氧水和 ADP 等，亟须建立产品质量控制和环保后处理工艺；④驱动二氧化碳到一碳化合物甲醇合成的动力是电能，一旦大规模产业应用（如替代 1 亿亩农田生产的淀粉），电力供应和经济性等问题均需要系统评估。未来将通过建设二氧化碳人工合成淀粉工程测试平台，进一步优化人工淀粉和特种功能淀粉合成工艺，不断降低人工淀粉的生产成本，为推进人工淀粉产业化奠定基础。如果未来该技术生产成本能够降低到与农业种植相比具有经济可行性，利用车间制造淀粉将会节约 90%以上的耕地和淡水资源，可大幅提高人类粮食安全水平。

3.3 未来重点发展领域

3.3.1 国际动态

2022 年，美国工程生物学研究联盟发布《气候与可持续发展的工程生物学：更清洁未来的研究路线图》，提出工程化设计和改造植物、蓝藻等更加有效的光合作用有机体，提高 CO_2 吸收利用率，或开发无细胞系统，实现生物人工光合作用等。2023 年，美国白宫科技政策办公室发布《生物技术和生物制造宏大目标》，指出生物技术和生物制造在减少温室气体排放、增加碳封存能力方面有巨大前景，如设计与气候变化相关的植物和农业系统，通过工程化改造光合系统等途径提高其碳汇能力。2017 年，比尔及梅琳达·盖茨基金会、粮食与农业研究基金会和英国政府等联合启动国际研究项目"实现提高净光合效率"（realizing increased photosynthetic efficiency，RIPE），致力于提高木薯、豇豆、玉米、水稻和大豆等作物的光合效率，可持续性地增加全球粮食生产力。2010 年，美国能源部（Department of Energy，DOE）拨付 1.22 亿美元专款，在加利福尼亚州建立人工光合作用联合研发中心，加速人工光合作用这项革命性、突破性的能源技术研究进程；2020 年，DOE 出资 1 亿美元启动人工光合作用研究计划，旨在充分利用阳光来生产燃料。2023 年，英国研究与创新署宣布支持 48 项工程生物学研发活动，包括"将蓝藻工程改造为生物太阳能细胞工厂，以实现可扩展的碳捕获利用和储存"等项目。

3.3.2 技术路径与发展目标

当前，光合作用合成生物技术研发已进入一个重要的战略机遇期，但整个技术发展仍处于探索起步阶段。经过长期的研究发现，科学家认为通过优化以下 3

个主要光合作用过程能有效提高光合作用效率。①优化光能的吸收、传递和转化效率：主要包括优化捕光复合物；提高电子在光合膜上的传递效率；增强电能转化为 ATP 和 NAD(P)H 的效率；②光能高效利用：主要包括降低非光化学猝灭等能量损耗；增强光保护，减轻光抑制等带来的光合效率下降；③提高光合碳同化效率：主要包括提高 Rubisco 酶的羧化活性；引进 CO_2 浓缩机制；减少碳损耗、降低光呼吸。在以上 3 个方面中，光能的吸收、利用和转化是光合作用的起始，是高光合效率的基础，而光能的高效利用不但可以为植物的碳同化提供还原力，还可以进一步促进光能的高效吸收。利用合成生物学对光合作用改造，除可以提高农作物的光合效率外，还可以改造使其生产一些高附加值的化学产品，不但可以降低大气中日益升高的 CO_2 浓度，而且可以提供生物能源，减少对粮食的依赖。然而，光合作用是一个异常复杂的生物学过程，它的各个反应都相互调节、相互制约，对其某方面的改造将不可避免地影响其他反应。针对上述问题，迫切需要通过 3 条技术路径：①天然光合途径的人工改造与适配优化，②人工光合途径与智能材料的系统整合，③高效光合途径在底盘作物中的重建，实现预期研发目标，为解决未来粮食和能源危机而造福人类。

1. 天然光合途径的人工改造与适配优化

1）研发动态

目前，国际上通过深入揭示光能高效吸收、传递和转化的分子机制及其调控原理，获得了一系列光合反应改良的靶标途径或蛋白，包括光系统复合物的捕光天线、碳浓缩机制、景天酸代谢光合机制、卡尔文循环、光呼吸旁路、乙醇酸代谢途径、Rubisco 以及潜在的代谢物转运蛋白和转录因子等。将天然酶与人工设计的酶相结合，成功地在体外构建出了合成的碳集约型光呼吸旁路，表现出光合效率和生物量与产量的显著提高，或将藻胆体的色素或整个藻胆体系统作为植物捕光天线的补充，优化和改造能量在光合膜上的传递方式与速率，增强光能的吸收和利用效率。我国建立了从分子、细胞器、细胞、叶片、冠层到整个个体的系列光合作用系统模型和结构基础，如利用冷冻电镜技术首次解析了高等植物叶绿体中最大的光合膜蛋白复合物 PSI-NDH 的结构，揭示其介导光合环式电子传递调控的结构机制等，同时在光呼吸旁路改造、藻胆体重建、光合特定基因改造等方面也取得了重要进展。

2）技术痛点与攻克路径

光合作用研究的核心问题是揭示光能高效吸收、传递和转化的分子机制及其调控原理，但目前对光合作用过程这些限速步骤及其耦合机制缺乏深入了解。第一，植物的光合作用效率低下，如地球表面的各种频段的太阳光线中，只有 400～

740 nm波长的太阳光能被光合作用所利用。第二，天然光合作用将太阳能转化为生物量的理论效率不高，C3和C4植物的最高效率分别为4.6%和6%。第三，当光线强度较高时，光合系统II极易被光抑制。因此，从光能吸收到光化学反应存在诸多亟待解决的瓶颈问题，植物光合作用光反应改良面临巨大的技术挑战。当前，全球气候变暖以及大气CO_2浓度增加，均对作物光合作用产生持续影响，如何改造、优化天然光合作用系统，使之在全球气候变化下仍保持最佳光能转化效率，也是当前亟待解决的重大问题。

利用自然界已有光合作用系统，挖掘当前系统得以改造及优化的位点，进而通过合成生物学手段，改造、优化现存光合系统，提高其光能利用效率，相关改良策略及潜在靶标包括：Rubisco动力学参数，ATP合酶结构及功能，天线系统大小与组成，碳代谢酶含量及调控，光合系统高光/低光/动态光强的利用能力以及光合作用在高温、低温下的功能等。在植物叶绿体中类囊体上的蛋白复合体通过捕获光能并驱使电子传递来完成光合作用的第一步，因此构建更高效的光收集系统，如拓宽植物的光吸收谱以捕获更多的光能，是提高植物高光效的一条新途径。在光能被吸收之后，光合电子将通过PSII、PSI等光合膜复合物及一系列的电子传递体进行传递，因此优化与改造光合电子传递方式和速率可以增加光能利用效率。

3）预期目标与产业影响

5年预期目标是解析光合膜蛋白作用方式及其组装规律，表征并优化高效光合能量传递模块，构建新型捕光系统，实现在底盘植物中的重建、组装与适配；揭示光能高效吸收、传递和转化的分子机制，建立宽光谱型光合天线系统，改造碳浓缩和固定途径；优化与改造光合电子传递方式和速率，增强光能的吸收和利用效率。10年预期目标是构建更高效的光收集系统，拓宽植物的光吸收谱，捕获更多光能；解析C3向C4光合进化的遗传调控机制，优化设计具有抗高光逆境能力的自适应型基因线路，实现逆境条件下光合功能高效运行；光合效率提高20%，生物量提高30%。光合作用是地球上最大规模的能量和物质转换过程，是几乎一切生命生存和发展的物质基础。研究光合作用机制及调控原理，对解决人类社会可持续发展所面临的能源、环境和粮食等问题都具有重大战略意义。

2. 人工光合途径与智能材料的系统整合

1）研发动态

近年来，国内外通过生物学与材料学、工程学结合，改造天然光合途径，重构人工光合固碳体系，以CO_2为原料生产农产品、化学品或生物能源等。特别是一系列光合系统中蛋白复合体包括光合细菌的反应中心、捕光复合物的晶体结构，高等植物捕光天线、PSI的晶体结构，细胞色素b_6f的晶体结构等的三维结构解析，为人工合叶片、人造叶绿体以及光合细胞工厂的创建奠定了重要的结构基础。国外科学家开发的人工光合叶片，其太阳能转化效率是自然界叶片太阳能转化效率的 30 倍以上。利用合成生物学与纳米微流控技术，又研发出具有叶绿体功能的细胞大小的液滴，以及自动化生产具有不同功能、比天然植物固定碳的效率更高的人造叶绿体的组装平台。中国科学家建立了以蓝细菌等单细胞藻为底盘，生产各类高附加值化合物的研究体系及平台；采用"搭积木式"策略，设计了一种无细胞化学-酶法线路，经 11 个化学和酶学催化步骤，成功实现了二氧化碳从头合成淀粉，淀粉合成速率比植物的光合作用提高 3.5 倍。

2）技术痛点与攻克路径

人工光合叶片和叶绿体技术的研发仍然集中在基础研究层面上，在理论机理、应用基础、材料组件等方面还有许多关键科学问题亟待解决。例如，在常温常压下，光合作用能量传递效率高达 94%~98%，光合作用反应中心进行的光能转换的量子效率几乎是 100%，但目前所开发的人工体系远未达到上述水平。如何将人工体系中光吸收激发和化学转化相互分离的两个过程直接耦合，克服无机和有机材料催化活性的不匹配性，或进一步通过光合膜蛋白复合物进行空间结构的精准解析，开发高性能和长寿命的人工系统组件，是实现更高效率的光捕集和光能转化的技术关键与难点。此外，通过光合作用合成生物学研究，定向调控光合产物消耗相关代谢过程，将不仅有利于提高光能利用效率及作物产量，也为利用"光合细胞工厂"生产高能、高附加值原料提供全新途径。这里目前亟待布局的研究包括：改造植物源库流系统，优化光合产物的运输、存储、分解及利用，优化根系对光合产物的存储；优化源库流互作，提高全生育期的光能利用效率；改造植物激素对光合作用的调控作用，释放光合潜力，提高光能利用效率；改造光合作用系统与基本代谢途径，在提高生长速度的同时，提高油脂等大分子物质的合成速度。

利用理性设计策略通过自组装的方法来精确组装光催化所需要的酶和无机纳米材料，提高电荷传输和催化效率，同时减少无机材料在光催化过程中对生物体系造成的光损伤；结合细菌体内的代谢通路和无机材料提供代谢通路所需的还原力，通过模拟光合作用产生具有高附加值的产物；将人工体系中光吸收激发和化学转化的两个过程有机耦合，克服无机和有机材料催化活性的不匹配性；在深入解析光合膜蛋白复合物的空间结构及其作用机制的基础上，开发高性能和长寿命的人工系统组件，实现更高效率的光捕集和光能转化。结合化学、材料学和合成生物学等方面的技术，生物系统的催化特异性，以及无机纳米材料的高光电转换效率等优点，设计与构建高效、低成本、可规模化部署的光合细胞工厂，如活细胞-蛋白酶-纳米材料整合体系。

3）预期目标与产业影响

5年预期目标是开发具有CO_2吸收及释放能力的新型智能材料,实现光催化酶与智能材料的精确组装,构建细胞-蛋白酶-纳米材料整合体系,提高电荷传输和催化效率,光能转换效率达到15%。10年预期目标是创建人工光合叶片、人造叶绿体以及光合细胞工厂,光能转换效率达到30%、高效生产碳水化合物及其高附加值产品。通过光合作用合成生物学研究,定向调控光合产物消耗相关代谢过程,将不仅有利于提高光能利用效率及作物产量,也为利用"光合细胞工厂"生产高能、高附加值原料提供全新途径,对下一代生物制造和未来食品生产带来变革性的重大影响。

3. 高效光合途径在底盘作物中的重建

1）研发动态

目前,国内外聚焦光合作用高光效机理及其精准调控机制,对高光效元件和模块进行设计、组装、调适与优化,实现人工高光效回路在植物中的重构和再造,提高作物光合效率。欧盟于2015年启动了为期10年的C4水稻及高光效育种的"光合作用"2.0项目。比尔及梅琳达·盖茨基金会持续投入1.1亿美元,资助"国际C4水稻计划"。国外科学家在烟草中成功构建出新型的光呼吸途径,在田间试验中可使烟草的生物量增加25%以上,使光能利用效率提高17%。同时,利用RNA干扰（RNAi）抑制叶绿体中的乙醇酸转运蛋白,使得烟草的生物量提高了40%以上。我国科学家利用多基因组装系统在水稻叶绿体中成功建立了新的光呼吸旁路,结果显示水稻植株的光合作用效率、生物量、产量和氮含量均显著增加。

2）技术痛点与攻克路径

光合作用是一个复杂的生物学过程,如光能的吸收传递和转化主要发生在植物叶片或者藻类的类囊体膜上,由光系统II（PSII）、细胞色素b_6f（$Cytb_6f$）、光系统I（PSI）、ATP合酶（ATP synthase）协同完成。Rubisco复合物由8个大亚基和8个小亚基组成,PSII-LHCII是一个同源二聚体的超复合酶系,每个单体含有25个蛋白亚基、105个叶绿素分子、28个类胡萝卜素分子和其他辅因子,因此在植物中表达人工光合系统或超复合酶系面临巨大的技术挑战。此外,在植物中引入光呼吸旁路的同时也可能导致植物细胞器受损以及其他代谢网络受影响等不良后果。因此,对光合作用的调控机理和调控线路等科学问题进行详细研究,探讨如何构建全新的光合代谢合成通路,以提高光能利用效率,存在诸多亟待解决的科学问题。

光呼吸是植物在进行光合作用时所产生的一个损耗能量的副反应。由于光呼吸是植物所共有的代谢反应,在植物中引入光呼吸旁路,是减少碳损耗、降低光呼吸反应的重要策略；C4植物具有比C3植物更高的碳同化效率,原因之一是C4

植物具有 CO_2 浓缩机理，超过 80%的农业用地种植的是缺乏 CO_2 浓缩机制的 C3 植物（如水稻、小麦等），在 C3 植物中重建 CO_2 浓缩机理，有望提高碳同化效率。通过改造光呼吸乙醇酸途径、重新设计呼吸代谢过程或建立高效的离子传输机制来减少呼吸过程中 CO_2 的损耗，也是提高农作物光合作用效率的有效途径。突破上述关键瓶颈，需要建立精准稳定的高光效模块改造技术、新型碳回路设计与优化的合成生物技术，以及植物结构底盘构建与功能模块适配的整合生物技术。

3）预期目标与产业影响

5 年预期目标是阐明光呼吸、暗呼吸和碳代谢支路的分子调控机制，降低光呼吸，优化源库流；挖掘光保护、抗光氧化器件与模块，组装与适配抗高光模块/基因线路；系统鉴定 C3 向 C4 光合进化的关键节点，创制 C4 细胞特异性表达调控元件，设计、优化和重构新型光合碳回路；光合效率提高 30%，生物量提高 50%。10 年预期目标是建立高效稳定遗传转化基因编辑技术，构建高效光合底盘细胞，对光合模块进行功能性组装与优化适配，优化基因线路，实现人工高光效回路构建及效率优化。从头设计并构建 CO_2 高效回收和再利用的新型智能碳回路，光合效率和产量均提高 50%，水分利用效率和氮素利用效率均提高 30%。作物 90%的干重来自光合作用，目前作物将光能转化为生物量的效率仅为 1%左右（图 3-2）。因此，创制新一代高光效高产高效作物，颠覆农作物传统育种理论与技术模式，是继"绿色革命"和杂种优势后的革命性、颠覆性成果，将引领我国种业未来发展方向，增强我国现代农业国际竞争力。

3.3.3 重点研究内容

1. 高效吸能的宽光谱天线系统构建

光能捕获是光反应的起始，是决定光合作用效率的重要因素。植物捕光利用的是光系统复合物的捕光天线，而蓝细菌等光合细菌使用的是藻胆体，后者比捕光天线具有更广泛的吸收波长。此外，高等植物的捕光色素通常只有叶绿素 a 和叶绿素 b，而蓝细菌和光合细菌中还有叶绿素 c、叶绿素 d、叶绿素 e、叶绿素 f、藻胆素和细菌叶绿素等，具有更宽、更全面的吸收光谱。利用合成生物学可以将藻胆体的色素或整个藻胆体系统作为植物捕光天线的补充，增强光能的吸收效率，特别是植物群体中下部叶片的光能吸收。Ort 及其合作者提出，通过降低捕光天线的大小或减少叶绿体中色素的含量可能会增加光合作用效率。在蓝细菌和衣藻等光合生物中通过降低色素含量，也能提高光合生物的生物量。因此，利用合成生物学设计基因调控路线控制叶绿素在植物不同叶片中的生物合成、降低顶层叶片色素含量、优化捕光天线、拓宽吸收光谱将是未来提高高等植物光合效率的有效手段。

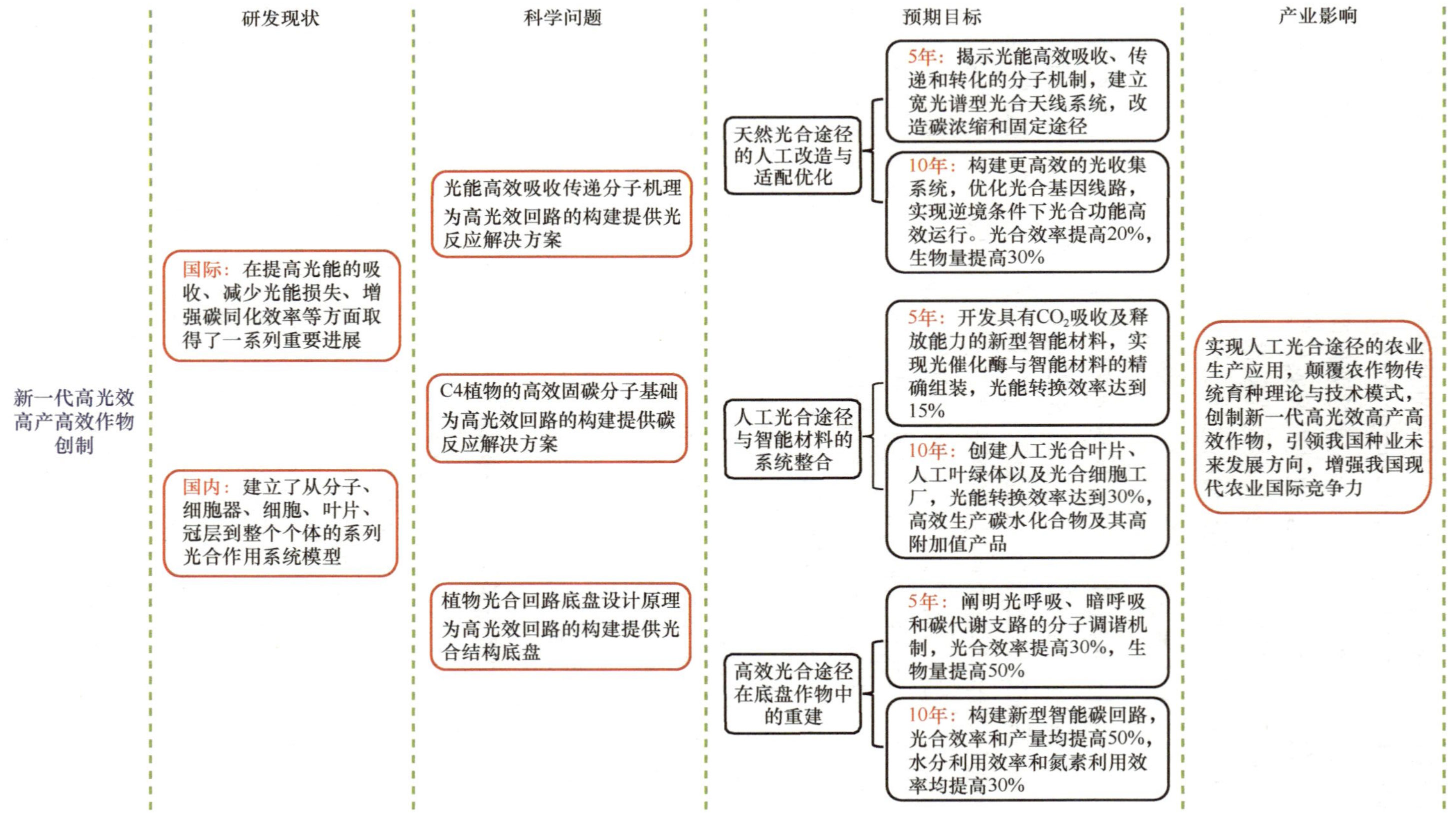

研发现状

新一代高光效高产高效作物创制

国际：在提高光能的吸收、减少光能损失、增强碳同化效率等方面取得了一系列重要进展

国内：建立了从分子、细胞器、细胞、叶片、冠层到整个个体的系列光合作用系统模型

科学问题

光能高效吸收传递分子机理为高光效回路的构建提供光反应解决方案

C4植物的高效回碳分子基础为高光效回路的构建提供碳反应解决方案

植物光合回路底盘设计原理为高光效回路的构建提供光合结构底盘

预期目标

天然光合途径的人工改造与适配优化

5年：揭示光能高效吸收、传递和转化的分子机制，建立宽光谱型光合天线系统，改造碳浓缩和固定途径

10年：构建更高效的光收集系统，优化光合基因线路，实现逆境条件下光合功能高效运行，光合效率提高20%，生物量提高30%

人工光合途径与智能材料的系统整合

5年：开发具有CO_2吸收及释放能力的新型智能材料，实现催化酶与智能材料的精确组装，光能转换效率达到15%

10年：创建人工叶绿体以及光合细胞工厂，光能转换效率达到30%，高效生产碳水化合物及其高附加值产品

高效光合途径在底盘作物中的重建

5年：阐明光呼吸、暗呼吸和碳代谢支路的分子调谐机制，光合效率提高30%，生物量提高50%

10年：构建效率和产量均提高50%、水分利用效率和氮素利用率均提高30%的新型智能碳回路

产业影响

实现人工光合途径的农业生产应用，颠覆农作物育种技术与模式，创制新一代高光效高产高效作物，引领我国种业未来发展方向，增强我国农业国际竞争力

图 3-2 新一代高光效高产高效作物育种技术体系

重点研究内容包括系统解析高等植物、藻类、蓝细菌和其他光合细菌中不同作用光谱捕光天线的分子结构,揭示其组装机理,并阐明其调控机制;研究色素代谢途径及其调控机制,挖掘新型捕光系统,设计光合膜蛋白与色素的新型结合位点和作用方式,构建具有更宽吸收光谱的新型捕光系统;实现不同作用光谱光合天线系统的模块化设计和功能性组装;设计并合成具有复合作用光谱的捕光天线,创制宽光谱型光合天线系统。

2. 高效传能的新型电子传递线路创建

光能吸收传递而发生电荷分离以后,将在光系统 II、光系统 I 等光合膜复合物以及一系列的电子传递体间进行传递,最终形成化学能 ATP 和还原力 NADPH。高等植物的光合电子传递有多种方式,如光合线式电子传递、环式电子传递和水-水循环等,它们组成复杂的传递网络,共同维持植物在各种生境条件下的高效能量传递和转化。利用合成生物学原理,Ort 等设计了一种全新的光合电子传递及转化模式,利用紫色光合细菌的类型 2 反应复合物(其含有细菌叶绿素 b,可以吸收 750~1050 nm 的光)替代高等植物的光系统 I,并和细胞色素 b_6f 复合物组建成一个环式电子传递通路;与此同时,引入 NADH 复合物吸收来自光系统 II 的电子而直接生成 NAD(P)H,理论上这种模式可以提高 ATP 和 NAD(P)H 的生成效率,从而显著提高光能转化效率。在拟南芥中过表达质体蓝素或藻类的细胞色素 c_6 等电子传递体,显著增加了植物的生物量。这说明优化和改造能量在光合膜上的传递方式与速率,可以增加光能利用效率。

重点研究内容包括阐明光合电子传递机理及其分子调控机制;优化设计电子传递线路,通过人工智能辅助建模结合深度学习指导的高效电子传递理性设计与改造:①设计新型电子传递载体,组装测试新型高效光合能量传递线路模块,实现能量的高效传递;②改造能量耦合路线,创新规划新型电子传递线路,优化光能到化学能的转化储存。

3. 超强抗逆的自适应型抗逆体系建立

光能是光合作用的原驱动力,然而,当植物通过捕光天线吸收的光能超过了自身的利用能力,过剩光能则需要以热和叶绿素荧光的形式耗散出去。在高光下,这种耗散对植物具有保护作用;然而,在低光下,过高的热耗散则会造成光能利用效率的降低。当光强过高,热耗散也难以利用完所有光能的情况下,会造成光合器官的破坏;此外,植物在生长过程中会遭受各种各样的生物和非生物胁迫,这些均会显著降低其光合效率。在冠层中,由于波动光存在,通过非光化学猝灭(NPQ)而耗散的能量占植物固碳能量的 7.5%~30%。因此,通过优化 NPQ 的形成及消失的速度,可以显著提高光合作用的光能利用效率。在烟草中增强表达 NPQ 诱导的关键组分(PsbS 和玉米黄素循环系统),提高 NPQ 的动态形成及耗散的速度，发现烟草在变化光强下生物质的合成量提升了15%左右。利用合成生物学策略，重新设计对光敏感的复合物亚基，或者打造一个没有组装过程的单亚基蛋白体并装配上人工合成的新型色素，使其具有永久的光能捕获和转化能力。将叶绿体 D1 蛋白基因加上热诱导开关，并融合到细胞核基因组，发现其可以显著提高拟南芥、水稻、烟草的耐热能力，促进植物生长和光系统 II 修复，提高生物质积累和作物产量，相关转基因水稻的大田产量提高了20%。所以，利用合成生物学为农作物重新设计基因线路和表达调控开关、打造更优化的系统性抗逆模块可能是提高农作物光能利用效率与粮食产量的有效途径。

重点研究内容包括深入研究高等植物、藻类、蓝细菌和其他光合细菌等不同光合体系的光保护机理及其在不同物种中的差异，发掘在高等植物中通用的热耗散调控模块；解析高光逆境下光合膜复合物功能维持与修复的遗传学基础，揭示其分子调控机制，挖掘光保护通路和运行模块；鉴定并表征关键光保护调控器件，设计高光响应智能化元件并与其运行模块进行组装，优化光合膜复合物的维持和修复能力；优化设计具有抗高光逆境与光氧化能力的自适应型基因线路，实现逆境条件下光合功能的高效运行。

4. 高效转能的杂合固碳体系开发

利用储存在 ATP 中的化学能和 NADPH 中的还原力，固定 CO_2，合成碳水化合物是作物生物量和产量形成的根本。核酮糖-1,5-二磷酸羧化酶/加氧酶（Rubisco）是光合作用过程中决定碳同化效率的限速酶，创建高羧化活性的 Rubisco 及表达系统是提高光合碳同化效率的有效途径。提高光合固碳效率的最初策略是通过基因改造希望获得具有高 CO_2 亲和力的或高催化活性的 Rubisco，但是这些策略收效甚微，主要是由于它对底物的特异性和催化活性具有天生的相互制约性。藻类光合生物的 Rubisco 一般具有强的 CO_2 亲和力。据计算，红藻 Rubisco 的 CO_2 底物特异性与催化活性的比率是植物的 2 倍，如果红藻 Rubisco 替代 C3 作物中的酶将提高25%的产量。除改善 Rubisco 的催化活性外，提高 Rubisco 周围 CO_2 的浓度也是一条提高光合固碳效率的潜在途径。因此，利用合成生物学对植物的碳浓缩和固定途径进行系统改造，将是今后提高光能利用效率和作物产量研究的一个重点。

重点研究内容包括研究调控 Rubisco 动力学参数的分子机制；系统研究不同类型无机碳吸收利用路径及其代谢网络；阐明 C3、C4、CAM、羧酶体、蛋白体等不同碳浓缩途径及其固定同化过程的结构与分子调控机制；解析 C3 向 C4 光合进化的关键步骤及其遗传调控机制；设计、改造碳同化关键酶并实现其优化重组；优化设计并创建新型杂合光合碳浓缩和固定线路，构建高效光合固碳体系。

5. 最小损耗的光呼吸旁路人工设计

植物的 Rubisco 具有两面性，不仅能够催化 CO_2 的固定，同时还具有加氧酶的功能，和氧气反应产生有毒害作用的磷酸乙醇酸，后者需要通过光呼吸代谢，使部分已固定的 CO_2 又重新释放到空气中，并且消耗一定数量的 ATP 和 NAD(P)H，还产生 NH_3，由此造成的净光合效率损失达 20%~50%。创建光呼吸旁路是有效降低光呼吸损耗的重要途径。在水稻中已成功建立新的光呼吸旁路，使其光合作用效率、生物质产量和氮含量等显著提高。把大肠杆菌的甘油酸途径导入拟南芥或亚麻荠叶绿体后，改良株系的光合作用增强，生长加快，生物合成量提高。Maier 等将拟南芥过氧化物酶体内的乙醇酸氧化酶和过氧化氢酶导入其叶绿体中，转化植株的光合效率和干重均有所增加。因此，利用合成生物学在植物中引入光呼吸旁路是降低碳损耗、降低光呼吸反应的重要策略。

重点研究内容包括阐明光呼吸、暗呼吸及紧密相关碳代谢等碳原子从同化到分配到再分配的机理及其分子调控机制；从头设计并构建碳原子高效利用、CO_2 高效回收和再利用的新型光呼吸初产物回收旁路，实现接近零排放的高效碳固定。

6. 模块适配的人工光合系统优化

光合作用是一个复杂的系统，其中涉及上百个反应，具有极强的时空异质性。光合作用在时间上涉及从飞秒尺度的原初反应到秒级的 Rubisco 催化的 CO_2 固定反应，同时也涉及从色素蛋白复合体到群体水平的空间尺度。在自然界的不同物种中，光合效率的限制位点存在巨大的差异；即便是同一植物，在不同环境下也存在巨大的差异，光合效率的限制位点也具有巨大的差异。要改良特定植物的光合效率，需要鉴定出特定植物、同一植物在不同环境下的光合作用限制位点，进而指导光合效率的靶向性改良；要实现该目标，构建光合系统模型，并以此为基础鉴定并指导高光效改造，已经成为国际光合作用改良的新范式，如基于光合作用系统模型，系统鉴定控制光合效率的关键靶点，进而开展系统改造。目前，国际上正在开展的多个光合改造靶点，比如 NPQ 改造策略、天线大小改造、Rubisco 优化和卡尔文循环优化等，都依照此范式开展。

重点研究内容包括建立针对光合作用光反应、碳代谢全过程的全景式实时原位光合表型测定技术体系，以支持光合作用遗传研究；建立从色素蛋白复合体的光合作用原初反应到冠层尺度的 CO_2 固定的多尺度光合作用系统模型，以指导冠层高光效改造；建立从 C3 向 C4 光合进化的分子演化历程及遗传调控网络，以指导 C3 作物的 C4 改造；建立不同作物叶片高光效模块互作及遗传调控网络，为指导不同作物叶片光合效率的改造适配。

7. 高光效作物培育与光合效率评估

有效开展作物高光效改造，亟须实现对作物光能利用效率的高通量筛选。无论是作物高光效遗传研究，还是基于合成生物学的作物高光效育种研究，都依赖于对大田作物光能利用效率相关参数的准确高通量测量。与当前大多数基于形态的表型参数不同，光合效率受环境因子（如光、温度、湿度、CO_2 浓度等）的影响巨大。同时，群体光合效率与产量直接相关，而在叶绿体和叶片水平的光合效率与作物产量之间的相关性较低；因此，要评估特定作物的光能利用效率，需要实现对群体光合效率的准确定量。群体光合是指地上部分所有光合器官（包括叶片、茎秆、穗）的光合 CO_2 固定的总和。在国际上，利用高通量基于光谱的光合表型测量技术近年来得到飞速发展；我国在群体光合效率及光能转化效率测定领域有一定的研究积累。然而，这些远远难以满足在合成生物学时代，对所改造作物的光能利用效率实现高通量评估的需求。

重点研究内容包括建立基于激光诱导叶绿素荧光信号的作物远程光合检测技术；建立田间群体光合效率的高通量检测技术；建立基于表型组数据的多尺度作物群体光合模型的参数化方法；建立基于群体光合模型及表型组数据的作物光能利用效率高通量筛选流程，实现对作物光能利用效率的实时高通量田间筛选。

第4章 人工固氮体系与农业应用

  空气，是地球上生物生存的必要条件。1774年，法国化学家拉瓦锡采用定量方法测定空气成分，表明空气是两种气体的混合物，一种是能助燃、有助于呼吸的气体，命名为氧（oxygen）。把另一种不助燃、无益于生命的气体称为Azote，源自希腊语中的前缀a-（意为"没有"）和zoe（意为"生命"）。1790年，法国化学家让-安托万·查普塔尔（Jean-Antoine Chaptal）将其改称为氮（nitrogen）。氮在空气中约占4/5，是生物生长发育所必需的营养元素之一。但是，自然界中绝大多数生物不能直接利用空气中的氮，这与氮在空气中以气态形式存在，即氮气的化学结构有关。氮气是由一个氮原子的3个价电子，如同"伸出三只手"，与另一个氮原子的"三只手"紧握在一起，化学上称为"氮氮三键"，形成的一个结构极其稳定的惰性分子，打断"氮氮三键"需要耗费大量能量。

  在自然界中，有两种可以称为"固氮大力士"的特殊方式，能够打断氮气的"氮氮三键"，将其转化为含氮化合物。一种是闪电高能固氮。闪电瞬时释放的电压高达100万V，是高压电线（350 kV）的3倍左右；闪电中心温度约17 000℃，相当于太阳表面温度（6000℃）的3倍左右。蕴含巨大能量的闪电把大气中的氮解离并与氧结合生成氮的氧化物，这些氮的氧化物进入水体或土壤，成为植物可以吸收利用的"硝态氮"。另一种即是生物高效固氮。生物固氮是一种古老的生命现象，有大约32亿年的进化历史。在自然界中，有一类原核微生物能利用其固氮酶，在常温常压下将空气中的氮素还原成植物可利用的"铵态氮"，这一生化还原过程称为生物固氮。全球陆地和海洋生物的固氮量约为2亿t，约占全球作物需氮量的3/4，相当于工业生产氮肥的3倍多。因此，生物固氮又被称为"空气炼金术"或"空气面包术"。

  中国是世界上最大的氮肥生产和施用国，不合理的氮肥施用带来了严重的土壤退化、环境污染和食品安全等问题，已成为保障我国粮食安全和生态安全的重大障碍。利用生物固氮部分或完全替代化学氮肥，不仅能节肥节能，同时还能增产增效。但是，天然固氮体系存在宿主范围窄和固氮活性受环境影响大等缺陷，固氮生产菌株存在竞争力弱和田间应用效果不稳定等问题，从而大大限制了生物固氮在农业生产中更加广泛的推广应用。如何增强根际联合固氮效率，扩大根瘤菌共生固氮的宿主范围，构建自主固氮的非豆科作物，创制新一代固氮微生物产品，是当前国际合成生物学研究的前沿课题，也是一个世界性的农业科技难题。21世纪兴起的合成生物技术被誉为改变世界的十大颠覆性技术之一，将为生物固氮这一世界性农业科技难题提供革命性的解决方案,对颠覆传统农业高度依赖化学氮肥的生产方式、保障全球粮食安全和生态安全具有重要意义。

4.1 提高氮肥利用率的痛点问题

氮素是植物生长的必需营养元素,也是确保农作物高产稳产的大量元素之一。作物通过根系从外界环境中吸取供其生长所需的氮素,如氨态氮或硝态氮等。但土壤或水体的氮素浓度通常较低,如在非耕作土壤层中只含 0.02%~0.3%,远远不能满足作物生长发育的需要。100 多年前,科学家就设想把空气中的氮气变成氮肥。1905 年,德国化学家哈伯将氮气和氢气在高温、高压,以及催化剂条件下首次合成氨气,获 1918 年诺贝尔化学奖。据联合国粮食及农业组织统计,全球农业生产施用超过 1.1 亿 t 化学氮肥。我国农业中氮肥用量由 1949 年的 1.3 万 t 增长至 2023 年的 5022 万 t。此外,在农业生产过程中,施用的化学氮肥因反硝化、氨挥发、硝态氮淋失、土壤黏粒吸附和地表径流等,氮素损失高达 50%以上。目前,通常利用缓释、控释、添加抑制剂、生物固氮或作物育种等几种技术途径,在确保作物产量的同时,降低氮素损失(表 4-1)。

表 4-1 提高氮肥利用率的技术途径、产品类型以及作用原理

技术途径	产品类型		作用原理
缓控释技术	酰胺态氮	聚合物树脂包衣尿素/硫包衣尿素/聚合物硫包衣尿素	在尿素表面进行化学包膜,减缓或控制尿素释放到土壤溶液中的速度
		甲叉脲/异丁叉二脲/脲甲醛	尿素和醛类物质发生缩合化学反应,降低尿素缩合物在土壤中的分解速度
		有机物螯合尿素	有机物(如腐殖酸)螯合尿素,减缓尿素的分解速度
脲酶抑制剂技术	酰胺态氮	N-丁基硫代磷酰三胺/N-苯基磷酰三胺	抑制分解尿素的脲酶活性,减缓尿素分解为铵态氮的速度
硝化抑制剂技术	铵态氮	2-氯-6-三氯甲基吡啶/双氰胺/正丁基磷代磷酰三胺	抑制硝化细菌活性,减缓铵态氮向硝态氮转化的速度
施肥方法改进	硝态氮、铵态氮、酰胺态氮	氮肥深施	减少氮肥以 NH_3 形式的挥发
		平衡水肥比例	生产上把握适宜的施氮量和供水量,并根据不同作物不同生长阶段的需求特点进行综合运筹,有利于提高肥料利用率
		平衡 N、P、K 及其他养分元素的比例	平衡施用大量元素、中量元素、微量元素,保证作物生长期间所需的各种营养成分,提高养分元素间的协同作用,降低养分元素间的拮抗作用
		分次施肥	相比单次施肥,不同时期分次施肥能够有效减少肥料损失,从而提高氮肥利用率

续表

技术途径	产品类型	作用原理
生物固氮技术	N_2	根瘤固氮菌	利用固氮菌固定空气中的N_2，提高铵态氮的供给量
作物育种技术	铵态氮、硝态氮	杂交育种、转基因育种	利用育种技术向目标作物中导入高效利用氮肥性状的基因，从而使作物高效利用土壤中的铵态氮和硝态氮

4.1.1 化学氮肥农业应用的痛点问题

控制化学氮肥的释放速度，是减少氮肥损失和提高氮肥利用效率的重要方法之一，主要包括缓释肥料和控释肥料两大类产品，其中缓释肥料可以利用拥有受控制的水溶性或低水溶性的材料来实现缓慢的营养释放（表 4-1）。缓释肥料可以推迟营养供应开始的时间，也可以延长营养供应时间。通过在肥料颗粒表面附加一层或多层物理屏障，控制营养通过薄膜扩散的速度，均可实现提高化学氮肥利用效率的目的。此外，在肥料中添加硝化抑制剂或脲酶抑制剂，可增强尿素氮或氨态氮的稳定性，其中硝化抑制剂能够选择性地抑制土壤中硝化细菌的活动，从而减缓土壤中铵态氮转化为硝态氮的反应速度，代表性的产品包括双氰胺、正丁基磷代磷酰三胺和 2-氯-6-三氯甲基吡啶等；而脲酶抑制剂是抑制脲酶将尿素水解成氨和二氧化碳两种成分的物质，目前脲酶抑制剂的种类已经有一百多种，包括醌类、酰胺类、多元酸、多元酚、腐殖酸、甲醛等，其中应用较为广泛的是 N-丁基硫代磷酰三胺。但是，上述技术途径的氮肥利用率在 40%～60%，均无法从源头上解决化学氮肥利用率低下的问题。

中国是世界上最大的氮肥生产和施用国，不合理的氮肥施用带来了严重的土壤退化、环境污染和食品安全等问题，这些问题已成为保障我国粮食安全和生态安全的重大障碍，主要问题如下。

1. 生产成本增加

大宗粮油作物每亩平均使用氮肥 20～40 kg，成本 60～120 元/亩，占生产总成本的 5%～10%。特别是 2022 年以来，因俄乌冲突导致全球氮肥价格持续上涨，造成农业生产成本居高不下。

2. 氮肥利用低下

中国是世界上最大的氮肥生产和消费国，氮肥平均施用量高达 400 kg/hm^2，是安全上限 225 kg/hm^2 的 1 倍多，但我国氮肥利用率仅为 45% 左右，远低于发达国家 60% 左右的平均水平。

3. 耕地质量恶化

农业生产中不合理的氮肥施用，导致土壤板结，耕地基础肥力下降。我国南方耕地酸化、北方耕地盐碱化和东北黑土地退化等问题日趋严重，高度依赖农药和化肥的传统农业生产方式已难以为继。

4. 环境污染严重

氮肥生产行业属于高耗能及高排放产业，每生产 1 t 氮肥约需消耗 2800 kg 的优质煤及 1600 kW·h 电能，并排放大量温室气体，造成严重的大气污染。此外，农业施用的氮肥作为最大面源污染源，导致地下水污染和地表水体富营养化。

5. 食品安全隐患

过量施用氮肥会增加病虫害风险，造成硝酸盐含量超标。我国高氮肥用量地区 20% 的地下水硝酸盐含量超过国家饮用水限量标准，进而引起亚硝酸等强致癌物积累，对人体健康的威胁巨大。

在全球气候变暖的大背景下，极端气候危害加剧，农田盐渍化和荒漠化日趋严重，各种病虫害频发，农业投入品如化肥和农药使用量不断增加，造成农业综合效益持续下降，生态环境状况进一步恶化。因此，高度依赖化学氮肥的传统农业生产方式已难以为继，寻求新的替代化学氮肥的技术途径刻不容缓。

4.1.2 生物固氮农业应用的痛点问题

生物固氮在农业生产中的应用已有上百年的历史，利用生物固氮部分或完全替代化学氮肥，不仅能节肥节能，同时还能增产增效，开展其基础理论与前沿技术研究具有重大意义，将为我国农业绿色高质量发展和"碳达峰碳中和"目标实现提供重要技术支撑。但是，目前生物固氮在农业应用中存在如下理论与技术的痛点问题。

1. 目前在农业生产上应用的固氮体系存在天然缺陷问题

目前，已广泛应用于农业生产的共生结瘤固氮效率高，纯氮含量通常为 75～300 kg/(hm^2·a)，但其宿主特异强，只能在豆科作物上形成固氮根瘤，而不能应用于非豆科的粮食作物。根际联合固氮菌广泛分布于非豆科粮食作物根际，能紧密结合在作物根表或侵入内根际生长和固氮，在非豆科作物节肥增产方面具有巨大的应用潜力。但是，根际联合固氮微生物不能形成根瘤等共生结构，其生长和固氮能力受根际胁迫因子如盐分、干旱、酸度、碱度、重金属以及化肥和除草剂等的影响非常大，导致其田间固氮效率低下，田间应用效果不稳定，严重制约其在农业中的广泛应用。因此，瞄准国际高效固氮技术及其新型产品的研发前沿，系统开展人工高效生物固氮技术研发并实现农业示范应用,将为我国农业高质量绿色发展提供引领性理论指导与颠覆性技术支撑。

2. 传统生物固氮技术难以打破生物固氮进化遵循的自然法则

在自然界中,氮气主要以惰性气体形式存在,且极其稳定。相比工业合成氨通常需要 200~500 个大气压、500℃高温和催化剂作用等苛刻条件,生物固氮的最神奇之处是能在常温常压下,通过固氮酶将空气中的氮气还原为铵。但是,当环境中存在铵态氮时,固氮酶表达被快速抑制,农业生产中施用氮肥也会大大降低其根际固氮活性。固氮酶具有高度的氧敏感性,遇氧则不可逆失活。此外,固氮菌合成的铵仅供自己生长所用,不能主动排出胞外被宿主作物直接利用。现有生物固氮技术通过采用野生固氮微生物或将其经转基因改造后作为接种菌株,其固氮酶表达遵循铵抑制或氧失活等自然法则,田间节肥效果有限。因此,亟须采用颠覆性的技术途径实现人工固氮体系的设计原理与工艺突破,打破"生物固氮只能在微好氧和无铵下进行、固氮产物不能分泌到胞外被宿主作物直接利用"等自然法则。

3. 已有的人工固氮体系存在元件缺乏与线路不适配问题

生物固氮的调控机制多样且极其复杂,包括转录水平的特异调控系统 NifLA、翻译水平的非编码 RNA 和酶活性调控系统等。不同固氮系统调控机制的多样性和复杂性,成为标准化和智能化固氮元器件构建的重大技术挑战。此外,固氮元器件的设计原理薄弱和智能设计不足,人工固氮体系构建所需的时空特异表达启动子元件、人工非编码 RNA、人工光温智能开关、耐铵泌铵模块、耐氧抗逆模块和高效定植模块缺乏,难以满足功能模块与基因线路适配性大规模测试的技术需求。人工固氮体系的建立通常需要一系列调控元件、固氮酶模块、电子传递模块,以及其他附属功能模块,但要实现这些调控元件和模块之间以及人工基因线路与底盘调控系统之间的功能适配和系统优化,则亟须建立规模化与高通量的固氮元器件挖掘与功能表征技术平台,通过人工设计标准化和智能化的固氮元器件,构建具有通用性与高效性的功能模块和固氮线路。

4.2 生物固氮研发历程与研发动态

4.2.1 研发历程

在自然界中,某些原核微生物能利用固氮酶,将空气中的氮气转化为氨,这一过程称为生物固氮。固氮酶由 *nifH* 基因编码的铁蛋白和 *nifDK* 基因编码的钼铁蛋白组成,是目前自然界中发现的唯一一个能催化氮气还原为铵的蛋白酶,其固氮催化反应式为：$N_2 + 16ATP + 8e^- + 8H^+ \rightarrow 2NH_3 + H_2 + 16ADP + 16Pi$。与工业合成氨需要200～500个大气压、500℃高温和化学催化剂等苛刻条件并消耗大量能源比较，生物固氮的最神奇之处是能在常温常压下，利用固氮酶将空气中的氮气还原为铵。

生物固氮研究始于18世纪80年代，距今不过140多年的历史。1886年，德国科学家赫尔曼·黑尔里格尔通过分根实验发现：将大豆根系分为两部分，一部分接种未灭菌土壤浸出物，另一部分接种灭菌土壤浸出物，结果仅未灭菌侧形成根瘤。这证明土壤中存在某种活性成分。后来进一步的科学实验证明，这种活性成分是一种固氮微生物，被称为根瘤菌。1895年，第一例根瘤菌剂Nitragin在美国推出，也是国际上首例商业化的生物肥料。18世纪末到19世纪初，从土壤中首次分离鉴定出了豆科根瘤菌和自生固氮微生物如圆褐固氮菌等。20世纪40年代初，^{15}N同位素示踪法应用于固氮研究，证明NH_3是生物固氮的产物，该方法逐步成为实验室和田间评价固氮活性的国际通用方法。

20世纪60年代，采用巴氏梭菌的无细胞抽提液，首次实现在无细胞体系中用固氮酶系将氮气还原成氨，其后证明固氮酶是一个由钼铁蛋白和铁蛋白组成的6个亚基复合酶系，使得生物固氮研究从整体细胞水平进入无细胞的生物化学研究阶段。1972年，成功实现固氮基因簇的异源转移，首次获得具有固氮能力的重组大肠杆菌。20世纪80年代，根际联合固氮微生物如巴西固氮螺菌等被分离鉴定，其后世界各地的田间试验证明其在非豆科粮食作物上具有明显的节肥增产效果。携带固氮正调控基因 *nifA* 固氮克氏菌耐氨工程菌株被构建，其根际固氮活性提高了3～5倍。20世纪90年代，解析了固氮酶活性中心原子簇FeMoco的三维结构，为实现人工固氮酶在温和条件合成氨奠定了重要的结构生物学基础。

20世纪末，转 *DctABC/nifA* 基因的重组苜蓿根瘤菌在美国批准有限商品化生产，是世界首例进入田间应用的基因工程固氮菌产品。21世纪初，转 *ntrC-nifA* 基因的水稻根际联合固氮菌耐氨工程菌株在中国批准有限商品化生产，是我国首例进入田间应用的基因工程固氮菌产品。2001年，中华苜蓿根瘤菌完成全基因组测序，标志着生物固氮研究进入组学和基因工程研发的新阶段。目前，已完成基因组测序的固氮微生物有1000余种，其中根瘤菌目共包括16科90属的350多个菌株已经完成全基因组测序，同时豆科植物如大豆、百脉根、蒺藜苜蓿和鹰嘴豆等也已完成了全基因组测序。固氮微生物的功能基因组研究，为固氮基因网络调控以及固氮微生物与植物相互作用分子机制的揭示，提供了全新的视野和研究平台。

2011年，比尔及梅琳达·盖茨基金会资助欧盟一个研究团队，开展扩大共生结瘤固氮范围、人工构建非豆科作物结瘤固氮体系的探索性研究工作，终极目标是实现非豆科C4作物玉米结瘤固氮，并应用于常年受干旱胁迫的非洲。近年来，随着生命科学和生物技术的迅猛发展，多组学、系统生物学、合成生物学与计算生物学等前沿学科交叉融合，固氮微生物资源利用、基因组演化、代谢网络解析、根际微生物组与宿主互作、人工固氮体系构建以及固氮结构生物学等方面取得重要研究进展。特别是21世纪兴起的合成生物学在农业中应用，将为生物固氮这一世界性农业科技难题提供革命性的解决方案。2020年，《自然-通讯》杂志发文，把高效固氮工程菌肥列为正在改变世界并已面向市场的六大高科技产品之一。2021年，世界经济论坛发布《十大新兴技术报告》，将自主固氮作物和绿色合成氨技术列为蓄势待发影响世界的十大新兴颠覆性技术之一。

早在20世纪70年代，利用基因工程手段改造天然固氮体系，或改造非固氮生物使其获得固氮能力已有成功案例，特别是随着生命科学和生物技术的迅猛发展，多组学、系统生物学、合成生物学与计算生物学等前沿学科交叉融合，固氮微生物资源利用、基因组演化、代谢网络解析、根际微生物组与宿主互作等方面均取得重要研究进展，为人工改造根际固氮微生物及其宿主植物，构建高效根际联合固氮体系，或人工设计最简固氮装置，创建作物自主固氮体系奠定了重要工作基础（表4-2）。

表4-2 国内外生物固氮基因工程和合成生物技术研发历程

底盘生物及相关基因	人工改造及相关特性	相关研发单位
肺炎克雷伯菌的 nif 基因簇	转入大肠杆菌，第一个人工固氮菌	英国萨塞克斯大学（1972年）
肺炎克雷伯菌固氮基因和氮代谢基因	固氮酶基因组成型表达，谷氨酸合成酶基因敲除，泌铵 20 μmol	美国加利福尼亚大学（1975年）
肺炎克雷伯菌固氮负调控基因 $nifL$	$nifL$ 突变株，耐铵固氮	美国威斯康星大学（1980年）
肺炎克雷伯菌的 nif 基因簇	nif 基因簇在酵母菌染色体上稳定整合	美国康奈尔大学（1981年）
肺炎克雷伯菌固氮酶铁蛋白编码基因 $nifH$	固氮酶铁蛋白在大肠杆菌与酵母菌中的装配	以色列魏茨曼科学研究所（1985年）
肺炎克雷伯菌 nif 基因	nif 基因在专性好氧菌恶臭假单胞菌 MT20-3 中稳定表达	英国萨塞克斯大学 （1987年）
肺炎克雷伯菌固氮正调控基因 $nifA$	固氮克氏菌耐铵工程菌	美国加利福尼亚大学（1986年）
棕色固氮菌固氮负调控基因 $nifL$	$nifL$ 突变株，泌铵 10 mmol/L	英国萨塞克斯大学（1992年）
苜蓿根瘤菌 $dctABC$ 和 $nifA$ 基因	重组苜蓿根瘤菌批准有限商品化生产，首例基因工程固氮产品	Seed Research 公司（1997年）
棕色固氮菌 $nifLA$ 操纵子	敲除 $nifL$ 和过表达 $nifA$，泌铵	英国约翰英纳斯中心（1999年）
固氮施氏假单胞菌 $ntrC/nifA$ 基因	首例耐铵固氮施氏假单胞菌工程菌有限商品化生产	中国农业科学院生物技术研究所（2000年）
荚膜红细菌固氮正调控基因 $nifA$	$nifA$ 突变株，耐铵固氮	德国波鸿鲁尔大学（2001年）
肺炎克雷伯菌固氮酶铁蛋白编码基因 $nifH$	固氮酶铁蛋白在莱茵衣藻中装配	英国约翰英纳斯中心（2005年）

续表

底盘生物及相关基因	人工改造及相关特性	相关研发单位
棕色固氮菌固氮酶钼铁蛋白编码基因 nifDK	固氮酶钼铁蛋白在大肠杆菌与酵母菌中装配	美国加利福尼亚大学（2008年）
产酸克雷伯菌 nif 基因簇	通过强启动子和弱启动子重构 nif 基因操纵子	美国加利福尼亚大学（2012年）
固氮施氏假单胞菌 amtB 基因	amtB 基因敲除突变株，泌铵 10 μmol	中国农业科学院生物技术研究所（2012年）
产酸克雷伯菌 nif 基因簇	nif 基因的模块化和最优化	美国麻省理工学院（2014年）
棕色固氮菌 nifLA 操纵子	nifLA 突变株，泌铵 9 mmol/L	美国明尼苏达大学（2015年）
棕色固氮菌 nif 基因	固氮酶在酵母菌线粒体中共表达	西班牙马德里理工大学（2016年）
肺炎克雷伯菌 nif 基因	在植物线粒体基质共表达	澳大利亚联邦科学与工业研究组织（2017年）
叶绿体、白体和线粒体的电子传递链模块组分	构建杂合或纯合的电子传递链模块，支持 MoFe 及 FeFe 固氮酶活性	中国北京大学（2017年）
肺炎克雷伯菌18个固氮基因组成的6个操纵子	人工合成 5 个编码固氮聚蛋白（polyprotein）的巨型基因，支持大肠杆菌固氮	中国北京大学（2018年）
固氮酶合成相关的 nif 基因	固氮酶活性位点辅因子 NifB-co 在酵母菌线粒体中的合成	西班牙马德里理工大学（2019年）
棕色固氮菌 nif 基因	在烟草叶绿体中表达并最优化	西班牙马德里理工大学（2020年）
植物氮高效转运蛋白基因与固氮施氏假单胞菌 amtB/nifA 基因	氮高效利用转基因玉米与泌铵固氮工程菌组成的人工根际高效固氮体系	中国农业科学院生物技术研究所（2020年）
线粒体信号肽酶与固氮酶核心酶组分 NifD	NifD-R98 位变体在酵母线粒体中稳定表达	中国北京大学等（2021年）
电能驱动的人工根瘤	硅基微线阵列电极创建可控的 O_2 梯度，用于构建电驱动的人工根瘤，促进固氮效率	美国加利福尼亚大学（2023年）
首次在真核海藻中发现固氮细胞器 nitroplast	有助于设计出能够自主固氮的非豆科作物如玉米	美国加利福尼亚大学（2024年）
电驱动大肠杆菌细胞工厂	合成优质富铁蛋白，替代传统饲用蛋白	中国农业科学院生物技术研究所（2024年）

4.2.2 研发动态

国际上多个研究团队围绕扩大共生结瘤固氮范围，将人工构建非豆科作物结瘤固氮体系作为重点开展合成生物学研究，并取得重要研究进展。2011年，比尔及梅琳达·盖茨基金会资助了欧盟一个研究团队，开展扩大共生结瘤固氮范围、人工构建非豆科作物结瘤固氮体系的探索性研究工作。美国麻省理工学院的 Voigt 团队在大肠杆菌底盘实现了产酸克雷伯菌（Klebsiella oxytoca）钼铁固氮酶系统的从头设计合成，达到产酸克氏杆菌57%的固氮酶活性。英国剑桥大学的 Giles Oldroyd 团队借助菌根共生体系的部分信号通路，在非豆科植物体内搭建了可以响应根瘤菌的共生信号转导途径。牛津大学的 Philip Poole 团队通过合成生物学使大麦等作物产生 Rhizopines 信号转导途径，让该工程植物可以与其根系周围的细菌进行交流并加以控制，使它们能够利用这些细菌来促进生长，包括提高固氮能力。丹麦奥胡斯大学的 Stougaard 团队建立了豆科植物识别根瘤菌的结瘤因子受体，异源表达结瘤因子受体可扩大根瘤菌的宿主范围。西班牙马德里理工大学 Luis 研究小组在真核底盘中实现了固氮酶核心酶铁蛋白亚基的功能性构建，部分解决了真核底盘辅因子合成组分的可溶性问题。美国普渡大学 Enders 团队通过系统表征被称为作物的第二基因组，对作物生长和健康至关重要的根际微生物群落组，提出在不同农业生态系统中进行精准根际微生物组管理的新策略。近年来，我国科学家在超简固氮基因组构建、叶绿体的电子传递链与固氮酶系统的适配性、真核线粒体中固氮酶稳定表达、人工非编码 RNA 固氮调控元件、耐铵泌铵固氮模块、人工根际微生物组以及人工根际高效固氮体系创建等方面取得了重要进展，相关研究处于国际先进水平。

1. 固氮基因表达的调控回路

固氮微生物在缺氮和缺氧环境中，高水平表达固氮酶，其将空气中的氮气还原为铵。固氮酶的结构和功能高度保守，是目前自然界中发现的唯一一个能在常温常压下催化氮气还原为铵的蛋白酶。但是，生物固氮是一个高度调控和高度耗能的还原反应，其调控回路的元器件包括 PII 信号转导蛋白（PII 蛋白）如 GlnB 和 GlnK，响应代谢调控而对蛋白进行翻译后可逆修饰的酶如 GlnD 和 GlnE，以及控制相关氮代谢基因表达的双组分调控系统如 NtrB 和 NtrC 等。这些调控回路与固氮特异调节蛋白 NifL 和 NifA 相互作用，以严格控制固氮酶的表达。细胞内部的氮状态主要通过三聚体 PII 信号转导蛋白 GlnB 或 GlnK 感知，进而整合各种代谢信号，包括充当氮信号的谷氨酰胺、代表细胞能量状态的 ADP 与 ATP，以及位于碳氮代谢交会处的信号分子 α-酮戊二酸。PII 蛋白通过双功能酶 GlnD（尿苷酰转移酶/去尿嘧啶酶-UTase）进行翻译后修饰，可以将尿苷酰基加至目标蛋白或从尿苷化的目标蛋白中去除尿苷酰基，从而调节 PII 蛋白与其靶标的相互作用。在高氮条件下，高水平的谷氨酰胺作为高氮信号，激活 GlnD 的去尿嘧啶活性，从而导致 PII 蛋白的去尿苷化，非尿苷化的 PII 蛋白 GlnK 与铵转运蛋白 AmtB 相互作用，抑制铵吸收，而未修饰的 GlnB 与 NtrB 相互作用，使 NtrC 去磷酸化，进而关闭氮代谢相关基因的转录。在低氮条件下，谷氨酰胺含量降低，GlnD 尿苷化 PII 蛋白。完全尿苷酰化的 PII（PII-UMP3）蛋白将不再与 AmtB 和 NtrB 相互作用，进而促进铵的吸收和 NtrC 的磷酸化。磷酸化的 NtrC 激活依赖于 σ^{54} 因子的氮代谢相关基因的表达。在固氮菌中，与 PII 蛋白同源的蛋白（GlnB 或 GlnK）数量差异较大，如棕色固氮菌（*Azotobacter vinelandii*）中只有一个，*Klebsiella oxytoca* 有 2 个，而在油污土固氮弯曲菌（*Azoarcus olearius*）中则有 3 个。多个

PII 蛋白同源物的存在可以实现分级调控，其中每个 PII 蛋白同源物与不同靶标相互作用以实现不同的作用，如在 *Klebsiella oxytoca* M5a1 中，GlnK 通过与 AmtB 的相互作用来控制铵的吸收，而 GlnB 通过与 NtrB 的相互作用来调节 NtrC 的磷酸化状态。此外，在巴西固氮螺菌（*Azospirillum brasilense*）中，PII 蛋白同源物在信号级联中也可能独立发挥作用，控制固氮基因的表达。在固氮模式菌中，一般氮代谢调节蛋白（AmtB/GlnK/NtrBC）和固氮特异调节蛋白（NifLA）感应与传递氮信号，在转录和转录后水平上调节固氮基因的表达。DNA 结合蛋白 NtrC 在初始氮信号传递中处于中心调控地位，通过自身的磷酸化或非磷酸化，调节氮代谢相关基因（如 *glnK*）以及固氮基因（如 *nifLA*）的表达。在固氮条件下，磷酸化的 NtrC 传递低铵信号，激活 NifA 表达，后者激活所有固氮基因表达，从而形成一个复杂而精细的"分子接力"调控机制（图 4-1）。

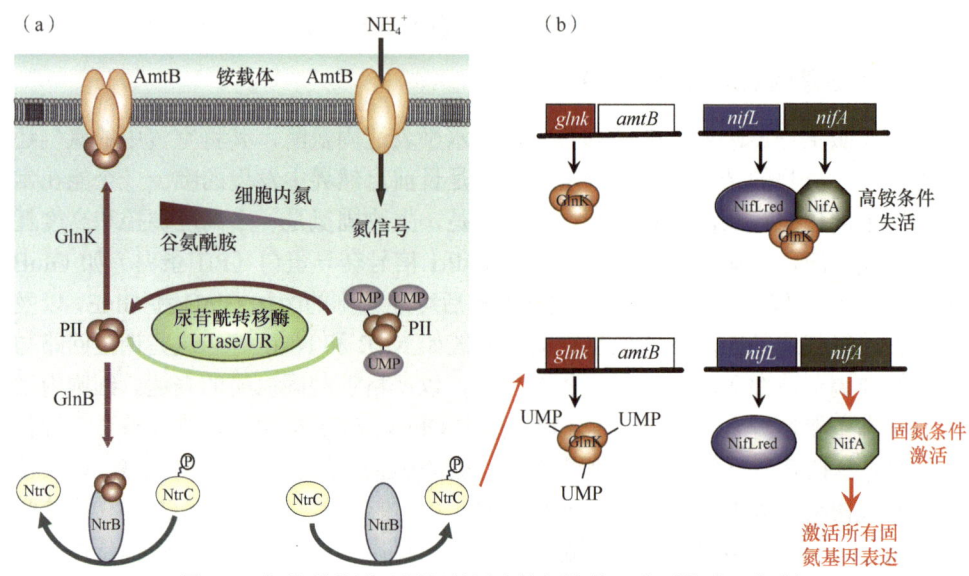

图 4-1　氮信号传递及固氮基因表达调控的"分子接力"机制

（a）固氮条件下，固氮正调控蛋白 NifA 激活所有固氮基因的表达；(b) 氮充足条件下，GlnK 蛋白及固氮抑制蛋白 NifL 与 NifA 形成三聚复合物，NifA 为失活状态，所有固氮基因的表达关闭

2. 非编码 RNA 的固氮调控和协同进化机制

非编码 RNA 参与固氮及其相关抗逆途径的调控机制研究，是当前生物固氮研究领域的前沿和热点问题。在根际联合固氮模式菌中，已鉴定出了一系列固氮条件下特异表达的非编码 RNA，其中包括两个协同参与最佳固氮酶活性调控的新型非编码 RNA：NfiS 和 NfiR。其中，NfiS 具有全局性的正调控功能，其缺失突变导致胁迫抗性和固氮能力显著下降，而过量表达则增强抗逆和固氮能力。NfiS 特定茎-环结构上的 11 碱基序列与固氮酶基因 *nifK* mRNA 的相应序列配对结合，

增强其稳定性或翻译活性，进而确保高效的固氮能力。在固氮施氏假单胞菌进化的过程中，固氮酶基因 *nifK* 招募了感受逆境信号的非编码调控因子 NfiS，后者经过长期的协同进化，获得了感应固氮条件信号和高效精细调控固氮的能力。固氮施氏假单胞菌演变过程中存在两次重要进化事件：①通过基因岛转移获得固氮能力；②通过招募 NfiS 精细调节固氮使其酶活性最佳化。这两次进化事件赋予了水稻根际固氮菌 A1501 更强的环境适应能力。NfiR 在环境胁迫应答和固氮等代谢过程中同样发挥重要的调控功能，并发现了多个潜在的调节靶标。NfiR 与固氮酶基因 *nifD* mRNA 能够发生直接的分子相互作用。上述 2 个感应不同环境信号的非编码 RNA 协同调控固氮酶的最佳活性，这种协同调节作用是根际固氮微生物在复杂多变的根际环境中的一种进化适应策略，即由多个非编码 RNA 分别与固氮酶三个亚基编码基因的 mRNA 结合，增强其稳定性，进而提高固氮酶活性。NfiS 和 NfiR 可望作为一类新的生物固氮智能调控候选元件，其特定颈环结构的解析及其与目标 mRNA 配对序列的优化，将为人工设计新型高效联合固氮工程菌提供一个新的途径，对大幅度提高田间联合固氮效率、实现非豆科农作物节肥稳产增效具有重要的理论指导意义。

3. 具有调控功能的人工非编码 RNA 设计策略

利用合成生物学理念，设计人工非编码 RNA，可以在不改变染色体基因的前提下，智能化识别特定靶标基因，实现目标基因的迅速、高通量的表达调控，目前国内外尚无人工固氮非编码 RNA 的研究报道。本研究团队以天然非编码 RNA CrcZ 为骨架，按照靶基因配对结合区域、非编码 RNA 稳定性调控区域（RNA 分子伴侣结合蛋白 Hfq 结合位点）和非编码 RNA 转录终止区域（不依赖于 Rho 因子的转录终止）三个模块构成的原则，设计了固氮条件下高表达的人工非编码 RNA 表达载体。以此框架为基础，选取固氮负调控基因 *nifL* 为目标基因，构建了 5 个含有不同 Hfq 蛋白结合位点数量的参与 *nifL* 基因沉默的人工非编码 RNA，分别命名为 AnsR1、AnsR2、AnsR3、AnsR4、AnsR5，并进行功能测试。结果表明，与固氮施氏假单胞菌 A1501 相比，含有人工非编码 RNA 的 5 株重组菌株的固氮酶活性显著下降，并且下降程度与 Hfq 结合位点的数量呈正相关，含有 5 个 Hfq 结合位点的 AnsR5 的抑制能力最强，其固氮酶活性仅为 A1501 的 30%；进一步探索了人工非编码 RNA 的调控机制，将固氮正调控基因 *nifA* 分别转入重组菌株 A1501-4（AnsR4）和 A1501-5（AnsR5）中，固氮酶活性测定结果显示 *nifA* 的转入能够回补重组菌株的固氮酶活性，表明人工非编码 RNA AnsR 通过与靶标基因 *nifL* mRNA SD 序列的特异性结合，抑制了固氮调控基因 *nifLA* mRNA 的表达，进而影响了底盘微生物 A1501 的固氮酶活性。功能研究证实 AnsR-U5 和 AnsR-O5 均通过在转录后水平抑制 *nifLA* mRNA 的表达，进而影响 A1501 的固氮酶活性，其中 AnsR-U5 的抑制能力高达 70%。研究证实靶标结合区域和 Hfq 蛋白结合能力的优化能够提高 AnsR-U5 的抑制能力。进一步以乳酸脱氢酶编码基因 *lldABC* 为靶标，设计了靶向 mRNA 5' UTR 的人工 ncRNA AnsR-lld。体外表达分析和生长曲线测定结果表明，AnsR-lld 通过抑制 *lldABC* 的表达，进而影响了 A1501 利用乳酸钠的能力。

4. 固氮酶活性的翻译后调控与保护机制

氮固定与铵同化除受复杂信号转导级联调控之外，固氮酶本身的活性也受可利用氮的调控。在变形菌门中氮过量导致固氮酶活性关闭所涉及的 PII 蛋白的调控至少有两种不同的机制。第一种机制：通过 ADP 核糖基化使固氮酶中的铁蛋白失活，该过程由 DraT（ADP-核糖基转移酶）催化，已在 *R. rubrum* 和 *A. brasilense* 中发现。这种翻译后的共价修饰可以被另一种具有相反活性的酶来反转，该酶被命名为 DraG（ADP-核糖基糖水解酶）。在氮过量的条件下，未修饰的 PII 蛋白（GlnB）与 DraT 激活的 ADP 核糖基化相互作用。此外，第二个 PII 旁系同源物，即 *A. brasilense* 的 GlnZ 和 *R. rubrum* 的 GlnK，介导 AmtB、GlnZ 和 DraG 之间的三元复合物的形成，抑制 DraG 去除固氮酶共价修饰的能力。在氮限制的条件下，尿苷酰化形式的 PII 蛋白不能与 DraT 或 DraG 相互作用。在这些条件下，无活性的 DraT 和有活性的 DraG 使得固氮酶的铁蛋白去除核糖基修饰，重新激活固氮酶。在 A1501 中未发现已知控制固氮酶 ADP 核糖基化过程的 *draT* 和 *draG* 基因，这表明其与 *A. brasilense* 中报道的失活机制不同。固氮酶活性关闭的第二种机制涉及抑制 Rnf1 电子传递系统（由 *rnfABCDE* 编码），这可能为 *A. vinelandii* 中的固氮酶提供了一种专门的电子传递途径。编码 Rnf1 复合物的基因与不同固氮菌中的 *nifLA* 操纵子共存。PII 信号转导蛋白 GlnK 和 Rnf1 复合物之间的相互作用，控制 *A. olearius* BH72 中的电子转移至固氮酶。

固氮酶对氧极其敏感，因此固氮作用必须在严格的厌氧条件下进行。目前，已报道的保护固氮酶免受氧伤害的机制包括：①呼吸保护机制。固氮菌属如棕色固氮菌是专性好氧固氮菌，其较强的呼吸强度迅速耗去固氮部位周围的氧，以使固氮酶处于无氧的微环境中而免受氧的伤害。此外，固氮菌中吸氢酶促进固氮酶所产氢的再循环，因而产生了额外的还原剂和/或氮气还原的 ATP，为固氮酶提供了呼吸保护。②构象保护机制。褐球固氮菌等有一种起着构象保护功能的蛋白质——Fe-S 蛋白 II，在氧分压增高时，它与固氮酶结合，此时，固氮酶构象发生改变并丧失固氮活力；一旦氧浓度降低，该蛋白便自酶分子上解离，固氮酶恢复原有的构象和固氮能力。③蓝细菌固氮酶保护机制。异形胞是部分蓝细菌适应于有氧条件下进行固氮作用的特殊细胞。它有很厚的细胞壁，缺乏产氧光系统 II，有高的脱氢酶和氢化酶活力，这些特性使异形胞保持高度的无氧或还原状态，固氮酶不会受到氧的伤害。④根瘤菌固氮酶保护机制。与豆科植物共生的根瘤菌以类菌体形式生活在豆科植物的根瘤中。类菌体膜上有一种能与氧发生可逆性结合的蛋白即豆血红蛋白，具有调节根瘤内环境氧浓度的功能。其在氧浓度高时与氧结合，氧浓度低时又可释放出氧，既保证了类菌体生长所需的氧供给，同时又确保固氮酶免受氧伤害。

5. 碳代谢物阻遏调控与根际高效固氮

碳代谢物阻遏是指环境微生物中的细菌可以分级利用不同种类的碳源，优势碳源的存在抑制非优势碳源的利用。最典型的碳代谢物阻遏现象是存在于肠杆菌中的葡萄糖效应，以大肠杆菌为例，在葡萄糖和乳糖同时存在的条件下，优先利用葡萄糖，其是大肠杆菌的优势碳源，只有当葡萄糖被消耗殆尽后，才开始利用非优势碳源如乳糖或有机酸。假单胞菌属分离自多种生态位，具有代谢各种化合物的能力。与肠杆菌相比，假单胞菌属的优势碳源是有机酸，尤其是三羧酸循环的中间代谢物，而非碳水化合物，如葡萄糖，表现出一种挑食有机酸的非典型代谢物抑制现象。以固氮施氏假单胞菌为例，其对碳源利用的优先序为：琥珀酸和乳酸钠最优，其次为柠檬酸，葡萄糖和苯甲酸为非优势碳源。碳代谢物阻遏调控的分子机制在不同微生物中不同，如大肠杆菌和枯草芽孢杆菌中碳代谢物抑制发生在转录水平，分别由 Crp 和 CcpA 转录因子调控。而在假单胞菌属中，碳代谢物抑制发生在转录后水平，负责调控的元件包括 RNA 分子伴侣 Hfq、碳代谢物抑制蛋白 Crc 和特定 ncRNA。最新研究表明，在优势碳源的存在下，非优势碳源代谢的特定基因的翻译受到 Hfq 和 Crc 的抑制，Hfq 识别并结合于 5'端靠近核糖体结合位点富含 CA 基序的靶 mRNA。非编码 RNA 如 CrcZ 主要作用于 Hfq，通过结合 Hfq 解除其对非优势碳源分解代谢的抑制作用。根际是一种碳源丰富但氮源缺乏的微生态环境，维持根系固氮所需的能量来自富含碳源的根分泌物，包括有机酸（琥珀酸、柠檬酸、乳酸等）、碳水化合物（葡萄糖、果糖等），以及酚类物质（苯甲酸等）。因此，碳代谢物抑制与根际高效固氮之间存在密切联系。研究表明，Hfq 是一个全局性的转录后调控因子，直接或间接参与生长繁殖、趋化运动、环境适应和竞争定植等重要生理生化过程的调控。在根际固氮菌中，Hfq 直接结合固氮酶结构基因 *nifH* mRNA 编码区的 CA 基序，增强 mRNA 的稳定性，同时提高固氮正调控基因 *nifA* 的转录表达。在根际环境条件下，Hfq 激活以葡萄糖为底物的固氮生物膜形成和根表早期定植所必需的胞外多糖 Psl 合成。因此，Hfq 在联合固氮菌挑食有机酸和适应根际环境相关调控网络中处于核心地位，这是根际固氮菌在营养争夺激烈的根际环境中进化出的一种生存竞争策略。现有研究成果对解析根际固氮菌-宿主互作机制、人工设计能量合成模块和高效固氮模块、大幅度增强田间固氮效率均具有重要的理论指导意义。

6. 固氮生物膜形成的调控网络机制

生物膜指微生物为适应复杂多变的自然环境，附着于有生命或无生命介质表面形成的一种具有社会化特征的群落结构。其在基因表达调控、生理生化特性以及恶劣环境适应如耐药性、侵染性和竞争力等方面均具有独特性质，是地球上分布最广泛和最主要的生命方式。大量研究表明，细菌生物膜的形成是一个由复杂的调控网络控制的连续过程，在模式假单胞菌中，生物膜形成由 Gac/Rsm、环二鸟苷酸(c-di-GMP)信号转导和群体感应(quorum sensing, QS)系统控制。Gac/Rsm 信号通路涉及 GacS/GacA 双组分调控系统、RNA 结合蛋白 RmsA 及其同源调控非编码 RNA（ncRNA）。RsmA 特异性识别并结合目标 mRNA 的 5'非翻译区（5' UTR）中的保守 GGA 基序，通过直接抑制参与胞外多糖 Psl 合成的 *pslA* 和参与 c-di-GMP 合成的 *sadC* 等各种靶基因表达，进而控制生物膜的形成。作为关键的生物膜调节分子，第二信使 c-di-GMP 由带有 GGDEF 结构域的二鸟苷酸环化酶（DGC）合成，并被带有 EAL 或 HD-GYP 结构域的磷酸二酯酶（PDE）降解。此外，RpoN 作为一个转录调节集线器（hub），直接激活固氮酶结构基因 *nifH* 及胞外多糖合成基因 *pslA* 的表达；非编码 RNA RsmZ 发挥触发器（trigger）作用，在生物膜形成初期瞬时高水平表达，解除 RsmA 对胞外多糖合成基因 *pslA* 和二级信号分子环二鸟苷酸（c-di-GMP）合成基因 *sadC* 的转录后抑制；RpoS 具有制动器（brake）功能，在转录水平上抑制 RsmZ 表达，同时 RsmA 抑制 RpoS 转录后表达，形成一个全新的抑制回路，确保该菌在氮匮乏条件下表现出最佳的耐铵固氮生物膜形成能力。上述研究成果为解析根际固氮微生物与宿主作物之间相互作用机制、大幅度增强田间固氮效率并实现节肥增产增效奠定了重要的理论基础，同时为人工设计生物膜功能模块及高效固氮基因回路提供了重要的理论指导。

7. 耐铵泌铵固氮工程菌构建

目前，国内外构建的人工固氮元器件和基因线路在实验室验证有一定功效，但在作物根际环境条件下特别是田间示范试验中表现不佳，其中一个主要原因是无法打破生物固氮"铵抑制和固氮产物不能分泌到胞外"的自然法则。长期不合理施用氮肥，导致耕作层土壤氮含量甚至高达 350~500 mg/kg，严重抑制固氮活性。因此，研发具有高效耐铵泌铵能力的固氮菌株并实现农业应用尤为迫切。第一代泌铵固氮化学诱变菌株的构建是通过谷氨酰胺合成酶抑制剂 L-甲硫氨酸磺酸盐或铵分子结构类似物乙二胺诱变获得，但由于其对生长影响较大而无法在田间应用。第二代泌铵固氮基因工程重组菌株的构建主要通过定位突变铵同化、铵转运或固氮负调控基因获得，但存在固氮酶活性下降和铵分泌能力偏低等问题。第三代耐铵泌铵固氮菌株的构建是在第二代泌铵固氮菌株的基础上，通过人工设计固氮正调控蛋白 NifA 功能模块和人工小 RNA 模块，提高固氮酶的耐铵和泌铵能力。目前，新一代耐铵泌铵固氮工程菌的构建策略涉及 4 个靶标途径：①铵同化，如通过引入影响 GS 或谷氨酸合酶（GOGAT）活性的突变或通过翻译后修饰调节 GS 活性；②*nif* 基因表达，如通过主调节因子（NifA）改造组成型转录激活；③固氮酶关闭机制（如通过扰乱 DraT-DraG 酶的活性或调节其活性的 PII 信号转导组分）；④PII 蛋白尿苷酰化和 GS 腺苷酸化状态响应氮之间的偶联，如分别通过改变 GlnD 和 GlnE 的尿苷与腺苷去除活性。以固氮施氏假单胞菌 A1501 为例，采用敲除内吸铵载体 AmtB、固氮负调控基因非极性敲除等途径，获得泌铵工程菌，其泌铵能力达到 10~15 mmol/L，但存在铵反馈抑制现象。在此基础上，构建了一般氮代谢调控蛋白 NtrC、σ 因子 RpoN、固氮正调控蛋白 NifA，以及参与固氮酶活性调控的非编码 RNA NfiS 等功能模块，在固氮微生物底盘中评价其功能。结果表明，在 12 mmol/L NH_4^+ 浓度下，三个重组菌株：A1501/*nifA*、A1568/*nifA*、A1568/*ntrC* 仍保持固氮活性，其中 A1501/*nifA*、A1568/*nifA* 固氮酶活性可达无氮条件下的 1.5 倍。

8. 固氮细胞器和根瘤菌新种的发现

自然界中，只有某些细菌具备从大气中捕捉氮气并转化为氨的能力，而豆科植物则是通过根瘤中的共生固氮细菌实现这一转化过程。然而，2024 年一项发现颠覆了这一自然法则。研究发现，大约 1 亿年前海洋固氮藻类贝氏布拉藻（*Braarudosphaera bigelowii*）中共生细菌 UCYN-A 进化成细胞器，称为固氮体。该固氮体自主编码蛋白质以参与多个代谢和固氮过程，同时与宿主细胞同步进行复制和分裂，宿主细胞线粒体为其提供固氮所需的能量。这一固氮细胞器发现对理解海洋生态系统以及全球氮循环具有重大意义，因为其具有从大气中固定氮的能力，且在全球范围内广泛分布，该成果被 *Science* 杂志评为 2024 年度十大科学突破之一。同时，对该固氮体结构和功能的深入研究，将有助于设计出能够自主固氮的非豆科作物如玉米，从而提高作物产量，减少对化肥的需求。长期以来，固氮蓝细菌一直被认为是海洋固氮的主要贡献者，但在蓝细菌分布稀疏的寡营养海域仍观察到较高的氮固定效率，暗示可能存在其他海洋固氮生物体。2024 年，研究发现在寡营养海域中，非蓝藻固氮菌 Candidatus *Tectiglobus diamicola* 与单细胞海洋硅藻形成了新型共生关系。该内生固氮菌的基因组非常小，约 1.7 Mb 且 GC 含量低，同时宿主硅藻提供苹果酸等二羧酸类碳源。单细胞海洋硅藻是一种普遍存在的海洋硅藻，但以前没有报道过其含有内生固氮菌。硅藻和非蓝藻固氮菌共生的首次发现为理解海洋氮循环提供了新的视角，同时其可作为设计广谱共生固氮的简版底盘，有助于构建高效共生固氮的作物新品种。

9. 电驱动固氮细胞工厂与人工固氮根瘤

从理论上讲，固氮酶需要 8 个高能电子和 16 个 ATP，才能还原 1 个氮气分子，生成 2 个氨分子。因此，生物固氮是一个高耗能的还原反应，能量供应不足是限制生物固氮规模化产氨的因素。利用可再生电力为固氮微生物提供充足的能源和还原力，可望大幅度提高生物固氮和物质合成效率。2014 年，研究人员首次开发了一种由固氮梭状芽孢杆菌定植的生物电化学阳极，用于厌氧处理富含葡萄糖的缺氮废水，检测到固氮酶活性为（237±53）μmol C_2H_4/（L·h），总氮浓度为（12.5±2.1）mg/L。2017 年，研究人员通过电解水产生 H_2，并将其与具有 H_2 氧化能力的自养黄色杆菌偶联。黄色杆菌利用氢化酶氧化 H_2，为卡尔文循环提供能量和还原力，促进 CO_2 的还原；同时，加入谷氨酸合成酶抑制剂后，固氮产物不能被进一步转化为生物量，而是以氨态形式被分泌到胞外。2021 年，利用电极作为唯一的电子供体，根际联合固氮菌在-0.3 V 的稳定电压下将 N_2 还原为 NH_3，胞外氨浓度达（2.326±0.25）mg/L，电能转化效率为 20%。豆科植物的根瘤是由于根瘤菌侵染后形成的一种具有高效固氮能力的共生器官，能为宿主植物提供生长所需的 50%以上的氮素。2020 年，研究人员设计了一种具有根瘤功能的电力生物-无机混合系统，通过构建硅基微线阵列电极，模拟天然固氮根瘤的 O_2 浓度梯度，为根瘤菌固氮提供能量和还原力。该电能驱动的人工根瘤固氮装置的电能转化效率为 0.42%，N_2 还原率为 6.5 mg/（g 干物质·h），比天然根瘤高两个数量级。此外，研究人员还开发了具有供应碳氧、保水抗逆功能的微米级固氮微囊，能精准定植在宿主根表以获得生长所需的根分泌物，同时分泌固氮产物为作物提供生长所需的氮源，具有类似根瘤的生物学特性，也可称为"人工固氮类根瘤"，能大幅度增强根际固氮效率和田间节肥效果。

4.2.3 产业化应用动态

从 1895 年第一例根瘤菌产品问世，到 21 世纪初，根瘤菌剂开发一直是固氮微生物农业应用的主战场。美国、巴西、阿根廷及澳大利亚等农业发达国家不断加强豆科根瘤菌的前沿理论与应用技术研发，在菌种资源开发、生产工艺创新和种衣剂应用等方面取得了重要进展，同时均采用立法的形式，要求市售的豆科种子必须接种相应的根瘤菌。在美国，大豆和紫花苜蓿根瘤固定的氮素约占其年施氮总量的 1/3。巴西种植的大豆全部不用氮肥，只接种根瘤菌剂，每年仅节约的氮肥价值就达 25 亿美元之多。我国对固氮微生物肥料的研究始于 20 世纪 50 年代初，当时主要的研究对象是根瘤菌及其接种剂，引进和选育了一批优良的花生和大豆根瘤菌菌株，并开始用于生产，取得了良好的应用效果。紧接着将微生物肥料的内涵拓展到解磷细菌和解钾细菌，将固氮微生物的研究也拓展到自生固氮菌，有关联合固氮微生物的菌种选育和菌剂生产也有了一定的发展。

根际联合固氮研究始于 20 世纪 70 年代初,其研究不过 50 多年的历史,由于联合固氮菌作为接种剂在非豆科作物特别是水稻和玉米等粮食作物上已显示出巨大的应用潜力,已成为生物固氮领域的前沿和发展方向之一。目前,应用于田间接种的固氮菌包括固氮菌属（Azotobacter）、芽孢杆菌属（Bacillus）、根瘤菌属（Rhizobium）、伯克霍尔德菌（Burkholderia）、草螺菌属（Herbaspirillum）、固氮螺菌属（Azospirillum）、葡糖酸醋酸杆菌属（Gluconoacetobacter）、假单胞菌属（Pseudomonas）等。目前应用于田间生物固氮量测定的方法中,^{15}N 同位素稀释法是应用较成熟且固氮研究中确认菌株有无固氮能力最直接最可靠的方法。采用该方法研究表明,生物固氮对宿主作物的氮贡献率显著。例如,水稻在接种根瘤菌属的固氮菌后生物固氮量贡献率维持在 19%~28%,接种伯克氏菌属和草螺菌属固氮菌后生物固氮贡献率最大可以达到 47%,而越南伯克霍尔德菌（Burkholderia vietnamiensis）接种的生物固氮贡献率维持在 40%~42%。

近年来,全球生物农业领域的国际巨头纷纷制定农业微生物发展新战略,不断推出生物固氮新产品。如诺维信公司,已建立全球领先的菌株筛选、基因表达、代谢工程和菌种改良等核心技术平台,并投入巨资开展基于有益土壤微生物的玉米和大豆增产（Corn BioYield 2 和 Soy BioYield 2）菌剂产品开发,2021 年推出 2 个结瘤固氮和解磷促生功能复合产品：TagTeam BioniQ Pro 和 TagTeam BioniQ Chickpea,含有根瘤菌、比莱青霉、解淀粉芽孢杆菌和绿色木霉 4 个菌株,专用于豆科作物生产,可强健根系,提高营养利用性和产量。此外,拜耳作物科学（中国）有限公司与合成生物学平台公司 Ginkgo Bioworks 成立子公司 Joyn Bio,专注于农业微生物工程菌及生物种衣剂产品开发,2020 年推出一款独特的液体微生物菌剂卓润®,其有效成分为解淀粉芽孢杆菌 QST713,有效活菌数≥3.0 亿个/mL,具有促进生长方式多、根系定植速度快、真菌细菌兼防好,可以与常规的杀菌剂、杀虫剂、肥料和除草剂混用等特点。作为全球生物固氮头部公司,美国 Pivot Bio 公司已累计发布 5 款生物固氮产品,其中 4 款基因工程改造产品的剂型从液体肥升级到固氮种衣剂产品,平均节肥能力为 6.27 kg 氮/亩。英国农业科技初创公司 Azotic Technologies 面向全球市场销售其固氮技术产品,其中具备固氮技术的产品 N-Fix®/Envita™源于天然存在的食品级细菌——葡萄糖醋杆菌,能够帮助植物从空气中固定氮元素,可使水稻产量提高 29%,同时减少氮肥使用高达 50%。

生物固氮技术研发及其农业应用一直是我国科技计划重点支持领域。2000 年,在国家 863 计划的支持下,转 ntrC-nifA 基因的水稻根际联合固氮菌耐氨工程菌株在中国获批有限商品化生产,是我国首例进入田间应用的基因工程固氮菌产品。近年来,在国家 973 计划、国家重点研发计划和国家自然科学基金委员会未来生物技术项目等的支持下,采用合成生物技术手段,人工设计了转录激活蛋白 NtrC、固氮正调控蛋白 NifA 以及参与固氮酶活性调控的非编码 RNA 等功能模块，创建了耐铵泌铵固氮工程菌，固氮耐铵浓度达 100 mmol/L，固氮泌铵量达到 15 mmol/L，可望完全打破生物固氮"铵抑制"法则。耐铵泌铵固氮工程菌株 1568/pV3 接种氮高效玉米的田间 ^{15}N 稀释法试验结果表明：工程菌株固氮贡献率约为 22%，每公顷的生物固氮量约为 54 kg，节肥率约为 26%，比对照野生型菌株高 3～5 个百分点。此外，新一代固氮微生物产品开发也取得重要进展，包括开发具有保持菌体细胞活力、定向结合根表和精准施肥等功能的生物合成材料生产新工艺，完善功能菌株组合菌剂和种子包衣等新技术，创制适合于机械化播种、水肥一体化滴灌和无土栽培等农业现代化生产方式的新型固氮产品，具有缓释菌体、定植根表、保持菌体细胞活力和精准施肥等独特优势。

目前，我国已有微生物肥料企业 3500 余家（含境外 28 家），登记产品 9000 多种，已形成产能达 2000 万 t 和产值近 400 亿元的产业规模。但是，我国市场主导的固氮产品尚无基因工程产品，且传统剂型及施用方式单一，相关产业关键核心技术水平低，市场竞争力差。此外，传统固氮产品拌种技术操作费时且只能人工播种，应用效果不稳定，难以满足当前我国农业现代化发展的迫切需求，亟待在生物固氮前沿理论与相关产业关键技术上取得突破。

4.3 技术路线与研发布局

近年来，随着生命科学和生物技术的迅猛发展，多组学、系统生物学、合成生物学与计算生物学等前沿学科交叉融合，固氮微生物资源利用、基因组演化、代谢网络解析、根际微生物组与宿主互作、人工固氮体系构建以及固氮结构生物学等方面取得重要研究进展。特别是 21 世纪兴起的合成生物技术，因其具有强大的计算预测、智能设计和合成组装能力，被誉为可能改变世界的十大新技术之一，利用其技术平台有望实现固氮系统的模块化、固氮线路的最优化和人工固氮体系的实用化，将为生物固氮这一世界性农业科技难题提供革命性的解决方案。

4.3.1 技术路线

1. 技术瓶颈问题

目前，在农业生产中得到广泛应用的天然生物固氮体系主要是共生结瘤固氮和根际联合固氮（包括根表与内生固氮）两种类型。共生结瘤固氮效率高，通常为 75～300 kg 纯氮/($hm^2 \cdot a$)。根际联合固氮菌广泛分布于非豆科粮食作物根际，能紧密结合作物根表或侵入内根际生长和固氮，在非豆科作物节肥增产方面具有巨大的应用潜力。此外，这两类固氮体系也存在天然缺陷。共生结瘤固氮的宿主特异性强，只能在豆科作物上形成固氮根瘤，且不能应用于非豆科的粮食作物，而根际联合固氮体系因不能形成根瘤等共生结构，受根际胁迫因子如盐碱、干旱等的影响非常大，导致其固氮效率低下。特别是由于生物固氮是一个高度调控和高度耗能的还原反应，因此天然固氮作用存在"铵抑制、固氮产物不能分泌到胞外、环境限制因素影响大和只能人工接种"等瓶颈问题，从而严重制约了现有生物固氮技术在农业中广泛应用，其主要技术瓶颈问题如下。

1）铵抑制

固氮基因表达受铵抑制，因长期不合理施用氮肥，导致耕作层土壤氮含量甚至高达 350~500 mg/kg，严重抑制固氮活性，使得传统固氮产品的田间节肥增产效果不佳。因此，研发具有高效耐铵泌铵能力的固氮菌株并实现农业应用尤为迫切。

2）不分泌铵

天然菌株固定的铵不能分泌到胞外，不能直接为宿主植物生长提供氮源。目前，国内外采用化学诱变、铵载体基因突变和 NtrC/NifA 过表达等策略，获得耐铵泌铵工程菌株，但由于存在生长能力下降、遗传不稳定等问题，尚无产业化价值。

3）抗逆性差

根际是固氮微生物与宿主作物相互作用的主要场所，根际固氮效率受根际胁迫因子如盐分、干旱、酸度、碱度、重金属等的影响非常大，此外，在田间施用氮肥或除草剂条件下，根际固氮活性也会被大大抑制。这些根际固氮限制因子导致传统固氮产品应用效果不稳定，严重制约其在农业中的广泛应用。

4）工艺落后

目前，我国市场主导的固氮产品剂型及施用方式单一，相关产业关键核心技术水平低，市场竞争力差。此外，现有固氮产品只能人工拌种，且应用效果不稳定，难以满足当前我国农业现代化发展的迫切需求，亟待在相关产业关键工艺技术上取得突破。

2. 技术发展路径

固氮体系的天然缺陷成为制约生物固氮在农业中广泛应用的关键瓶颈问题，亟待从三个技术层面开展系统研究，加快人工高效生物固氮技术的农业应用。一是针对"固氮酶铵抑制、氧失活及固氮产物不能分泌到胞外"等自然法则，开展相关理论研究和设计原理探索，人工设计固氮元件、模块和线路，改造固氮模式菌底盘；二是针对固氮体系的天然缺陷，开展根表耐铵泌铵与氮高效利用模块偶联、人工高效固氮及其相关抗逆基因线路集成研究，创建人工高效固氮体系，研发新一代生物固氮概念产品；三是针对传统固氮产品田间应用效果不稳定、不能满足农业现代化发展需求等问题，重点突破固氮包膜和固氮微囊先进技术工艺，开发适用于机械化播种、水肥一体化滴灌和无土栽培的新型高效固氮产品。具体技术路径如图 4-2 所示。

固氮设计原理创新
打破生物固氮遵循的 自然法则
➤ 人工元件：响应根际信号等
➤ 人工模块：构建耐铵泌铵模块等
➤ 人工线路：构建抗逆固氮线路等

⬇

高效固氮工程菌株创建
克服根际固氮体系的天然缺陷
➤ 人工RNA介导的固氮抗逆线路偶联
➤ 根际信号控制耐铵与泌铵模块偶联
➤ 调控元器件智能设计与底盘适配性

新一代固氮产品产业化
颠覆高度依赖化肥的传统农业生产方式
➤ 开发活性材料工艺：固氮包膜种子（机械化）
➤ 开发活性微囊工艺：类根瘤固氮肥（设施化）

机械化播种　　水肥一体化滴灌　　无土栽培

电能驱动固氮策略探索
替代高度依赖土地的传统食物供给模式
➤ 构建电能驱动固氮细胞工厂，大幅度提高固氮效率
➤ 规模生产优质富铁蛋白，替代传统饲用或食用蛋白

图 4-2　人工高效生物固氮技术及其农业应用项目的技术路线

为打破生物固氮自然法则的设计原理探索、克服固氮体系天然缺陷的概念产品创制和突破传统固氮产业瓶颈问题的先进工艺开发等技术创新，颠覆传统农业依赖化学氮肥的生产方式，创建人工固氮元器件、功能模块、基因线路，以及根际人工固氮体系和固氮概念产品，其设计思路与具体技术指标如表 4-3 所示。

表 4-3　人工固氮元器件和固氮概念产品的设计思路与技术指标

	设计思路	技术指标
根际信号应答元件	候选序列：全基因筛选的特异诱导启动子序列 设计策略：特定位点突变，高通量筛选 设计目标：特异响应根际信号；根际环境高表达	特异响应根分泌物特定成分或根际逆境信号如盐碱和干旱等
根际耐铵模块	候选基因：一般氮代谢调控基因 *glnK/ntrC* 等 设计策略：磷酸化位点突变、固氮负调控基因突变等 设计目标：固氮基因在有铵条件下高表达	耐铵浓度 150～200 mmol/L
根际泌铵模块	候选基因：铵载体基因 *amtB*/膜离子通道蛋白基因等 设计策略：智能设计人工蛋白结构 设计目标：主动外排铵离子	与抢铵模块偶联，泌铵量 20～25 mmol/L
根际抢铵模块	候选基因：氮高效利用基因 *NRT1.1B*、*HN1/HN2* 等 设计策略：智能设计人工蛋白结构 设计目标：提高底盘作物的氮高效利用能力	与泌铵模块偶联，增强底盘作物的氮高效利用能力
氧保护模块	候选基因：豆血红蛋白或分子伴侣蛋白基因 设计策略：在有氧条件下诱导表达或人工设计靶标序列 设计目标：在一定氧浓度下使固氮酶保持活性	增强靶标基因 mRNA 和固氮酶的耐氧性，耐氧抗逆水平提高 2 倍

续表

	设计思路	技术指标
人工非编码 RNA	候选基因：根际环境高表达的非编码 RNA 设计策略：人工设计靶标序列 设计目标：激活多靶标基因表达或保护靶标蛋白	增强底盘抗逆性，实现逆境条件下固氮酶活性的最优化
mRNA 保护模块	候选基因：RNA 结合蛋白如冷激蛋白基因 *csp* 等 设计策略：人工启动子和人工靶标序列 设计目标：特异保护靶标 mRNA	
酶蛋白保护模块	候选基因：分子伴侣或亲水蛋白基因如 *drwH* 等 设计策略：人工启动子和人工靶标序列 设计目标：广谱保护靶标酶蛋白	
耐铵泌铵抗逆固氮工程菌	利用根际诱导启动子、耐铵泌铵抗逆等模块，改造底盘微生物	固氮酶活性提高 3 倍，耐铵 200 mmol/L，泌铵 20 mmol/L 以上，耐氧抗逆水平提高 1 倍以上
根际人工高效固氮体系	针对固氮微生物及其宿主作物底盘，创建泌铵/抢铵模块偶联、固氮/抗逆线路适配的基因线路	根际固氮活性提高 3～5 倍，耐铵 200 mmol/L，泌铵 20 mmol/L，氮肥减施 30%～35%
具有生物活力的人工合成材料	将先进材料、生物纳米科技与合成生物技术结合，采用可降解生物材料、人工亲水蛋白和人工血红蛋白，开发具有生物活力的人工材料合成工艺	具有可降解性、保水性、根表亲和性和供氧供碳等功能。已完成实验室阶段研究，并申报专利保护
人工固氮包膜种子	利用上述固氮工程菌和人工合成材料，开发新型固氮包膜工艺，替代传统种子包衣工艺	作为固氮概念产品，具有全新的设计理念和自主知识产权，颠覆传统技术工艺，尚处于实验室验证阶段
人工固氮类根瘤体	利用上述固氮工程菌和人工合成材料，拟探索微米级固氮微囊创建的新工艺，具有调控碳源和氧气供应、屏蔽根际逆境胁迫并增强固氮活力功能	

注：固氮概念产品具有缓释菌体、定植根表、保持菌体细胞活力和精准施肥等独特优势，可替代高成本和低效率的传统菌肥与种衣剂，适用于机械化播种、水肥一体化滴灌和无土栽培等农业机械化与设施化生产方式

3. 拟突破的关键技术

1）人工固氮和抗逆模块的智能化与标准化设计技术

采用定向分子进化、人工智能设计和标准化组装等前沿生物技术，开发人工启动子、非编码 RNA、耐铵泌铵、根际抗逆和促生等人工标准化调控元件与功能模块。主要技术原理包括：通过构建人工非编码 RNA，精准解除固氮负调控蛋白 NifL 对固氮基因表达的抑制作用，同时通过构建人工增强型固氮正调控蛋白 NtrC 和 NifA，激活固氮基因的高水平表达，实现固氮底盘菌持续高效合成氨；在持续高效固氮底盘菌中，通过敲除铵转运蛋白 AmtB 的基因或在固氮条件下完全抑制其转运功能，高效阻止铵分子由外向内转运，从而实现固氮酶合成的铵高效分泌至胞外。

2）高效耐铵泌铵抗逆固氮功能偶联与底盘适配技术

从根际固氮元件候选库中鉴定根际信号诱导启动子和根际互作调控元件，优

化上述人工固氮与抗逆模块，人工设计根表定植耐铵泌铵模块，在固氮底盘菌中评价其适配性，增强人工固氮系统的根际固氮竞争能力和田间节肥增产增效能力。主要技术原理包括通过根际信号诱导启动子、人工亲水蛋白和分子伴侣蛋白创建高效抗逆模块等，增强固氮底盘菌对田间环境除草剂草甘膦等逆境条件的快速响应与耐受性，强化其在根际环境中的高效抗逆和竞争能力。

3）新型固氮微生物产品的先进工艺与田间评价技术

采用根际诱导启动子、人工合成蛋白和生物纳米材料等技术，建立和完善具有保持菌体固氮活力、定向结合根表与精准高效施肥等独特性能的先进生产工艺，突破现有生物固氮产品存在的根际竞争力差和不适合机械化播种等技术瓶颈问题。主要技术原理包括通过采用具有可降解性、保持酶稳定性和根表亲和性等独特性能的生物包衣材料，替代抑制固氮菌生长的化学包衣材料，解决现有生物固氮产品根际竞争力差和不适用于机械化播种的难点，实现高效抗逆固氮产品在农业生产中的规模化应用。

综上所述，生物固氮技术能否实现高效，增强耐铵泌铵固氮能力是重要突破口，因此若不能获得高效固氮模块，预期节肥指标将无法实现。高效固氮菌株是否具有田间应用价值，其根际环境竞争力是关键因素，因此若不能增强根际竞争力，将导致田间应用效果难以满足生产需要。生物固氮能否广泛应用，适应现代农业生产方式是迫切性需求，开发生物包衣材料等先进工艺已刻不容缓（表4-4）。

表4-4 人工固氮体系创建的关键技术生死点

序号	生死点	重要影响	解决策略
1	人工固氮和抗逆模块的智能化与标准化设计技术：获得高效固氮模块，若不能完成，预期节肥指标将无法实现	生物固氮技术能否高效，增强耐铵、泌铵和抗逆能力是重要突破口。 智能化：提升功能模块的高效性 标准化：提升功能模块的广谱性	进一步提高人工调控元件的靶标精准性和功能模块的组装简便性
2	高效耐铵泌铵抗逆固氮功能偶联与底盘适配技术：增强根际竞争力，若不能完成，将导致田间应用效果不佳	高效固氮菌株是否具有田间应用价值，其根际环境竞争力是决定性因素。 功能偶联：增强人工固氮系统的根际环境适应性 底盘适配：增强人工固氮系统的田间应用效果	进一步提高其在盐碱和干旱等逆境条件下的竞争力
3	新型固氮微生物产品的先进工艺与田间评价技术：开发生物包衣材料等先进工艺，若不能完成，将难以在农业生产上广泛应用	生物固氮能否广泛应用，适应现代农业生产方式是迫切性需求。 先进工艺：确保菌体固氮活力、定向结合根表等，适合机械化播种等现代农业生产方式 田间评价：实现田间数据的全天候实时远程监控，为田间应用提供重要支撑平台	完善固氮系统田间评价技术平台并加快设施农业等应用场景的固氮新产品研发

4. 技术经济指标

针对传统农业生产中过度施用的化学氮肥产品以及生产工艺落后的现有生物固氮产品存在的瓶颈问题，通过功能模块设计、工程菌株创制、固氮产品开发等技术创新并实现产业化。对应市场要求，从当前已达到的和潜在的技术经济指标水平两个维度出发，生物固氮技术农业应用的经济指标水平分析如表 4-5 所示。

表 4-5　生物固氮技术农业应用的经济指标水平

序号	指标	市场要求	当前水平	潜力
1	功能模块指标	耐铵浓度 50 mmol/L 泌铵量 10 mmol/L 根际抗逆性提高 1 倍 耐受草甘膦田间喷洒浓度：400 g/亩	耐铵浓度 100 mmol/L 泌铵量 15 mmol/L 根际抗逆性提高 3 倍 耐受草甘膦田间喷洒浓度：500 g/亩	耐铵浓度 150 mmol/L 泌铵量 20 mmol/L 根际抗逆性提高 4 倍 耐受草甘膦田间喷洒浓度：600 g/亩
2	工程菌株指标	固氮酶活性提高 1 倍 根表结合能力 10 亿个菌/g 根 根际竞争力提高 2 倍	固氮酶活性提高 2 倍 根表结合能力 15 亿个菌/g 根 根际竞争力提高 5 倍	固氮酶活性提高 4 倍 根表结合能力 20 亿个菌/g 根 根际竞争力提高 10 倍
3	固氮产品指标	利用率 100% 节肥 20% 增产 5%	利用率 100% 节肥 25% 增产 10%	利用率 100% 节肥 35% 增产 15%
4	使用方式	使用频次：1 次/生长季 生物种衣剂：不抑制固氮菌生长 适合机械化和设施化生产	使用频次：1 次/季 生物种衣剂：保持固氮和抗逆活性 适合机械化和设施化生产	使用频次：1 次/季 生物种衣剂：保持固氮和抗逆活性 适合机械化和设施化生产
5	成本/价格*	价格：6000 元/t 用量：1 kg/亩 成本：6 元/亩 节本：5% 减排：2%左右	价格：5000 元/t 用量：1~0.1 kg/亩 成本：6 元/亩 节本：6% 减排：5%	价格：4000 元/t 用量：1~0.1 kg/亩 成本：5 元/亩 节本：7% 减排：6%

*以国产尿素为例，平均价格约为 3000 元/t，大宗粮油作物如玉米每亩平均使用量约为 40 kg，成本约为 120 元/亩；我国生物固氮产品价格为 3000~6000 元/t，若每亩接种量约为 1 kg，成本为 3~6 元/亩。若规模化生产中每亩节肥 20%（减施 8 kg，节省 24 元），扣除生物固氮产品的费用，相当于节省生产成本为 18~21 元/亩

5. 可行性分析

1）目标市场规模的成长性强

高效生物技术将应用于我国种植面积最大、机械化程度最高的作物玉米和进口量最大的粮油兼用作物大豆。根据联合国粮食及农业组织相关统计数据，2022 年全球农作物种植面积约 11.4 亿 hm^2，我国约 1.2 亿 hm^2，其中作为高效固氮的最佳目标作物的玉米和大豆，2022 年全球种植面积分别为 1.93 亿 hm^2 和 1.24 亿 hm^2，同比增长分别为 0.5%和 4.7%；中国分别为 4332 万 hm^2 和 1000 万 hm^2，同比增长分别为 5%和 21.7%。全球每年施用氮肥折纯超过 1.2 亿 t，我国氮肥用

量占全球氮肥总产量的35%，其中主要农作物施用量为2115.09万t，同比增长10.26%。因此，加快生物固氮产品在玉米和大豆等主要农作物绿色生产中的规模化应用，以绿色低碳的生物固氮方式替代不可持续的化学供氮方式，市场前景广阔。

2）目标作物选择的针对性强

玉米的氮肥用量约为15~20 kg/亩，其成本占总生产成本的10%~15%，远高于水稻和小麦等作物，同时玉米是光合效率最强的C4作物，能为非豆科根际微生物高效固氮提供充足的碳源。大豆根瘤菌所形成的共生固氮体系是自然界中固氮效率最高、固氮量最大的生物系统，同时大豆根瘤菌肥料是世界各国应用最多的微生物肥料。2023年，农业农村部发布《2023年全国大豆玉米带状复合种植技术方案》，在17个省推广大豆玉米带状复合种植模式2000万亩以上，加强机械播种、科学施肥特别是生物固氮产品在大豆和玉米绿色生产中的应用。

3）目标产品应用的扩张性强

随着转基因、合成生物等育种技术的发展，生物固氮产品的应用场景不断拓展。目前全球抗虫抗除草剂转基因大豆和玉米的种植面积分别约为9000 hm^2 和6000 hm^2，普遍采用生物种子包衣和机械化播种技术。根据美国农业部的数据，转基因大豆和玉米的生物种衣剂使用率分别约为82%和89%，根瘤菌接种率达到95%以上。2023年，农业农村部发布《农业农村部关于落实党中央国务院2023年全面推进乡村振兴重点工作部署的实施意见》，提出进一步扩大转基因玉米大豆产业化应用试点范围。2023年转基因玉米和大豆种植面积达到400万亩，因此生物种子包衣材料和固氮菌剂的市场增长潜力巨大。此外，合成生物技术应用促进人工高效固氮产品迭代升级，应用领域将从种养殖业扩大到养殖业和设施农业。

4）目标产业政策的保障性强

生物固氮技术研发及其农业应用一直是我国科技计划重点支持的领域。我国《"十三五"生物产业发展规划》《"十三五"国家战略性新兴产业发展规划》《中华人民共和国国民经济和社会发展第十四个五年规划和2035年远景目标纲要》均明确提出要加快高效固氮等绿色高效生物肥料新产品产业化。2015年，农业部制定的《到2020年化肥使用量零增长行动方案》明确提出：到2020年，在保证主要农作物稳产的基础上，化肥使用量实现零增长，积极探索产出高效、产品安全、资源节约、环境友好的现代农业发展之路。因此，高效生物固氮技术研发及其农业应用符合国家高科技发展战略，将为我国农业高质量绿色发展和国家"碳达峰碳中和"目标实现提供重要的颠覆性技术支撑。

4.3.2 重点研发布局

生物固氮是一个具有重大研究价值的科学命题，同时又是在可持续农业中具有巨大应用潜力的研究课题。目前，生物固氮仅限于某些原核微生物，在自然界中尚未发现真核生物具有自主固氮能力。共生固氮和联合固氮已应用于农业生产，其中共生结瘤固氮体系效率最高，但仅限于豆科植物，应用潜力有限。根际联合固氮菌广泛分布于非豆科粮食作物根际，但受根际环境影响较大，固氮效率低下，从而大大限制了生物固氮在农业生产中的广泛应用。因此，提高根际联合固氮效率、扩大根瘤菌寄主范围、实现植物自主固氮是当前生物固氮研究领域的前沿和优先发展的方向。

1. 非豆科作物人工结瘤固氮体系创建

在自然界中，结瘤固氮仅限于豆科植物。然而，菌根在植物界广泛存在，诱导菌根形成与根瘤共生体形成的机制非常相似，菌根因子的结构类似于结瘤因子，根瘤菌和菌根在早、中期具有共同的传导通路，由菌根因子介导的信号转导途径同样存在于农作物中。比较菌根和根瘤共生体信号转导途径的异同，尤其是信号受体和转录激活因子的差异，可为研究根瘤菌在禾本科植物上结瘤固氮提供新思路和新途径。已有的研究还发现，根瘤菌中的 NodD 蛋白通过感应豆科植物类黄酮信号分子，激活结瘤基因簇的表达，合成结瘤因子。分泌到根瘤菌体外的结瘤因子进而通过激发植物根部细胞的相关信号转导途径，诱导根瘤发育。此外，利用一系列比较基因组学研究已取得了一系列关键的认识和突破，如禾本科作物基因组中已经拥有大量与结瘤固氮相似或保守的枝丛菌根信号识别通路基因。另外，近年来的证据表明根瘤菌的宿主范围和结瘤固氮效率还受到干扰宿主免疫系统的根瘤菌效应蛋白、细胞表面物质和特定离子通道等多层次因子的协同调控；结瘤固氮功能模块与底盘细胞中多层次因子的适配性及其与宿主的共进化机制成为新的研究热点。

重点研发方向包括结瘤固氮起源与生物多样性演化机制，以及豆科植物-根瘤菌共生固氮的形成机制等；非豆科植物识别根瘤菌的分子机制，包括非豆科植物对根瘤菌的识别和响应根瘤菌入侵模块、以血红素-豆血红蛋白-血红素氧化酶为核心的氧保护模块、根瘤发育分子模块及固氮基因回路设计与优化；水稻和玉米等非豆科粮食作物底盘的人工根瘤器官形成策略及结瘤固氮探索。

2. 人工广谱结瘤基因回路和高效共生系统创建

根瘤菌-豆科植物共生固氮体系是农业绿色发展的重要组成部分。根瘤菌剂的商业化应用已有 100 余年的历史，以大豆为例，其共生固氮作用每年每公顷固定的纯氮为 70~250 kg，个别情况可以达到 350~400 kg。影响田间共生固氮效率的因素涉及：商业根瘤菌在不同地区土壤中的存活能力差异、与优势土著根瘤菌的竞争结瘤能力差异、与同一作物不同品种的共生固氮效率差异。已有研究表明，商业根瘤菌的结瘤固氮基因会最终会转移到存活能力更强的近缘土著根瘤菌，这些进化后的土著根瘤菌竞争结瘤能力强，但是共生固氮效率低。因此，过去 10 余年的研究重点已从个别模式根瘤菌的结瘤固氮机制转移到：①结瘤固氮功能在新基因组背景下的整合效率及机制；②近缘菌种结瘤固氮效率差异的机制；③根瘤菌的根表定植机制。可见，基于进化生物学和生态学原理，以存活能力强的广泛分布的土著根瘤菌为底盘，利用合成生物学设计与优化"广谱结瘤-高效固氮"基因回路，将是从根本上解决根瘤菌剂田间应用效果不稳定问题的有效策略。

重点研发方向包括系统解析广宿主根瘤菌的广谱结瘤和高效固氮机制，挖掘新型宿主范围和固氮效率调控元件与功能模块，设计并不断优化人工"广谱结瘤-高效固氮"基因回路；以主要豆科作物的广布土著根瘤菌为底盘，搭建人工"广谱结瘤-高效固氮"基因回路，并研究关键适配调控因子及其作用机制，优化适配效率；系统研究结瘤固氮基因在广布根瘤菌与其他土壤细菌间的水平转移机制，设计结瘤固氮基因水平转移的抑制模块，阻遏人工"广谱结瘤-高效固氮"基因回路在土壤细菌间的扩散，从而维持人工广布高效根瘤菌在田间应用效果上的稳定性。

3. 根际人工高效智能联合固氮体系创建

自 20 世纪 70 年代以来，在水稻、甘蔗、玉米、小麦及牧草等非豆科作物根际分离鉴定出了大量的固氮微生物，这类微生物不能形成类似于根瘤的特异组织，但是可以紧密结合根表或侵入内根际生长和固氮，与宿主作物形成的是一种相对松散的互惠互利关系，这种固氮体系被称为根际联合固氮体系。联合固氮微生物主要包括假单胞菌属、克雷伯氏菌属、固氮螺菌属、固氮菌属与固氮弧菌属等，作为接种剂在非豆科作物特别是水稻和玉米等粮食作物上已显示出巨大的应用潜力，已成为生物固氮领域的前沿和发展方向之一。根际是联合固氮微生物与宿主作物相互作用的主要场所，根际固氮效率受根际环境因素的影响非常大，包括：①碳源限制，宿主植物根分泌物是联合固氮微生物的主要碳源和能源；②氮源抑制，田间施肥条件下高浓度的铵抑制联合固氮活性；③逆境胁迫，盐碱、干旱等根际逆境胁迫是根际固氮的关键限制因子。目前，根际联合固氮研究主要是围绕根际联合固氮体系存在的天然缺陷开展相关工作，特别是在高效固氮、泌铵耐铵、智能抗逆等功能的人工元器件设计及用于根际固氮体系改造等方面已取得重要进展。但由于目前对固氮微生物与宿主作物之间的相互作用机制还缺乏深入了解，人工根际固氮体系还处于实验室探索阶段，进入田间应用之前尚需要在理论与技术方面取得突破。

重点研发方向包括针对上述影响固氮效率的主要限制因子，人工设计非编码RNA调控元件、耐铵泌铵模块，构建高效固氮基因线路；人工设计多水平调控的耐非生物逆境模块、碳源高效利用模块和根表生物膜形成模块，构建高效固氮相关的智能抗逆基因线路；以根际联合固氮微生物为底盘，进行人工调控元件、功能模块和基因回路适配性研究与系统优化，研制新一代固氮微生物产品；以固氮微生物和宿主作物为底盘，进行人工基因回路适配性研究和系统优化，通过氮高效转运模块与泌铵模块偶联，创建高效智能的人工根际联合固氮体系，并进行田间固氮贡献原位评价与节肥增产示范应用研究（图4-3）。

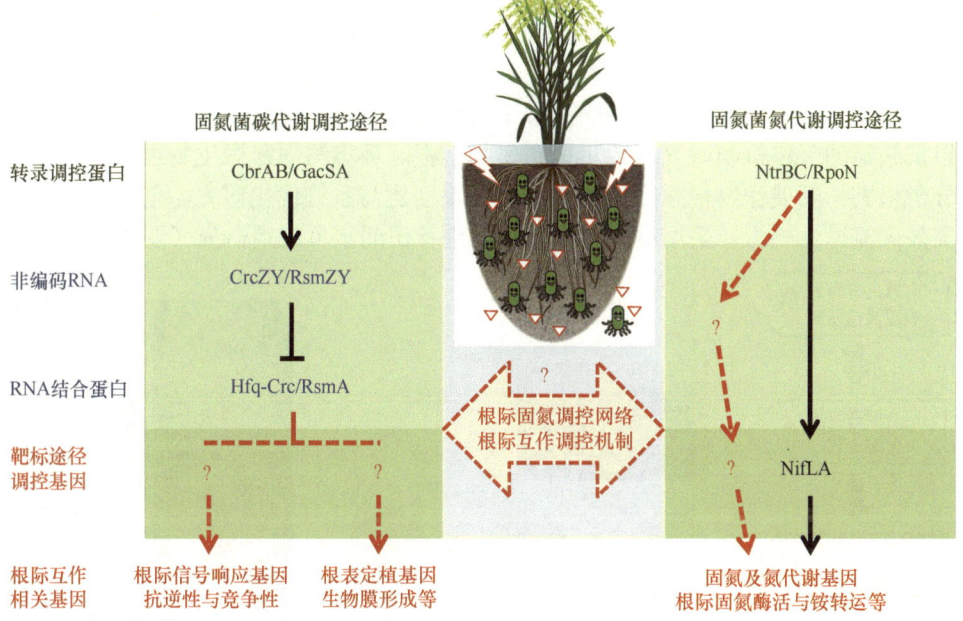

图4-3 根际联合固氮网络调控示意图

"？"表示参与根际联合固氮的功能未知基因以及有待深入研究的相关调控机制

4. 作物根际人工高效固氮微生物组创建

植物根际微生物组被认为是植物的第二基因组，对植物的生长和健康具有重要作用。根际固氮菌等有益微生物具有活化根区养分、促进植物生长、增强植物抗逆性、抑制土传病害等功能，是微生物肥料的主要菌种，对化肥减施增效、促进农业绿色发展意义重大。随着基因组学尤其是高通量测序技术的发展，水稻、玉米、小麦等重要农作物以及甘蔗等能源作物的根际微生物组及其固氮微生物群落已得到深入解析。挖掘根际微生物组的功能并促进作物增产，已成为当前农业固氮微生物研究的重要前沿领域。农业微生物组领域估值最高的Indigo科技公司创建了全球领先的农业微生物基因组信息数据库,可以高通量地筛选对植物健康有益的微生物菌群。其商业化产品 Indigo Wheat™ 能够使小麦在干旱地区的产量提高 13%。诺维信公司控股的 TJ Technology 公司通过对作物根际微生物组进行规模化分析开发出了 QuickRoots 菌剂产品,其能够改善作物在苗期的营养元素供给。2016 年,美国率先启动"国家微生物组计划",聚焦微生物组在健康、农业、环境、生态等方面的应用潜力开发。2019 年,美国国家科学院、工程院和医学院联合发布的题为 Science Breakthroughs to Advance Food and Agricultural Research by 2030 的研究报告,将植物根际微生物组列入未来 10 年农业领域亟待突破的五大研究方向之一。

重点研发方向包括通过对表面微生物组和内生微生物组及其功能基因组的高通量分离、鉴定、测序和大数据挖掘,分析作物根际固氮微生物组的协同进化与生态效应;开展作物根际固氮微生物组的养分高效利用机制研究,挖掘和利用潜在的具有养分高效转化功能的固氮微生物核心功能组。开展作物根际固氮微生物组抗胁迫的互作机制研究,揭示宿主作物、根际环境与固氮微生物组互惠共生的分子机制;开展作物根际固氮微生物组模块创建与系统优化研究,创建根际人工高效固氮微生物组,采用种子包衣等技术进行田间示范应用研究(图 4-4)。

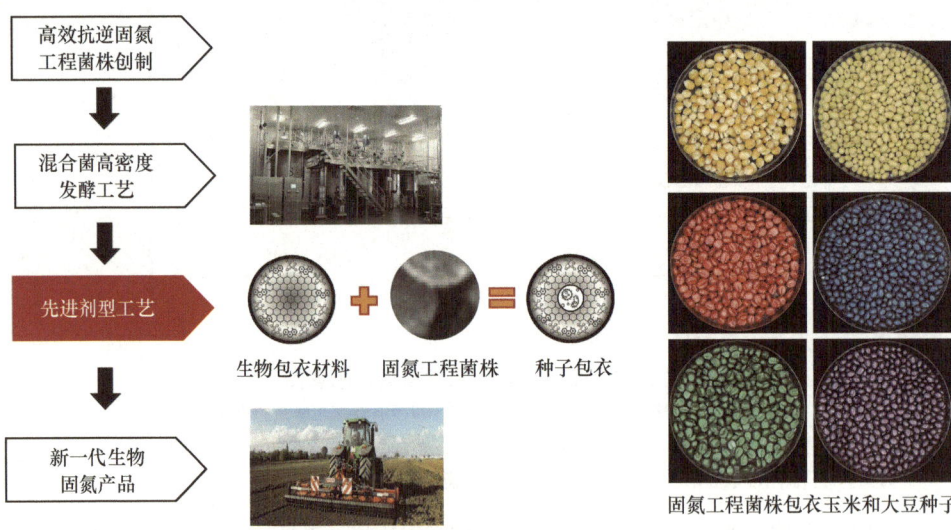

图 4-4 抗逆固氮及规模化应用技术

5. 人工自主固氮真核微生物和植物创建

自然界中只有某些原核微生物有固氮能力,所有真核生物不能自主固氮,国内外采用基因工程手段创建真核固氮生物的大量研究迄今为止均未获得成功。目前已知的固氮酶系统以钼铁固氮酶系统活性最高,研究也最为深入。然而,钼铁固氮酶系统往往需要十几个甚至几十个基因参与,并且这些基因之间往往需要协同表达以实现其功能,极大地限制了将钼铁固氮酶系统导入真核生物的可能性。长期以来,植物细胞器特别是叶绿体被认为是最适合导入固氮酶系统的真核细胞结构。已有研究表明,来源于植物叶绿体的电子供体铁氧还蛋白(Fd)能够与固氮酶系统中的氧化还原酶 NifJ 组成有功能的电子传递链模块;来自线粒体的铁氧还蛋白-$NADP^+$还原酶(FNR)可与固氮酶电子供体 FdxB 组合形成杂合模块,二者均能为固氮酶系统提供底物还原所需的还原力(图4-5)。此外,在真核底盘中实现了固氮酶的一个亚基(铁蛋白 NifH)的功能性构建,解决了参与固氮酶辅因子合成的一个蛋白组分在真核系统中表达易形成沉淀物的问题。以上成果为将固氮基因族直接转入非豆科植物,实现非豆科植物自主固氮打下了良好基础。此外,内共生起源假说认为,叶绿体起源于原始真核细胞内共生的能进行光能自养的蓝细菌。采用合成生物学手段创建类似叶绿体的植物人工细胞器"固氮体",是一个特别有原创价值的前沿科学课题。

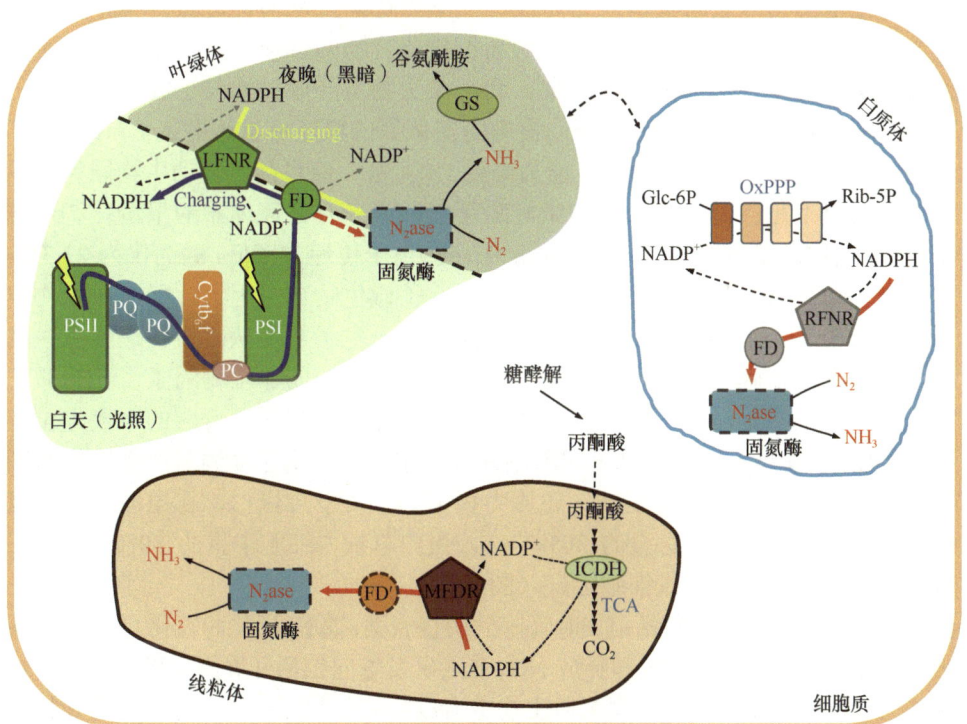

图4-5 人工植物细胞中模块化电子传递链介导的光合与固氮偶联模式图

将固氮酶系统导入植物细胞叶绿体、白质体以及线粒体中,通过电子传递链的模块化和适配优化,实现固氮反应的电子及能量供应。植物细胞器中潜在固氮酶电子传递链的工作模式如下:叶绿体中光合系统 I 在白天通过电子传递链积累

NADPH，晚上可通过同一电子传递链分解白天存储的 NADPH，反向"放电"还原固氮酶，支持其活性；在白质体中，通过磷酸戊糖途径使葡萄糖降解产生的 NADPH，进而使固氮酶处于还原状态。

重点研发方向包括利用合成生物学平台构建人工超简固氮基因体系，包括超稳固氮核心酶模块筛选、高可溶性固氮酶组分模块的筛选、高温耐受型固氮酶系统的设计和氧保护模块的设计等，进一步提高其稳定性、通用性和高效性；开展其在真核生物底盘中的适配性研究，包括在酵母或衣藻等单细胞模式真核生物的线粒体或叶绿体中电子传递链与人工固氮酶系统的适配性等，为最终实现植物细胞器表达固氮酶系统并自主固氮提供理论支持；开展原始光合固氮蓝细菌的起源与进化研究，探索植物人工细胞器"固氮体"创建的可行性。

6. 电驱动固氮细胞工厂

微生物电合成技术是一种绿色环保可持续的新兴学科交叉前沿技术，可利用可再生电力为微生物提供还原力或调控胞内代谢，从而促进微生物生长和物质合成。目前其已广泛应用于微生物高价值化合物的合成，其中电驱动固氮细胞工厂是当前研发的前沿热点领域。利用微生物电合成技术与生物固氮耦合，可提升固氮效率并产铵，如电驱动根瘤固氮体系的氮还原量达到 6.5 mg/（g 干生物质·h），比天然根瘤的固氮能力高约 100 倍。但目前电驱动生物固氮体系主要有三点不足：①均为厌氧和微好氧环境，尚未有好氧体系的报道；②产铵量低，最高铵产量为 295.7 μmol/（20 h·L）；③电子传递效率低，最高仅为 23.3%。影响电驱动固氮电子传递效率的因素包括：①微生物自身因素，如在微生物电合成系统中，为了给微生物提供能量和还原力，电子需要从阴极传递至微生物细胞，这主要依赖微生物的电子传递能力；②体系中的非生物因素，包括微生物电合成的中心平台的电极材料，决定电极表面发生电化学反应的电极电位，以及温度、pH 等。棕色固氮菌和固氮施氏假单胞菌是电驱动固氮的优选底盘菌株，其固氮酶是一种富含钼铁、还原力极强的优质复合蛋白，在电能驱动固氮条件下固氮酶量占蛋白总量的 30%左右，蛋白总量占细胞干重的 80%左右，可用于创建电能驱动的固氮细胞工厂（图 4-6）。

光电驱动固氮过程包括：①N_2 吸附到阴极表面；②N_2 活化和氢化（键离解能：941 kJ/mol）；③电驱动合成和释放 NH_3 重点研发方向包括开展固氮微生物电合成装置的设计原理研究，揭示固氮微生物电合成的能量与还原力生产、传递和转化机制，建立电子转化效率和能量成本表征方法；开展固氮酶和无机纳米材料的精确组装研究，结合生物系统的催化特异性和无机纳米材料的高光电转换效率等优点，利用理性设计策略建立活细胞-蛋白酶-纳米材料整合体系，提高电荷传输和酶催化效率；通过在底盘固氮细菌中有效偶联氮气还原为氨的代谢通路与电极释放电子到固氮酶的传递通路,设计与构建高效、低成本、可规模化应用的电驱动固氮细胞工厂,合成优质富铁蛋白,替代传统饲用或食用蛋白,培育细胞农业新业态。探索水稻和玉米等非豆科粮食作物底盘的人工根瘤器官形成和系统优化策略,实现光电驱动人工根瘤的高效转能与高效固氮。基于天然固氮酶催化原理,开发仿生催化剂,探索在温和条件下光电催化合成氨技术的开发。

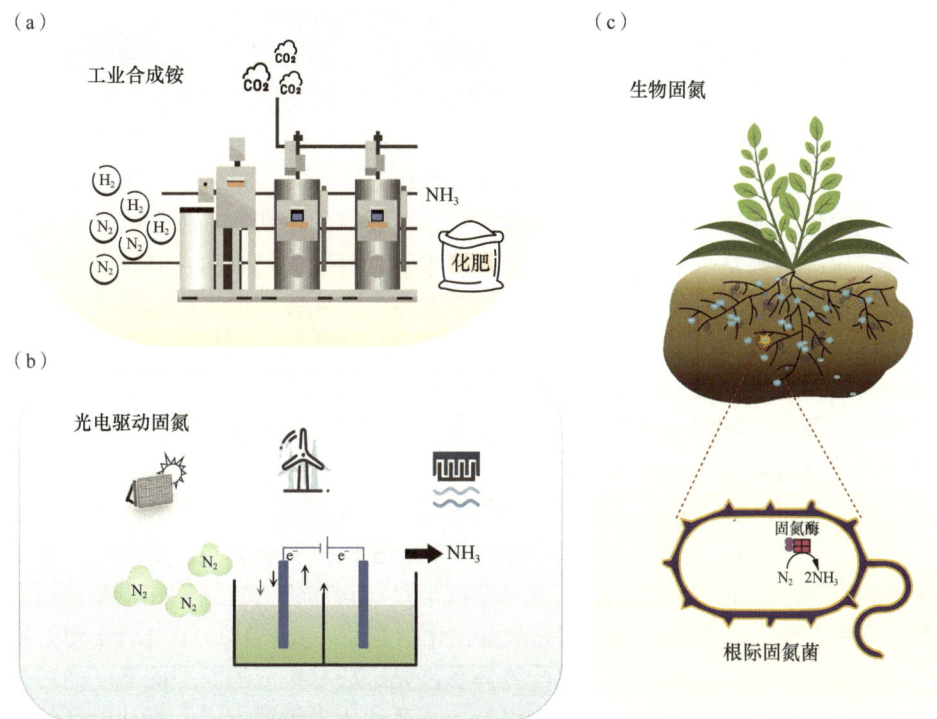

图 4-6　由 N_2 生产氨的三种代表性路线
(a) 工业合成铵;(b) 利用固氮酶的生物固氮;(c) 光电驱动固氮

4.4　未来发展趋势

生物固氮是一种古老的生命现象,有 35 亿年的进化历史。目前,在生物固氮领域还存在许多科学未解之谜,譬如:①为什么自然界中只有某些原核微生物有固氮能力?所有真核生物不能自主固氮,国内外采用基因工程手段创建真核固氮生物的大量研究迄今为止均未获得成功,首先需要揭示的关键科学问题是真核生物不能自主固氮的生理和遗传屏障。②为什么只有豆科作物能形成固氮根瘤?某些非豆科作物祖先如黄瓜可能具有固氮能力,研究其演化机制对非豆科作物人工结瘤回路创建具有重要的理论指导意义。③内共生起源假说认为,叶绿体起源于原始真核细胞内共生的能进行光能自养的蓝细菌。许多原始蓝细菌也具有固氮能力，为什么植物在漫长的进化过程中形成叶绿体却没有形成"固氮体"？采用合成生物学手段，开展光合固氮蓝细菌在植物细胞中的共进化研究，也是一个特别有原创价值的前沿科学课题。

当前，非豆科植物根际联合固氮技术体系更加成熟，前期积累雄厚，特别是创建了具有国际领先水平的耐泌铵固氮模块，开展了固氮菌剂的田间应用效果评价，为相关成果的产业化应用和推广奠定了重要的工作基础。电驱动固氮细胞工厂是当前研究的热点和前沿方向，产业化前景看好。相比之下，豆科植物结瘤机制十分复杂，实现非豆科植物结瘤固氮的技术策略是什么？共生固氮是一个极其消耗能量的过程，如何实现非豆科植物初级代谢与结瘤固氮的平衡？这些理论与技术问题一直是共生结瘤固氮领域研究的热点和难点。在真核生物中实现固氮酶系统的功能性重构，亟待解决的关键瓶颈问题包括固氮酶在新宿主中的氧隔离和能量代谢供应；结构复杂的固氮酶在植物细胞中是否可以成功表达，并正确折叠组装，以行使固氮酶功能等。因此，相比成熟度高、产业应用前景广阔的豆科植物根际微生物固氮技术路线，非豆科植物结瘤固氮和作物自主固氮技术路线目前处于理论与技术探索阶段，在相当一段时间内难以实现产业化应用。

国际上围绕生物固氮技术研发与农业应用，提出三阶段发展目标，即近期目标（高效固氮技术 1.0 版）是克服天然固氮体系缺陷，创制新一代人工高效固氮技术产品，在田间示范条件下替代化学氮肥 25%；中期目标（结瘤固氮技术 2.0 版）是扩大根瘤菌宿主范围，构建非豆科作物结瘤固氮的新体系，减少化学氮肥用量 50%；远期目标（自主固氮技术 3.0 版）是探索作物自主固氮和电驱动固氮细胞工厂的新途径，在特定条件下完全替代化学氮肥。未来 10～20 年，实现耐铵泌铵抗逆的高效固氮体系替代天然固氮体系，先进技术集成的新型固氮产品替代传统固氮产品，绿色低碳环保的生物供氮方式替代化学供氮方式，推动以氮气为原料合成氨，以氨为原料转化蛋白质或氢能源等氮循环产业和氮经济发展。

第5章 抗逆模块设计及育种应用

抗逆性是指动植物和微生物对外部环境抗中不良因子所具有的抗逆能力，包括抗病虫害等生物逆境，以及抗旱、抗盐碱、抗涝、抗风、抗冻等非生物逆境。决定生物抗逆性的遗传基础包括一系列抗逆性相关基因及其编码的功能蛋白，以及生物形成的响应特定逆境信号和启动一系列抗逆生理反应的天然调控元件、功能模块和抗逆基因回路，以适应不断变化的自然环境。生物对不利环境的响应大体可以分为三个级联传导部分，首先是环境信号的感知，其次是逆境信号转导和引起的蛋白修饰和基因表达的级联变化，导致代谢调整和细胞结构的动态变化，最后是下游生理表型的输出，包括微生物代谢终产物积累和作物生长状态等。

与天然抗逆模块不同，人工抗逆模块是根据人工生命体设计目标抗逆模块，形成特定的控制网络，实现更高效智能的抗逆功能。人工抗逆模块经历了从简单模块到组合模块的升级，可对复杂抗逆反应进行精准模拟和智能控制，已表现出巨大的生产应用潜力（图5-1）。在医疗健康领域，人工抗逆模块可用于开发智能药物，能够在检测到疾病标志物时自动激活，有针对性地攻击病变细胞而不影响健康细胞；在生物制造领域，人工抗逆模块可以增强细胞工厂菌株的鲁棒性，提高合成产物的生产效率；在环境监测领域，通过人工设计能够响应环境污染物的功能模块，提高生物传感器对污染环境实时监测的灵敏度与精确性。

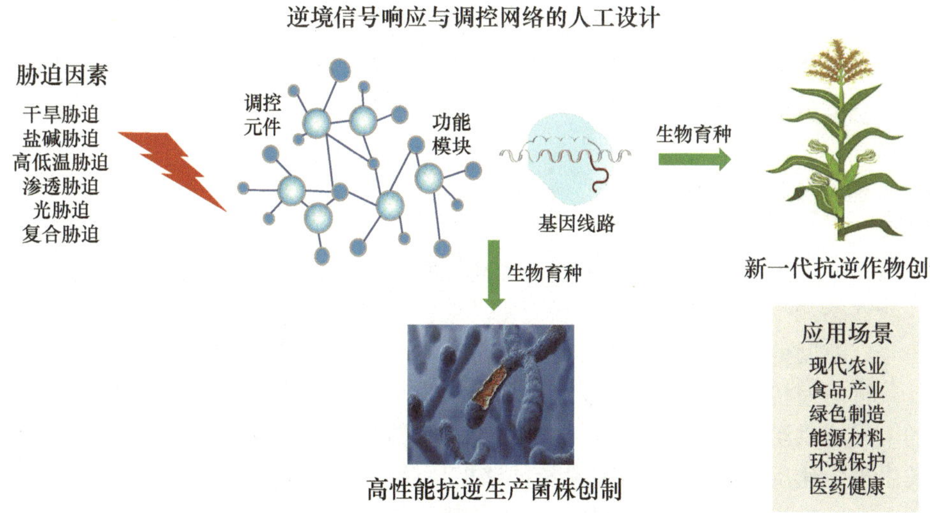

图5-1 逆境信号响应与调控网络的人工设计与应用场景

5.1 抗非生物逆境生物育种工程

环境自然条件变化如高低温、干旱、水涝、盐渍化、重金属污染、营养缺乏等，可对植物生长发育等造成胁迫影响，称为非生物逆境胁迫。这些环境因素一般不可人为控制，且一旦发生，危害面积广，危害程度高。据统计，作物60%～80%的产量损失由非生物逆境胁迫造成，在这些非生物逆境条件下，农作物生长受到抑制，幼苗素质下降，植株抗病能力、营养生长和生殖生长均受到严重损害。人类活动导致的气候温度相比于工业化之前上升1℃左右，目前仍以每10年0.2℃的速度上升，尤其近年来极端天气出现得越来越频繁，将加剧非生物逆境胁迫对全球农业生产的不利影响。据联合国粮食及农业组织（Food and Agriculture Organization of the United Nations，FAO）于2020年公布的数据，全球干旱发生的频率和时间相比于2000年已经增加了29%。全球约有8%的土地受到盐渍化的威胁。其中大多分布在非洲、亚洲和拉丁美洲的自然干旱或半干旱地带。各大洲均有20%～50%的灌溉土壤盐度过高，这意味着全球逾15亿人口因土壤退化而面临粮食短缺的重大挑战。我国的盐碱地主要分布在包括东北地区、西北地区、黄河上中游和黄淮海平原在内的17个省份，总面积约3460万hm^2，山东省的黄河三角洲地带每年新增的盐碱地就达6000多hm^2。滨海盐碱地土壤含盐量较高，可达2.0%。我国干旱、半干旱地区约占国土面积的一半以上，常年受旱面积达200万～270万hm^2。此外，我国北方大部分地区和南方的早春、晚秋季节的农作物生产频繁地遭受低温冷害以及干旱损伤。据保守估计，干旱、盐碱等环境胁迫因素每年造成我国主要农作物减产8%～15%，严重年份甚至可以导致作物绝收。因此，系统解析植物如何感知胁迫信号并适应不利的环境条件，高效挖掘和应用调控元件、功能模块和抗逆基因回路，培育新一代抗逆作物新品种，对于我国乃至全球粮食安全至关重要。

5.1.1 植物抗非生物逆境机制

植物所处的外部环境复杂多变，因此植物已进化出极强的自我调节和适应能力，能够感知一系列的环境信号的变化，这些环境信号包括水信号、化学信号、光信号、温度信号、电信号和外界生物信号等。①水信号是指能够传递逆境胁迫信号，进而使植物做出适应性反应的植物体内水流或水压的变化。例如，当植物受到干旱或洪涝等环境压力时，植物体内的水信号会发生变化，触发植物产生相应的生理生化反应。②化学信号是指能够把环境信息从感知位点传递到反应位点，进而影响植物生长发育进程的某种激素或某些化学物质，如活性氧、pH、阴阳离子、聚糖、氨基酸、多肽，以及脱落酸和细胞分裂素等植物激素类。③光信号是植物生长环境中光线的强度、方向和周期变化，这种变化能调节植物光合作用、生长定向和开花结果等生理过程。植物通过光感应蛋白质和色素来感知光信号，进而调控相关基因的表达，实现对光环境的适应。④温度信号是指外界环境温度的变化，其是影响植物生长发育的重要环境因素之一。植物能够感知环境温度的变化，通过调节生长速率、开花时间和抗逆性等方式来适应不同的温度条件。温度感应机制涉及多种信号通路和调节因子，保障植物在不同温度下的正常生长。⑤电信号是指植物体内能够传递信息的电位波动，这是植物通过离子、电荷、离子通道等长距离传递信息的一种重要方式。植物体内的电信号通常是由钙离子产生的，电信号一经激发，便能在植物体内迅速传播，进一步调节下游基因的表达和其他生物学响应。⑥外界生物信号是指植物生长环境中其他植物、昆虫、微生物等生物的存在及其行为引起的变化。植物通过释放化学物质、改变生长方式或合成防御物质等方式来应对外界生物压力，保护自身生长发育。

为感应上述环境变化引起的信号，植物已进化出相互关联的调节途径。非生物逆境胁迫条件影响植物生理学的许多方面并引起细胞过程的广泛变化，其中许多变化是适应性反应，导致抗逆性增加，是作物合成底盘重建的潜在靶标途径（表5-1）。植物在面对逆境胁迫时，会通过几种主要的响应机制，来调控自己的生命活动，以维持其稳定的内部环境。这些响应机制包括：①非生物逆境胁迫引发多级反应，涉及胁迫感应、信号转导、转录、转录处理、翻译和翻译后蛋白质修饰等，修复胁迫引起的损伤、细胞稳态的重新平衡，以及将生长调整到适合特定胁迫条件的水平；②为应对非生物逆境胁迫所带来的不利影响，植物通过基因表达、信号传递和代谢物反馈等方式来调节和控制其代谢途径，如异养代谢通路、糖代谢通路、次生代谢通路和氮代谢通路等，以增强适应性和抗逆性；③在面对不同逆境胁迫时，植物启动特定的转录响应机制，如在转录水平上调节基因表达，从而帮助植物适应逆境环境，又如，在面对高温胁迫时，植物会启动热激蛋白基因转录响应机制，以维持生命活动正常运行；④目前已发现表观遗传调控如 DNA 甲基化、组蛋白修饰、染色质重塑及非编码 RNA 调控等，可以响应各种非生物逆境胁迫，参与植物胁迫反应的基因的转录调控，例如，拟南芥 DNA 甲基化突变，导致启动子 DNA 低甲基化，从而促进钠离子转运，增加耐盐性。

5.1.2 植物抗逆模块挖掘与功能评价

植物在长期进化过程中，形成了多种机制和复杂的信号网络，从而迅速地感知外界环境，调控基因的表达，以适应和耐受病虫害、盐碱、干旱、低温、涝害等各种生物和非生物逆境胁迫。植物抗逆基因包括响应逆境信号的调控元件，以及编码一些抗逆蛋白的功能基因，如抗干旱或抗高盐蛋白、抗毒蛋白等的编码基因。

表 5-1 植物响应非生物逆境因子的相关调控途径与抗逆性改良案例

逆境胁迫因子	胁迫指标	主要调控途径与关键调控基因	抗逆性改良案例
干旱	按水分胁迫程度分为轻度胁迫、中度胁迫、重度胁迫三种类型。如降水量低于年平均值 20%的重度胁迫，会造成作物绝收。	SOS1 介导的 Na⁺转运和保护细胞依赖性水泵发以重建离子和水稳态。BA 依赖性和 ABA 非依赖性信号系统调控干旱耐受基因表达。CBF/DREB1 和 DREB2 等转录因子，如 DREB2 基因受脱水胁迫诱导，可激活其他与干旱胁迫耐受性相关的基因。	表达胁迫诱导型 OsDREB2A 的转基因水稻植株对脱水胁迫的耐受性提高，编码液泡 H⁺-焦磷酸酶 ZmVPP1 和 NAC 转录因子 ZmNAC111 的基因过表达有助于玉米种子的抗旱性。一些微生物基因，如稳定 RNA 的枯草芽孢杆菌冷激蛋白基因，已被用于开发商业转基因抗旱作物。
盐碱	轻度盐碱：含盐量 1~3 克/公斤，pH 值 7.1~8.5；中度盐碱：含盐量 3~4 克/公斤，pH 值 8.5~9.5；重度盐碱：含盐量 4 克/公斤以上，pH 值 9.5 以上。重度盐碱条件下，大多数作物均难以生长。	MOCA1 依赖性 GIPC 感知环境 Na⁺浓度的变化。过表达渗透胁迫激活和 ABA 激活的 SnRK2 基因 SAPK1 和 SAPK2 导致水稻盐耐受性增加。	在高粱耐碱性基因 AT1，与水稻的粒形调控基因 GS3 同源。AT1/GS3 基因的敲除，能提高高粱地里高粱、水稻、谷子的产量和生物量，也能提高高盐碱土壤上玉米的存活率。微生物孤儿基因编码的分子伴侣蛋白具有酶保护功能，能够显著增强碱玉米种子的耐盐碱能力。
高低温	高温胁迫是指植物生长环境的温度超过 35℃；低温胁迫包括 0℃以下或 0~15℃之间的低温伤害。	Ca²⁺和如活性氧（ROS）也被认为是热胁迫信号传感器；低温主要通过细胞质脱水和细胞壁结冰导致细胞死亡。蛋白质磷酸化和 Ca²⁺信号传导在低温反应中起重要作用。HSF 家族成员 HsfA1 通过激活依赖钙依赖蛋白激酶（CDPK）级联参与温度热信号调控寒和高温耐受性。	COOL1 的耐寒等位基因 COOL1 HapA 有望用于提高玉米在寒冷地区的耐寒性和适应性，且在非胁迫条件下，COOL1 功能缺失不影响产量相关性状，为其在育种中的应用提供了优势。
除草剂	草甘膦会阻止植物芳香族氨基酸合成，进而抑制植物生长；草铵膦是氨酰胺合成酶的活性，造成植物体内氮代谢紊乱；2,4-D 干扰植物体内激素平衡，破坏核酸和蛋白质的代谢。	（1）耐草甘膦的 5-烯醇式丙酮莽草酸-3-磷酸（EPSP 合酶）基因，编码微生物及高等植物体内莽草酸途径的关键酶，其为草甘膦的靶标酶；（2）草铵膦乙酰化转移酶基因，能通过乙酰化使草甘膦草铵膦脱毒作用一种无活性的化合物；（3）2,4-D 单氧化酶基因，能解解苯氧乙酸类除草剂 2,4-二氯苯氧乙酸（2,4-D），解除其对植物的毒性。	2023 年，全球转基因作物种植面积达到 2.063 亿公顷，其中两耐草剂性状的转基因大豆、玉米、油菜、棉花、甜菜以苜蓿种植面积的 50%以上。2024 年拜耳公司开发同时耐草甘膦、麦草畏、2,4-D、咪唑灵和草铵膦等五种除草剂的转基因玉米。

第 5 章 抗逆模块设计及育种应用 | 153

续表

逆境胁迫因子	胁迫指标	主要调控途径与关键调控基因	抗逆性改良案例
光胁迫	强光胁迫的光强度高于 150000 lux；弱光胁迫的光强度低于 10000 lux。光照过强或光照不足均影响植物生长发育。紫外线 UV-B 胁迫造成作物减产。	植物对光胁迫的系统性反应包括叶绿体运动、气孔反应，花青素合成以及相关信号转导。在密植或遮荫条件下，花通过一系列光信号受体感受光质的改变，并将信号传递到下游的各类光信号转导因子激活或抑制下游靶基因引起植物生长发育状态的改变。	—
复合胁迫	如干旱和高温，光照和温度互作，以及干旱及盐碱等互作，或渗透胁迫变化导致复合胁迫等。	光与乙烯信号协同调控植物发育以及抗逆性。以及光信号与温度信号整合协同调控植物磷缺响应，高光胁迫诱发的植物系统性抗性需要 ROS 信号参与以激发 SAA 和系统性 ROS 反应，并且 RBOHD 蛋白是介导系统性 ROS 反应的关键因子。	极端环境生物孤儿基因编码相分离蛋白，将其转入作物底盘中，能增强其耐盐渍化引起植物胁迫能力。设施农业中次生盐渍化引起植物胁迫反应和生长抑制，低比率远红光通过抗氧化提高作物耐盐性。

1. 抗逆调控元件

植物转录因子中比较典型的 DNA 结合区有 bZIP 结构域、锌指结构域、MADS 结构域、MYC 结构域、MYB 结构域、Homeo（HD）结构域及 AP2/EREBP 结构域等。其中一些结构域又可根据其特征区中保守氨基酸残基的数量和位置划分成几个亚类。转录因子在植物逆境信号传递过程中起着重要的调节作用，能调控多个与抗逆相关基因的表达，使植物的抗逆性得到改善，因此也逐渐成为植物抗逆机制研究的核心内容。植物的抗逆性状往往是多基因控制的数量性状，多个转录因子家族与植物的抗逆性有重要关系。植物主要通过脱落酸途径及不依赖脱落酸途径两种信号途径应答干旱和营养缺乏信号。玉米中超表达信号转导途径有关的基因可以提高玉米的抗旱性，过表达磷脂酰肌醇合酶基因（$ZmPIS$）调控膜上磷脂的合成与代谢及植物耐逆激素脱落酸的合成也可提高玉米的耐旱性。但是，目前由于这些转基因玉米采用的是 35S 启动子，持续表达这些基因可消耗玉米的能量，影响玉米产量，克服这一不足的关键是构建智能响应的耐旱模块。由于氮缺乏和干旱是不断在变化的非生物逆境，实现智能化或者诱导表达对于降低基因过表达带来的负面影响十分重要。与营养缺乏和干旱有关的转录因子结合元件主要有脱落酸响应元件等 8 种不同的调控序列。乙烯受体的不同结构域对于胁迫反应有不同的调控作用。这些不同的调控序列的组合可以增强对信号分子的应答，有效避免因持续表达目标基因而造成的能量消耗。

2. 逆境胁迫相关蛋白

1）渗调蛋白

渗调蛋白是受干旱和盐碱等胁迫诱导所产生的一类逆境适应蛋白，具有保护膜蛋白的结构完整性、参与信号转导和防御等。植物细胞膜上存在许多渗调蛋白，能够调节细胞内外溶质的浓度差，从而维持细胞内外的渗透压。渗调蛋白是一种阳离子蛋白，多数以颗粒状存在，在渗透胁迫下吸附水分或改变膜对水的透性，减少细胞失水，维持细胞膨压，或螯合细胞脱水过程中浓缩的离子，减少离子毒害的作用。渗调蛋白表达受抑制生长的植物激素脱落酸诱导，诱导水平与内源脱落酸含量紧密相关。在盐适应过程中，40%的渗调蛋白集中在液泡中。渗调蛋白基因与植物的抗旱、耐盐和抗病性等密切相关，研究其结构功能和抗逆机制，将为抗逆植物底盘重建提供理论指导。

2）热激蛋白

植物细胞在短时间如几小时、几分钟，甚至几秒钟内遭受比其正常生长温度高出 5℃的温度时，在植物细胞中迅速新合成的或含量增高的一类逆境蛋白，称为热激蛋白，其分子质量为 10～200 kDa。在高温胁迫下，热激蛋白帮助蛋白质重新折叠，防止蛋白质凝集、错误折叠或变性降解等，具有典型的分子伴侣的生理功能。细胞内生物大分子如蛋白酶在高温胁迫下易变性失去功能，而热激蛋白可以与变性蛋白质结合，维持它们的可溶状态，在有 Mg^{2+} 和 ATP 的存在下使解折叠的蛋白质重新折叠成有活性的构象。例如，植物线粒体内的热激蛋白 Cph60 在热激条件下与二氢叶酸脱氢酶、半乳糖脱氢酶和异丙醇苹果酸脱氢酶等酶结合形成复合体，使植物耐受温度的能力提高 8～15℃。

3）胚胎发生晚期丰富蛋白

胚胎发生晚期丰富蛋白（late embryogenesis abundant protein，LEA protein，简称 LEA 蛋白）最初是指植物种子在成熟脱水期大量积累的一类小分子蛋白。LEA 蛋白不仅在植物胚胎组织应对水分胁迫时高表达，而且在干旱、高盐、极端温度和氧化等胁迫条件下大量积累。LEA 蛋白可分为 7 个组，其中第 1、2、3、4、6、7 组在天然形态下具有重复基序、结构无序及高度亲水的特性，是典型 LEA 蛋白。与亲水 LEA 蛋白不同，第 5 亚类 LEA 蛋白显示出相对较高的疏水特性，包含一个水胁迫和超敏反应结构域，且缺少明显的特征基序，因此被认为是一种非典型 LEA 蛋白。LEA 蛋白家族可能通过两种分子机制发挥作用，即分子伴侣类似作用和分子盾牌活性。体外试验也表明 LEA 蛋白能够防止高温、低温和干燥胁迫造成的蛋白聚合和酶活性损失。LEA 蛋白的另一个重要功能是在水分胁迫细胞中与糖分子形成紧密的玻璃基质，协同发挥作用以保护细胞结构。

4）水分胁迫蛋白

水分胁迫蛋白是指在水分胁迫条件下植物产生的特异响应蛋白。水分胁迫诱导植物表达两类在植物抗逆机制中作用不同的特异蛋白。一类是调节蛋白，在水分胁迫信号的感应、转导及抗性基因表达调控等不同过程中起关键作用，如参与不同环节响应调节的各种蛋白激酶类、调控不同基因表达的各类转录因子，以及参与信号转导第二信使生成的磷脂酶等。另一类是功能蛋白，在植物抵抗水分胁迫的三大机制（活性氧清除机制、渗透调节机制和膜流动性修饰机制）中发挥重要作用。例如，水分胁迫对植物生长的影响在很大程度上与植物体内产生的过量的活性氧有关，活性氧清除系统的抗氧化蛋白酶活性的提高，可能增强植物抗逆能力。水分胁迫可以通过降低水的化学活性而引起渗透胁迫，而一种精确的诱导高亲和甜菜碱的运输蛋白系统，可以提高细胞内甜菜碱浓度，增强植物抗逆性。水孔蛋白属于跨膜通道蛋白，具有增加水的通透性以及跨膜水分运输的功能，水分胁迫能够诱导水孔蛋白表达显著增加。

5）冷激蛋白

冷激蛋白是存在于植物、动物与微生物体内的一类受冷诱导表达的应激蛋白。

生物细胞在冷诱导下启动转录和翻译,产生与抗寒性有关的蛋白质产物,其种类多样,主要有抗冻蛋白、脱水蛋白和冷激蛋白等。植物冷激蛋白结构保守,具有 RNA 结合位点或类似的 β 折叠构成的桶状结构。在低温胁迫条件下,植物细胞会迅速积累冷激蛋白,冷激蛋白可与 RNA 结合,使其双链区解链,同时具有 RNA 分子伴侣功能,可破坏 RNA 二级结构的稳定性,帮助 RNA 维持单链结构,促进低温下基因的转录与翻译。植物冷激蛋白与原核生物冷激蛋白高度同源,参与细胞的多种生理活动,尤其在植物的冷适应、生长发育及对抗干旱、高温、病害等其他多种逆境胁迫中发挥重要作用。孟山都公司利用枯草芽孢杆菌冷激蛋白基因 *cspB* 开发了第一个商业化种植的转基因抗旱玉米,实现了玉米产量 8%~10%的增长,同时减少了 10%~20%的灌溉水量。

6)相分离蛋白

相分离是指一些生物大分子如蛋白质和 RNA 等,能自发地在细胞内形成液滴状的无膜结构,通过液-液相分离的方式聚集和分离。蛋白质相分离与其固有无序区(intrinsically disordered region,IDR)结构高度相关。近年来,生物学领域相分离研究陆续发现多个对温度、光照、离子强度、pH、氧化还原状态、CO_2 浓度等指标敏感的蛋白,能够通过相分离响应上述理化变化,表明蛋白相分离可能是细胞环境感受过程中的通用机制。渗透胁迫是植物经常遭遇的一种非生物胁迫。例如,拟南芥相分离 DCP5 蛋白对大分子拥挤环境高度敏感,能够在体外人工模拟拥挤环境和渗透失水引起的体内拥挤环境中发生相分离。当 DCP5 蛋白中一段 IDR 被删除后,DCP5 的相分离能力丧失。进一步研究发现,这一段 IDR 能够通过构象变化响应分子拥挤,并可通过疏水作用介导相分离,因此具有分子内拥挤感受器(intracellular crowding sensor,ICS)的功能。此外,极端环境微生物孤儿基因编码相分离蛋白,如一种属特异的孤儿蛋白 DosH,在多种逆境条件下发生可逆性的相变现象,将其转入作物底盘中,能增强其耐盐碱和抗干旱能力。

5.1.3 微生物抗逆基因挖掘与功能评价

微生物是地球上生物量最大、种类最丰富、应用最广泛的生物资源宝库,在自然界中,微生物的物种多样性最为丰富,迄今为止人类所认识的细菌有 5000 多种、放线菌 3000 多种、真菌 70 000 多种,从中可以挖掘具有重大应用价值的新生物底盘、新功能基因、新活性物质和新优质蛋白。随着生物技术的发展,尤其是宏基因组和单细胞测序技术的发展,从微生物基因组中高通量挖掘抗病虫基因、耐除草剂基因,以及次生代谢产物合成基因受到广泛关注,微生物基因组为现代基因工程育种提供了有重要应用潜力的候选元器件和靶标回路。

1. 微生物抗逆机制与植物存在进化同源性

微生物的胁迫耐受性是受到细胞内多个代谢途径和生理系统调控的复杂表型，涉及诸多抗逆模块和作用机制。目前，已报道的微生物抗逆元件主要包括调控细胞壁和细胞膜结构、DNA 损伤修复、氧化应激、相容性溶质、能量产生和信号转导相关的基因，以及外排泵、热激蛋白和全局转录因子等。迄今为止，绝大多数微生物的抗逆研究集中在基础机制方面，微生物细胞应对胁迫环境的机制主要包括三类：①一般的生化和生理应对，如细胞膜（壁）重构、离子泵过表达、DNA 损伤修复等；②强化的抗氧化防御系统，以清除活性氧自由基，逆境胁迫会导致活性氧自由基的过量积累，从而引起细胞膜（壁）破坏、蛋白质羰基化、脂质过氧化、DNA 损伤等；③强化蛋白质保护和质量控制系统，维持细胞内正常的蛋白质结构与功能，这是细胞在逆境下生长的分子基础。这些抵抗逆境的机制有很大的重叠，同时对不同的胁迫也具有一定的特异性。

尽管高等生物如植物的抗逆特性及信号调节过程在进化过程中变得更加复杂，参与抗逆的元件种类和数目更多，但是，研究表明高等生物特别是植物与微生物之间在抗逆信号的识别、信号转导，以及细胞内外离子的平衡等方面具有高度的共性。例如，①拟南芥具有与酵母高渗透性甘油（HOG）信号转导相似的途径。在酵母中已经比较全面地阐明了三条渗透胁迫信号传递途径，其中之一为 SLN1－SSK1－SSK2/SSK22－PBS2－HOG1。拟南芥中的 AtHK1 蛋白与 SLN1 极为相似，表达 *AtHK1* 基因能够抑制 sln1/sho1 酵母的盐敏感表型；②植物与微生物具有多个相似的离子转运蛋白家族。盐超敏感信号转导途径主要调节植物细胞离子和渗透平衡。植物中的 SOS1（Na^+/H^+ 交换蛋白）与哺乳动物的 NHE 及微生物的 NhaP 蛋白无论是在功能上还是结构上均具有高度的相似性。除了 Na^+/H^+ 交换蛋白家族之外，控制细胞内外离子（K^+、Ca^{2+}、PO_4^{3-}）进出的微生物离子通道或者转运蛋白与植物也存在结构和功能的保守性；③高等植物、藻类、微生物乃至哺乳动物中耐热应答和修复机制基本相同。热激蛋白中的 HSP70 和 HSP90 家族成员在结构上高度保守，如玉米的 HSP90 与大肠杆菌的 HSP 90 成员 Dank 同源性为 47%；④植物与微生物在热胁迫应答过程中的调控元件都为转录因子，如高等植物的热应激转录因子（HSF）、革兰氏阴性菌的 σ^{32} 和 σ^{24} 负责结合在热激基因上游应答元件或启动子上，进而调控热激蛋白的表达。微生物和植物抗逆机制的同源性，为利用微生物抗逆元件解决植物抗逆问题提供了重要的理论基础。

据不完全统计，自 20 世纪 80 年代以来共有 500 多个来自微生物（大肠杆菌、农杆菌、苏云金杆菌、酵母等）的基因被遗传转化到几十种植物中（表 5-2），获得了一大批具有抗旱、耐盐、抗病、抗虫能力以及产量和品质提高的植物材料。更重要的是，在已经产业化的转基因作物当中，90%的转基因资源（如 *Bt*、*EPSPs*、*Barnase* 基因）来自病毒、大肠杆菌、农杆菌、苏云金杆菌等微生物，甚至植物转基因过程中最常用的启动子 CaMV35S 也来自病毒（烟草花叶病毒）（表 5-3）。这些结果说明植物基因组具有接受微生物基因并赋予其表型的能力，同时也预示着以植物作为底盘生物利用微生物功能模块（途径）表达目的性状具有极大的应用潜力。

表 5-2 部分来自微生物的基因在植物中遗传转化的情况

基因名称	微生物名称	植物宿主	目标特性
codA（胆碱氧化酶基因）	球形节杆菌（Arthrobacter globiformis）	番茄	耐盐
otsA（海藻糖合成酶基因）	大肠杆菌（Escherichia coli）	烟草	耐盐碱、耐干旱
mtlD（1-磷酸甘露醇脱氢酶基因）	大肠杆菌（Escherichia coli）	烟草	耐盐
proB（γ-谷氨酰胺激酶基因）、proA（谷氨酰胺-γ-半醛脱氢酶基因）	枯草芽孢杆菌（Bacillus subtilis）	拟南芥	耐盐
Bt（杀虫晶体蛋白基因）	苏云金芽孢杆菌（Bacillus thuringiensis）	棉花	抗棉铃虫
irrE（全局调控因子基因）	耐辐射异常球菌 R1（Deinococcus radiodurans）R1	油菜	耐盐、抗旱
CspB（冷激蛋白基因）	枯草芽孢杆菌（Bacillus subtilis）	玉米	耐旱抗冻
EPSPS（5-烯醇式丙酮酰莽草酸-3-磷酸合酶基因）	荧光假单胞菌 G2（Pseudomonas fluorescens G2）	烟草、棉花	草甘膦抗性
gutD（6-磷酸山梨醇脱氢酶基因）	大肠杆菌（Escherichia coli）	玉米	耐盐
avrD	丁香假单胞菌番茄致病变种（Pseudomonas syringae pv. Tomato）	烟草	抗烟草赤星病
betA（胆碱脱氢酶基因）	大肠杆菌（Escherichia coli）	烟草	耐盐性
CspA（冷激蛋白基因）	大肠杆菌（Escherichia coli）	拟南芥、水稻、玉米等	耐寒性、耐热性、抗旱性
BSFE（纤溶酶基因）	枯草芽孢杆菌（Bacillus subtilis）	烟草	蛋白质转运
phyA2（植酸酶基因）	黑曲霉（Aspergullus niger）	玉米	磷高效利用
codA（胆碱氧化酶基因）	球形节杆菌（Arthrobacter globiformis）	番茄	耐盐
YCF1	酵母	烟草	耐盐
NTH1（中性海藻糖酶基因）	球孢白僵菌（Beauveria bassiana）	拟南芥	耐盐
异戊烯基转移酶基因	根瘤农杆菌（Agrobacterium tumefaciens）	烟草	抗衰老、耐盐
4 脱氢酶基因	大肠杆菌（Escherichia coli）	烟草	耐盐

表 5-3 已商业化种植的转微生物功能基因的作物

目标特性	基因名称	基因来源	转基因作物
抗除草剂、雄性不育	Bar	根瘤农杆菌（Agrobacterium tumefaciens）、解淀粉芽孢杆菌（Bacillus amyloliquefaciens）	油菜
抗除草剂、雄性不育	Bar	根瘤农杆菌（Agrobacterium tumefaciens）、解淀粉芽孢杆菌（Bacillus amyloliquefaciens）	菊苣
抗病毒	Neo、CP-CMV、CPZYMV、CPMV2	西瓜花叶病毒（Watermelon mosaic virus）	南瓜

续表

目标特性	基因名称	基因来源	转基因作物
抗虫、抗除草剂	Cry1AC、Bxn、neo	苏云金芽孢杆菌（Bacillus thuringiensis）	棉花
抗虫、抗除草剂、抗病毒	Cry3A、PLRVrep、neo、EPSPs	苏云金芽孢杆菌（Bacillus thuringiensis）、卷叶病毒（Leafroll virus）	棉花、大豆、土豆
抗虫、抗除草剂	Bar、g Cry1AC inII、Cry1AC、Cry1Ab	苏云金芽孢杆菌（Bacillus thuringiensis）、解淀粉芽孢杆菌（Bacillus amyloliquefaciens）	玉米
抗旱、抗虫	CspA、Cry1AC、Cry3AC、Cry1Ab	苏云金芽孢杆菌（Bacillus thuringiensis）、大肠杆菌（Escherichia coli）	玉米
胡萝卜素合成	crtI、psy（phytoene synthase）	噬夏孢欧文氏菌（Erwinia uredovora）	水稻
抗棉铃虫	Cry1Ab、CPTI	苏云金芽孢杆菌（Bacillus thuringiensis）	棉花
磷高效利用	phyA2	黑曲霉（Aspergillus niger）	玉米
抗旱、耐盐	IRRE、EPSPs	戈壁异常球菌（Deinococcus gobinesis）假单胞菌属（Pseudomonas）	油菜
生物素合成	IAAM	农杆菌属（Agrobcaturium）	棉花

以信息技术和生物技术融合的智能设计技术为代表的合成生物技术为微生物抗逆元件及其育种应用提供了一个高通量和智能化的研发平台。利用合成生物技术对抗逆基因及其表达蛋白如热激蛋白或冷激蛋白等进行人工修饰和标准化合成，设计相关人工控制基因模块，可以赋予微生物和植物特定的和自然元件无法达到的高效抗逆性。自然界中微生物抗逆基因也已经被证明通常可以用于植物抗逆性改良，但由于植物的转基因操作较复杂和植物生长周期长等问题，植物的抗逆元件评估效率很低，利用快速模块化流程和基因操作体系，将极大地加快其评估速度。对转化了自然抗逆生物体或抗逆元件的底盘生物进行组学水平的分析，可以发现重要或者新颖的抗逆相关结构基因、调控线路或者代谢途径，从而构建更有效且更具靶向性的抗逆元件。

2. 极端微生物抗逆孤儿基因鉴定与育种价值评价

大部分基因属于一个相似的家族，它们的祖先可以回溯到数百万年之前。但是，对已知微生物基因组进行测序和比较分析时发现，许多基因与来自其他进化谱系的基因缺乏序列与结构同源性，且绝大多数功能未知，因此被命名为孤儿基因。极端微生物是生存于低温、高温、高酸、高碱、高盐、高压、高辐射、高酸热、高盐碱等极端环境下的微生物的统称。异常球菌属中的耐辐射异常球菌是一株研究得最为深入的极端微生物模式菌株，研究表明，其可在空间站外表面存活3年，对氧化、电离辐射、紫外辐射、干燥等非生物胁迫具有极端的耐受能力。通过比较基因组学分析进一步发现，耐辐射异常球菌中存在1002个孤儿基因，占基因组的31.4%，其中绝大部分功能未知，这表明微生物在适应极端环境的进化过程中形成了功能独特的孤儿基因家族，如某些孤儿基因被注释为参与逆境响应、调控抗逆基因、参与氧化还原反应、清除破损的 DNA 或者蛋白质片段，以及帮助蛋白质折叠等抗逆相关功能。

1）DNA 结合蛋白基因

irrE 基因编码一个耐辐射异常球菌属特有的全局性转录调控蛋白。该基因在拟南芥、油菜、棉花的转化植株中表现出较好的耐盐、抗干旱功能。用 200 mmol/L NaCl 处理四叶期油菜 2 周，非转基因油菜叶片发黄、枯萎、死亡，而转 *DG-irrE* 基因油菜正常生长，其农艺性状与非转基因油菜在正常条件下的农艺性状差异不大。在山东东营盐碱地开展的转 *DG-irrE* 基因油菜的耐盐中间试验结果显示，转基因油菜在中度盐碱（1.16% NaCl）条件下的出苗率达 80%-90%，耐受 pH 高达 8.35，农艺性状不受影响。

drfE 基因编码一个与 DNA 结合的类铁蛋白，该蛋白属于铁蛋白 2 超家族，能够形成三聚体、四聚体和十二聚体等多聚体，可非特异性地结合细菌 DNA 形成一个稳定并且高度有序的复合体，从而保护 DNA 免受 H_2O_2、脱氧核糖核酸酶 I（Dnase I）、极端温度变化和辐射等造成的损伤。类铁蛋白多聚体也可以有效结合 Fe^{2+} 形成复合体，保护细胞免受 Fe^{2+} 和 H_2O_2 发生芬顿反应（Fenton reaction）所产生的羟基自由基损伤。目前，已将该基因转入拟南芥和油菜中，转基因拟南芥和油菜的耐盐、抗干旱能力均增强。其中，转基因拟南芥能耐受 150 mmol/L NaCl，在经历干旱达到完全缺水状态并持续 3 周后复水，能够恢复生长；转基因油菜能耐受 250 mmol/L NaCl，在经历干旱达到完全缺水状态并持续 6 周后复水，能够恢复生长。

2）RNA 结合蛋白基因

冷激蛋白是一类含有能结合 RNA 和单链 DNA（ssDNA）的特异冷激结构域、在生物适应逆境胁迫反应中起着重要转录后调控作用的小分子蛋白。微生物冷激蛋白分子质量为 7 kDa 左右，由 5 条反向平行的 β 链组成，同时有一个富含芳香环的保守氨基酸残基在外形成疏水表面，相邻的 β2 和 β3 中都有结合 ssDNA 和 RNA 的关键保守 ATTGG 或寡聚 T。分离于新疆戈壁沙漠的戈壁异常球菌具有抗电离辐射、抗氧化、抗干燥等极端抗性，其基因组携带 2 个冷激蛋白基因。其中，*csp2* 基因能显著增强大肠杆菌细胞在低温条件下的生存能力、UV 辐射抗性和高盐抗性、高渗透胁迫抗性。*csp2* 基因还可显著增强玉米开花期和灌浆期的耐旱能力。在降水量不同的地区进行田间抗旱评价实验，结果表明，转基因玉米与对照在正常条件下的农艺性状无差异，干旱条件下转基因玉米表现出较为明显的增产效果。

3）具有酶保护功能的分子伴侣基因

dwhY 基因编码一个异常球菌属特有的疏水蛋白。该蛋白包含一个水胁迫超敏

反应（Water stress and Hypersensitive response，Why）结构域，具有分子伴侣功能。*dosH* 基因编码一个异常球菌属特有的胁迫诱导亲水蛋白，该蛋白具有分子伴侣蛋白功能。*dlp* 基因编码一个 LEA 蛋白家族亲水蛋白。上述 3 个具有酶保护功能的分子伴侣基因在底盘作物中异源表达能够提高其抗逆性。上述 3 个基因的转基因玉米植株在干旱或盐胁迫下的生长情况明显优于野生型，特别是在 5%、10%聚乙二醇（PEG）中度干旱胁迫，以及 150 mmol/L 和 200 mmol/L 盐胁迫条件下，其抗逆能力尤为突出，2019~2022 年获农业农村部安全评价中间试验批文。2019~2022 年大田干旱试验结果表明，转基因玉米在开花期和灌浆期的耐旱能力明显优于非转基因玉米，其生物量增加50%，产量提高45%。2020~2022年高度盐碱化大田（pH 8.48，含盐量 1.7%~2.6%）试验结果表明，上述 3 个具有酶保护功能的分子伴侣基因能显著增强底盘玉米的耐盐碱能力，并赋予底盘玉米良好的农艺性状，显示出重大的育种价值。

3. 孤儿基因抗逆回路设计与育种价值评价

利用参与信号胁迫响应、转录因子调控或具有分子伴侣和抗逆功能的孤儿基因，可搭建转录、转录后、翻译、翻译后不同调控水平的应答通路，人工设计多重调控和保护功能的智能抗逆基因回路（图 5-2），创制抗盐碱、耐旱节水等农作物新品种。

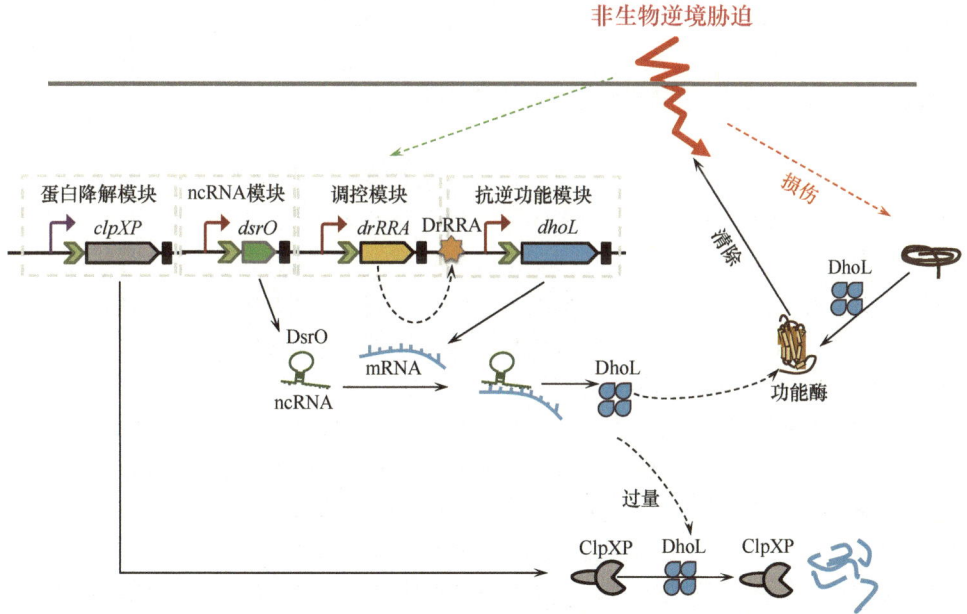

图 5-2　人工抗逆基因回路创建技术路线

在解析耐辐射异常球菌于非生物胁迫下逆境响应调控机制的基础上，基于不同抗逆基因的抗逆机制，利用合成生物技术，对耐辐射异常球菌的转录激活因子 IrrE、转录后 RNA 伴侣 Csp、蛋白质水平分子伴侣 DrWhy 和 DosH 进行模块构建，设计组装胁迫信号特异应答模块、抗逆功能稳定器模块、组织特异性高效抗逆功能模块、mRNA 高效保护模块及功能蛋白保护模块，可获得表达抗逆模块的转基因油菜，转 ACSeDcDw 模块（Csp-DrWhy-DosH）油菜表现出优异的耐盐性。实验室数据表明，转功能蛋白保护模块油菜在中度盐碱（1.2% NaCl）条件下的出苗率达 80%～90%，耐受的 pH 高达 8.6。用 200 mmol/L NaCl 处理四叶期油菜 2 周后，转耐盐模块油菜能够正常生长并开花结实，其农艺性状与正常条件下的非转基因油菜差异不大；转 ACSeDcDw 模块油菜也表现出优异的耐旱能力，在营养生长期断水 36 天后仍能正常生长。

在已挖掘鉴定的极端微生物抗旱、耐盐等抗逆功能新元件的基础上，利用合成生物学理念，优化改造极端微生物抗逆功能基因元件，构建抗逆功能模块。将小盐芥的盐诱导启动子 ProPUB 与全局调控基因 *IrrE* 组装成逆境响应耐盐模块，并在油菜中进行功能测评。大田试验显示，正常条件下转基因油菜的农艺性状与非转基因油菜无差异，用 200 mmol/L NaCl 处理油菜 2 周后，转基因油菜的出苗率达 80%～90%，耐受的 pH 高达 8.35。将小盐芥的干旱诱导启动子 ProGhHsf39 与冷激蛋白基因 *csp2* 组装成逆境响应抗旱模块，并在玉米中进行功能测评。大田试验显示，正常条件下转基因玉米的农艺性状与非转基因玉米无差异，干旱条件下转基因玉米表现出明显的增产效果，抗逆效果也优异。

5.1.4 植物抗非生物逆境育种工程的重点研发方向

植物抗非生物逆境模块构建及其育种应用存在以下几个方面的技术难点：一是不同种类的作物或者不同品种之间基因型存在差异，它们的抗逆性也有所不同，说明植物的抗逆性是受到多基因控制的复杂性状；二是植物的逆境信号转导与植物生长发育存在信号交叉反应，利用转基因的育种方法超表达某个信号转导基因，极易导致植物的抗逆性增强和作物产量下降；三是现有植物抗逆机制研究以模式植物材料为主，来自高抗逆种质的抗性基因资源匮乏。

因此，迫切需要揭示极端微生物抗逆的分子机理，为构建植物抗逆线路的提供高效微生物抗逆元件与解决方案，解析植物抗性与产量的关联节点及分子机制，为解决高抗逆产生的能量负反馈提供设计元件及分子基础，创新复合多抗线路的设计原理，为植物智能、具有复合多抗的线路构建提供理论指导，同时突破精准智能高效的抗逆线路改造技术、新型极端微生物抗逆回路设计与优化技术，以及植物底盘构建与功能模块适配技术，提高农作物的抗逆水平，有效平衡作物的抗逆性与作物产量和品质之间的关系，培育抗逆作物新种质和新品种（图 5-3）。

重大科学问题

极端微生物抗逆的分子机制
为构建植物抗逆线路提供高效的微生物抗逆元件与解决方案

植物抗性与产量的关联节点及分子机制
为解决高抗（逆）产生的能量负反馈提供设计元件及分子基础

复合多抗线路的设计原理
为解决植物智能、具有复合多抗的线路提供方案

关键技术问题

精准智能高效的抗逆线路改造技术

新型极端微生物抗逆回路设计与优化技术

植物底盘构建与功能模块适配技术

智能复合多抗作物

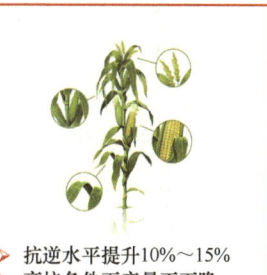

- 抗逆水平提升10%～15%
- 高抗条件下产量不下降
- 利用抗逆盐碱荒地1000万亩

颠覆抗逆与品质产量负相关的自然法则

图 5-3　人工抗逆体系创建及育种应用

1. 植物逆境感受器与信号转导线路的人工设计

植物通过细胞膜上的受体蛋白直接感受外界环境信号变化，从而实现抗逆信号的传递。例如，在干旱等逆境条件下，植物可以通过提高细胞中脱落酸的浓度，快速关闭气孔，减少水分散失与蒸腾作用，从而显著提高抗旱性。过去 5 年，人们通过模拟脱落酸的小分子化合物实现了在烟草、番茄等植物中再造脱落酸信号通路，有效地提高了烟草、番茄的抗干旱水平。此外，利用酵母系统重构植物生物素信号通路，还可促进底盘生物快速感应逆境胁迫信号，增强其耐受干旱和盐碱等的能力。人工模拟设计植物激素等重要信号化合物及其受体，可以为农作物重新设计逆境受体开关和逆境感受模块，这是提高农作物抗逆水平的一条有效途径。

未来优先发展领域包括深入研究植物的逆境受体蛋白的结构与生物特征，解析干旱、盐碱、高温等逆境下植物的抗逆遗传学基础，揭示其分子调控机制；人工设计并合成生态友好、逆境诱导的化合物，模拟设计逆境感受蛋白；优化设计干旱、盐碱、高温等逆境响应的人工元件和线路，确保植物根系、种子等植物重要组织、器官等在逆境条件下的生长发育，实现人工模块在预处理及逆境条件下的高效运行；创建人工操纵抗逆线路，实现抗逆的智能性和多重抗逆特征。

2. 植物极端抗逆智能线路的人工设计与构建

在植物进化过程中，为了实现在不同生态条件下器官的整体协调发育及人工选择等，植物中大量抗逆基因被关闭或者"丢失"。相反，极端微生物保留了进

化的多样性，具有大量的抗逆基因资源。来自微生物的 BT、EPSPS 基因的广泛应用证实了植物-微生物抗逆基因的交互适用性。因此，寻找极端微生物抗逆元件，并转移到植物中，能够有效地改善植物的抗非生物逆境特性。利用极端微生物抗逆元件的关键问题包括：抗逆元件库的构建，抗逆元件在植物上的适配性，微生物抗逆元件、线路在植物中的智能化控制，抗逆元件、模块、代谢通路乃至信号转导通路在植物、极端微生物之间的交互转移等。

未来优先发展领域包括开展植物抗逆响应元件的表征（调控区段）分析，通过人工合成的方法获得能够精确响应外界变化的启动子；系统比较分析极端（干旱、高温、盐碱等）微生物抗逆元件的功能并阐明其抗逆机制；从进化的角度比较分析极端抗逆微生物与植物之间同源抗逆元件的差异和功能，构建来源于极端微生物的抗逆元件库；分离植物智能控制元件，实现微生物极端抗逆元件在植物中的智能控制，探讨极端抗逆元件的模块化设计原理和大规模组装与测试方法；设计并合成具有多种抗逆功能的新型抗逆系统，创制新型抗逆种质材料。

3. 作物抗逆基因组的定向进化与人工设计

由于植物抗逆需要消耗大量能量，与作物亲缘关系较近的极端抗逆植物（野生稻、野生棉等）的产量往往较低。产量与抗逆性往往负相关，通过杂交的方式转移这些抗逆基因困难较大。因此，在比较基因组学的基础上，可利用基因编辑等技术以异源四倍体野生稻为材料快速从头驯化，最终培育出新型多倍体水稻，从而大幅提升水稻产量并增加环境适应性。此外，在基因组水平上改变基因组结构或者重新合成关键的染色体区段，也可有效增加植物的抗逆性。

未来优先发展领域包括通过比较基因组学的方法确定作物抗逆的区域，通过人工智能辅助建模结合深度学习指导的基因组理性设计与改造，实现作物部分染色体的重新合成与编辑等。在分析抗性、产量性状、品质性状的基础上，发掘与抗逆性和高产优质关联的区段，通过基因编辑、染色体合成等方式组装测试新型染色体模块，实现染色体大片段替换，全面提升栽培作物的抗逆性。利用基因组从头合成、组装技术创建作物新的基因组，创新抗逆信号传递线路，提高作物抗逆水平，协调其与产量性能的关系。

4. 协调作物高效抗逆与高产优质的智能化控制

由于植物逆境表达的代偿效应，植物在提高抗逆性的同时产量会下降 5%～10%。提高植物抗逆性的最初策略是利用组成型启动子持续表达抗逆相关的激酶、转录因子或者渗透调节物的合成酶等，以期获得高抗逆性的植物新材料，但是这些策略收效甚微。由于逆境条件的季节性、突然性等特点，利用逆境诱导性启动子表达抗逆基因是一个有效的途径。利用转录组和基因组系统地鉴定抗逆启动子的特征，并初步合成人工启动子，测试其在底盘植物如拟南芥中的强度，可证实启动子诱导的有效性。因此，这些技术的发展为人工模拟复杂逆境条件下产量与抗性之间的关系、测试逆境信号通路在植物中的适配性提供了有效线索。

未来优先发展领域包括深入分析农艺性状基因的优势位点与抗逆信号之间的关系，创建多重逆境的抗性网络以及抗逆作物；基于植物及微生物功能基因组、蛋白质组、代谢组以及网络调节数据发展计算机算法，进行在特定逆境、复合逆境以及大田生产条件下人工合成逆境线路的信号模拟测试；结合田间试验数据，不断优化设计新型抗逆线路，同时优化抗逆水平与产量协调之间的关系，获得高抗逆性以及高产、优质的农作物新品种。

5.2 抗生物逆境生物育种工程

生物逆境主要包括病害、虫害、杂草危害等。据 2022 年联合国粮食及农业组织的估计，全球粮食作物因遭受病、虫、草等危害而减产 30%～35%。全球每年有高达 40%的作物产量因虫害而损失，由此造成的经济损失约为 700 亿美元。全球每年有高达 20%的作物产量因病害而损失，由此造成的经济损失约为 2200 亿美元。全球农田杂草使农作物产量和品质下降，在全球范围内每年因杂草而损失粮食约 2.9 亿 t，造成的经济损失高达数百亿美元。

随着全球气候变暖以及农业种植结构调整等，病虫害暴发和流行更加频繁。我国的农业生态系统比较脆弱，耕作模式单一，近几年新发生的病虫害逐渐增多，特别是外来入侵物种很容易打破原有生态系统的平衡，导致病虫害的暴发流行，如原产于美洲热带和亚热带地区的杂食性害虫草地贪夜蛾危害尤为严重。2019 年在我国云南监测到玉米型草地贪夜蛾入侵，其具有较强的迁飞能力和繁殖能力，将对我国玉米生产和国家粮食安全产生极大威胁。黄萎病是棉花生产上的主要病害之一，每年造成的皮棉产量损失约占全世界皮棉产量的 10%～20%，严重发病的年份损失量可以达到 25%～30%。我国每年由黄萎病造成的皮棉产量损失高达 7.5 万～10 万 t。据《中国农业年鉴》统计，我国每年由杂草造成的粮食损失有上百亿千克，约占粮食总产量的 10%。以我国重要的粮食作物玉米为例，全国约 1/2 的玉米种植受到不同程度的草害，严重草害面积达 200 万～400 万 hm^2。因此，通过挖掘抗病、抗虫和耐除草剂等功能基因，采用转基因、基因编辑和 RNA 干扰等技术，改造农业生物底盘，培育具有抗病、抗虫和耐除草剂等优良性状的新品种和新农药产品，对于保障国家粮食安全与生态安全意义重大。

5.2.1 抗病虫基因及其产物

1. 抗虫功能基因

根据来源，抗虫功能基因可分为三类，即从微生物苏云金芽孢杆菌中分离出的苏云金芽孢杆菌杀虫晶体蛋白基因、从植物中分离出的昆虫蛋白酶抑制剂基因和植物凝集素基因。三类抗虫功能基因具有不同的作用原理、类型、抗虫谱，将多个抗虫基因联合导入同一植物，可拓宽转基因植物抗虫谱，并且能延缓害虫的耐药性。草地贪夜蛾（俗称秋黏虫）已在全球近 100 个国家发生，是联合国粮食及农业组织全球预警的跨国界迁飞性重大害虫。目前已分离出近 180 个对不同昆虫（如鳞翅目、鞘翅目、双翅目、螨类等）和无脊椎动物（如寄生线虫、原生动物等）有特异毒杀作用的 BT 蛋白。来源于苏云金芽孢杆菌的 *cry1Ab*、*cry1F*、*cry1A*、*cry2Ab2*、*vip3Aa20* 及 *vip3A* 等基因，对草地贪夜蛾具有很好的防控效果。国内自主研发的表达 Bt-Cry1Ab 玉米和 Bt-Cry1Ab-Vip3Aa 的转基因玉米对草地贪夜蛾具有良好的防控效果，其中表达 Bt-Cry1Ab-Vip3Aa 的转基因玉米的防控效果显著优于 Bt-Cry1Ab 玉米，两种转基因玉米皆具有较好的商业化应用前景。植物体内大约有 8 类非相关蛋白酶抑制剂，分别抑制丝氨酸蛋白酶、半胱氨酸蛋白酶、天冬氨酸蛋白酶和金属蛋白酶的活性，在种子和块茎中这些抑制剂浓度特别高。将受控于 35SCaMV 启动子的豇豆胰蛋白酶抑制剂 cDNA 导入烟草植株，转基因烟草能抗烟草夜蛾。此外，将马铃薯丝氨酸蛋白酶抑制剂 *PI-H* 基因导入烟草，能使转基因烟草抗烟草天蛾。

2. 抗病功能蛋白

抗菌肽是一类广泛存在于自然界中的小分子分泌肽或从分泌蛋白中切割出来的肽，对真菌、细菌和病毒具有特异性的抑制作用。植物抗菌肽又称为植物防御素，大多数植物抗菌肽对植物病原菌具有良好的抑制活性，部分对革兰氏阳性菌、革兰氏阴性菌、真菌、酵母及哺乳动物细胞有毒性。植物在免疫反应过程中分泌抗菌蛋白，如拟南芥的抗菌蛋白在病原体感染时，其 C 端被切割，生成诱导免疫反应的具有 11 个氨基酸的功能肽，同时其全长蛋白能分泌到质外体中作为抗菌功能蛋白。细菌抗菌肽又称细菌素，已发现的细菌抗菌肽有杆菌肽、短杆菌肽 S、多黏菌素 E 和乳链菌肽 4 种类型。乳链菌肽是由乳酸链球菌产生的含 34 个氨基酸残基的短肽，耐酸、耐热性能优良，能有效地抑制或杀死食品中的腐败或病原细菌，是第 1 个被批准用于食品的细菌素，被全球公认为是安全无害的天然食品防腐剂和抑菌剂。病毒外壳蛋白是构成病毒壳体结构的蛋白质，在农业生物底盘中异源表达病毒外壳蛋白，如番茄斑萎病毒衣壳 N 蛋白、黄瓜花叶病毒外壳蛋白和西葫芦花叶病毒外壳蛋白等，可以阻止病毒的侵染，赋予底盘抗病毒能力。

3. 特化代谢产物

香豆素是被子植物通过苯丙氨酸途径合成的特化代谢物，具有铁动员和抗菌活性。高浓度香豆素对丁香假单胞菌和青枯病原菌具有体外抗菌活性。香豆素类化合物东莨菪内酯可选择性地抑制某些细菌的生长，具有菌株特异性。亚麻芥素

（camalexin）是一种由色氨酸衍生的吲哚类植保素，在十字花科植物中产生，对植物抵抗真菌病原体起关键作用。苯并噁嗪类化合物（benzoxazinoids，BXs）是由色氨酸衍生的特化代谢物，主要在禾本科植物中产生，但也存在于一些双子叶植物中，具有抑制微生物、线虫和昆虫的生物活性，并能激活植物防御反应。黄酮类化合物花旗松素（taxifolin）能改变番茄根部代谢物，从而诱导植物招募有益细菌如枯草芽孢杆菌，保护番茄免受土传真菌病原体黄萎病菌的侵害。萜类化合物是植物中具有五碳异戊二烯单位的多达 80 000 种的特化代谢物，如葫芦素 B 是葫芦科植物中特有的苦味三萜类化合物，能通过选择性富集两个细菌属，即肠杆菌属和芽孢杆菌属的细菌，来调节根际微生物群，对土传枯萎病病原真菌镰刀菌具有显著抗性。

5.2.2 抗病虫育种技术及品种创制

1. 抗病虫转基因技术

转基因技术是指利用工程技术将一种生物的一个或多个基因转移到另外一种生物体内，从而让后一种生物获得新的性状。转基因技术被认为是人类历史上应用最为迅速的重大技术之一，在全球作物育种中已得到广泛应用。

1）转基因抗虫大豆

2018 年，孟山都公司第三代转基因大豆 Intacta 2 Xtend 在巴西正式获得批准商业化种植。第三代转基因大豆能够耐草甘膦和麦草畏除草剂，拥有三种抗虫蛋白，即 Cry1A.105、Cry2Ab2 及 Cry1Ac，对鳞翅目害虫的防护能力显著增加。对鳞翅目害虫的广谱防控是第三代转基因大豆的一个显著优势。第三代转基因大豆中聚合了更多抗虫蛋白，并引入了对夜蛾属害虫的抗性作用机制，对鳞翅目昆虫幼虫有显著抗性。

2）转基因抗草地贪夜蛾玉米

草地贪夜蛾具有寄主范围广、种类多样、食量大、产卵多、迁飞远、为害快、易暴发的生物学特性，属于多食性害虫，2021 年被列入我国《一类农作物病虫害名录》。在美国、加拿大和南美部分国家，商业化种植转基因玉米是防控草地贪夜蛾的主要手段之一，已经开始大面积种植转基因抗虫玉米用于防治草地贪夜蛾等鳞翅目害虫。国内自主研发的 Bt-Cry1Ab 玉米和 Bt-Cry1Ab-Vip3Aa 玉米对草地贪夜蛾具有良好的控制效果，其中 Bt-Cry1Ab 玉米可高效表达目标杀虫蛋白并对草地贪夜蛾具有很强的毒杀作用，对 1 龄幼虫的致死率达到 59%～100%，存活幼虫的生长发育亦受到显著抑制。表达含有 Cry1Ab 和 Vip3Aa 的二价复合性状的转基

因 *Bt* 玉米能更有效地防治草地贪夜蛾，对草地贪夜蛾种群的半致死浓度（LC_{50}）为 $0.78\sim1.86\ \mu g/g$。

3）转基因抗病马铃薯

2015 年，美国食品药品监督管理局（FDA）批准了辛普劳公司的第一代转基因马铃薯在美国上市。该产品通过基因沉默技术降低了与黑点斑点有关的酶的表达，通过降低天冬酰胺和还原糖含量减少丙烯酰胺生成，确保了马铃薯原有的颜色、风味和营养品质。在此基础上，第二代转基因马铃薯问世，其除兼具第一代转基因马铃薯致癌物减少的特性外，还增加了低温储存和抗马铃薯晚疫病的特性，其抗马铃薯晚疫病基因来源于阿根廷的野生马铃薯。马铃薯晚疫病是一种真菌病害，会导致马铃薯霉变腐烂甚至绝收，被称为马铃薯"瘟疫"。2017 年，第二代转基因马铃薯在美国获批商业化种植和销售。

4）转基因抗螟虫甘蔗

2018 年，巴西国家生物安全技术委员会批准巴西甘蔗育种技术公司研发的转基因抗虫甘蔗商业化种植。这是世界上第一个获得商业化生产许可的转基因甘蔗品种。该转基因甘蔗转入了来自苏云金芽孢杆菌的 Cry1Ab 和 NPTII 蛋白的基因，可对甘蔗螟虫产生有效的抵抗力，并且不会对土壤组成、昆虫种群等造成不利影响。2020 年，巴西国家农业研究公司宣布推出转基因甘蔗 BtRR，这种转基因甘蔗通过整合两种作用机制，来确保对鳞翅目昆虫幼虫、小蔗螟及除草剂草甘膦的耐受性。2023 年，巴西转基因甘蔗在中国获得进口用作加工原料的安全证书。此外，巴基斯坦旁遮普大学通过对甘蔗进行基因改造，获得表达抗螟虫基因的转基因甘蔗株系，V2 代转基因植株对二化螟致死率高达 100%。

5）转基因抗虫水稻

我国自主合成的杀虫蛋白 cry1Ab/cry1Ac 的融合基因，通过基因枪介导转化法导入水稻三系恢复系'明恢 63'中，经多代选择可获得能够稳定遗传表达的抗虫恢复系'华恢 1 号'。'华恢 1 号'与'珍汕 97A'杂交组合可获得抗虫品种'Bt 汕优 63'，'Bt 汕优 63'对稻纵卷叶螟、二化螟、三化螟和大螟等鳞翅目主要害虫的抗虫效果稳定在 80%以上，对稻苞虫等鳞翅目次要害虫也有明显的抗虫效果。2009 年'华恢 1 号'和'Bt 汕优 63'获得农业部颁发的安全证书（生产应用）。2018 年，'华恢 1 号'获得美国食品药品监督管理局（FDA）食用许可，'华恢 1 号'稻米上市前无需经 FDA 的审查和批准。

6）转基因抗病毒番木瓜

美国是世界范围内最早批准转基因木瓜商业化种植的国家，其研发的'日出'

和'彩虹'两种转基因木瓜品种于1998年通过审批进行大面积的生产种植。我国利用番木瓜环斑病毒优势毒株的复制酶基因，获得了高抗番木瓜环斑病毒的转基因番木瓜'华农1号'，经过对'华农1号'转基因番木瓜长达7年的环境与食品安全评估，该品种2006年获得农业部的安全证书（生产应用），在我国广东省推广种植。2009年，'华农1号'转基因番木瓜种植面积占广东省番木瓜种植总面积的95%，从根本上解决了番木瓜生产受番木瓜环斑病毒威胁的问题，从而产生了极大的经济、社会和环境效益。

7）转基因抗虫棉花

20世纪90年代，我国黄河流域和长江流域棉区的棉铃虫持续性大暴发，给棉花产业带来了灭顶之灾。为了防治棉铃虫不得不大量施用高毒、高残留农药，结果也造成人畜中毒事件频发。1997年，拥有自主知识产权的转 *Bt-Cry1A* 和 *CpTI* 基因的国产抗虫棉获得安全证书（生产应用）并率先实现产业化，有效地控制了棉铃虫的危害，成为我国独立发展转基因育种、打破跨国公司垄断、抢占国际生物技术制高点的成功典范。2008年以来，我国已育成新型转基因抗虫棉新品种197个，国产抗虫棉种植的市场份额超96%，累计推广面积达5.1亿亩，减少农药使用40多万吨（活性成分），增收节支500多亿元。

2. 抗病基因编辑技术

小麦白粉病是由真菌引起的一种世界范围内危害小麦生产的重要病害，重病田减产可达40%以上。我国每年受白粉病影响的小麦面积达到1亿亩左右。我国科学家持续开展科研攻关，阐明了小麦新型mlo突变体既抗白粉病又高产的分子机制，并通过多重基因编辑，使主栽小麦品种快速获得广谱抗白粉病的优异性状。2014年，中国科学院研究团队利用基因组编辑技术定向突变小麦的感病基因 *MLO*，获得了对白粉病具有广谱持久抗性的材料。但该小麦mlo突变体表现出白粉病抗性的同时，也出现了早衰、植株变矮、产量下降等负面表型。2022年，在大量基因组编辑小麦突变体中筛选获得了一个新型mlo突变体Tamlo-R32，它不仅表现出对白粉病完全的抗性，而且生长发育和产量正常。利用传统育种方法将具有这一突变的小麦与我国小麦主栽品种进行杂交，并通过几代回交将抗病优良性状引入主栽品种中，在多个小麦主栽品种中成功地获得了具有广谱白粉病抗性、生长和产量均不受影响的小麦种质。2024年全球首例抗白粉病高产基因编辑小麦在我国获批安全证书（生产应用）。

动物传染病给全世界的养殖业带来了巨大的经济损失，仅依靠疫苗和药物治疗很难彻底消除疾病。近年来，研究者利用基因编辑和转基因技术，在家畜抗病育种中取得了重要进展。巨噬细胞表面的跨膜蛋白CD163是猪繁殖与呼吸综合征病毒的受体。研究人员利用CRISPR/Cas9技术直接敲除猪 *CD163* 基因、删除 CD163 蛋白的 SRCR5 结构域及替换人源 CD163 蛋白同源结构，均能够有效抵御猪繁殖与呼吸综合征病毒的入侵。猪氨肽酶 N 是一种在肠上皮细胞膜上高效表达的金属肽酶，被认为是猪传染性胃肠炎病毒的受体。利用 CRISPR/Cas9 技术可制备出猪氨肽酶 N 基因敲除猪，经过攻毒试验后，这些猪氨肽酶 N 失活的猪被证明可以有效抵御猪传染性胃肠炎病毒的入侵。牛结核病是一种影响广泛哺乳动物的慢性传染病，通过转录激活因子样效应物核酸酶（transcription activator-like effector nuclease，TALEN）介导的同源重组策略，将 *SP110* 基因进行位点特异性敲入以产生抗结核病牛，转基因牛能够控制牛结核分枝杆菌的生长和繁殖。

禽病毒对于禽类危害巨大，不仅给禽类带来感染性损伤或死亡，一些病毒还会导致受感染禽产生严重的免疫抑制，使疫苗接种后出现免疫反应不良甚至免疫失效。目前，CRISPR/Cas9 技术已被广泛应用于禽病毒发病机制研究、疫苗开发和疫病防控，如将靶向 sgRNA 和 Cas9 的表达盒插入一种高致病性的马立克病毒减毒疫苗株的基因组中，作为 CRISPR/Cas9 在鸡体内的递送系统，分别靶向网状内皮组织增生症病毒（reticuloendothelial hyperplasia）和禽白血病病毒（avian leukosis virus，ALV）基因组，可获得同时预防病毒共感染的二价疫苗，为禽病毒感染提供了一种抗病毒治疗新策略。在家禽抗病毒研究中，*TVA* 基因敲除鸡对禽白血病病毒的 A 亚群（ALV-A）和 K 亚群（ALV-K）具有完全抵抗力；而敲除 *W38* 基因的鸡能够有效抵抗 ALV-J 亚群的侵染。

3. 抗病虫 RNA 干扰技术

RNA 干扰是一种在高度保守的转录后基因沉默机制，其原理是利用双链 RNA（dsRNA）高效、特异性地降解细胞内同源的 mRNA，从而阻断靶基因的表达。根据该原理设计出了新型的基因表达调控技术，称为 RNA 干扰技术。RNA 干扰技术具有 5 个特点。①特异性。RNA 干扰依赖于小干扰 RNA（siRNA）与靶标 mRNA 之间严格的碱基配对，在 21~23 个碱基对中 1~2 个碱基错配，会大大降低对靶标 mRNA 的降解效果。②放大性。靶标 mRNA 降解后，在 RNA 聚合酶的作用下合成更多新的 dsRNA，新 dsRNA 再由核酸内切酶 Dicer 酶切割产生大量的次级 siRNA，从而使 RNA 干扰作用进一步放大。③可传递性。介导基因沉默的 siRNA 可以从细胞和器官水平，甚至整个植株水平上实现基因干扰，也可通过不同的传播途径实现跨界转移。④简便性。RNA 干扰可针对某个基因的序列或多个基因的同源序列设计干扰片段，实现同时对多个基因的靶向干扰。⑤可遗传性。RNA 干扰效果可持续存在并遗传给子代。此外，相较于其他生物育种技术，RNA 干扰技术操作较简便，耗时较短，在不改变基因组 DNA 序列的情况下抑制或降低靶基因表达，已成为农业生物遗传改良和新品种培育的强大工具。

加拿大奥卡诺根特色水果公司利用 RNA 干扰技术抑制苹果体内多酚氧化酶基因的表达，研发了转基因苹果 GD743 等 3 个转化体，这些转化体褐化减缓，已在美国和加拿大通过了转基因安全评价并已商业化应用。辛普劳公司利用 RNA 干扰技术抑制 *asn1* 和 *ppo5* 基因的表达，研发了转基因马铃薯 E12，转基因马铃薯的黑斑减少，致癌物质丙烯酰胺的含量降低，已在美国、加拿大、澳大利亚等 5 个国家通过转基因安全评价并已商业化应用。孟山都公司研发的转基因玉米 MON87411 含有玉米根虫 *DvSnf7* 基因的 dsRNA，根虫取食该转基因玉米后，其体内的基因就会被 *DvSnf7* dsRNA 靶向结合并干扰，进而死亡。我国科学家利用 RNA 干扰，以棉花籽粒中的 2 种关键酶的基因为模板，设计外源 dsRNA 导入棉花籽粒，导致目标基因沉默，使油酸在棉花籽油中的比例提高到 77%，硬脂酸比例提高至 40%。我国科学家通过抑制棉花黄萎病的病原真菌大丽轮枝菌中致病基因的表达，开发了抗黄萎病棉花，其抗性较对照处理提高了 20% 以上。我国科学家通过阻断棉铃虫保幼激素合成，获得了抗虫转基因棉花，该转基因棉花尤其对 Bt 抗性棉铃虫品系有很好的防治效果。

5.2.3 耐除草剂作物新品种创制

农田杂草是农业生产中的重要问题之一，给农业生产造成巨大损失。传统农业种植模式中，大田除草费时、费工、费药，且除草效果欠佳。广泛使用除草剂已成为提高农作物产量的重要技术措施之一。从 1996 年转基因作物首次商业化至今，耐除草剂特性始终是转基因作物最具优势的主要性状。美国、巴西和阿根廷等农产品出口大国，通过大面积种植耐除草剂的转基因作物，大大节省了劳动力成本，提高了农业生产效率，增强了农产品的国际贸易竞争力。同时，耐除草剂转基因作物在全球范围内的广泛应用，也极大地促进了除草剂产业规模的不断扩大。我国是世界上第一大草甘膦生产国和出口国，年产能高达 100 万 t，产能严重过剩，使我国草甘膦产业面临巨大的发展危机。

目前，从植物和微生物中已克隆出多种耐受不同类型除草剂的基因，包括①耐草甘膦的 5-烯醇式丙酮莽草酸-3-磷酸合酶（EPSP 合酶）基因：编码微生物及高等植物体内莽草酸途径的关键酶，其为草甘膦的靶标酶，目前已广泛应用于耐草甘膦转基因大豆、玉米、棉花培育并在全球范围内实现商业化种植；②耐草甘膦的 *N*-乙酰转移酶基因：*N*-乙酰转移酶能通过转乙酰基的反应将草甘膦代谢为低毒物质乙酰草甘膦，应用该基因培育的耐草甘膦转基因大豆和棉花，已在中国获批安全证书（生产应用），并进入商业化种植阶段；③草甘膦氧化酶基因：氧化酶可使草甘膦加速降解成为对植物无毒的氨甲基膦酸和乙醛酸，尚未实现商业化应用；④草铵膦乙酰转移酶基因：乙酰转移酶能通过乙酰化使除草剂草铵膦脱毒成一种无活性的化合物，已实现商业化应用；⑤腈水解酶基因：腈水解酶能将苯腈类除草剂中的活性成分水解为无毒的化合物，已实现商业化应用；⑥2,4-二氯苯氧乙酸（2,4-D）单氧化酶基因：2,4-D 单氧化酶能降解苯氧酸类除草剂 2,4-D，已实现商业化应用；⑦抗麦草畏的脱甲基酶基因：脱甲基酶能将麦草畏转化成对植物无害的化合物 3,6-二氯水杨酸。由于抗草甘膦转基因作物的广泛应用，目前全球已发现 21 种杂草表现出草甘膦抗性。为应对这一严峻问题，科迪华公司研发了同时耐受草甘膦和麦草畏的转基因大豆和棉花，并在美国实现商业化种植。拜耳公司开发了同时耐受草甘膦、麦草畏、2,4-D、喹禾灵和草铵膦等 5 种除草剂的转基因玉米，2024 年在美国申请解除管制。开发具有自主知识产权和重要应用价值的耐除草剂功能基因、培育抗除草剂转基因作物新品种并推进其产业化应用，对于打破跨国公司在耐除草剂转基因作物产业上的技术垄断、增强我国种业的国际竞争力，均具有十分重要的战略意义。目前，已取得如下重要创新成果。

1. 突破了除草剂耐受基因规模化分离、高通量鉴定和快速检测的关键技术

我国建立了一批具有中国特色和自主知识产权的功能菌株库、功能基因库和分子酶库，包括极端自然环境生物多样性基因组 DNA 文库、污染环境微生物元基因组库等，突破了环境基因组学技术、功能基因组学技术、高通量表达筛选技术及高水平技术等基因资源高效开发利用技术，具体包括极端污染土壤微生物样品的 DNA 免培养分离技术、基于营养缺陷菌株的高效简便平板筛选技术、基因拆分和多靶标抗性基因模块设计技术，以及通用性快速金标检测和转基因成分四联检测等技术。在此基础上，分离、鉴定了高抗或降解除草剂的各类微生物 500 余株，包括高抗草甘膦的固氮假单胞菌和可变盐单胞菌、降解麦草畏的运动金球菌和高抗 2,4-D 的类芽孢杆菌等；采用基于宏基因组和快速金标检测 EPSP N 等技术，分离、鉴定了一系列耐草甘膦的合酶基因、2,4-D 乙酰转移酶基因和耐麦草畏新型抗性基因等。上述功能基因已在玉米、大豆和棉花等作物中开展耐除草剂功能评价和转基因育种研发，为打破跨国公司在耐除草剂转基因作物产业上的技术垄断提供了重要基因资源与关键技术平台支撑。

2. 高效挖掘和开发了具有自主知识产权和重大育种应用价值的耐除草剂基因

针对我国生物育种功能基因匮乏的瓶颈问题，利用除草剂耐受基因规模化分离、高通量鉴定和快速检测技术平台，鉴定了一系列新型高抗或降解除草剂的功能基因（表 5-4）。其中，新型耐草甘膦基因 *g2-epsps* 结构新颖、功能明确、草甘膦耐性显著，在核酸水平上与已见报道的 EPSP 合酶基因无任何同源性，且不含有国外专利保护序列和突变位点。耐草甘膦的 *N*-乙酰转移酶基因 *gat* 具有 *N*-乙酰化草甘膦的活性,可对草甘膦快速乙酰化解毒。高效降解麦草畏基因 *DICX4* 与耐草甘膦基因结合,可用于耐受多种除草剂的转基因农作物新品种培育,为应对日益突出的杂草产生草甘膦抗性问题提供了重要的解决方案。此外,我国采用新型耐草甘膦的 EPSP 合酶基因和草甘膦 *N*-乙酰转移酶(GAT)基因,培育了一系列耐除草剂玉米、大豆和棉花新品系,育种创新支撑作用成效突出。

表 5-4 我国耐除草剂基因挖掘与育种应用

不同来源的耐除草剂基因*	编码蛋白	作用机制
耐草甘膦 *aroA* 基因及其高抗突变体:*g2-epsps*、*gr79-epsps*、*htg7-epsps*、*1501-epsps*、*rd-epsp*、*2Mg2-epsps* 和 *am79-epsps*	芳香族氨基酸合成关键酶:5-烯醇式丙酮莽草酸-3-磷酸合酶	酶活性在田间施用草甘膦的条件下不受抑制,确保植物正常生长
草甘膦脱毒基因 *gat* 及高活性突变体:*gat-d*、*gat-m* 和 *gat-y*	草甘膦 *N*-乙酰转移酶	乙酰化草甘膦,其产物对植物无毒性
麦草畏降解基因及高活性突变体:*dicx 4*、*dicx 1*、*dicx 3*、*dicx 5* 和 *cm-dicM*	麦草畏脱甲基酶	将麦草畏转化为对植物无毒性的3,6-二氯水杨酸
2,4-D 降解基因 *p-tfd* 及其高活性突变体:*p-tfd1* 和 *mp-tfd*	2,4-二氯苯氧乙酸(2,4-D)单氧化酶	降解苯氧酸类除草剂2,4-D 为对植物低毒性的2,4-二氧苯酚

*已申报或获得国内外发明专利,其中 *g2-epsps*、*2Mg2-epsps*、*gat-d* 和 *gat-m* 等基因转化体已获农业农村部生物安全证书。

3. 创建了国际首例含 *g2-epsps* 和 *gat* 基因的双价表达载体

针对目前已产业化应用的转基因作物存在对高浓度草甘膦耐受性差、草甘膦残留植物体内等问题,我国采用编码草甘膦 *N*-乙酰转移酶基因 *gat* 和编码高抗草甘膦 5-烯醇式丙酮莽草酸-3-磷酸合酶基因 *g2-epsps*,构建了具有被动和主动抗草甘膦途径的双价表达载体。该双价表达载体具有两种途径的优点,即在生长初期高抗草甘膦,优于单一的抗草甘膦 GAT 途径,在生长后期不积累草甘膦,优于单一的抗草甘膦 EPSP 合酶途径,迄今为止属国际首例。双价转基因烟草的草甘膦抗性明显优于单价转基因烟草,当草甘膦浓度达到 5 mmol/L 时,双价转基因烟草有 44%的存活率,草甘膦残留量为 0.1 mg/kg FW,而单价转基因烟草植株几乎全部白化死亡,草甘膦残留量为 2.3 mg/kg FW。国内育种单位采用该双价表达载体,构建了全球首例双价高抗草甘膦转基因大豆和棉花,完成了中间试验、环境释放和生产性试验等各阶段的生物安全评价。2015 年"给农业插上科技的翅膀:全国农业科技成果展"中,"发展农业转基因技术"板块展示了抗除草剂转基因大豆新品种培育重大成果。该成果采用我国自主研发的耐除草剂基因,培育转基因大豆新品系,预计每公顷降低人工和机械除草成本 500 元,预期产值新增 700 元,综合效益新增 1200 元以上。2020 年,耐草甘膦除草剂转基因大豆新种质'中黄 6106'获批转基因生物安全证书(生产应用),并入选"十三五"十大农业科技标志性成果,被认为填补了国内空白,实现了转基因研发从追赶到跨越的重大转变,奠定了现代种业发展的坚实基础。

4. 新型耐除草剂基因资源高效挖掘及育种应用增强我国种业国际竞争力

通过耐除草剂等基因资源挖掘与育种应用,显著提升了我国自主基因、自主技术、自主品种的研发能力,为打破跨国公司在转基因作物产业上的技术垄断、增强我国现代种业国际竞争力、培育农业新质生产力提供了强有力的科技支撑。我国是粮食消费大国。2023 年我国进口粮食 1.6 亿 t,其中大豆全年进口量为 9941 万 t,对外依存度高达 80%以上。我国耐除草剂转基因作物,特别是耐除草剂大豆的大规模生产应用可显著增强农产品出口的国际贸易竞争力,预计每公顷降低人工和机械除草成本 500 元,预期产值新增 700 元,综合效益新增 1200 元以上。当前农业生产效益低下和农村劳动力短缺已成为我国农业现代化发展的重要制约因素。以低毒、低残留、高效除草剂如草甘膦替代目前传统大豆种植过程中广泛使用的高毒、高残留、低效除草剂,推动规模化和机械化等现代农业生产模式变革,同时减少了表面土壤流失和碳排放,对于全球可持续发展、生物多样性和生态环境保护意义重大。

5.3 新型 RNA 农药创制

RNA 农药又称核酸干扰素,是一种由微生物底盘细胞工程生产的抗农业有害生物的新型生物农药产品。该类产品的工作原理是通过设计特定序列的 RNA 分子,沉默或抑制农业有害生物的靶基因表达,干扰或阻断其体内正常的代谢过程,导致其生长受阻或死亡。

利用 RNA 干扰技术进行农业虫害防治具有防治目标害虫专一、应用方便、易于操作、绿色无污染及环境兼容性强等众多优势,在农业病虫害和杂草危害防控领域有广阔的应用前景,被称为"农药史上的第三次革命"。2001 年,首次报道了叶面应用双 RNA 可成功干扰辣椒轻斑驳病毒、苜蓿花叶病毒和烟草蚀纹病毒对烟草的侵染。2007 年,双链 RNA 被发现可以穿过昆虫的肠道内壁并有效杀死昆虫,并被认为是一种对抗农业害虫的潜在生物武器。2010 年,研究人员将表达靶向白粉病菌葡聚糖转移酶基因 *Avra10* 的双链 RNA 转入大麦中,成功增强了大麦对白粉病的抗性,正式打开了 RNA 沉默技术在真菌病害中应用的大门。其后,随着生物技术迅速发展,双链 RNA 农药作为一种新兴的农业害虫防治手段引起了广泛关注,一些新兴农化公司及大量资本也加入到 RNA 农药开发的行列,极大地促进了 RNA 农药的研发及商业化进程。近年来,利用喷雾诱导基因沉默技术,开发在植物表面应用的可喷洒 RNA 农药取得重要进展。与传统化学农药相比,可喷洒 RNA 农药具有对靶标生物的特异性高和可快速自然降解的优点，是未来田间应用的主要 RNA 农药。2022 年，我国第一个可喷洒 RNA 农药"烟草花叶病毒核酸干扰素 SG-RNA001"进入农药登记的田间测试阶段。2023 年，美国国家环境保护局批准可喷洒 RNA 生物杀虫剂 Calantha 上市，其成为全球首个获准商业化应用的 RNA 农药产品，用于防治马铃薯生产的头号害虫"科罗拉多马铃薯甲虫"，该研究成果 2024 年被 *Science* 杂志评为年度十大科学突破。

5.3.1 RNA 农药的作用机制

诱发植物 RNA 干扰的效应分子有 2 类，即小干扰 RNA（siRNA）和微 RNA（miRNA）。小干扰 RNA 通常指一类 20～24 nt 双链非编码 RNA（又称双链 RNA），由其前体 RNA 加工而成，具有磷酸化 5′端和 2 个突出核苷酸的羟基化 3′端。微 RNA 是从位于蛋白质编码基因之间的区域转录而来的、含有茎环结构的原初 miRNA 产生的典型长度为 20～22 nt 的单链非编码 RNA。这两类 RNA 的共同特点是在生物体内不表达蛋白质，能与相关蛋白结合成沉默复合物，最终通过不同的作用机制行使 RNA 干扰功能。

（1）小干扰 RNA 的作用机制

长链 dsRNA 被内切核糖核酸酶 Dicer 酶切割成长度为 9～21 nt 的双链 RNA，其在细胞内 RNA 解旋酶的作用下解链成正义链和反义链，继之由反义 RNA 再与体内一些酶（包括内切酶、外切酶、解旋酶等）结合形成双链 RNA 诱导的沉默复合物。该沉默复合物具有核酸酶的功能，与基因表达的 mRNA 的同源区进行特异性结合的同时，在结合部位切割 mRNA，切割位点就是与小干扰 RNA 中反义链互补结合的两端。被切割后的断裂 mRNA 随即降解，诱发宿主细胞针对这些 mRNA 的降解反应，最终导致靶基因快速和持续性沉默。

（2）微 RNA 的作用机制

微 RNA 对靶基因 mRNA 的作用主要取决于它与靶基因转录体序列互补的程度，有 2 种作用机制。①微 RNA 与靶基因完全互补，其作用方式与小干扰 RNA 非常相似，成熟的微 RNA 及其互补序列形成双链，与其他相关蛋白质结合，形成微 RNA 诱导的沉默复合物，最后切割靶 mRNA。大部分植物微 RNA 以这种方式切割靶基因 mRNA，使其 3′端无 poly(A)，并被加上多个 U，进而被完全降解。②微 RNA 与靶基因不完全互补结合，进而阻遏靶标 mRNA 翻译而不影响其稳定性。在植物中，极少数的微 RNA 通过此方式来抑制靶基因表达。

上述两类 RNA 作为 RNA 农药的有效杀虫成分，能靶向一系列对昆虫的生长发育如蜕皮和变态、繁殖和免疫以及抗药性等至关重要的功能基因 mRNA，使昆虫生长发育严重受阻，甚至死亡。但是在害虫防治领域，RNA 农药的研究主要集中于双链 RNA，与微 RNA 生物农药相关的研究还处于起步阶段，其产业化进程远远落后于双链 RNA 生物农药。

5.3.2 RNA 农药的合成与递送技术

RNA 农药的杀虫主效成分是具有特定序列的双链 RNA 分子，其合成方式主要包括化学合成、体外酶合成和微生物发酵合成 3 种方式。由于 RNA 农药预计用量可达 2～10 g/hm^2，其商业化应用的一个突出问题在于双链 RNA 合成成本较高。目前，通过化学合成或体外酶合成的方法已经能够生产出 RNA，但是这种生产方式效率非常低，并且价格昂贵，不适于农业生产应用。利用微生物如酵母菌、大肠杆菌和枯草芽孢杆菌等发酵合成 RNA 农药产品是目前可望降低生产成本并最具规模化应用潜力的方式。其中，酵母底盘菌株具有先天生物学特性，非常适于生产 RNA 农药，如坚固的细胞壁保护内部脆弱的 RNA 分子，使得 RNA 在环境中保持更长时间的稳定，保证植物保护效果并可降低农药使用率。同时，可以让每个酵母底盘细胞合成靶向多个目标基因的双链 RNA 分子，从而大大降低了害虫对该新型生物农药产生耐药性的可能性。一批主要优势集中于双链 RNA 生产的新兴农化企业打破双链 RNA 成本问题对 RNA 农药商业化的阻碍，通过这些公司的不断开发，双链 RNA 的生产成本从 2008 年的 12 000 美元/g 降到了 2021 年的 1 美元/g。其中最具代表性的是以酿酒酵母为底盘细胞高效合成双链 RNA 的生产平台，高效表达针对不同的害虫靶基因的双链 RNA。

植物细胞具有由纤维素等物质构成的较厚且坚硬的细胞壁，细胞壁厚度从 0.1 μm 到几微米不等，细胞壁是阻碍双链 RNA 摄入的主要物理屏障。同时，昆虫体内的核酸酶和 pH 都会影响双链 RNA 的稳定性，严重制约 RNA 农药对有害生物的防控效果。近年来，纳米科技的迅猛发展，为安全、高效、稳定地向靶标植物和昆虫递送双链 RNA 农药提供了新途径。纳米材料作为新兴的 RNA 递送载体，具有纳米尺度下的小尺寸效应、界面效应以及良好的生物兼容性等特点，可以增强双链 RNA 的稳定性和进入目标生物组织或细胞的能力。目前，用于 RNA 递送载体的纳米材料主要是脂质、聚合物和多肽等有机纳米材料，以及碳基和层状双氢氧化物等无机纳米材料。其中，脂质纳米材料是一类用途极为广泛的 RNA 载体材料，在各种生理环境下都具有稳定的纳米结构，可与各种生物膜结合，有效地递送 RNA 分子。采用脂质纳米颗粒封装靶向昆虫生长发育的关键基因，即保幼激素受体基因的双链 RNA，在仅为对照组 25%的双链 RNA 浓度下，对草地贪夜蛾干扰效率仍高达 91.7%，能显著控制草地贪夜蛾种群数量。一种基于两亲性肽的纳米胶囊，负载靶向内质网热激蛋白编码基因的双链 RNA，可缩短豌豆蚜幼虫的死亡时间，并显著提高赤拟谷盗的死亡率。碳基纳米材料是一种新兴的核酸传递工具，指具有独特结构和性质的碳材料，具有较低的细胞毒性，易被多功能化修饰，合成成本低且技术成熟。单壁碳纳米管介导的 RNA 传递可以在 mRNA 水平上达到 95%的基因沉默效率，显著减少核酸酶对 RNA 的降解作用。一些树枝状大分子，如聚丙烯亚胺，具有明确数量的正电胺基基团，允许通过离子相互作用连接核酸，其与双链 RNA 形成的复合物能穿透植物表皮屏障，提高 dsRNA 进入植物细胞的能力，同时在细胞内酸性环境中导致质子化效应，释放双链 RNA 进入细胞质，大幅度提升了递送效率。

5.3.3 新型 RNA 农药产品研发

从 19 世纪中叶至今，世界农药的发展大致经历了三次革命。第一次革命是化学农药的诞生，它有效地控制了病虫害，极大地提高了粮食产量，但其毒性及残留污染问题日益突出。第二次革命是转基因技术的应用，通过在作物基因组中插入抗病虫基因，从根本上提高了作物的生物逆境抗性，但其安全性审批过于严苛，研发成本极高。基于 RNA 干扰的新型 RNA 农药具有靶向性强、药效优异和环境友好等诸多优点，诱发了现代农药发展的第三次革命，其特性包括：①利用 RNA 干扰技术可以针对某种病害或虫害设计物种专一性 RNA 农药，对非靶标生物几乎没有负面影响；②利用物种间的共有靶标，可以设计出针对多个物种的种间广谱性 RNA 农药；③以 dsRNA 为主体形式的制剂在环境中能够快速降解，在保证防治效率的前提下，残留和环境污染问题几乎可以忽略；④该技术只是暂时关闭害虫某个基因的表达，没有改变生物体自身的基因组，不会产生可遗传的变异，因此几乎不影响生态系统；⑤靶基因的可替代性较高，不容易产生抗药性；⑥RNA 农药产品制剂具有纯度高、起效快、无毒、无污染、防控范围广、价格低廉等化学农药和常规微生物农药所无法比拟的优点，在市场竞争中拥有比较明显的优势。

目前，RNA 农药产品研发主要针对双链 RNA 及其靶基因。靶基因包括植物病原体如病毒和真菌基因、作物害虫如昆虫和螨虫基因，通过使用不同类型的人工合成双链 RNA，阻断农业有害生物靶基因的表达，从而实现抗病虫目标（表 5-5）。例如，应用靶向禾谷镰孢菌麦角甾醇生物合成相关基因（*CYP51A*、*CYP51B* 和 *CYP51C*）的双链 RNA 可抑制大麦中的真菌生长。在欧洲油菜中，外源应用靶向灰葡萄孢菌靶基因的双链 RNA，可降低灰霉病的发病水平。此外，外源应用针对灰葡萄孢菌微 RNA 生物合成相关蛋白（如 DCL1 和 DCL2）基因的双链 RNA，可显著减少各种水果和蔬菜的灰霉病发病水平。对大豆直接喷洒靶向病原菌靶基因的双链 RNA，可将叶片中豆薯层锈菌的积累量降低 75%。

表 5-5 RNA 农药产品研发情况

害虫	靶基因	效果
黑腹果蝇（Drosophila melanogaster）、赤拟谷盗（Tribolium castaneum）、烟草天蛾（Manduca sexta）	vATPase	死亡率 50.0%～70.0%
马铃薯甲虫（Leptinotarsa decemlineata）	β-actin、Protein transport protein sec23、V-ATPase subunit B、V-ATPase subunit E、β-Coatomer subunit	死亡率高，体重降低
德国小蠊（Blattella germanica）	a-tubulin	死亡率 60.0%
东方粘虫（Mythimna separata）	Chitinase 1、Chitinase 2	死亡率提高 10.8%～16.7%，体重显著降低 33.3%～46.5%
橘小实蝇（Bactrocera dorsalis）、番石榴果实蝇（Bactrocera correcta）	表皮生长因子受体基因（EGFR）	死亡率 33.3%～51.7%
赤拟谷盗（Tribolium castaneum）	BiP、Armet	死亡率 75.0%
甜菜夜蛾（Spodoptera exigua）	几丁质合成酶基因 B（Chitin synthase B）	死亡率 53.0%
二化螟（Chilo suppressalis）	甘油醛-3-磷酸脱氢酶基因（G3PDH）	死亡率 55.0%
埃及伊蚊（Aedes aegypti）	IAP	死亡率高于 60.0%
玉米螟（Ostrinia furnacalis）	dsNPFR 和 AMPK	显著抑制幼虫进食、生长和发育
烟粉虱（Bemisia tabaci）	蜕皮激素受体基因（EcR）	死亡率＞80.0%
大豆蚜（Aphis glycines）	海藻糖酶基因（TREH）、V-type proton ATPase subunit D（ATPD）和 E（ATPE）、几丁质合成酶基因 B	死亡率 81.7%（dsATPD+dsATPE）；死亡率 78.5%（dsATPD+dsCHS1）
棉铃虫（Helicoverpa armigera）	EcR	死亡率 50.0%
埃及伊蚊（Aedes aegypti）	Toll 免疫应答基因（TIR）	表达 miRNA 的白僵菌对伊蚊的致病力显著提高
棉铃虫（Helicoverpa armigera）、甜菜夜蛾（Spodoptera exigua）、小菜蛾（Plutella xylostella）	EcR	校正死亡率为 31.7%～78.8%，显著降低繁殖率 32.9%～90.7%

2019 年，孟山都公司通过外源施用双链 RNA 制剂来帮助植物抵御昆虫和病原体的攻击，成功减少了马铃薯叶甲幼虫对马铃薯的感染、成虫的出现和多个野外试验点的植物落叶，降低了番茄斑萎病毒的浓度，减轻疾病症状，改善了番茄和胡椒的健康状况，同时控制了抗草甘膦杂草如长芒苋的生长。加拿大 Renaissance BioScience 公司建立了以酿酒酵母发酵生产双链 RNA 的技术平台，通过在酿酒酵母中表达针对不同物种靶基因的双链 RNA，用于害虫防控。2021 年，在一项独立测试中，基于喷洒的针对马铃薯甲虫的 RNA 农药产品对幼虫的致死率达到 98.3%，大大降低了马铃薯甲虫对作物造成的损害。2023 年，美国 GreenLight

Bioscience 公司开发的喷洒型 RNA 农药获批在美国商业化应用。该产品中的有效杀虫成分为浓度为 0.8% 的双链 RNA，用于防治科罗拉多马铃薯甲虫，其作用机制是通过双链 RNA 激活 RNA 干扰机制来诱导昆虫的死亡，其靶标向的序列为编码科罗拉多马铃薯甲虫蛋白酶亚基 PSMB5 的 mRNA。含有该双链 RNA 的杀虫剂喷洒于田间作物叶面后，科罗拉多马铃薯甲虫幼虫或成虫经口摄入含此双链 RNA 的作物，摄入的双链 RNA 会激活 RNA 干扰机制，进而引起对应 mRNA 的降解，从而在转录水平上进一步影响后续对 PSMB5 的表达下调。PSMB5 编码基因属于甲虫生长发育必需的持家基因（housekeeping gene），参与科罗拉多马铃薯甲虫蛋白质的准确折叠，其表达下调最终导致科罗拉多马铃薯甲虫的死亡。田间应用试验表明，90% 的甲虫幼虫在 6 天内被消灭，同时对作物农艺性状，以及蜜蜂和瓢虫等有益昆虫完全没有负面影响，具有良好的靶向性和安全性。我国在 RNA 农药研发领域取得了重要进展，包括多物种靶基因库构建、制剂配方优化、规模化生产体系、安全性评估等，以及通过纳米包被技术显著提高了双链 RNA 的稳定性，提高了昆虫 RNA 干扰效率，但目前尚无产业化应用的 RNA 农药产品。我国硅羿科技公司构建了 100 余种病虫害的关键靶基因库，建立了从研发到生产的 RNA 农药完整的生产线，经全国农药标准化技术委员会审核获得了 8 张 RNA 农药——"核酸干扰素"命名函，2024 年正在登记测试国际上第一个 RNA 杀病毒制剂和我国第一个 RNA 杀虫剂。

5.4　高性能抗逆底盘菌株创制

生物发酵产业是国家战略性新兴产业，是生物制造的基础产业。2023 年，我国生物发酵产业市场规模约 2146 亿元，主要产品总产量 3200 万 t，其中氨基酸、有机酸、淀粉糖及多元醇等产能及产量居世界第一位，出口超过 730 万 t，同比增长 12.7%。微生物底盘作为重要的细胞工厂底盘菌株，其应用时经常面临着各种胁迫条件，包括高低温、氧化还原胁迫、渗透胁迫、pH 扰动、高浓度抑制物、高浓度底物、有毒的代谢产物或副产物等，这些胁迫因子会造成微生物生长缓慢、代谢失衡，严重制约其细胞活力和生产性能。生物过程的不均一性是工业规模和实验室规模生物过程之间的重要区别。随着生物反应器体积的增加，混合时间从几秒钟（实验室规模）增加到几分钟（工业规模）。工业规模生物反应器底部增加的静水压力提高了溶解气体的浓度，导致温度、pH 和渗透压的变化。因此，对微生物进行生理代谢改造以增强菌株的鲁棒性是提高微生物细胞工厂产量、转化率和生产速率的关键。

微生物的适应行为不仅依赖于具体的胁迫条件（如胁迫的种类和剂量），还表现出明显的菌种特异性（革兰氏阴性菌、革兰氏阳性菌、酵母和其他真菌等）和菌株特异性（同一个种的不同菌株有时表现出完全不同的适应行为），有时甚至会出现完全相反的情况，这大大提高了抗逆元件挖掘和菌株改造的难度。提高菌株胁迫耐受性的传统方法主要包括驯化、物理诱变和化学诱变，但这些方法存在周期长、工作量大、人力和物力投入较大、定向性差、优良表型易丢失且难以进行水平转移等缺点。目前，提高微生物耐受性的研究，主要从适应性进化、全局转录调控和基于抗逆机制的理性设计来开展。其中，适应性进化由于操作简单，被工业界广泛采用，但周期较长且难以有效重复。全局转录调控的策略一般存在动员过多的细胞功能，导致胁迫响应过度、生产性能下降的问题。近年来，在该策略上发展了一些新技术，如基于CRISPR的可追踪基因组工程和全局调控网络多重导航技术，以提高其调控的精准度，减少浪费。在基于抗逆机制的理性设计中，往往限于单向和单功能的调控，但由于抗逆是一个复杂的多系统过程，这些研究的效果都不显著，例如，对于酵母抗高温性能，除了热激蛋白，蛋白质质量控制系统和氧自由基降解酶也非常重要。另外，微生物发酵过程中，细胞内外环境是随时间变化的，导致其抗逆强度的需求也是动态变化的。因此，选择合适的抗逆功能模块、构建具备更好响应功能的基因回路，有助于模拟、简化和强化自然抗逆机制，实现有效的多功能时空序列响应的动态反馈，从而实现有效抗逆，即在逆境下保持生产性能基本不变。

国内外许多研究表明，代谢工程和合成生物学策略在开发高效抗逆微生物和改善细胞工厂鲁棒性方面展现出广阔的前景。韩国科学技术院团队建立了系统代谢工程策略，提出宿主菌选择、耐受增强和代谢重构等是开发高性能菌株的重要原则。美国劳伦斯伯克利国家实验室团队探究了微生物细胞工厂应用于工业化发酵生产时所面临的挑战，并提出利用合成生物学等策略设计遗传表型稳定的耐受菌株是实现工业化可靠生产的重要途径。近年来，国内学者在利用合成生物学方法改造工业微生物抗逆表型方面也取得了一定成果。北京理工大学李春教授团队从细胞和微生物群落水平总结了通过改造应激诱导蛋白、转录调控因子、细胞间通信等模块提升现有宿主抗逆性的可能策略。江南大学刘立明教授团队揭示了膜脂组成变化对光滑球拟酵母低酸胁迫反应和耐受性的影响，并提出膜功能的工程化改造和调节是改善工业菌株鲁棒性的有效策略。在工业微生物发酵生产谷氨酸、有机酸等酸性生物基产品时，不可避免地会遭遇低酸胁迫环境。为了更好地利用合成生物学策略设计高效抗逆微生物，一方面，需要深入理解微生物自然抗酸作用机制；另一方面，需要利用合成生物学的合成遗传线路设计理念，引入简化的人工抗酸遗传线路设计，有可能实现简单而有效的抗酸动态反馈而进行有效响应。

未来高性能抗逆底盘菌株创制的重要研究内容包括：①开发响应各种胁迫因子的生物传感器，调控生物传感器的稳定性、严谨性、灵敏度、检测范围等指标，对生物传感器响应信号的拓展以及性能的优化将是实现智能生物制造的重要基础；

②在响应胁迫因子的生物传感器的基础上，开发细胞完全自主的动态调控策略，实现对抗逆性的自主调节，降低发酵过程的生产成本，提高底物利用效率和发酵产量；③依靠合成生物学技术，开发设计多种新型建库方法，结合高通量及单细胞筛选，实现菌株的智能定向进化是目前生物制造所要解决的关键问题。

5.4.1 底盘菌株抗逆能力提升

模式微生物底盘细胞包括酿酒酵母、大肠杆菌、枯草芽孢杆菌、谷氨酸棒杆菌和蓝细菌等，由于其具有清晰的遗传背景和完善的基因编辑工具，被广泛用于工农业生物智造生产。近年来，一些非模式微生物如天然脂质生产菌株解脂耶氏酵母、具有高生长速率的需钠弧菌、可高效降解木质纤维素的热纤梭菌、天然乙醇生产菌株运动发酵单胞菌、一碳化合物利用菌株杨氏梭菌、产乙醇梭菌等也显示出巨大的产业应用潜力（表5-6）。

微生物底盘菌株具有控制基因转录的金字塔形分级调节网络，可以快速响应短暂的环境变化，如pH、温度、营养和渗透压变化，并优化其代谢以适应新环境，其应对胁迫环境的防御系统包括：①热应激转录因子（HSF）调控的热休克应答系统，其可调控几百个靶基因，涉及蛋白质折叠、抗氧化、能量生成、糖类代谢、细胞壁构成等，该系统中最主要的一类是具有分子伴侣功能的热激蛋白，热激蛋白在维持蛋白质天然构象的同时还参与多种生理过程促进细胞抗损伤；②抗氧化防御系统，针对胁迫环境下的大量活性氧自由基积累，微生物底盘菌株会启动酶促防御体系，如过氧化氢酶、超氧化物歧化酶等，通过清除机体内活性氧自由基和过氧化氢从而保护细胞，以及非酶促防御体系，如谷胱甘肽、硫氧还蛋白、维生素C等还原剂清除自由基的小分子；③蛋白质质量控制系统，主要包括26S泛素蛋白酶体与细胞自噬系统，能清除变性蛋白质，为新合成蛋白质提供原料，帮助细胞维持蛋白质平衡。然而，体内的防御系统大多是胁迫环境下的应答系统，无法使微生物获得相应稳定的耐受性，并且还会影响细胞工厂的生产性能，这也是微生物在发酵微环境多重胁迫下和提高微生物单一胁迫耐受性后其生产性能大幅降低的主要原因（表5-7）。因此，采用抗逆模块对上述底盘菌株行生理代谢改造、提高细胞工厂底盘菌株的耐逆能力，是提高微生物细胞工厂转化率和生产速率的关键。

1. 提升底盘菌株的耐高热能力

在发酵过程中微生物会因菌体生长和代谢而释放大量热能，当发酵温度超过一定范围时，会抑制细胞分裂和生长，以及蛋白质的合成，降低细胞活力，改变细胞形态，破坏细胞膜、染色体和线粒体结构及细胞骨架的完整性等，进而严重影响目标代谢物的产率。酵母最适生长温度通常在30℃左右，但在工业乙醇生产中，由于受到外部因素和酵母细胞自身代谢热的影响，发酵罐内温度一般维持在

表 5-6 微生物细胞工厂底盘菌株特性及其合成产物

类别	菌株	生长条件	基因组大小/Mb	底物	基因组修饰工具	产物
模式微生物	大肠杆菌（Escherichia coli）	兼性厌氧	4.64	戊糖、己糖、甘油、淀粉	多种工具	醇类、脂肪酸和萜类化合物
	酿酒酵母（Saccharomyces cerevisiae）	兼性厌氧	11.8	淀粉、蔗糖、己糖	多种工具	萜类化合物、天然产物
	谷氨酸棒杆菌（Corynebacterium glutamicum）	兼性厌氧	3.28	糖类、醇类、有机酸	RISPR-Cas9、CRISPR-Cpf1/dCpf1	醇类、氨基酸
非模式微生物	解脂耶氏酵母（Yarrowia lipolytica）	兼性厌氧	20.5	葡萄糖、甘油、蔗糖、淀粉、菊粉、纤维二糖	CRISPR-Cas9（CRISPRi/CRISPRa）	脂质、脂肪酸乙酯、萜类化合物、烷烃
	运动发酵单胞菌（Zymomonas mobilis）	兼性厌氧	2.2	葡萄糖、蔗糖、果糖	CRISPR-Cas9、CRISPR-Cas 12a、内源 Type-I-F CRISPR-Cas system	乙醇、异丁醇、2,3-丁二醇、聚β-羟基丁酸酯
	热纤梭菌（Clostridium thermocellum）	严格厌氧	3.56	水解物	内源 I-B CRISPR system; 外源 II CRISPR system	乙醇、异丁醇
	丙酮丁醇梭菌（Clostridium acetobutylicum）	严格厌氧	4.1	葡萄糖	CRISPR-Cas9/dCas9	丙酮、乙醇、丁醇

表 5-7　底盘菌株耐逆性改造对细胞工厂生产性能的影响

耐逆性改造靶标	细胞工厂底盘菌株	目标产品	增强的效果
细胞壁	酿酒酵母（Saccharomyces cerevisiae）	乙醇	乙醇浓度从对照菌株的（7.06±0.08）g/L提高到（8.15±0.08）g/L
	酿酒酵母（Saccharomyces cerevisiae）	异丁醇	工程菌株的异丁醇产量比对照菌株高出4.9 倍
细胞膜脂质	大肠杆菌（Escherichia coli）	辛酸、总脂肪酸	产生了（155±5）mg/L 辛酸和（216±8）mg/L 总脂肪酸，分别比对照高出 66%和 42%
	集胞藻（Synechocystis sp.）	十八烷醇	十八烷醇的生产力比对照菌株高出 3 倍
	大肠杆菌（Escherichia coli）	辛酸、总脂肪酸	工程菌株的最终辛酸滴度比对照高出 41%（43.70 mg/L），总脂肪酸也有所提高，比对照高出 35%（82.10 mg/L）
细胞膜蛋白	库德里夫氏酵母（Saccharomyces kudriavzevii）	乙醇、甘油	乙醇最高含量为（8.98±0.04）g/L，甘油滴度为（10.42±0.13）g/L
	大肠杆菌（Escherichia coli）	儿茶酚	儿茶酚的产率提高了约 40%
	大肠杆菌（Escherichia coli）	中链脂肪酸	中链脂肪酸产量增加了 2 倍以上
转录因子	酿酒酵母（Saccharomyces cerevisiae）	乙醇	乙醇最终浓度从对照菌株的（18.90±0.30）g/L 提高到（27.60±1.20）g/L
	马克斯克鲁维酵母（Kluyveromyces marxianus）	乙醇	乙醇产量为（57.29±1.96）g/L，比对照菌株高出 22.05%
特定调控蛋白	枯草芽孢杆菌（Bacillus subtilis）	核黄素	核黄素滴度提高 23%～66%，发酵周期缩短 24 h
	酿酒酵母（Saccharomyces cerevisiae）	乙醇	乙醇滴度提高到 73.60 g/L，乙醇消耗量为 0.50 g/g 葡萄糖
应激反应中的代谢产物	解脂耶氏酵母（Yarrowia lipolytica）	脂质	脂质滴度达到工业相关水平（72.70 g/L），含油量为 81.40%，生产率为 0.97 g/(L·h)
	酿酒酵母（Saccharomyces cerevisiae）	乙醇	乙醇滴度高达 45 g/L
	酿酒酵母（Saccharomyces cerevisiae）	乙醇	乙醇最终滴度增加 3 倍（8.50 g/L）
非理性进化	拜氏梭菌 Clostridium beijerinckii	丁醇	丁醇产量达到 3.94 g/L，是野生菌群水平的 5 倍以上
	解脂耶氏酵母（Yarrowia lipolytica）	柠檬烯	进化菌株的柠檬烯滴度比起始菌株高出 41%～52%
	雷格氏梭菌（Clostridium ragsdalei）	乙醇	乙醇浓度增加了 7 倍
半理性进化	酿酒酵母（Saccharomyces cerevisiae）	乙醇	乙醇浓度比野生型高 1.36～2.25 倍，乙醇浓度达到 20 g/L，产率为 0.44 g/g
	大肠杆菌（Escherichia coli）	赖氨酸	赖氨酸的最终滴度、产率和总含量分别达到 155g/L、0.59 g 赖氨酸/g 葡萄糖和 605g

32℃左右，出现最适生长温度和真实发酵温度不匹配的情况。以酿酒酵母的同步糖化发酵工艺为例，发酵过程可以大致分为两个阶段：第一个阶段为 0～24 h，该阶段酵母生长较快，乙醇生产速率高，葡萄糖消耗迅速，发酵温度一般维持在 32℃以下，酵母基本不受高温压力的影响；第二个阶段从大约 24 h 开始直到发酵结束，这一阶段的主要目的是耗尽底物中随糖化过程不断产生的剩余还原糖，此时乙醇生产速率相对较低，培养基中的葡萄糖浓度基本维持在 10 g/L 以下，由于代谢产热和机械产热，发酵温度难以控制在 32℃，通常会上升到 36℃以上，这也是酵母主要受到高温压力的阶段。发酵温度的升高导致酵母细胞蛋白质、染色体、细胞膜、细胞器等结构的破坏，并进一步引起细胞内活性氧自由基的升高，产生氧化毒性。

目前，在酵母的耐热性改造中，常用的耐热模块可分为信号转导系统、抗氧化系统及蛋白质平衡系统三种系统。信号转导系统在细胞应激反应中起着至关重要的调控作用，是细胞在面对环境压力时迅速做出反应并维持生存能力的关键机制之一。该系统通过接收外界的信号并将这些信号转导至细胞内部，调节一系列下游效应分子和基因的表达，从而引发适应性反应。抗氧化系统在酵母细胞的应激反应中同样扮演了关键角色，特别是在工业发酵过程中面对多重压力的情况下更为重要。酵母细胞在高温、氧化应激等条件下，通常会产生大量的活性氧（reactive oxygen species，ROS），这些 ROS 的积累会导致蛋白质变性、脂质过氧化和细胞膜的破坏，进而引发细胞凋亡或坏死。抗氧化系统通过一系列抗氧化酶，如超氧化物歧化酶、过氧化氢酶和谷胱甘肽过氧化物酶的作用，有效清除细胞内的 ROS，保护细胞免受氧化应激的损伤，并维护细胞器的完整性。蛋白质平衡系统通过一系列复杂的机制确保细胞内蛋白质的正确折叠、功能维护，以及受损蛋白质的清除，维持细胞的正常功能，从而保护细胞免受高温、高氧化水平等应激损伤。该系统包括：①分子伴侣，它们帮助新合成的蛋白质正确折叠，并防止错误折叠的蛋白质聚集；②蛋白质降解系统，用于清除受损蛋白质；③自噬途径，识别并降解大型蛋白质聚集体和受损细胞器。例如，HSP20 属于小热激蛋白（sHSP）家族，能够形成大型多聚体复合体，通过"捕获"不稳定的蛋白质，防止有害聚集体的形成，这对于防止错误折叠的蛋白质聚集至关重要，有助于在高温等应激条件下保护细胞。

谷氨酸棒杆菌对非最适生长温度的适应机制包括在 40℃以上诱导的热激反应和在 20℃以下诱导的冷激反应，两者都涉及不同的伴侣分子。谷氨酸棒杆菌有 7 种伴侣蛋白表现出对热激的显著诱导作用，即 DnaK、GroEL1、GroEL2、ClpB、ClpC、ClpP 和 GrpE。其中 DnaK 和 GroEL 尝试重新折叠错误折叠的蛋白质，而 ClpC 和 ClpP 介导剧烈的次级反应。除分子伴侣外，谷氨酸棒杆菌基因组中肽基-脯氨酰顺/反异构酶 FkpA 在体外还能延迟柠檬酸合酶的热聚集，扩大了柠檬酸合酶活性的温度范围,在低温下提高柠檬酸合酶活性。FkpA 可减慢蛋白质聚集的能力,可能有助于减少诱导的伴侣蛋白表达的时间间隔。当环境温度提高时,特殊转录因子被激活,产生大量热激蛋白,维持细胞内的正常代谢。在谷氨酸棒杆菌中,通过改变 Sigma 因子 *sigH* 基因表达水平和蛋白质活性来介导特定热激基因的调控。*sigH* 基因表达被热激激活后导致 *clpC* 和 *clpP1P2* 基因的转录激活。

通过挖掘及分析嗜热微生物的耐热元件,创建微生物热量智能调节引擎(IMHeRE)基因线路,包括将从嗜热微生物中筛选得到的 HSP 作为耐热功能元件,以及将人工设计的 RNA 温度响应开关作为调控元件等,利用 RNA 温度响应开关,调控在不同温度下效果最佳的 HSP,可实现工程菌株的梯级耐热。进一步研究 IMHeRE 与底盘宿主的适配性,并对模式工业宿主大肠杆菌和酿酒酵母进行模块化组装与适配性研究,实现了菌体耐热与细胞数量调控的智能化,拓宽了其最适生长温度的范围,使大肠杆菌在 37～43℃、酿酒酵母在 30～40℃条件下能正常生长,大幅度提高了底盘宿主的耐热性。将 IMHeRE 应用于赖氨酸 40℃高温发酵,赖氨酸产量较对照提高了 2～5 倍。

2. 提升底盘菌株的耐酸碱能力

在发酵过程中,微生物消耗营养物质并积累代谢产物,对发酵环境的 pH 造成扰动,造成酸碱胁迫。酸碱胁迫会抑制生产菌株的生长,并干扰细胞代谢,造成氧化应激和 ATP 消耗,抑制糖酵解过程,损害质膜稳定性,进而诱导程序性细胞死亡。微生物进化出多种耐酸机制,包括谷氨酸脱羧酶(GAD)系统、生物大分子修复机制、生物膜的形成、质子泵等,来对抗生存环境中的不利因素。

大肠杆菌酸碱耐受性是一个复杂的表型,往往关联多个基因,对单一基因的简单改造或过表达难以大幅度提高菌株的酸碱耐受性。而对于全局调控因子的改造,会对许多基因包括对菌株酸碱耐受性提高贡献大的基因和一些贡献不明显的基因的表达量有不同程度的改变,虽然通过这种方法能提高菌株的酸耐受性,但会造成细胞内能量与营养物质的浪费,不利于提高工业菌株的生产能力。以往关于大肠杆菌酸碱耐受性机制的研究发现,内在的抗酸碱系统抗氧化系统、细胞膜组成,能有效地提高菌株的酸碱耐受性。此外,过表达突变的 H-NS 或 DsrA-Hfq 也会使得抗酸碱系统和抗氧化系统的基因表达上调,从而提高菌株的酸碱耐受性。*gadE* 是主要调控抗酸碱系统 AR2 的转录因子编码基因,能上调 AR2 系统基因 *gadA* 和 *gadBC*、周质空间分子伴侣基因 *hdeA* 和 *hdeB*、转录因子基因 *gadW* 和 *gadX*、脱氨酶基因 *ybaS* 的表达。AR2 系统能把细胞内积累的质子运输到细胞外,从而使细胞内的 pH 上升,降低细胞内酸压力。抗氧化系统基因 *sodB* 和 *katE* 编码的 SodB 和 KatE 能把细胞内的氧自由基转化为过氧化氢,然后把过氧化氢转化成水,从而降低细胞内的 ROS 水平。*hdeB* 编码的分子伴侣 HdeB 能在 pH 4～10 的条件下有效地保护周质空间蛋白的活性。利用微生物自身实时感应并自主调节细胞内外 pH 是解决酸碱胁迫的新思路,研究者在大肠杆菌中构建了一个 pH 自调控系统,该系统由一个酸诱导启动子 Pasr 控制的谷氨酰胺酶基因 *glsA*(催化谷氨酰胺生成氨)和一个碱诱导启动子 PatpB 控制的乳酸脱氢酶基因 *ldhA*(催化生成乳酸)组成,将其应用在番茄红素生产菌株中,显著提高了细胞生长的稳定性和番茄红素产量,同时大幅减少了发酵中的酸碱用量。

在有氧和厌氧发酵生产过程中,谷氨酸棒杆菌会面对如发酵环境和自身产生的以及外部添加的各种类型的酸类物质。细胞内的酸环境会生成活性氧、破坏芬顿反应和铁饥饿反应等,从而扰乱多种代谢途径。面对 pH 波动环境,谷氨酸棒杆菌进化出了多种策略来维持细胞内 pH 的稳态,在酸性条件下,谷氨酸棒杆菌的过氧化氢酶、过氧化物酶和保护 DNA 蛋白协同介导了细胞内 ROS 的清除。研究同时还发现两个铜伴侣基因 *cg1328* 和 *cg3292* 参与酸胁迫条件下的细胞存活。此外,硫代谢转录调控因子 McbR 可通过转录阻遏物来抑制硫同化,从而通过减少含硫中间体的积累来提高耐酸性。转运通道蛋白 CglK 可介导 K^+ 积累,保持细胞质的中性 pH,改善谷氨酸棒杆菌的生长。谷氨酸棒杆菌中 Na^+/H^+ 反转运蛋白 Mrp1、Mrp2、Nhap,在赋予谷氨酸棒杆菌耐碱性中起重要作用。Mrp1 复合物亚基同源性建模表明了两种可能的离子易位途径,推测其 Lys299 可能通过影响 Mrp1A 亚基中面向细胞质通道的稳定性和柔韧性来发挥其耐碱性作用。

在不同的工业生产菌株中,抗酸碱模块的最适表达量可能不同,直接将模式菌株中组成型表达的抗酸碱模块转移至生产菌株中有可能导致其功能无法正常发挥。另外,工业生产使用的培养基种类多样、成分复杂,同时发酵过程中温度、营养物质浓度和 pH 等有可能因为培养液混合不均匀而造成局部、瞬时的差异,使得菌株的表型发生变化。因此,有必要构建鲁棒性强的抗酸线路,使得抗酸碱模块在不同的环境下具有更稳定的表达水平,同时能够根据不同菌株的情况更精确地调节表达量。负自调控线路与负调控线路相比能在相同输出强度下更快地达到稳态、具有更强的鲁棒性及更加线性的动态调控曲线。这些特性都有助于更加稳定、精准地控制抗酸碱模块的表达。传统的负自调控系统基本上采用 TetR 蛋白构建,但对于工业发酵而言,该系统使用的诱导剂脱水四环素(aTc)十分昂贵。而来自恶臭假单胞菌的 CymR 蛋白调控系统在大肠杆菌中同样具有很好的动态调控范围,且其所需的诱导剂对异丙基苯甲酸价格更为低廉。因此,采用 CymR 蛋白构建负自调控线路,并利用绿色荧光蛋白基因 *sfGFP* 作为报告基因对该线路进行性能表征,探究其在稳定抗酸碱模块输出水平上的可能性。研究者利用负自调控线路同时对 DsrA 和 Hfq 进行调控,先在 *E. coli* MG1655 中测试该线路设计对菌株抗酸能力的影响,筛选得到性能最优的负自调控抗酸线路,然后将该线路转至赖氨酸生产菌株 SCEcl3 中,在 5 L 发酵罐中进行赖氨酸发酵测试,结果发现,随着诱导剂浓度的提高，越来越多的抗酸基因被诱导表达，促进菌株生长的同时，也导致生长速率下降。调节诱导剂浓度（0～100 μmol/L 对异丙基苯甲酸），菌株 MG/N0504-17 在 pH 7.0 时终 OD_{600} 提高 2.0%～9.8%，在 pH 4.5 时提高 2.8%～20.4%，总体表现优于其他负自调控线路结构，也优于负调控线路菌株 MG/WN0504-17（在 pH 7.0 时终 OD_{600} 提高 0.3%～4.9%，在 pH 4.5 时提高 5.7%～8.2%）。

3. 提升底盘菌株的耐氧化能力

在工业发酵中，微生物菌株常面临氧化胁迫压力，特别是发酵中后期产生的多种胁迫因素会加速 ROS 的大量积累，对细胞生长和代谢的影响更为显著。研究发现，棒杆菌和酵母菌细胞在高溶氧发酵生产氨基酸和有机酸时会产生大量的 ROS，造成细胞膜脂质氧化、核酸损伤以及蛋白质氧化毒性等，显著影响细胞生长和目标产物的合成效率。

基于对酿酒酵母抗氧化防御体系的分析，挖掘嗜热栖热菌和酿酒酵母内的抗氧化蛋白基因，在表征抗氧化蛋白的性能后，将验证结果较好的基因组成多功能基因线路，可构建人工抗氧化防御体系并将其整合到酿酒酵母基因组。发酵验证表明，工程菌株细胞生长量及乙醇产量均比对照有明显提高，ROS 含量测定和线粒体完整性检测结果显示，导入人工抗氧化防御系统可以减少 ROS 对宿主细胞的胁迫。采用胁迫驱动的启动子构建抗逆基因线路，增强了酿酒酵母中谷胱甘肽的生物合成和乙酸降解，进而增强了酵母对活性氧和乙酸浓度升高引起的胁迫的耐受性。

谷氨酸棒杆菌细胞可通过三道防线来适应 ROS 胁迫。①生成分枝硫醇（mycothiol，MSH）：MSH 作为非酶抗氧化剂，可以与 ROS 反应直接清除氧自由基。同时，MSH 作为麦硫酚过氧化物酶（Mpx）、甲硫氨酸亚砜还原酶（MsrA）的辅助因子来保护细胞免受 ROS 损伤。②合成 ROS 的解毒酶如超氧化物歧化酶（SOD）、过氧化氢酶（CAT）、分枝硫醇二硫还原酶（Mtr）等。当受到活性氧胁迫时，谷氨酸棒杆菌会诱导细胞内 CAT 和 SOD 表达，协同清除细胞内过多的 H_2O_2 与氧自由基。同时，Mtr 催化氧化态分枝硫醇（MSSM）为还原态分枝硫醇（MSH）。③通过应激响应激活氧化传感器调控因子，如氧化应激反应转录调控因子 RosR、醌氧化还原酶转录调控因子 QorR、有机过氧化物转录调控因子 OhsR、氧化还原敏感转录调控因子 CosR、有机过氧化物和抗生素敏感转录调控因子 OsnR 等感知和响应不同种类的 ROS，诱导相关酶基因表达，清除 ROS，维持氧化还原稳态。同时，谷氨酸棒杆菌的 OxyR 作为氧化还原信号调控因子，应答细胞内 ROS 水平后调节 *katA*、*hemH*、*suf* 等 23 个的基因表达以抵抗氧化胁迫，从而提高其抗逆性和鲁棒性。通过敲除谷氨酸棒杆菌中催化 H_2O_2 合成的黄素还原酶基因，降低细胞内 ROS 水平，提高细胞生长得率，使得 L-精氨酸产量提升到 57.3 g/L。

冷激蛋白具有 RNA 分子伴侣功能，能够维持 mRNA 二级结构，提高 mRNA 的翻译效率，增强细胞抵御各种环境胁迫的能力。戈壁异常球菌 I-0 中含有两个冷激蛋白同源物（Csp1 和 Csp2）。将 *Csp2* 基因转入大肠杆菌和烟草中，能增强大肠杆菌对低温、紫外辐射、高盐、干燥的胁迫抗性，并赋予烟草抗氧化和干旱胁迫能力。选取来自极端耐辐射异常球菌的全局调控因子 IrrE 编码基因、分子伴侣 Why 和 DohL 编码基因，构建抗逆组合模块并转入大肠杆菌中，在 20 mmol/L 过氧化氢 10 min 的胁迫下，抗逆组合模块能大幅度提高大肠杆菌的耐氧化能力。硫氧还蛋白是一种含有活性半胱氨酸残基的小分子蛋白质，具有抗氧化作用，在氧自由基清除和细胞内氧化还原信号转导的调节过程中起着重要作用。将螺菌属硫氧还蛋白编码基因 *tfp* 导入硫氧还蛋白缺乏的大肠杆菌中，赋予其在氧化应激条件下的氧化保护作用。利用生物传感器 Lrp-PbrnFE 对 4-羟基异亮氨酸生物合成途径关键基因 *odhI*、透明颤菌血红蛋白基因 *vgb* 和异亮氨酸双加氧酶基因 *ido* 的表达进行动态控制，协同调节底物 α-酮戊二酸、O_2 和异亮氨酸的供给，解决了底物氧气过量供给引起活性氧损伤细胞的问题，增强了谷氨酸棒杆菌底盘细胞的鲁棒性。

4. 提升底盘菌株的耐渗透能力

工业发酵过程中高底物浓度导致的渗透胁迫，是目前工业微生物发酵生产面临的主要胁迫之一。发酵过程中，发酵液中高浓度的营养物质和产物都可能引起渗透压的变化，从而影响底盘细胞的生产性能。热激蛋白编码基因、DNA 修复相关基因、氧化应激基因和全局转录因子基因过表达都可以在一定程度上提高微生物对高渗透胁迫的耐受性。热激蛋白 IbpA 在大肠杆菌 DH1（ATCC 33849）的过表达提高了菌株的异戊烯醇耐受能力，进而菌株的异戊烯醇产量提高了约 16%。嗜热葡糖苷酶地芽孢杆菌 DSM 2542 的两个热激蛋白 Hsp20-3 和 Hsp20-2 能显著改善核黄素生产菌株枯草芽孢杆菌对 10% NaCl 高盐胁迫的耐受性。

为了规避环境中高渗条件的有害影响，谷氨酸棒杆菌通过 BetP、EctP、ProP、LcoP 相容性溶质摄取系统，积累相容性溶质如甜菜碱、脯氨酸、四氢嘧啶和哌啶酸，或者通过自身从头合成相容性溶质如脯氨酸、海藻糖和谷氨酰胺，以确保水持续流入细胞质。L-脯氨酸是一种亚氨基酸，其可以在高渗调节剂下防止蛋白质和细胞物质变性。L-脯氨酸合成过程中关键酶 γ-谷酰基激酶突变体 pro1D154N 通过提高催化前两步反应的 γ-谷酰基激酶和 γ-谷酰基磷酸还原酶的活性，促进细胞内 L-脯氨酸的积累，含有更高浓度 L-脯氨酸的突变菌株增强了酿酒酵母对乙醇的耐受性。工程化转运蛋白还可以通过调节异源转运蛋白的表达增强宿主耐受性，如通过在酿酒酵母中引入人源的转运蛋白 HFATP1，增强细胞对疏水性产物脂肪醇的耐受能力，并使脂肪醇的产量提高了 5 倍；或通过表达外源碱性金属阳离子转运蛋白（ScEna1、ScNha1、YlNha2），提高酿酒酵母对 Na$^+$的耐受性和发酵性能。谷氨酸棒杆菌进化出 MtrAB 双组分信号转导系统防御机制，调节参与细胞壁生物合成的两个基因 *mepA* 和 *nlpC* 的表达。当细胞通过通道蛋白 CglK 吸收 K$^+$时，K$^+$积累会使 MtrB 自磷酸化，从而使谷氨酸棒杆菌激活相容性溶质摄取系统中的 3 种转运蛋白 Bet、ProP 和 LcoP，以及机械敏感通道蛋白 MscL。

5.4.2 高性能抗逆底盘菌株创制的重点研究方向

1. 抗逆元件的发掘与表征

抗逆元件是抗逆回路设计的基础，包括核心的功能元件和调控元件。功能元件即起到抗逆作用的元件，包括小分子 RNA、全局或局部调控因子、分子伴侣、酶蛋白、膜蛋白等。前三者一般调控更多下游基因的表达，可激活多个系统以提高微生物对逆境胁迫的耐受。其中，来源于耐辐射异常球菌（*Deinococcus radiodurans*）的全局调控因子 IrrE 可提高大肠杆菌、酵母和油菜等不同生命体系的抗逆性。微生物与植物抗逆存在协同进化，抗逆元件往往可以通用，特别是从极端微生物中挖掘获得的抗逆元件具有优良的抗逆功效。调控元件是实现抗逆回路的智能性与靶向性的关键。然而，可工程化应用的调控元件不足，如响应各种环境信号、生长信号的启动子。

未来优先发展方向：基于对抗逆机制的深入解析，采用多组学技术，结合实验室适应性进化来分析工业微生物和环境微生物（特别是极端微生物）在酸性环境、高温、乙醇毒害浓度等逆境胁迫下的自然抗逆系统。利用生物信息学和人工智能算法鉴定抗逆关键节点、途径与通路，并结合免疫共沉淀测序、定向进化等技术，收集和发掘抗酸和抗高温的功能元件、调控元件和相关的控制模块。通过标准化的设计与组装，在模式底盘生物（如大肠杆菌、谷氨酸棒杆菌、拟南芥）中进行抗逆元件的时间序列应答、抗逆性的表征及作用机制解析，从而建立标准化的微生物抗逆元件库。

2. 微生物高效抗逆基因回路设计与性能评估

高效的抗逆基因回路设计应该具有如下三个属性：适配性、智能性和靶向性，即"能够在底盘生物中发挥功能"（适配性），而且"这种功能最好只能在一定的压力条件下启用"（智能性），"启用的功能最好仅仅够应对特定的压力而不浪费"（靶向性）。微生物抗逆过程的动态变化特性，决定了采用单因子、单途径、单方向的策略难以实现这三个属性。基因回路的基础研究，以及在微生物生长与生产动态调控中的成功应用，为抗逆回路的设计提供了可借鉴的思路与技术方案，而且在基因回路的框架上，可进行多模块的快速组装、表达调控。

未来优先发展方向：基于对抗逆元件的时间序列应答与抗逆性的理解，结合合成生物学基因回路（如拨动开关、逻辑门、负反馈）和技术，在模式底盘微生物中设计、组装人工抗逆回路，如大肠杆菌、谷氨酸棒杆菌的智能响应抗酸回路、酿酒酵母的抗高温回路，进而在模式底盘微生物，如大肠杆菌、谷氨酸棒杆菌、酿酒酵母中建立以荧光蛋白为报告信号的回路功能（如响应时机、响应强度、灵敏度、鲁棒性）评估（筛选）体系，通过功能元件、调控元件和抗逆模块的突变库和回路的拓扑结构高效筛选，以及多模块的抗逆回路组装，建立抗逆性评估（筛选）体系，实现人工抗逆回路性能的高效评估。

3. 抗逆回路的系统适配性优化与育种应用

以往大部分的抗逆研究只在实验室水平，采用模式微生物进行设计与测试，实际生产与实验室研究存在多个层次的差异。由实验室获得的人工抗逆回路存在与工业发酵菌株、工业物料、工业条件的适配性问题，主要是因为实验室育种往往脱离发酵工业实际环境，导致实验室育种获得菌株在工业逆境中的有效性不足，即实验室的育种规律不适合在工业上应用。而基因回路的鲁棒性和适配性从基础研究到应用研究一般是难点之一。在以往的研究中，为了跨越从实验室到工业应用的鸿沟，一般会采用适应性进化对所构建的菌株进一步进行非理性改造，使其适配于工业应用上的物料与条件。近年来，基于人工染色体酵母开发了SCRaMbLE技术、结合高通量筛选平台，大大加速了耐受逆境的驯化过程，获得了耐受42℃高温的酵母和耐受碱性（pH 8）环境的酵母。此外，理性设计智能调节的多重抗逆基因回路是实现高适配性、动态调控工业微生物抗逆性的一个新策略。

未来优先发展方向：根据工业发酵微环境的变化规律和工业微生物抗逆性的特点，以及从实验室水平到工业中试水平的抗逆性逐级评估方法，优化并获得高适配性、高抗逆性的抗逆工业菌株。建立人工抗逆回路与工业菌株、工业物料适配性的高通量筛选方法。进一步测试人工抗逆（抗酸、抗高温）回路在工业菌株、工业物料中的抗逆性，高通量筛选、优化人工抗逆回路的适配性，采用组学等技术分析工业发酵过程中人工抗逆回路的作用机制，解析人工抗逆工业菌株的育种规律。

第6章 农业微生物组工程化应用

微生物组，简而言之是特定环境中不同微生物形成的群落，其组成包括非细胞结构的病毒、原核生物中的真细菌和古菌，以及真核细胞微生物。事实上，微生物组在自然界中无处不在，从温泉到冰川再到深海等几乎所有的环境中，均能发现形形色色的微生物群落。例如，海洋光合固氮微生物组，在碳、氧、氮等全球养分循环中起着不可或缺的作用，而土壤微生物组通过固定氮和甲烷，减少温室气体的排放。肠道和根际微生物组又称为动植物第二基因组，与动植物的生长和健康息息相关。微生物组的研究方向包括：①微生物组的成员筛选；②微生物组的成员之间的相互作用和微生物网络解析；③微生物时空特性表征；④核心微生物群鉴定；⑤从功能预测到物种的表型分析；⑥微生物-宿主或环境互作与共同进化研究等。

微生物组工程，旨在分离鉴定、设计重构和工程化应用具有特定功能的微生物组合，其重点研究内容包括：①在功能群级别对微生物组的功能组成进行确定和操控，即自上而下的微生物组工程，涉及表征微生物组功能群组成，移除或修改某个微生物菌株或功能群，添加新的微生物菌株或功能群，以及任意操纵某个微生物组内的特定微生物物种或功能群；②人工设计特定组成和目标功能的微生物组，即自下而上的微生物组工程，涉及添加或修改单个微生物物种来设计和开发功能性微生物组，对微生物组内不同物种之间的相互作用，以及对微生物组与环境之间的相互作用进行预测和工程化利用，设计和开发对环境压力具有韧性的微生物组。

根据联合国的估算，2050年时的世界人口将达98亿。据估计，必须将农业生产率提升70%，才能满足人们对食品、饲料、纺织品和生物能源的不断增长的需求。由于耕地面积不大可能增加，因此要满足上述要求就必须获得更高的农作物产量。现行的措施是人工施肥和施农药，但肥料和农药的制造和使用却是不可持续的，迫切需要更具可持续性的策略，如将微生物组工程应用于现代农业生产。2019年，美国国家科学院、工程院和医学院联合发布了题为 *Science Breakthroughs to Advance Food and Agricultural Research by 2030* 的研究报告，报告中将农业微生物组列入未来10年农业领域亟待突破的五大研究方向之一。

6.1 农业微生物组工程化策略

农业微生物组设计的工程化策略通常有两种，分别是"自下而上"策略和"自上而下"策略，其中"自下而上"策略是指通过理性设计，构建微生物之间的人工代谢网络来完成所需的任务；而"自上而下"策略则是针对需要执行的生物功能，通过调整筛选条件，获得符合要求的功能菌株。在确认了设计方式之后，即可按照上述策略，用改造或筛选得到的功能菌株构建出初始的合成微生物组。

6.1.1 "自下而上"微生物组工程化策略

自下而上，也叫逆向工程，即通过对现有、天然存在的生物系统进行重新设计和改造，修改已存在的生物系统，使之增添新的功能。首先需要明确微生物的代谢路径，对功能基因元件进行筛选和改造，并将其整合到合适的菌株中。针对合成微生物组所需要执行的特定生物功能，根据现有的微生物代谢库，查明其代谢通路，明确代谢通路中涉及的基因，在不同宿主中筛选相关的基因元件，整合到合适的底盘微生物中，使其具备相应的功能。自下而上的工程化策略已在农业微生物组研发中广泛应用，涉及：①通过添加或修改单个微生物物种来设计和开发功能性微生物组，如构建具有2~5个特征物种（属于不同的功能群）的合成微生物组，使其模仿天然群落的功能；②对微生物组内不同物种之间的相互作用进行预测和工程化利用，如构建预测模型和实验框架，以设计和开发具有预定物种组成和相互作用的微生物；③对微生物组与环境之间的相互作用进行预测和工程化利用，如设计和开发一种能对多种环境扰动做出响应的微生物组；④为自下而上的微生物组工程确立"设计—构建—测试—学习"的流程，开发可适应演化和环境压力的人工微生物组。

6.1.2 "自上而下"微生物组工程化策略

自上而下，也叫正向工程，即通过设计和构建新的生物元件、组件和系统，创造自然界中尚不存在的人工生命系统。通过工程化方法，利用标准化模块，由简单到复杂构建具有期望功能的生物系统。针对所需要执行的生物功能，可以控制环境条件筛选获得不同的功能菌株，比较这些菌株的代谢能力，依据功能进行分类和组合，最终得到一个最小但能发挥较大作用的微生物组。自上而下的工程化策略已广泛应用于根际和肠道微生物组、环境修复的微生物组等，相关研究涉及：①对复杂微生物组功能群的组成进行表征，如宏转录组学数据、稳定同位素探针数据、代谢组学数据等中确定特定功能亚群；②移除或修改某个微生物组功能群，如通过改变或消除某个受控微生物组中的一种基因或代谢途径来移除某个功能群；③向微生物组中添加功能群以引入新功能或修改现有功能，如设计和开发一个功能群，其能改变某个受控微生物组中的现有功能；④任意操纵某个微生物组内的特定微生物物种或功能群，如在计算模型的指导下，使用核酸操作、蛋白质工程和引入新的微生物物种等手段，在特定应用场景中对天然群落进行理性操控。

6.2 农业微生物组工程化技术

在实验室条件下，环境样品中的绝大多数微生物无法培养。近年来，采用复杂培养基、模拟体内环境的培养条件、微流控技术及低氧或厌氧培养系统等，成功扩大了可培养微生物的范围，并进行了高通量测序和功能分析。微生物组工程研究常用的高通量测序技术包括宏基因组技术、宏代谢组技术、宏转录组技术、宏蛋白质组技术等。近年来，单细胞技术和空间组学技术得到了飞速发展，并广泛应用于微生物组的多样性、组成结构、动态变化和微生物组与宿主相互作用等方面的研究。

6.2.1 培养与非培养相结合的高通量分析技术

采用依赖于培养条件的微生物分离纯化技术，通过菌落形态和数量确定培养的物种及其丰度，对于微生物组研究来说非常重要，动物肠道和植物根际都通过高通量分离培养技术，实现了约 70%细菌种类的纯培养。非培养技术如 DNA 指纹和磷脂脂肪酸分析等，用于研究整个群落的多样性和组成。然而，与新兴的高通量测序和宏组学方法相比，这些技术的产量较低，提供的信息更少。近年来，基于高通量测序方法的宏基因组技术、宏转录组技术、宏代谢组和宏蛋白质组技术，获取了广度和精度均前所未有的微生物群落信息。

1. 宏基因组技术

新一代宏基因组和单细胞测序技术在特殊环境微生物学领域颇有建树，开启了生命科学研究的新篇章。宏基因组技术，是对特定环境样品中微生物群体的基因组进行 DNA 或 mRNA 序列测定。与传统的微生物个体研究相比，这种新的研究技术具有许多优势：①自然界中的许多微生物无法实现在实验室条件下的分离培养与繁殖，宏基因组学研究不要求对微生物进行分离培养，从而大大扩展了微生物的研究范围，如被称为动物第二基因组的肠道微生物组和植物第二基因组的根际微生物组；②宏基因组学引入了宏观生态的研究理念，对环境中微生物菌群的多样性、功能活性等宏观特征进行研究，可以更准确地反映微生物生存的真实状态。因此，宏基因组测序技术已在发现新基因，开发新的微生物活性物质，研究微生物种群结构、基因功能活性、微生物之间的相互协作关系，以及微生物"暗物质"探秘等方面得到了广泛的应用。

2009 年，在首次进行瘤胃微生物宏基因组深度测序中，发现了糖苷水解酶和纤维素酶功能基因。随后在海子水牛瘤胃微生物功能基因研究中发现，有38 011个基因编码的蛋白酶具有木质纤维素降解活性。2015年，完成了饲喂玉米秸秆后特定时间下瘤胃微生物宏转录组分析，发现瘤胃球菌属、纤维杆菌属和普氏菌属是主要的植物细胞壁多糖降解菌，而瘤胃厌氧真菌中的新美鞭菌属、梨囊鞭菌属和根囊鞭菌属在纤维素和半纤维素降解过程中发挥着重要作用。2017年，美国科学家团队发布了1003个系统发育多样化细菌和古菌的参考基因组，这是迄今为止最大规模的一次微生物基因组数据发布。这些基因组数据来自奶牛瘤胃、白蚁内脏、植物、海水、土壤等4650个样本中微生物宏基因组的测序结果，发现了约24 000个新的生物合成基因簇和2500万种未知功能蛋白质，这是细菌与古生菌基因组百科全书计划的重要内容。

2. 宏转录组技术

宏转录组技术是在整体水平上研究分析某一特定环境、特定时期微生物群落中全基因组转录情况以及转录调控规律的技术。通过高通量转录组测序，原位解析特定生境、特定时空下微生物群落中活跃菌种的组成，以及活性基因的表达情况，可以识别肠道微生物群落中的活跃微生物及基因表达，监测微生物群落在不同生理状态下的动态变化，揭示微生物与宿主相互作用的机制，识别出与疾病相关的微生物和代谢途径。宏转录组学的流程包括样本收集、样本保存、样本均质化、总RNA提取、RNA分馏、文库制备、测序、数据预处理和质量控制等步骤。该技术具有不需要培养、直接分析RNA并揭示微生物群落的活跃成员及功能的优势。然而该技术也存在一些局限性，如样本处理复杂、rRNA去除效率不一致，以及数据分析复杂等。

宏转录组技术未来的发展将集中在以下方面，包括采用长读测序技术、多组学数据整合分析、机器学习等分析方法，以及新型RNA富集和保存技术。此外，采用激光显微切割与单细胞转录组测序技术结合，开发出基于测序的空间宏转录组学，解析单个组织切片中的所有mRNA，从而能够定位和区分功能基因在特定组织区域内的活跃表达，为宿主-微生物互作提供新思路，已成为揭示细胞组成、空间异质性以及细胞间复杂相互作用的关键工具。例如，将单细胞基因组学、群落宏基因组学、宏转录组学和单细胞活性测量相结合，对南极洲罗斯冰架下采集的样品进行了分析，从而确定了一种普遍存在的混合营养细菌群，以及该群落 *Rubisco* 基因和关键硫氧化基因的动态表达谱。采用空间代谢组、非靶向代谢组和宏转录组技术联合探究了介导泥炭藓和蓝藻共生的代谢和环境因素，包括通过非靶向代谢组学和空间代谢组学分析确定海藻糖是泥炭藓释放的主要碳水化合物来源，而蓝藻协同了胆碱-*O*-硫酸盐、牛磺酸、磺基乙酸酯一起消耗海藻糖，作为交换，蓝藻增加了嘌呤和氨基酸的分泌。进一步的宏转录组分析表明，当与蓝藻共生时，泥炭藓的防御能力下降。研究结果阐明了广泛存在的植物-蓝藻共生体的环境、代谢和生理基础。

3. 宏代谢组和宏蛋白质组技术

基于质谱的宏代谢组技术是微生物组研究的关键技术之一，可检测和识别菌群产生的小分子，使人们了解这些菌群代谢物的功能作用。高分辨率质谱技术的发展极大地提高了代谢物检测的灵敏度、特异性和覆盖范围，特别是非靶向代谢组学方法能够系统地捕捉样本中所有可检测代谢物的变化，发现未知的代谢通路和生物标志物。分析流程包括数据采集、数据预处理、结构鉴定、建立数据联系和数据可视化。搜索质谱库是微生物代谢物注释的基本方法，计算机工具可优化代谢物注释、分析子结构。通过多元分析发现数据趋势，采用相关分析等方法将代谢物和微生物联系起来，随后进行基于代谢途径的分析，可以建立微生物组与代谢物的关系。近期代表性研究开发了一个肠道菌群的代谢组学分析流程，该流程可用于研究肠道细菌代谢及肠道细菌与宿主的相互作用。

宏蛋白质组技术是一种新兴的研究方法，可分析微生物群落的蛋白质时空表达和动态变化，在揭示肠道微生物组的功能、代谢通路、生态互动及与宿主互作方面具有巨大潜力。相比于宏基因组和宏转录组技术，宏蛋白质组技术提供了微生物实际执行功能的直接证据，补充了前者所揭示的遗传潜力和基因表达信息。宏蛋白质组学研究流程包括样本采集、蛋白质提取、蛋白质分离、质谱分析和数据库搜索，涉及的关键技术包括：①质谱（mass spectrometry，MS），用于识别和定量蛋白质及其复合体的组成成分；②交联质谱（cross-linking mass spectrometry，XL-MS），即通过在蛋白质相互作用的邻近位点之间形成化学键，有助于确定蛋白质复合体中各蛋白质的空间排列；③电子显微镜（electron microscopy，EM），特别是冷冻电子显微镜（Cryo-EM），用于直接观察蛋白质复合体的三维结构；④生物信息技术，用于数据分析和解释，特别是蛋白质-蛋白质相互作用网络的构建和功能预测。

4. 高通量单细胞测序技术

单细胞测序技术能够解析同一生物体或菌落内细胞之间更加细微的基因组或表达组差异，推动免培养微生物的发现、动植物表观遗传修饰、细胞发育与分化等研究发展，已成为当前生命科学研究的焦点。单细胞基因组学分析不仅扩展了微生物生命树，还加深了对微生物组的生态和演化的认知。单细胞转录组学可揭示微生物的功能异质性，包括基于组合条形码的方法、基于荧光原位杂交的空间转录组学、宿主-微生物双重转录组学等。例如，微生物的单细胞 RNA 测序技术，可用于革兰氏阴性菌和革兰氏阳性菌的基因高通量表达检测，并成功应用于枯草芽孢杆菌，为细菌群落基因表达的高通量分析铺平了道路；一种微生物高通量单细胞测序方法，无须培养即可从复杂群落获得大量的单个微生物基因组信息，解析出菌株分辨率的高质量微生物基因组,并以肠道菌群分析为例展示了该方法在菌群研究领域的巨大潜力;一种高度可扩展的细菌单细胞 RNA 测序技术,可对数百万个细菌细胞或数百个样本进行大规模分析,在转录层面揭示了单菌株细菌群落的功能异质性,并鉴定出群落中具有抗生素抗性和持留性表型的细菌亚群。

5. 高通量肠道芯片技术

肠道芯片作为一种微流控装置,可以比传统体外模型更好地模拟真实、复杂的肠道结构和功能,通过控制流体动力学、机械变形、氧梯度和分区培养,可实现肠道多种细胞与微生物的长期共培养。肠道芯片平台的注射泵可控制不同培养基流动,以产生营养物质、生化分子、氧气和流体剪切应力的梯度。计算机控制的驱动系统会产生真空驱动的机械变形,模拟肠道的蠕动。在芯片构建的肠黏膜界面上,上皮层由干细胞、吸收细胞、杯状细胞和其他分化细胞组成。模型还可引入间质细胞、免疫细胞、肠神经细胞和内皮细胞等,从而更好地模拟肠道与微生物组的交互。持续的微流控流动模拟了肠腔和血管内的流动,提供营养物质和外源性分子,去除微生物细胞及废物,并通过施加剪切应力促进上皮细胞形成绒毛样结构。通过在肠腔微通道、血管微通道分别引入缺氧培养基和含氧培养基形成氧梯度,肠道芯片可实现厌氧和需氧微生物的共培养。近期代表性研究报道了一种通过支架微芯片引导肠道干细胞形成类似肠道的管形类器官的培养方法。这种"迷你肠道"可以长期保持稳定,拥有与真实肠道相似的细胞类型多样性、结构和功能,作为优选模型有助于微生物定植和宿主-微生物互作等相关问题研究。

6. 高通量植物表型组技术

植物表型组技术是在基因组水平上高通量研究生物或细胞在不同环境条件下所有表型的高通量自动化技术,涉及:①植物彩色成像分析技术,用于获取形态学表型数据;②植物叶绿素荧光成像分析技术,用于获取光合系统运作机制表型数据;③植物高光谱成像分析技术,用于获取色素组成、生化成分、氮素含量、水分含量等表型数据;④植物热成像分析技术,用于获取叶片表面温度分布、气孔导度与蒸腾等表型数据;⑤智能光照培养、浇灌与称重技术,用于获取供植物生长的环境数据并研究不同环境条件对植物表型的影响;⑥自动化传送和控制技术,综合控制各个部件,对培养植物进行传送,实现自动测量与整个生活史的连续培养。例如,PlantScreen 植物表型成像分析系统以 FluorCam 叶绿素荧光成像技术为核心,结合 LED 植物智能培养、自动化控制系统、植物热成像分析、植物近红外成像分析、植物高光谱分析、自动条形码识别管理、RGB 真彩 3D 成像、自动称重与浇灌等多项先进植物表型技术,实现了全方位生理生态与形态结构的高通量自动成像分析,可用于高通量植物表型成像分析测量、植物胁迫响应成像分析测量、植物生长分析测量、生态毒理学研究、性状识别及植物生理生态分析研究等。

7. 高通量微生物培养组技术

基于机器学习和自动化的高通量微生物培养组技术是一个机器学习引导的高通量机器人自动化分离菌种的技术平台，由 4 个关键元系统组成：①采集形态学的成像系统及一个人工智能引导下的菌落选择算法；②一个自动挑取菌落的机器人，用于高通量分离及排列菌落；③具有成本效益的流水线，快速生成挑选的分离物的基因组数据；④一个物理分离物生物库，以及可搜索菌落形态、表型和基因型信息的数字数据库。将培养学与形态学和基因型数据系统化，用于微生物组的分离鉴定和功能分析。一个典型的微生物组可以包含数百个甚至成千上万个独特物种，其中很少类群占主导地位，而大多数类群是稀有或难培养的。依靠人工随机挑取菌落的传统培养方法费时费力，且操作烦琐。使用 96 孔板或 384 孔板进行梯度稀释、分离微生物时，可导致重复分离来自同一菌群的优势菌株，从而造成非优势菌株的遗漏。利用微流体系统能够在纳升反应器中培养微生物，但克隆分离株很难提取。因此，建立一个基于机器学习的自动化培养组技术平台，可以根据需要快速和高通量地生成培养微生物库。应用该机器学习模型，有助于靶向分离目标微生物。对琼脂平板上的所有菌落进行自动化成像分析，能够直观显示微生物特异性生长模式和物种间的相互作用。

6.2.2 农业微生物组遗传操作与功能测试技术

1. 新宿主的遗传转化与精准基因编辑技术

基因编辑是合成生物学的基本工具，能够针对特定的传感或代谢功能对微生物（包括土壤分离株）进行有针对性的优化和设计，但是精准基因编辑需要全基因组序列数据和将基因转移到细胞中。利用电穿孔方法可以有效提高细胞内 DNA 递送效率。小容量微流控电穿孔适用于转化组合文库，而大容量、连续流微流控电穿孔则适用于大规模转化。DNA 进入细胞后，其稳定性的主要障碍是细胞防御机制，如最常见的限制-修饰（restriction- modification，R-M）系统。该系统的 DNA 甲基化转移酶以 S-腺苷甲硫氨酸作为甲基供体，通过独特的甲基化模式修饰宿主基因组 DNA，而限制性内切酶能够识别外来甲基化修饰的外源 DNA，进而导致转化效率大幅下降。鉴于此，研究者在肠道微生物组中异源表达来自目标宿主的甲基转移酶，通过模拟目标宿主的甲基化模式，实现了质粒 DNA 的有效转化。研究者采用这种高通量基因转移技术，针对肠道微生物组所有 5 个门的 88 种天然肠道细菌，系统地建立了接合转移条件、质粒复制起点、选择性和反选择性抗生素的多因素池、不同的培养基类型和细菌宿主菌株，以促进 DNA 转移至受体细菌，并进行下游遗传操作。宿主特异性基因编辑技术可用于原位控制微生物组工程，其使用目标宿主特有的 CRISPR-Cas 引导 RNA 物种来引发菌株特异性 DNA

切割和细胞死亡，或引入抗生素抗性标记基因来选择性富集目标菌株。此外，DNA编辑一体化 RNA 引导的 CRISPR-Cas 转座酶是一种类似的 CRISPR-转座酶系统，已被用来在由 9 个成员组成的合成土壤微生物群落中实现宿主特异性基因编辑。

2. 移动基因元件原位缀合技术

移动基因元件原位缀合技术是一种跨不同肠道微生物组的群体规模遗传转化与原位缀合的方法，已广泛应用于肠道、皮肤或者其他复杂生境的微生物组研究。该方法采用移动基因元件和供体大肠杆菌，通过广谱细菌接合，将模块化移动质粒等基因操作元件，转移入肠道微生物基因组中，直接改变了肠道菌群的遗传特性和生物学功能。通过进一步优化移动基因元件原位缀合技术，如构建高稳定性和可再编辑特性的移动载体，可多靶点调节合成微生物组的基因表达和代谢反应等。例如，新开发的一种不需要合成或构建 DNA 文库、不依赖于 DNA 重组的染色体原位引入遗传多样性技术，实现了多个基因的组合表达调控。该技术在靶基因前插入特定的转录或翻译元件，在细胞内表达靶向特定表达调控元件的 gRNA 和胞嘧啶碱基编辑器，通过碱基编辑构建了具有不同 DNA 序列、不同强度的表达调控元件文库，达到了调节靶基因表达水平的目的。由于原位构建文库的过程中，不需要合成和转化 DNA 文库，也不依赖于 DNA 文库与染色体的重组，降低了多基因表达调控对 DNA 转化效率和重组效率的要求，操作更为简便，宿主通用性更好。该方法已在两个工业模式微生物谷氨酸棒杆菌和枯草芽孢杆菌中实现了多至 10 个基因的同时表达调控，包括对木糖、甘油利用途径，番茄红素合成途径的基因分别进行了组合调控，筛选获得了高效碳源利用和高效产物合成的菌株，为较难遗传改造的微生物的代谢重编程提供了有效的基因表达调控工具。

3. 合成微生物组设计与构建技术

合成微生物组是指 2 种或多种特定微生物，在特定的可控环境条件中，形成菌群结构稳定和目标功能可调控的人工微生物体系。合成微生物组中成员之间及其与复杂生态环境的相互作用包括偏利共生、偏害共生、互利共生、捕食和竞争等。

（1）基于生态竞争原则的植物微生物组构建技术

植物微生物组在帮助植物抗逆和抗病虫害过程中发挥着重要作用。微生物群落成员之间存在着密切的相互作用，进而形成复杂的生态竞争网络。最新研究结果表明，具有优越防御和营养获取能力的作物在根际也具有一致的微生物特征，这表明植物表型和根际微生物组功能之间存在密切联系。例如，与非氮高效水稻品种相比，氮高效水稻的微生物组具有更高的氮代谢能力。某些番茄品种对枯萎病的病原体青枯菌具有高度抗性，相对于易感疾病的品种，其能在根际招募对青枯菌具有拮抗作用的有益微生物，如黄杆菌。适应缺氮土壤环境的玉米品种通过分泌富含碳水化合物的黏液,富集大量重氮营养细菌,其生物固氮贡献了玉米氮素营养的 29%～82%。通过建立数学模型,可以推断不同物种在同一生态位上的竞争关系,预测这些竞争对物种的影响,解析微生物群落互作关系,为构建具有特定功能的人工合成微生物组提供理论指导。一个合成菌群构建需要遵循以下 3 个基本原则:①增加合成菌群资源利用的连接度以及与病原菌资源利用的重叠度,但避免菌群资源利用分配的不均衡;②结合菌株资源竞争、拮抗竞争能力或其他有益特性,以确保有益菌群施用后能更好地适应环境和发挥植物有益功能;③合成菌群成员的筛选应考虑多个营养级别微生物间的协同效应。譬如,通过高通量微生物分离培养和鉴定体系,可建立水稻根系细菌资源库,并人工重组籼稻和粳稻特异富集菌群,发现籼稻富集菌群比粳稻富集菌群更好地促进了水稻在有机氮条件下的生长,并证实籼稻根际比粳稻根际富集了更多参与氮代谢的微生物群落,且该现象与硝酸盐转运蛋白基因 *NRT1.1B* 在籼稻和粳稻之间的自然变异相关联。

(2)基于大数据计算的合成微生物组建模技术

该技术通过海量测序数据预测微生物群落特定的代谢网络及其调控机制,以实现设计最终功能的微生物群落,研究内容包括:以微生物群落的代谢网络及其产物为核心,突出其协同作用、竞争作用等特点,在分子层面设计并优化特定微生物群落的代谢特征;从单个微生物基因组信息中所解读的代谢特征出发,运用自动化代谢网络设计软件和代谢反应模型,重建特定微生物群落的代谢网络,并模拟它的稳定状态。其中,代谢流平衡分析是微生物群落代谢网络重构以及代谢模拟仿真最常用的数学方法之一,该方法将代谢网络中代谢物浓度的变化率表示成化学计量系数的矩阵和代谢流的向量点积,当代谢物浓度不随时间变化时,向量点积右侧是零矢量,代表系统处于稳定状态。与传统的建模方法相比,该模型具有较低的计算复杂性,在几秒钟内可计算出几千个生物途径的代谢流稳态,可以精准预测复杂生态环境中微生物及其所处的生态系统的时空稳定性。譬如,为从全球尺度上解析微生物组间演化、互作和重建过程,建立了一个基于大数据搜索和智能计算的理论模型,运用前期开发的微生物组搜索引擎,基于微生物组结构的相似性,构建了首个全球尺度的微生物组相互转化网络,该网络包含 177 022 例菌群样本、113 亿条 16S rRNA 序列、来自各种生境的 20 大类生态系统,并绘制出全球尺度、单个菌群精度的微生物组相互转化路线图,将为微生物组人工演化、互作机制和场景应用等研发工作提供基于大数据的理论模型和计算工具。

(3)基于空间分隔原理的合成微生物组构建技术

在自然界中的微生物群落可以通过空间分隔实现共存。例如,环境微生物可以形成微米级的微菌落,通过生态位分化减少种群对资源的竞争,实现适应度较低的成员生存。而在实验室条件下,可以利用各种物理分隔技术,包括微流控装置、生物打印、模具封装和其他制造技术,研究空间分隔如何影响多种群之间的相互作用和整个群落的功能，如设计微流控芯片获得了种群间的空间分隔，使种群之间保留适度距离，让具有不同生长速率的种群组成稳定的微生物群落；利用水凝胶物理分隔大肠杆菌和酵母，可形成共培养体系，酵母可将大肠杆菌产生的 3,4-二羟基苯丙氨酸转化成甜菜黄素，通过水凝胶实现的物理分隔提高了甜菜黄素的产量；利用 4 种工程化的微生物，即初级生产者蓝藻、初级分解者大肠杆菌、终端消费者希瓦氏菌和地杆菌，构建了人工生物光伏系统，其中，蓝藻负责吸收光能并将电子储存为蔗糖，大肠杆菌负责将蔗糖降解为乳酸，而希瓦氏菌和地杆菌通过完全氧化乳酸，生成的电子被转移到胞外电极上发电。同时，为克服蓝藻光合放氧与异养微生物厌氧产电之间的矛盾，利用导电水凝胶来封装大肠杆菌、希瓦氏菌和地杆菌，以隔绝氧气。在该生物光伏系统中，蓝藻总固定光能的约 70% 被转化为电能，获得的最大功率密度为 1700 mW/m^2。

4. 合成微生物组测试平台

目前，合成微生物组的测试平台包括实验室高通量测试和田间原位测试技术系统。利用实验室高通量测试平台，可以在肠道或根际原位试验之前，对合成微生物组进行高通量功能评价。

（1）根际微生物组测试平台

微流控芯片作为一个多功能集成平台，通过宏观精密仪器或微型传感器，实现了合成微生物组功能的集成化和自动化测试，其中植物微流控芯片平台 RootChip、RootArray 和 PlantChip 等，实现了在实验室对根际微生物的生长和代谢的实时成像或高通量表型测试（表 6-1）。例如，一种名为"根菌相互作用追踪系统"的微流控设备，可以快速追踪根际细菌间的相互作用，同时以大规模并行的自下而上方式，构建了合成微生物群落并进行功能筛选。采用 3D 打印的"根网格"透明支架，可以集成来自多个深度的分段土壤和根际样品的 X 射线和计算机断层扫描数据，高通量分类分析根部微生物组的代谢通量，实现植物与微生物相互作用的空间分辨研究。利用一套被称为"EcoFABs"和"EcoPODs"的人造生态系统，可以在实验室模拟合成微生物组栖息的根际环境，对植株以及植物-微生物的相互作用、植株生长、根部形态、根系分泌物组成、合成微生物组定植及微生物与宿主植物和环境之间的互作进行动态监测与操控。该系统通过传感器高通量实时输出温度和湿度等气候参数，水分、氧气和养分等土壤性质参数，集成入计算机模型中，对合成微生物组、宿主植物与根际环境之间的相互作用进行动态评价，有助于人工设计性能更佳的合成微生物组，并加速其田间应用。另外，为满足植物与微生物根际互作和田间原位监测需求，建立了由微根管、多光谱根系分析仪、植物表型测定系统、土壤原位取样系统及实时数据采集系统等组成的根际复杂系统微生物原位监测平台，该平台可实现地上作物生长、地下根系发育、土壤性状、土壤微生物的原位监测，对土壤养分、水分、盐分状况差异响应以及根际微生物等开展长期原位研究，解析不同作物根际微生物群落结构和长期演化规律，同时为合成微生物组研究提供田间原位评估技术支撑。

表 6-1 微流控芯片在植物细胞学中的应用及其技术优势

植物微流控芯片	应用	相比于传统方法的优势
根芯片	监测自由金属离子的浓度和根代谢过程中表型信息的变化	长时间的实时监测，高通量的定量分析
根阵列芯片	监测在时间和空间上基因表达的动力学	实时观测基因表达，自动的成像系统能够重塑根的形状
生长点芯片	高通量地检查化学和生物刺激对花粉管的影响	对一系列独立的单个花粉管提供相同的生长条件
花粉管阵列芯片	长时间、高分辨率地拍摄花粉管	花粉管被限制在一个固定的焦点平面上，可以精确地显微观察
毒性检测芯片	用细胞传感器来检测环境中的污染物	准确度更高，可在化学处理条件下监测二次变异频率
弯曲芯片	定量监测花粉管细胞壁的机械特性	直接对花粉管进行弯曲操作
方向记忆芯片	研究不同植物细胞内部记忆的存在	提供理想的亚细胞水平的微环境，系统地检验植物细胞
细胞分裂研究芯片	在微小伤害的范围内，长时间检测植物细胞的分裂	较小的培养基体积，较少的细胞数量，最优的营养供应
电融合芯片	植物原生质体的电融合，应用于基因转移的研究	在单细胞水平操控细胞
化学刺激芯片	体外监测在特定位点给予化学刺激后花粉管生长方向的改变	快速稳定的变换培养条件，具有亚细胞水平分辨率

（2）肠道微生物组测试平台

为满足养殖动物肠道健康及饲用微生物菌剂产品研发需求，构建了由模拟动物肠道类器官、流式细胞分选仪、3D 实时活细胞监测及高内涵成像分析系统组成的肠道复杂系统微生物原位监测技术平台。通过建立体内和体外研究模型，实现了对活体肠道近端、远端的定位采样和分析及活体肠道微生物群落的监测和功能评价，通过类器官培养挖掘肠道微生物关键代谢标志物，研发了畜禽养殖提质增效合成微生物组制剂。此外，结合厌氧微生物高通量分离平台，研发了基于拉曼光谱识别的肠道微生物分选技术，实现了"菌落定位-光谱采集-聚类分析-菌落挑取"一体化菌种自动筛选。该技术对相同菌株聚类的准确率≥92%，科水平的聚类准确率≥80%，应用于鱼类肠道微生物的分离，平均菌落去重率为 44%，物种分离效率较人工挑取法提升 2～3 倍，可覆盖 78%的人工分离物种，体现出聚类准确、去重率高等特点，可有效提升农业微生物资源分离效率、降低资源收集成本。

肠道是人体微生物的主要栖息器官之一，肠道微生物组对人体的免疫系统、内分泌系统、中枢及外周神经系统至关重要。肠道类器官是由来自肠道的隐窝或单个干细胞在体外培养体系中形成的三维组织类似物，具有自我更新和分化能力，能够高度还原肠道微生物组生长代谢所需的微环境。近年来，猪、鸡、牛和羊等农业动物肠道类器官相继建立，为研究动物肠道微生物组功能及其作用机制提供了有力工具。目前，肠道类器官与类微流控芯片结合技术在肠道微生物组研究中的应用日趋成熟。例如，研究人员开发了一种肠道上皮细胞体外培养体系，并配备肠道芯片，用于模拟肠道上皮细胞外液体流动的肠道生理环境，并且具有肠道蠕动特性。此外，人体肠道中含氧的血液流经毛细血管，穿过肠道上皮细胞组织界面进入内腔时，氧气的浓度会逐渐降低。因此，该肠道模型微流控芯片体系具有两个通道，一条通道含氧气，另一条不含氧气，以维持一个超过 200 种厌氧菌和需氧菌的复杂肠道微生物组，用于在受控条件下高通量测试肠道微生物组功能及其与宿主动物的相互作用。

6.2.3　厌氧微生物组关键技术

厌氧微生物通常是一类只能在低氧分压的条件下生长，而不能在空气中暴露生长的微生物。厌氧微生物是地球上最早出现的生命体，数量庞大，物种丰富，占地球微生物资源总量的 70%。厌氧微生物作为土壤元素循环、作物营养吸收、农业废弃物利用、动物肠道健康和畜禽粪污处理等农业生产前后端的"隐形英雄"，是未来农业微生物组研究的重点领域。近年来，厌氧微生物领域产生了多项重大生命科学发现和划时代的生物技术。

1. 厌氧微生物分离培养技术

厌氧微生物的分离培养受多种不确定性的影响，存在较大的盲目性和随机性。首先，不同生境微生物的群落组成和丰度差异巨大，难以用标准化的方法来培养获得微生物；其次，在同一个环境样品中，不同物种的浓度相差 3～5 个数量级，需要的分离通量高，理论上随机挑取数百万级别以上的单菌落，才可能一次性获得所有物种；再次，新物种菌株的生理生化特性处于"盲盒"状态，难以设计合理有效的培养基和培养条件；最后，菌株的生长受到其他物种和环境的动态影响（如复杂多变的互作关系、是否休眠等）。因此，根据厌氧微生物原位生长环境特征、基于宏组学推测的底物特征等条件，需将传统分离、高通量和新的技术相结合，有针对性地设计不同类型的厌氧微生物的分离培养策略进行定向分离培养。常见方法如下。

（1）厌氧微宇宙模拟培养法：依据标准厌氧操作流程，采用还原铜网去除气体中的氧，在氮气保护下采用无菌注射器进行菌种转接和取样。在无菌厌氧环境下进行转接，在厌氧培养箱中进行培养。

（2）物质代谢驱动的微生物分离培养方法：以宏基因组数据及原位环境测定参数为指导，了解特定区域微生物的物质代谢特性。在基础培养基中添加多糖、核酸、含硫化合物、含氮化合物、重金属等物质，对来源于不同生境的样品进行富集培养。通过此种方式培养出来的微生物通常具有代谢特定物质的特性。

（3）厌氧微生物高通量筛选法：利用无菌无氧手套箱（百级洁净度）和自动化菌体生长识别和挑取系统，自动高效分离厌氧微生物[分离通量最大可超过2000株/（天·人·台）]。

（4）夹心平板富集分离法：通过添加不同的代谢底物，有针对性地富集可降解对应代谢底物的难培养厌氧微生物，并优化分离培养基进行富集培养，然后将富集的厌氧微生物置于两层培养基之间，于上层培养基定向分离与其互作的难培养微生物类群。

（5）微液滴包埋显色和微流控分选方法：借鉴微流控荧光激活液滴分选技术，将富集培养的细胞悬液稀释至一定浓度，将其和油相分别引入微液滴生成芯片，两种液相通过芯片十字交叉口形成油包水液滴，每个液滴包裹一个细胞。收集液滴进行培养后，再次通过微液滴生成芯片并在每个液滴中注入显色剂。孵育显色后通过微液滴分选芯片，显色的阳性液滴通过检测区域时，触发芯片上灌注的高压电极产生介电力，使液滴发生偏转，从而完成分选。

2. 厌氧微生物合成技术

该技术聚焦于厌氧微生物底盘开发，进而开发厌氧微生物作为细胞工厂的潜力。厌氧微生物的生境特殊，对其特殊的代谢及调控解析相对较少。因此，首先通过信息注释和资源挖掘，注释代谢调控信息，开发算法挖掘生物合成资源，对合成元件进行分类建库，达到解析细胞代谢调控网络、挖掘生物合成元件资源的目的；其次，设计合成通路，通过合成通路的智能化计算设计，应用底盘重建技术，进行生物合成通路模块化构建；最后，通过高通量培养和筛选、原位实时监测，以及代谢流动态分析等，对生物合成性能进行高通量自动化测试，基于测试结果，进行计算机深度学习，优化生物合成通路，调控人工菌群。经过多轮"设计—构建—测试—学习"循环，不断实现底盘细胞优化，最终创制高适配性的厌氧微生物单菌或多菌合成底盘。该技术为厌氧微生物及下游产物工业化开发提供了技术保障。

3. 厌氧微生物制造技术

该技术针对不同的应用场景，可实现从技术到产品、从实验室到工业的转化。首先，以不同应用场景为基础，定向完成厌氧微生物的驯化与改造，以及菌株功能和目标产物的定性与定量评价。基于微流控技术和微型生物反应器，通过高通量人工驯化与诱变、模式微生物的生物定向改造等，实现厌氧微生物的高通量筛选和改造，为后续代谢产物分析提供资源基础。其次，完成厌氧微生物代谢产物分析的标准技术方案，解析微生物代谢产物中关键酶蛋白、微生物活性分子的作用，揭示有价值的初级代谢产物与次级代谢产物的类型、分子结构、功能、代谢途径及作用机制，挖掘这些代谢产物在环境与农业生产中的价值。然后，利用厌氧微生物的生理生化特性，实现功能菌株在实验室条件下的小型与中试高效扩繁。基于机器学习，利用数字孪生模拟，获得微生物关键培养参数，制定最佳的工艺开发策略。利用高通量微型发酵系统，以细胞代谢特性和反应器工程特性参数分析为基础，优化并预测微生物发酵过程的关键控制参数。实时监控、分析与动态调控，实现微生物发酵过程关键参数的实时调控。通过智能模拟，高通量验证与智能控制，实现微生物发酵工艺放大的智能化。利用厌氧微生物及其活性成分的理化特性，实现从微生物细胞到有效活性成分的纯化制备。完成厌氧微生物的快速收集，活性成分的高效和高回收率的分离与纯化浓缩。接以分离纯化与固定化技术等手段，增强厌氧微生物酶制剂的环境抗性。以无细胞的培养方式，完成关键蛋白/酶制剂的制备，为后续高效高产的蛋白/酶制剂奠定基础。最后，搭建从实验室到工业应用的桥梁，为产品在工业应用做好质量把关与风险监控。对厌氧微生物制造平台的后端产品进行质量把控，保证产品的有效性、功能性和稳定性。

6.2.4　种子生物包衣技术

种子生物包衣是一种用生物聚合物、着色剂、生物防治剂和有益微生物覆盖种子。种子生物包衣技术是一种可提高种子生产性能、增强植物抵御生物和非生物胁迫能力，同时提高农业生产效率的农业技术，已被广泛应用于机械化和精准化农业领域。

1. 新型生物包衣材料

1）海藻酸钠

海藻酸钠是一种白色或淡黄色的粉末，易溶于水并且有着较强的吸湿性和优异的持水性能。海藻酸钠作为一种天然多糖，还具备生物黏附性、生物相容性，以及生物降解性等。有研究发现，以海藻酸盐作为基质的水凝胶具有优良的渗透性，有助于包裹的微生物与外界环境进行气体和营养物质的交换。海藻酸钠的黏度受聚合度、添加浓度和环境温度的影响。目前已有实验成功以海藻酸钠为基础制成种子包衣。以枯草芽孢杆菌为原材料，通过内源乳化法可制备海藻酸钠微胶囊，其能够有效促进棉花种子发芽、增加生物量。将海藻酸钠和壳聚糖交替裹覆、层层组装，制备了具有多层膜结构的凝胶微球，在控制农药释放方面效果显著，并且有望成为增加农药制剂缓释性能的一种新方法。

2）壳聚糖

壳聚糖也叫几丁聚糖，是由甲壳素在浓碱加热处理后脱去 N-乙酰基而得到的产物。壳聚糖具备良好的生物黏附性、生物相容性、生物降解性，以及较好的成膜性。作为天然多糖中唯一的碱性多糖，壳聚糖易溶于酸性溶液，在它的弱酸溶液中，游离的氨基可以结合质子，形成带有正电荷的聚电解质。这种性质赋予了壳聚糖很强的吸附和螯合能力，使其可用作细胞和生物大分子的固定化载体，而且容易进行化学修饰。对不同浓度和交联剂用量壳聚糖成膜剂的黏度、成膜性能，以及成膜剂包衣玉米种子的发芽情况的研究表明，该成膜剂在一定浓度下能够提高玉米种子的发芽率，能满足种衣剂中成膜剂的应用要求。

3）羧甲基纤维素

羧甲基纤维素是一种阴离子、直链、水溶性纤维素醚，是对天然纤维素与氯乙酸进行化学改性得到的一种衍生物，其外观呈白色或微黄色的絮状纤维粉末，其水溶液黏稠且黏度会随着温度升高而降低，水溶液具有增稠、成膜、黏结、水分保持、胶体保护、乳化及悬浮等多种作用。将解淀粉芽孢杆菌发酵所产生的抑菌物质（作为新型种衣剂的有效成分）与研制的复合型成膜剂溶液混合，制成的花生种子包衣能够有效抑制黄曲霉孢子萌发。

4）聚乙烯醇

聚乙烯醇是一种新型的微生物固定化包埋载体，具有强度高、化学稳定性好、抗微生物分解性能强、对微生物无毒，以及价格低廉等一系列优点，是一种具备实际应用潜力的包埋材料。聚乙烯醇在加热后可溶于水，在其水溶液中加入添加剂后会发生凝胶化，而且在低温（−10℃）下能够冷冻形成凝胶，可以将微生物包埋并固定在凝胶网络中。以聚乙烯醇和海藻酸钠为成膜剂，以膨润土和苯甲酸钠为助剂，替代化学种衣剂，将芽孢杆菌和木霉包衣玉米种子，显示出良好的接种增长效益。

5）乳清蛋白

乳清蛋白是乳制品工业中生产奶酪和酪蛋白的副产品，具有增稠特性和营养价值。乳清蛋白含有丰富的蛋白质、乳糖和矿物质，其中，蛋白质和乳糖可以形成嵌入细菌的细胞质基质，保护细菌细胞免受冷冻和干燥胁迫的影响。乳清蛋白作为天然聚合物，既能作为包封剂保护微生物，又能提供营养。乳清蛋白、有益微生物与植物之间相互作用，激活植物抗氧化和防御反应。采用乳清蛋白与海藻酸盐复合微胶囊包埋荧光假单胞菌 VUPF506，包埋率可达到 80%，荧光假单胞菌在微胶囊中能够存活两个月以上，接种马铃薯后可抑制 90% 的病原菌。

6）丝素蛋白

丝素蛋白是从家蚕茧中提取的生物材料，作为一种天然衍生的结构蛋白，在水溶液中具有纳米胶束的形态,能够形成透明坚固的保护膜,保护抗生素、生长因子和酶等不稳定化合物。将丝素蛋白与海藻糖作为包衣材料,将根瘤菌包在种子表面,多肽蛋白与双糖的结合,为根瘤菌在无水条件下的生存提供了有利环境。包衣溶解后将根瘤菌释放到幼苗根系,促进了种子萌发,提高了产量,且降低了土壤盐分含量。

2. 新型微生物种子包衣技术

1)微胶囊技术

微胶囊技术通过将固体、液体或气体物质封装在微小胶囊内,实现了被封装物质在固体微粒产品中需要时的释放。形成胶囊壁的物质称为壁材,其中大多数为天然或合成的高分子化合物,如明胶、阿拉伯树胶、海藻酸钠、环糊精,以及纤维素衍生物等。这些材料可以形成水凝胶,智能水凝胶能够感知外界细微的物理化学变化,如pH、温度、压力、电场磁场、离子强度、紫外光、可见光,以及特定化学物质等的变化,通过体积的溶胀和收缩对来自外界的这些刺激做出响应。按照胶囊壁材分类,微胶囊产品可以分为单层和多层;按照核心物质分类,又可以分为单核、多核及多核-无定型等。微胶囊的粒子大小一般为$5\sim1000\ \mu m$,有球形、肾形、颗粒状等各种形状。采用海藻酸钠-氯化钙-壳聚糖包膜材料对特基拉芽孢杆菌、施氏假单胞菌等农业微生物进行颗粒化包膜,能够显著降低微生物菌体制备成菌剂过程中的损耗,提高菌剂的稳定性,最大限度地保持其生物活性,在田间应用中更好地发挥促进生长和增产增效作用。采用界面聚合法可制备具有缓释、光降解等性能的噻唑膦微胶囊,其可控制农药活性物质的有效释放、延长药效期、提高药效功能、隐藏难闻气体、降低农药对人畜的毒性和刺激。

2)静电纺丝种子涂层技术

静电纺丝技术是一种通用技术,通过施加电场从黏性溶液(通常是聚合物溶液)中制备纳米到微米尺寸的纤维。静电纺丝技术简单方便,可以直接从聚合物及复合材料中制备连续纤维,所制备的纳米纤维薄膜通常呈无纺布形式。静电纺丝技术具有一些显著优势:设备和实验成本较低,纤维产率较高,制备的纤维比表面积相对较大(纤维直径在几十纳米到几微米的范围内),且适用于许多不同种类的材料。以上这些优点使得静电纺丝技术在许多领域具有广泛的应用。利用静电纺丝技术,可以将纳米纤维溶液直接包覆在种子表面。有研究人员使用含有接种根瘤菌的聚乙烯醇溶液,制备了静电纺丝纤维,将其包覆在大豆种子上。静电纺丝纤维可以保护微生物免受有害化学物质的侵害,从而提高了它们的存活率。将含有乙基纤维素基静电纺丝纳米纤维包覆在水稻种子上,可提高了种子的发芽率。将含有促生菌的聚乙烯醇静电纺丝纤维包覆在大豆种子上,使细菌成功地在种子包衣上定植,促进植物苗期的根系生长。

3)双层种子包衣技术

鉴于环境的多变性和复杂性,需要进行定制设计多层种子包衣,以应对植物生长过程中的各类生物和非生物胁迫。一项开创性研究证实了双层种子包衣的应用。该种子包衣包括由丝素蛋白和海藻糖混合而成的内层,以及由果胶和羧甲基纤维素水凝胶组成的外层,为根瘤菌提供了适宜的生长环境,有助于促进根瘤菌的生长。在另一项研究中,双层种子包衣能够直接促进水稻的早期生长。首先在种子表面涂覆一层聚乙烯醇作为生物肥料,然后添加一层由商业种衣剂组成的第二层。多种不同材料的种子包衣可以协同保护作物。

4)基于纳米材料的包衣技术

将纳米技术与种子处理技术相结合,可以提高作物的产量。利用金属纳米颗粒可以保护作物。使用松树油树脂作为包衣剂,将氧化锌纳米颗粒包裹在玉米、大豆、豇豆和秋葵种子上,不仅环保,而且可以提高种子发芽率。在温室实验中,这还促进了植物根系的发育。采用铜、铁和锌纳米颗粒混合的种衣剂对番茄种子进行包衣,与未经处理的对照组相比,经过纳米颗粒包裹的种子在发芽率方面没有显著改善,但在节间长度(对应铁和锌纳米颗粒)、番茄平均重量(对应铜和铁纳米颗粒),以及番茄产量(对应铜和铁纳米颗粒)方面有显著改善。

3. 微生物种子包衣技术的农业应用

在实验室、温室和现场试验中,根际促生细菌采用不同的包衣技术(如薄膜包衣、造粒包膜)和包衣材料(如黏合剂和填料),成功地应用于不同的作物种子制备。到目前为止,微生物种子包衣技术已广泛应用于蔬菜(如胡萝卜和番茄)、谷物(如高粱、小麦和玉米)和豆科植物(如大豆和苜蓿)。研究发现,根际促生细菌通过种子包衣应用于作物后,对种子存活、种子萌发、幼苗建立、结瘤(豆科植物)、植物生长、产量甚至营养价值的影响通常是正向的(表6-2)。

表6-2 有益微生物包衣和植物种子包衣技术及其农业应用

包衣类型	植物	功能微生物	包衣材料	胁迫条件
薄膜包衣	洋葱	荧光假单胞菌	生物聚合物	终极腐霉侵害
	番茄	球孢白僵菌	生物聚合物	玉米螟侵害
	向日葵	恶臭假单胞菌	羧基甲基纤维素	干旱胁迫
	小麦	嗜虫沙雷氏菌	生物聚合物	草蛴螬侵害
	高粱	淡紫拟青霉	阿拉伯胶	尖孢镰刀菌侵害

续表

包衣类型	植物	功能微生物	包衣材料	胁迫条件
丸粒化	番茄	哈茨木霉	纤维素、木薯粉和右旋糖酐	盐胁迫、温度胁迫、终极腐霉侵害
	百合	嗜虫沙雷氏菌	生物聚合物	草蛴螬侵害
	玉米	枯草芽孢杆菌	生物聚合物	尖孢镰刀菌侵害
	芝麻	多黏类芽孢杆菌	聚乙烯醇	尖孢镰刀菌侵害
	大豆	枯草芽孢杆菌	泥炭	尖孢镰刀菌侵害
	棉花	芽孢杆菌 AlveiK-165	黄原胶-滑石粉和海藻酸钠	烟草根黑腐病侵害
	豇豆	芽孢杆菌	粗糖浆	干旱胁迫
	棉花	假单胞菌、固氮菌、农杆菌、根瘤菌	蔗糖	盐胁迫
丸粒化+薄膜包衣	三叶草、甜菜	腐霉菌	蛭石	拟根菌、茄根菌和腐霉侵害
	胡萝卜	嗜虫沙雷氏菌	生物聚合物	玉米螟侵害
	甘蓝型油菜	沙雷氏菌	甲基纤维素和滑石粉	大丽轮枝菌侵害
薄膜包衣+种子包衣	鹰嘴豆	短小芽孢杆菌 B-30488	海藻酸钠、氯化钙	干旱胁迫
	小麦	假单胞菌	阿拉伯糖	锌缺乏胁迫
		哈茨木霉	羧甲基纤维素	黄萎病侵害
	小麦、菊芋	蜡状芽孢杆菌 Y5、枯草芽孢杆菌 Y16、丛枝菌根真菌、绿色木霉	泥浆、堆肥、沼浆、泥炭,以及珍珠岩混合物	盐胁迫
	蚕豆、小麦	根瘤菌、蜡状芽孢杆菌 Y5、枯草芽孢杆菌 Y16	丝素蛋白、海藻糖、泥浆、堆肥、沼浆、泥炭	盐胁迫
	蚕豆	根瘤菌	果胶、羧甲基纤维素	盐胁迫、干旱胁迫
	鹰嘴豆、豌豆、玉米、小麦、蚕豆、豇豆	丛枝菌根真菌、哈茨木霉、恶臭假单胞菌、根瘤菌	沸石、膨润土、羧甲基纤维素、生物炭	盐胁迫、干旱胁迫
	小麦	哈茨木霉、链霉菌	吐温-20	尖孢镰刀菌侵害

在生物和/或非生物胁迫下,微生物种子包衣能够赋予宿主植物对生物胁迫(如植物病原体)和非生物胁迫(如干旱、盐度、低温或热)的耐受性,从而通过提高在不利环境条件下的生长性能来提高作物的适应度。因此,适当的根际微生物能够赋予植物胁迫耐受性,同时有助于减轻非生物和/或生物胁迫对植物的负面影响。

1)种子生产性能提高

种子形态特性(如大小、重量、形状和均匀性)的标准化是微生物种子包衣的主要过程，一般可以提高田间播种性、作物生长和产量、市场等级因素和收获效率。微生物种子包衣中，除了微生物，还可以添加大量的功能材料如聚合物、黏合剂、杀虫剂、色素或染料，提高机械化播种效率，促进种子萌发和根系生长发育。

2）种子质量改善

种子质量（如种子萌发力、活力和水分含量）对作物的可持续生产和粮食安全至关重要。采用根际促生细菌或有益丛枝菌根真菌包衣种子，已被认为是提高种子质量的重要品质输入。例如，采用包衣剂包裹含有克雷伯氏菌和枯草芽孢杆菌的陆地草种子，在盐渍化土壤中其发芽率显著提高了 11.3%。微生物种子包衣技术已广泛应用于各种作物，如小麦、玉米、番茄和葫芦等，能够提高种子质量，优化根际营养物质的释放。

3）促进生长和营养吸收

包裹微生物的种子包衣技术可促进作物种子萌发和植株生长，提高作物产量和营养品质。将二氧化硅作为黏合剂和根际促生细菌包衣小麦种子，能显著促进种子萌发，提高植株干重，以及养分（如 K 和 Zn）浓度。另有研究表明，通过使用相同的包衣材料和配方，小麦种子包衣可以显著增加养分（如 N、P、K 和 Zn）浓度。微生物包衣剂可以通过破裂、扩散和溶解等，以可控或渐进的方式在根际释放根际促生细菌、丛枝菌根真菌或共生固氮根瘤菌。与传统的接种方法相比，通过包衣技术以可控或渐进的方式释放微生物，可以提高根际微生物存活率，增强其耐受各种环境压力，如干旱、盐碱、低温或高温、营养缺乏等的能力。

4）增强作物抗病应激反应

作物抗病应激反应是指作物在受到病原菌侵染时，通过一系列生理和分子机制来抵御病原菌的侵害，保护自身免受损害的过程。这些反应包括免疫反应、抗病反应、感病反应、耐病反应和避病反应等。包裹有益微生物的种子包衣技术有助于有益微生物在根部的定殖，增强作物的抗病应激反应，并拮抗由土壤或种子传播的植物病原体，从而有效防止作物种子腐烂和幼苗衰退。如两种包含芽孢杆菌或非致病性尖孢镰刀菌的种子包衣剂可保护植物免受土壤传播的真菌病原体大丽轮枝菌的侵害，从而促进植物生长。

5）非生物应激缓解

非生物胁迫（如干旱、盐碱、极端温度和营养缺乏等）是限制全球作物生产的主要环境因素。适应干旱等不利条件的植物有益微生物能通过抗氧化防御或产生胞外多糖等机制,帮助植物应对胁迫和促进植物生长。在干旱胁迫下,产生胞外多糖的假单胞菌通过膜包衣,能在向日葵根表形成生物膜,增强其耐受干旱胁迫的能力。种子包衣材料作为水分调节剂,如以海藻酸钠和$CaCl_2$为载体的慢芽孢杆菌 B-30488 包被茜草种子,能提高干旱胁迫下种子萌发率。在高盐胁迫下,含有根际促生细菌的种子包衣能够有效地促进植物的生长,如以压泥、堆肥、泥浆或泥炭为载体,将根际促生细菌芽孢杆菌包衣小麦种子,能提高气体交换指标(如光合和蒸腾效率、水分利用效率)、养分含量指标(如秸秆和谷物中的氮、磷、钾)、生化指标(如叶绿素、类胡萝卜素、粗蛋白含量)、生长和产量特性等。

6.3 农业微生物组工程的应用场景

6.3.1 植物微生物组工程

植物微生物组存在于植物的根际、叶际和种子际等特定区域,包括细菌、真菌、原生生物、线虫和在所有可接触的植物组织中定居的病毒等,一般可细分为根际微生物组、种子微生物组、核心微生物组、合成微生物组和有益/有害微生物组等,其群落构成受植物、微生物以及它们的环境物理和化学条件之间相互作用的影响。作为宿主植物的"第二基因组",植物微生物组能帮助宿主植物发展自身免疫力、抑制病害、获得营养素,耐受生物和非生物胁迫等。最新研究表明,微生物可以通过种子从一代植物遗传到下一代,如通过包衣可以将有益微生物组转移到种子中,可能会成为下一代植物内生细菌的来源,并在世代间进行传播。

自然系统中的细胞间通信以三种方式发生:①发送细胞产生并分泌的蛋白质或小分子扩散,并在接收细胞中激活表面受体蛋白或细胞内传感器;②信号分子(通常是小的第二信使分子)通过通道蛋白传输到直接接触的邻近接收细胞;③发送细胞上的膜配体和接收细胞上的膜受体直接相互作用。很可能发送细胞的信号触发接收细胞中的转录事件。无论如何,这些细胞级电路将引发在单细胞层面上不会发生的复杂群体行为。

植物核心微生物组不仅受外界气候因素的影响,还受宿主反应的间接影响,宿主反应包括植物生理学、形态、免疫反应和根系分泌物的变化。当暴露在有压力的环境条件下时,植物已经进化出一种渗出介导的"呼救"反应,可招募缓解压力的微生物群。气候变化将对植物与微生物组的相互作用产生不同的影响。气候变暖会减少地下光合产物的分配,导致根系发育受到限制。植物微生物组的某些成员具有减轻非生物胁迫对植物影响的特征,其作用机制包括:①1-氨基环丙烷-1-羧酸脱氨酶的产生,通过调节植物的乙烯水平提高植物的抗逆性;②产生胞外聚合物,形成疏水性生物膜,保护植物免受干燥的伤害;③产生能刺激植物生长、诱导渗透物积累和/或解毒活性氧类的植物激素;④通过增加植物根系的表面积,可直接影响其对养分和水分的吸收;⑤适应植物的表观遗传调控,导致植物适应新的环境条件。

全球变暖的气候变化使得许多地区的干旱更加频繁和严重,并引起了植物微生物组成和活性的改变。由于微生物的生理、新陈代谢及对温度和湿度的敏感程度各不相同,因此气候变化会直接或间接影响植物微生物群落的组成。气候变化可能对占据植物表面如叶层的微生物群落的直接影响更为明显,因为与相对稳定的植物内部组织环境(如内层)相比,这些群落的环境条件波动更大。尽管人们日益认识到微生物群落对于植物生长和健康的重要性,但利用微生物的相互作用和特性,提高植物对气候变化的适应能力仍然是一项重大挑战。迫切需要开发工具以解析植物微生物组对气候变化的响应,以及微生物组如何减轻气候变化的负面影响,这将帮助人们更好地预测气候变化对农业生产的影响,有助于促进农业的可持续发展(图6-1)。

1. 根际微生物组工程

根际微生物组对植物生长和健康具有重要作用,系统了解其功能和作用机制,人工调控根际微生物组,促进植物生长并提高植物耐受环境胁迫的能力,在可持续农业中有巨大应用潜力。2020年,根际微生物组学被《自然》杂志评为最值得关注的前沿科技之一。

借助微生物组学的策略,不仅可以阐明作物品质特性与功能微生物群组功能的关系,还将从本质上揭示作物对特异微生物组招募的分子机制以及根际微生物组的动态演替规律等重大科学问题。2015年,通过微生物组学分析发现,在水稻根系不同空间分室存在特异的微生物群落,并揭示了根际微生物群落中各种核心菌株功能亚群的多步骤组装机制。2017年,通过微流控技术跟踪微生物-植物互作展示微生物根际特异性识别和定植机制,证明了燕麦根在发育过程中,通过富集对根系代谢物芳香有机酸具有底物偏好的细菌,影响根际微生物群落中各种核心菌株功能亚群的组装和演替。2018年,通过研究香豆素和三萜化合物在塑造特异微生物群落中的作用,阐明了植物根系分泌物的次生代谢物衍生分子介导微生物群落组成的重要机制。同年,通过多地5000份样本的大数据分析,将微生物种群的丰度与植物基因型联系起来,鉴定了143种可遗传的微生物,并确定了玉米核心根际微生物组。越来越多的研究表明,植物根际微生物不同程度地参与了植物营养吸收和抗病、抗逆等机制。根际有益微生物还具有生物固氮和释放植物激素,以促进植物生长、帮助植物抵御病虫害、提高养分吸收,以及缓解逆境胁迫等功能。2018年,美国科学家研究表明,干旱导致植物根系代谢物的变化,进而影响

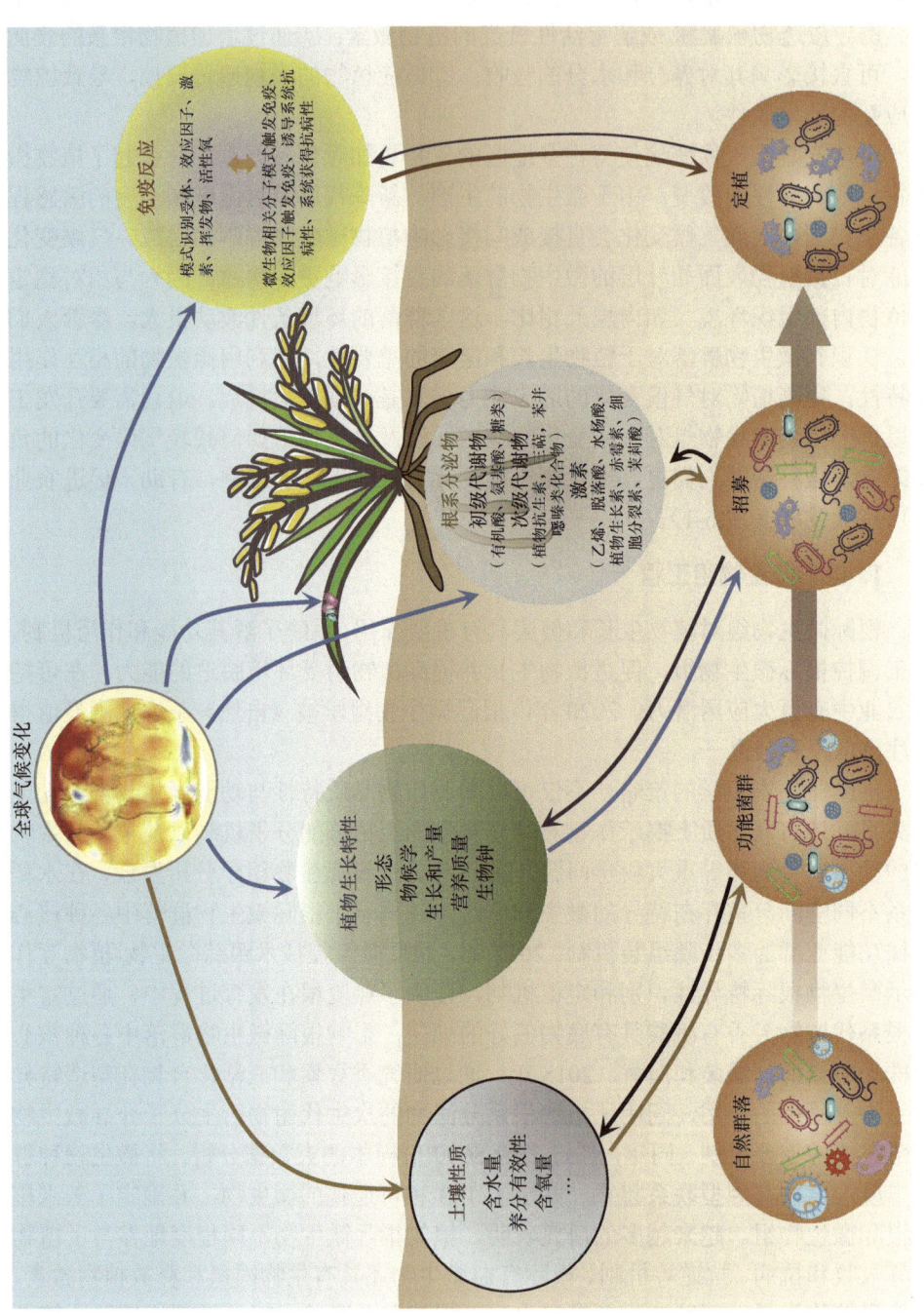

图 6-1　气候变化对植物微生物组的影响及微生物与宿主作物的互作机制

特定微生物群落的富集，这种特定微生物群落富集增强了宿主植物对干旱胁迫的耐受性。2019 年，中国科学家通过高通量微生物分离培养和鉴定体系，成功获得水稻根系 70%的细菌种类，建立了水稻根系细菌资源库，并人工重组了籼稻和粳稻特异富集菌群，发现籼稻富集菌群比粳稻富集菌群能更好地促进水稻在有机氮条件下生长，证实了籼稻和粳稻氮肥利用效率与根系微生物直接相关，籼稻根际比粳稻根际富集了更多参与氮代谢的微生物群落，且该现象与硝酸盐转运蛋白基因 *NRT1.1B* 在籼稻和粳稻之间的自然变异相关联。

根际微生物组工程的一个可行策略是改造植物，使其在根际产生特定的化合物，从而招募根际微生物群落的有益成员。例如，拟南芥 ALMT1 转运体的过表达，导致苹果酸盐的渗出量增加，结果导致有益微生物枯草芽孢杆菌 FB17 在根际富集。此外，拟南芥氨基酸转运体基因的敲除，导致根系分泌物中氨基酸浓度增加，进而有利于猴假单胞菌（*Pseudomonas simiae*）WCS417r 的招募和根表定植。在水稻中，芹菜素分泌的上调导致固氮葡糖醋杆菌 *Gluconacetobacter diazotrophicus* 的定植和固氮能力增加，进而提高了水稻产量。根际微生物组工程的另一种策略是引入或刺激微生物来重定向根际微生物组，如将有益微生物引入土壤、种子和种植材料上，或通过土壤或作物管理刺激常驻的有益根际微生物。使用具有互补或协同特性的不同微生物组合，而不是"单一微生物"方法，可提供更有效和一致的效果。另一个改造植物的策略是改变根系形态，如直接影响植物从土壤中吸收营养和水分的侧根发育。在模式植物拟南芥中开发了一系列转录调节因子，创建遗传逻辑回路，进而实现跨组织基因表达的人工操纵，达到定向改变植物根形态的设计目的，其技术路线包括采用组织特异型启动子 SOMBRERO 驱动基因在根冠表达，PIN-FORMED4 启动子驱动基因在小柱、根冠和中柱表达，或采用侧根干细胞组织特异型启动子 proGATA23 驱动侧根发育相关突变基因 *slr-1* 表达，进而定量控制拟南芥侧根分支的发育。

根际联合固氮微生物作为接种剂已广泛应用于农业生产，但根际环境的生物逆境胁迫（如病虫害）和非生物逆境胁迫（如干旱、氮缺乏），造成根际固氮微生物生长及固氮效率低下。这些胁迫因子包括：①能源限制因子，根系分泌物是联合固氮菌的主要碳源和能源，C4 作物光合作用强，根系分泌大量糖和有机酸等；②非生物逆境胁迫因子，干旱影响作物生长、根系发育和光合作用，是联合固氮的关键限制因子；③生物逆境胁迫因子，根系病虫害，特别是地下害虫，直接危害生物固氮的主要场所根系；④其他影响因子，田间施肥条件高浓度的铵抑制固氮活性，固氮菌通常不能分泌到胞外供作物生长所需等。目前，针对影响固氮效率的主要胁迫因子和提高农作物氮利用率的关键瓶颈因素，在固氮与相关抗逆元件网络调控的分子基础研究、固氮与相关抗逆模块组装互作的适配机制研究，以及固氮与相关抗逆线路集成的系统优化机制研究等方面已取得重要进展，并利用人工泌铵模块与氮高效利用模块偶联,以及用高效固氮路线与抗逆线路适配的人工固氮体系替代天然固氮体系,颠覆了"固氮酶铵抑制、氧失活及固氮产物不能分泌到胞外"等生物固氮自然法则,突破了固氮包膜和固氮微囊技术工艺,创制了适用于机械化播种、水肥一体化滴灌和无土栽培等农业现代化生产方式的新型高效固氮产品,为颠覆传统农业依赖化学氮肥的生产方式、促进我国农业高质量绿色发展提供了前沿理论与技术支撑。

2. 叶际微生物组工程

叶际是地球上最大的生物表面,根据保守性的估算,叶际面积约为 10 亿 km^2,是地球表面积的 2 倍。叶片上下表面被蜡质角质层覆盖,叶表主要由表皮细胞和表皮细胞间的沟槽组成,其中散布有气孔、毛状体、管状体和腺状毛状体,为微生物的定居提供了丰富多样的微环境。另外,由于剧烈变化的强光、高低温、极端潮湿或极端干燥、高紫外线和营养贫瘠等因素影响,叶际环境非常苛刻且不稳定,形成了独特的共栖、互惠、拮抗等植物-微生物叶际共生体系。叶际微生物除了环境变化的影响,还受到宿主植物遗传因素和生长发育时期变化的影响,同时也受到其他微生物或者害虫等生物因素的影响。

叶际作为一个独特的生境,是地球上最大的微生物栖息地之一,叶际微生物展现出丰富且异质的群落结构与多样性。叶际中最主要的微生物类群是细菌,1 cm^2 的叶表面上通常栖息着 $10^6 \sim 10^7$ 个细菌。常见的叶际细菌类群有变形菌门、拟杆菌门、芽孢杆菌门和放线菌门。研究表明,裸子植物更易被 γ-变形菌和放线菌寄生,而被子植物更易被 β-变形菌和拟杆菌寄生。相对于细菌而言,叶际中的真菌数量和多样性较低,子囊菌门是叶际真菌的优势类群,担子菌门和壶菌门也存在于叶际中。植物叶际中含有大量供植物营养和抗病相关的微生物,这些微生物可通过改善营养物质获取或激素刺激而发挥直接的植物生长促进作用,或通过竞争、拮抗等相互作用平衡叶际菌群,抑制植物病原体的生长,间接影响植物健康。研究发现,小麦叶际中的金黄杆菌属、假单胞菌属、根瘤菌属群体数量与宿主株高、叶长、叶宽和叶绿素含量等生理指标呈正相关关系。此外,在叶际等相对贫瘠的环境条件下,许多叶际微生物具有溶解无机磷、产生植物激素和铁载体等特性,其群落组成与多样性是维持植物健康的关键。然而,目前对于叶际微生物群落组装机制和功能方面的理解仍不充分,这极大地限制了抗病叶际微生物组的精准设计及抗病叶际微生物组在农业生产中的高效应用。

在叶际附生层(叶片表面)和内生层(叶片内部)中已鉴定出大量固氮微生物,其对植物的氮素供应和生长具有重要贡献。每一片叶子都像一块天然太阳能电池板,形成了地球上最大的生物氮肥生产车间。在高纬度冰川地区,非结瘤先驱植物叶片的生物固氮速率，是根际固氮效率的 2 倍。在某些热带低地雨林，叶片相关固氮菌主要由 γ-变形菌和蓝细菌组成，生物固氮速率更为显著。叶片附生层和内生层固氮菌以鞘氨醇单胞菌、根瘤菌、假单胞菌和芽孢杆菌为主。而氮螺旋菌和缓生根瘤菌在内生层的丰度高于附生层。甲基细菌以其甲醇基甲基化能力为特征，在水稻尤其是野生水稻叶际的固氮微生物中占主导地位。与其他根瘤菌类群相比，缓生根瘤菌在大豆叶际中大量富集，同时缓生根瘤菌作为一种自生细菌与豆科植物根系共生，是大豆中普遍存在的丰富的根瘤菌。鞘氨醇单胞菌在高粱叶际中的丰度远大于其他属。在小麦叶际中也发现了泛菌属的显著富集，该属可能是耐旱植物固定大气中 N_2 的共生固氮微生物核心菌群。叶际固氮菌群落和固氮活性的变化与生物因素[如特定地点的微生物物种库、寄主选择（如植物组织、植物物种、基因型和发育阶段）]和非生物因素（如气候、土壤养分和扰动如农业管理等）之间复杂的相互作用有关。

结合新兴的高通量分离和鉴定技术，利用生物信息学分析获得关键微生物群，可以更精确地解释叶际微生物群的功能。利用全基因组关联分析（genome-wide association study，GWAS）和数量性状基因座（quantitative trait locus，QTL）定位分析能够预测和识别控制叶际微生物群的寄主遗传因子。结合基因编辑、快速发展的"全息组学"以及遗传和生化操作，将使我们对宿主中有益微生物富集相关的遗传位点以及叶际微生物组影响抗病的调控机制有更全面的了解。叶际微生物组的精准设计为促进目前依赖于抗病基因（R 基因）的作物抗病基因工程育种提供了一种强有力的互补技术。为了突破当前的瓶颈，需要进一步在菌株和群体层面同时发掘功能叶际微生物，特别是具有塑造抗病能力以及对全球变化背景下不利因素具有恢复力的微生物。利用整合全息组学、基因操作和新兴人工智能技术的研究策略，能够高效挖掘和发现抵御植物病害的叶际微生物组，为植物抗病性衰退的治理提供潜在方案。

3. 种子际微生物组工程

种子际是指受到种子萌发影响而使微生物活性增强的特定微环境，包括种子内部及其表面环境，是植物与微生物之间发生相互作用的关键起始场所。种子际微生物具有特殊的群落结构和功能，并通过垂直传播影响根际与叶际微生物群落的重建，对于种子萌发、植株生长及其抗逆性和生产性至关重要。种子际蕴含着丰富的有益微生物，可以起到防病、促生、抵御胁迫的作用，具有多种促生机制，包括：①生物固氮，为宿主植物提供生长所需的氮素；②释放有机酸、铁载体、细胞分裂素和吲哚乙酸等，促进根系营养物质吸收和植株生长发育；③合成 S-腺苷甲硫氨酸甲基硫代腺苷裂合酶、水解酶和抗菌物质等，抑制植物病原体或诱导植物产生抗性；④分泌次生代谢物，增强宿主植物对渗透胁迫、盐胁迫或非最适温度胁迫等的抗逆能力。

由于种子萌发持续时间短、种子际的空间范围窄，且微生物组多样性高但生物量极小，因此目前种子际微生物组研究尚处于摸索阶段。高通量测序技术已成为探索生命奥秘的重要手段，为揭示种子际微生物组生物多样性与生态功能，以及种子际微生物与宿主植物的相互作用提供了关键技术支撑。对来自世界各地涵盖 50 种植物的 63 个种子微生物组深度测序和比较基因组分析的结果表明，虽然种子际微生物组丰度从一个类群组到数千个类群组，大约有 30 种细菌和真菌分类群，但有一个跨样本的优势核心组，其优势菌种包括成团泛菌（*Pantoea agglomerans*）、绿黄假单胞菌（*Pseudomonas viridiflava*）、荧光假单胞菌（*P. fluorescens*）、细孢枝孢（*Cladosporium perangustum*）与交链孢霉（*Alternaria* sp.）等。植物种子内生细菌组研究表明，在水稻，玉米和高粱等 25 种植物种子中，鉴定出变形菌门、放线菌门、壁厚菌门和拟杆菌门中 131 个属的内生细菌，大多数为革兰氏阴性菌。假单胞菌属（*Pseudomonas*）是玉米、水稻和大麦等植物种子中的优势内生细菌属，芽孢杆菌属（*Bacillus*）是拟南芥、水稻和油菜等植物种子中的优势内生细菌属，类芽孢杆菌属（*Paenibaccillus*）是水稻、玉米和小麦等种子中的优势内生菌属；泛菌属（*Pantoea*）为玉米、水稻、大麦和萝卜等植物种子中的优势内生菌属。对从水稻种子中分离得到的泛菌属菌株进行系统发育分析，发现其主要包括分散泛菌（*Pantoea dispersa*）、成团泛菌（*Pantoea agglomerans*）、毛芍兰根泛菌（*Pantoea cypripedii*）和布氏泛菌（*Pantoea brenneri*）4 个种，其中许多分离菌株具有溶磷、产吲哚乙酸（IAA）和铁载体的能力，显示出良好的农业生产应用潜力。

研究表明，宿主植物基因型、土壤微生物群落和外界环境变化均对种子际微生物组的建立有重要影响。宿主植物可以释放各种营养物质，如糖类、脂类、肽类、有机酸、氨基酸、类黄酮或酚类化合物，直接影响种子际微生物的组成、结构和代谢活动。目前，通过 3 种接种方法，在农田土壤、根际、叶际或种子际施用高浓度的有益微生物，可以打破原有的微生物组结构，形成有利于种子萌发、植株生长或耐受逆境的新型植物微生物群落，在农业生产上均得到广泛应用。但是，间接施用到土壤的接种法或直接在叶面或根际施用的接种法在农业生产应用中存在许多弊端，如微生物接种剂需求量大、人工费用高，且接种效率偏低，在大规模应用方面不具有经济可行性。大量研究表明，利用种子包衣技术，将多功能复合微生物组直接输送到宿主作物的根表，自发芽起就在根际建立了密切的宿主植物-有益微生物联合体系，其接种效率远超过种子浸泡、叶面喷雾、土壤浇灌等其他接种方法，且成本低廉。同时，种子接种法还可用于改变种子特性（如形状、大小和重量等），适于机械化播种、设施农业无土栽培等现代农业生产方式。此外，种子包衣与纳米材料结合，可作为水分调节剂，在种子和幼根表面形成生物膜，保护宿主植物免受干旱等胁迫的影响。以芽孢杆菌为例，该类微生物是研发得最广泛的植物根际促生细菌和模式生物之一。采用固氮巨大芽孢杆菌、杀虫苏云金芽孢杆菌、具有促生作用的枯草芽孢杆菌和蜡样芽孢杆菌组合制成的微胶囊化生物种衣剂，包衣玉米、棉花、小麦和大豆种子后，其发芽率、株高、根长、全株鲜重和产量均有明显提高。微生物种子包衣作为一种能够显著提高农业生产效率和促进农业高质量绿色发展的新兴技术，将为农业微生物组产业化应用提供重要技术支撑。

6.3.2 基于宿主与微生物组互作的新品种选育

植物和土壤微生物之间的相互作用可以追溯到原始植物由水生向陆生的过渡。化石证据表明，早在 4 亿年前，植物就与丛枝菌根真菌存在共生关系，这是数百万年长期进化的结果。植物宿主的基因型与其微生物组是高度关联的，二者可能已演化为具有集成生态性的共生功能体。植物微生物组被认为是植物的"第二基因组"，能赋予宿主植物微生物来源的重要性状，如促进生长、抗病虫或耐受非生物逆境等。但迄今为止，无论是人工驯化还是传统育种的主要目标，大都集中在提高产量、营养品质和抗性等表型上，这一育种过程导致现代农作物品种的遗传多样性降低，包括丢失了大量与有益植物微生物组招募相关的功能基因。研究还表明，水稻、大麦和普通菜豆等现代栽培品种与相应的野生型祖先在各自的植物微生物组的结构与活性方面存在明显差异，这种变化与栽培品种和野生型祖先之间有助于微生物组构建和维持的根系渗出物和若干种次生代谢产物的改变有关联。此外，在对营养利用相关表型的育种筛选中，不存在病原菌的环境压力，导致传统选育品种丧失了招募抵抗病原菌的微生物组的能力。因此，在培育具有招募有益微生物组能力的作物新品种过程中，植物特定微生物组群落结构可以被视为一种可筛选的性状，即将合适的微生物组用作选择性标记，为特定的作物品种鉴定出潜在的有益微生物组，其中植物次生代谢产物通过吸引各种有益微生物和/或排斥有害微生物而发挥关键作用。

一种在模式植物拟南芥中得到证实的"候选基因方法"，可用于鉴定与有益微生物组招募有关的宿主植物候选基因。在拟南芥中，已证实多个来源于三萜生物合成通路的根系代谢物，如拟南芥宁素（thalianin）和拟南芥啶素（arabidin），其合成通路基因突变或将其直接添加到根际中，均影响根际特定微生物生长和群落结构。利用合成通路候选基因，可以通过"快速育种"来加快新植物基因型的开发，包括在受控环境下为确定的作物创造最佳的非生物条件、最大程度缩短其生命周期、减少世代之间的时间。同时，可以开发组合简单和功能互补的合成微生物组，模拟整个植物微生物组，验证与微生物组招募有关的候选基因对植物表型的影响。这种方法首次在模式植物拟南芥中使用，鉴定了形成叶际微生物组的寄主遗传性状，进而研究了寄主免疫系统和磷营养对微生物组的影响。合成微生物组也已应用于玉米和水稻等作物，以确定其微生物群落的关键代谢特性。使用具有特定属性的合成微生物组，能影响宿主植物对土壤养分的获取和/或调节宿主植物对病原体的免疫反应。另一发明，从具有影响微生物组表型的特定植物中分离微生物组，可以进一步验证之前诱导的目标表型。

随着"全息组学分析"概念的引入，以宿主植物为中心的组学，如转录组学、代谢组学、表观基因组学和蛋白质组学，以及以植物微生物组为中心的组学，如宏基因组学、宏转录组学和外显子组学，可以帮助我们实现对宿主植物基因型和植物微生物组结构、功能的双向理解。其中，全宏基因组关联研究（MWAS）已成为一种整合宿主基因组和微生物宏基因组数据以识别影响微生物组组装的宿主基因组位点的新策略，可以识别与微生物组特定亚群丰度相关的宿主植物遗传位点，也可根据宿主植物基因型预测特定的植物微生物组。一项研究比较了200种大田高粱的基因型，发现了与不同细菌群相关的不同植物基因位点，同时在微生物组中富集了高度可遗传的分类亚群，包括疣微菌目、黄杆菌目和浮霉菌目。与最佳生长条件相比，宿主基因型在营养缺乏条件下对微生物组结构的影响更加显著，并通过对这些影响因子的解析，成功鉴定出在营养缺乏条件下影响根际微生物群落结构和功能的潜在宿主基因组位点。另外，不同的植物物种或基因型可以选择不同组成和功能的植物微生物组，这些选择压力的作用在根际尤其突出，因为根际区域直接受到宿主植物生长代谢的巨大影响，根际同时也是根际微生物繁衍的热点区域。由于根系分泌物在宿主植物与根际微生物组互作中发挥了关键作用，改变根系分泌物模式可以重塑根际微生物组并激活有益微生物活力，因此，以根系分泌物的数量和组成为新的育种指标，培育具有招募有益微生物组能力的新品种，是今后基于宿主与微生物组互作机制的植物基因工程育种新方向。

6.3.3 动物肠道微生物组工程

肠道是动物消化食物与吸收食物的重要器官，由小肠、大肠、结肠和盲肠等组成，为包括细菌、古菌、真菌和病毒等在内的数千种微生物提供了良好的栖息环境。研究表明，消化道容积约有1 L，而每毫升肠道内容物的微生物含量约为10^{11}个，肠道微生物总量达10^{14}个。通过宏基因组研究发现，肠道细菌分属于厚壁菌门、拟杆菌门、变形菌门、放线菌门、疣微菌门和梭杆菌门6大门，其中拟杆菌门和厚壁菌门为主要优势菌群。迄今为止，已从动物肠道微生物群中检测到 100 多个真菌属，主要包括假丝酵母属、曲霉属、隐球酵母属、毛霉属、红酵母属、青霉属、德巴利酵母属和毛孢子菌属等。除了细菌和真菌外，动物肠道微生物组还含有数量最为庞大的病毒。肠道微生物具有养殖动物自身不具备的代谢功能，不仅参与营养物质的消化吸收，还对宿主代谢和健康具有重要调节功能，因此肠道不仅是养殖动物消化吸收的重要场所，同时也是最大的免疫器官。据估计，肠道微生物组包含超过 330 万个基因，是动物自身基因组的 100 多倍，这种遗传多样性为肠道微生物组工程提供了大量微生物源的可操纵遗传模块。因此，构建肠道微生物资源库并通过合成生物技术改造肠道微生物组，已成为当前农业微生物工程的前沿领域和热点方向。目前，胃肠道中天然微生物的巨大多样性在很大程度上仍未得到开发。到目前为止，70%的肠道微生物尚未离体培养，这在很大程度上限制了肠道微生物组工程化应用。此外，肠道微生物组工程化应用主要局限于少数肠道模式菌，绝大多数肠道微生物仍缺乏成熟的基因操作手段，迫切需要开发标准化的工程改造工具，同时借助基因编辑技术及多组学数据的整合，进一步推进合成生物技术在肠道微生物组领域的应用。

对于单胃畜禽动物如猪等，其肠道微生物群落的定植处于不断演替中，在不同生长阶段呈现特定的规律。在哺乳期、保育期、生长期和肥育期 4 个阶段的猪直肠中共检测到 19 个细菌门类，其中以厚壁菌门和拟杆菌门的丰度最高。新生仔猪出生至 2 日龄，肠道微生物主要由埃希菌属、芽孢杆菌属、梭杆菌属、链球菌属和肠球菌属组成，随后乳杆菌属、拟杆菌属、普雷沃菌属和瘤胃球菌属的丰度逐渐增加。2021 年，我国科学家解析了到目前为止国际上规模最为宏大的猪肠道微生物基因集和基于宏基因组组装的基因组，探索了宿主基因型对猪肠道微生物群组成的影响，证明了在遗传多样性和环境均匀性加剧的条件下，微生物群组成和特定类群的丰度是可遗传的。2021 年，通过早期营养干预调节仔猪肠道菌群组成，改善了仔猪生长性能和肠道健康，为解决出生仔猪腹泻以及营养不足导致的生长缓慢提供了新思路。对于家禽类动物，2018 年完成了鸡肠道微生物宏基因集的构建，在抗生素与植物来源的天然促生长剂促生长机制方面的研究取得了突破性进展。2021 年，设计了 9 个具有不同功能的菌种的合成群落，其定植于鸡盲肠后可促进免疫系统发育。未来畜禽胃肠道微生物组研究与健康高效养殖、优质安全产品生产和环境持续友好等的相关性及其内在机理将成为新的研究切入点，进一步开发新的微生物组调控策略改善畜禽肠道健康，将为解决畜禽产业中面临的替抗问题、饲料转化效率问题、疾病问题、新饲料原料利用问题等提供新的思路和手段。

反刍动物瘤胃是迄今已知的降解纤维物质能力最强的天然发酵罐，其内栖息着庞大和复杂的微生物群体，与宿主动物的消化吸收、营养代谢和免疫功能等密切相关。因此，瘤胃微生物组也被称为与反刍动物共进化的"第二基因组"。从 1843 年首次在反刍动物瘤胃中发现微生物至今，瘤胃微生物研究已有 180 多年的历史。2009 年，在首次进行瘤胃微生物宏基因组深度测序中，发现了糖苷水解酶和纤维素酶功能基因。随后在海子水牛瘤胃微生物功能基因研究中发现，有 38 011 个基因编码的蛋白酶具有木质纤维素降解活性。2015 年，完成了饲喂玉米秸秆后特定时间下瘤胃微生物宏转录组分析，发现瘤胃球菌属、纤维杆菌属和普氏菌属是主要的植物细胞壁多糖降解菌，而瘤胃厌氧真菌中的新美鞭菌属、梨囊鞭菌属和根囊鞭菌属在纤维素和半纤维素降解过程中发挥着重要作用。2016 年，中国科学家采用超深度宏基因组测序，揭示了藏系反刍动物牦牛和藏羊的瘤胃微生物组的趋同进化机制，发现两种高原反刍动物的瘤胃微生物组显著区别于低海拔的近亲家牛和普通绵羊，能通过基因调控提高饲料能的转化利用效率，使宿主动物能更好地抵御营养胁迫。2018 年，一个国际科研团队发布了瘤胃微生物基因组和分离物的参考目录，其包含 501 个基因组和近 33 000 种可以分解植物细胞壁的具有降解碳水化合物活性的酶，是迄今为止最大的目标培养和测序项目之一。2019 年，通过对 283 只反刍动物牛瘤胃样品分析，组装了 4941 个瘤胃微生物的宏基因组图谱，鉴定了 40 多万个与碳水化合物代谢相关的基因，获得了三个瘤胃细菌的全基因组组装，其中两个为瘤胃微生物新种。随着新一代高通量测序技术的发展，反刍动物瘤胃微生物组的结构、功能及微生物与宿主互作机制将逐步得到揭示。

2024 年，中国科学家利用单细胞 RNA 测序技术和微生物泛基因组分析，构建了涵盖 174 531 个微生物细胞和 2534 个物种的瘤胃微生物单细胞转录组图谱，共鉴定出 12 个功能类群，每个类群由表达特定代表性功能基因的细胞组成。在识别出的 172 个核心活性物种中，有 164 个物种分布在多个功能类群中，其中 38 个物种存在于全部功能类群中；同时，部分物种被发现主要分布于特定功能类群，例如，脱硫弧菌（*Desulfovibrio* sp.）016284885 主要参与硫代谢，而 *Sodaliphilus* sp. 900318205 则主要参与脂类代谢。不同微生物物种在不同功能类群中表现出特定的活性，反映了其生态功能的多样性。利用基于随机引物和微流控的微生物单细胞 RNA 测序技术测定瘤胃内容物中微生物单个细胞的基因表达情况，通过基准测试多物种多基因组单细胞降维聚类算法进行活性功能类群鉴定和代谢机制解析，可揭示瘤胃微生物在单细胞水平上的功能分工。例如，有研究人员提取了 5591 个产琥珀酸巴菲亚菌（*Basfia Succiniciproducens*）的细胞深入探究其代谢功能变化轨迹，基于瘤胃微生物从底物到最终产物的生物学过程，预测细胞代谢状态变化轨迹为"从初始轨迹到轨迹 1 和轨迹 2"。结果发现，轨迹 1 细胞的"丙酮酸到乙酰辅酶 A"代谢活性显著较高，而轨迹 2 细胞的"丙酮酸到琥珀酸"代谢活性显著较高。丙酮酸是碳水化合物代谢的关键中间物质，其代谢过程与瘤胃微生物氢代谢密切相关，丙酮酸代谢生成琥珀酸可减少氢的生成，对瘤胃甲烷减排意义重大。

鱼类肠道是一个与外界具有明显隔离的半开放系统，经由口和肛门与周围环境交流并构建具有特定群落结构的微生态系统。鱼类肠道内栖息着大量微生物，细菌是鱼类肠道的主要微生物，多数淡水鱼肠道菌群中以气单胞菌、假单胞菌和拟杆菌为主，接下来是肠杆菌、微球菌、不动杆菌、梭菌等。而在海水鱼肠道中主要为弧菌、假单胞菌、无色菌、棒状杆菌、交替单胞菌、黄杆菌和微球菌。此外，在某些鱼类肠道中也发现了酵母，包括在海水鱼和淡水鱼肠道中均存在的红酵母属种类，以及只在海水鱼肠道中存在的梅氏酵母、皮状丝孢酵母和假丝酵母。鱼类肠道菌群以厌氧菌为主要菌群，其中鲸杆菌属、拟杆菌属和梭菌属占绝对优势。与恒温动物相比，鱼类肠道菌群数量偏低，且其数量随着年龄、营养和环境波动较大，其数量为 $10^4 \sim 10^9$ CFU/g。应激因子也会显著影响肠道菌群结构。当特定的化学药物、抗生素、杀虫剂等进入水生动物的肠道后，会明显影响肠道菌群的组成，并导致特定的菌群数量减少甚至消失。饲料以及饲养条件也会影响鱼类的肠道菌群。研究人员对肉食性、杂食性和草食性的草鱼，分别进行了肠道微生物群宏基因组测序，结果表明，超过 50%的注释基因属于变形菌门，其次是拟杆菌门、厚壁菌门和梭杆菌门。对肠道菌群和宿主基因模块进行了相关性分析，发现了两个功能群，即功能群 1（变形菌门）和功能群 2（梭杆菌门/厚壁菌门/拟杆菌门），它们与宿主的营养代谢和免疫相关。功能群 2 富集了编码阿拉伯木聚糖、果胶、黏蛋白、菊粉和纤维素酶的碳水化合物活性酶基因，但功能群 1 仅富集了与淀粉相关的碳水化合物活性酶基因家族。肠道微生物在鱼类生长过程中起着非常重要的作用：①营养功能，健康鱼类的肠道微生物可以分泌多种消化酶，如蛋白酶、磷酸酶、脂肪酶、淀粉酶、纤维素酶等，合成多种维生素，其中维生素 B_{12} 主要由厌氧微生物合成；②免疫调节，鱼类肠道内的微生物与鱼类肠道上皮细胞的增殖、成熟及免疫功能相关；③抑制病原菌，鱼类肠道内种类繁多的微生物可保护宿主鱼类免受病原微生物的侵害。肉杆菌属的细菌在鲑鱼的肠道中比较常见，它能够抑制嗜水气单胞菌、杀鲑气单胞菌、嗜鳍黄杆菌、米氏链球菌等细菌的侵害。

益生元是一种能被肠道微生物选择性利用，并对宿主健康产生益处的物质，具有调节肠道健康、提高免疫力、调节矿质元素吸收、调节脂质代谢、抗癌等多种生物学功能。常见的益生元包括：①低聚糖、多酚和高分子聚合物（如聚谷氨酸）等，在调控畜禽动物免疫力、生长性能和提高肉蛋品质等方面均具有很好的效果；②活菌代谢活动分泌（代谢产物）或细菌死亡溶解后释放的短链脂肪酸、酶类、多肽类、磷壁酸等可溶性因子，能够对宿主产生有益影响；③抗菌活性成分，如细菌素、酶类、小分子物质和有机酸等，对革兰氏阳性菌和革兰氏阴性菌具有抑制或杀灭作用。在饲料全面禁抗的背景下，益生元生物合成与调控技术为创制绿色健康养殖产品提供了重要支撑。随着分子生物学的飞速发展以及二代、三代全基因组测序技术和转录组分析技术的出现，从基因水平上研究益生元的生物合成机制，并发掘新型益生元生物合成模块已成为可能。与其他促生长物质（抗生素、益生素等）相比，益生元除具有安全、无毒、无残留、耐氧、耐酸、不易失活的优点外，还具有肠道定植能力强、耐热稳定性好、能耐受各种不良饲料加工条件和贮藏条件、在饲料中使用没有配伍禁忌等优点，可长期预防性使用。日本对益生元的研究较早，早在 20 世纪 80 年代中期，就有在饲料中添加益生元的研究。据报道，日本约 40%的仔猪饲料中添加了益生元。美国和欧盟等也对饲用益生元件进行了大量研究，特别是欧盟在 2006 年实施禁用饲用抗生素以来，益生元件作为替代品在动物疾病预防上成为主流。我国对饲用益生元的研究起步较晚，并且主要集中于寡聚糖类益生元的抗病和促生长机制等方面的理论研究。今后应针对养殖动物的肠道微生物宏基因组与养殖动物健康之间的关系，高通量筛选新型饲料益生元，集成与整合益生元资源库，高效合成并创制具有更强抑菌活性和生长调控功能的新型益生元产品，推动我国由传统养殖大国转变为健康养殖强国。

6.3.4　厌氧微生物组工程

目前全球厌氧微生物制剂已涉及作物健康、动物健康、人体健康等领域，据估算，2020 年全球农业微生物制剂产品市场规模达 400 多亿元，复合年均增长率超过 14%，其中用于畜禽动物胃肠道健康、农田土壤改良、有机肥生产和废弃物资源化的厌氧微生物制剂产品的开发销售是主要增长点。国外至少有 400 家创新型的企业已经在布局微生物产业，农业微生物组市场也在快速增长，乙醇梭菌单细胞蛋白、MICROPLEX™-AD 厌氧菌剂已在农业微生物饲料、废水处理等行业实现了应用。我国化肥和农药的市场规模已超过万亿元，按照农业面源污染治理"一控、两减、三基本"的目标任务，未来可替代农药、化肥、抗生素的农业微生物制剂产品将具有广阔的市场前景。

长期以来，户用沼气和大中型沼气工程在农村生产生活能源供应、农业生态环境保护、绿色循环农业发展等方面发挥了重要作用，然而沼气发酵效率低、产气速度慢等问题一直是阻碍沼气产业化发展的技术瓶颈。厌氧微生物作为沼气发酵过程中的"分解者"，是转化农作物秸秆、畜禽粪便等农业废弃物产生沼气的"幕后英雄"，具有显著的物种多样性特点，每毫升沼液里厌氧微生物超过 1 亿个，涉及几百种不同功能的厌氧微生物物种，其中超过 99%的厌氧微生物尚未获得分离保藏，也正是由于对这些"微生物暗物质"生物学功能的认知还十分有限，沼气发酵强化和调控技术才会如同"盲人摸象",只能依靠技术人员的个人经验进行判断处理。因此,收集和保藏厌氧微生物资源,深入开展沼气发酵微生物机理研究,既是实现农业废弃物高效利用的物质基础,也是推进美丽乡村和生态文明建设的重要保障。

生物固碳被认为是缓解全球变暖最具前景的方法。全球生物固碳产业化的菌株均是厌氧微生物。以 CO_2 为原料的生物制造是利用微生物及藻类细胞工厂在光或电等可再生能源的驱动下,将 CO_2 等一碳化合物转化为生物能源、化学品及材料等。生物制造具有易于大规模生产、条件温和、选择性好、环境友好等优点,符合绿色生态发展理念,近年来基于 CO_2 的生物制造受到广泛重视。在已知的 8 条固碳代谢途径中,存在于厌氧微生物中的 Wood-Ljungdahl 途径和还原甘氨酸途径,对中心代谢的依赖或对其的干扰较小,具有实现工业应用所需的高通量的独特优势,但是受底物传质、能量(ATP)及还原当量供应限制,逐步改造已建立的生产菌株,为基于 C1 原料的生物合成的工业应用提供重要支撑。

厌氧消化处理高浓度有机废水是厌氧微生物技术在环境领域应用的主战场,其发展势头在水污染形式日益严峻的今天已然超过了厌氧产能应用研究。澳大利亚昆士兰大学先进水处理中心、美国宾夕法尼亚大学和荷兰代尔夫特理工大学在生物脱氮除磷、微生物燃料电池、厌氧氨氧化等方面代表着全球污水厌氧处理应用研究发展的方向。尽管厌氧生物反应器的发展历史已超过 100 年,然而城市生活污水中氮素的去除始终是困扰人类的难题。荷兰研究团队发现了厌氧氨氧化过程及驱动这个过程的微生物,经过近 20 年的不断研究改进,厌氧氨氧化已成为全球污水厌氧处理的主流技术。

总之,在厌氧微生物应用方面,选育新菌种、研发新产品和拓展新功能将是厌氧微生物制剂产业未来的发展目标,包括但不限于:①土壤健康与修复、农林废弃物处理、环境污水处置、肠道菌群改善的厌氧微生物菌剂研发;②以低劣生物质资源为基础,通过厌氧微生物发酵与处理研制生物基产品,如生物降解塑料、生物能源、生物燃料等;③挖掘厌氧微生物在饲用方面的价值,如发酵饲料的养分提升;④优化并完善厌氧微生物蛋白与酶制剂制备与固定技术,实现生物质残渣无害化和资源化利用,如土壤与水体中污染物降解、农林废弃物处理、生物医药废水处理,实现绿色生物制造。

6.4 农业微生物组工程重点研发方向

当前和今后相当长的时间内,为应对并减缓全球气候变化、人口不断增长、生态环境的日益恶化和农用资源的刚性约束,需要通过不断加强农业微生物组工程技术研发,提高粮食产量及农产品营养品质,减少对土地、水、肥料和农药等农用资源的消耗,降低农业生产对环境的影响,确保农业可持续和高质量发展。

1. 改良种植土壤

设计和开发相应的农用土壤微生物组，使其能增加作物对养分的捕获、吸收和同化，包括：①设计和开发相应的微生物组，使其能生成植物激素以促进丛枝菌根真菌和植物根系之间的共生生长；②设计微生物螯合功能更强的微生物组（如对砷、重金属、土壤毒素等的螯合），这也有助于金属沉积后形成易从土壤中去除的颗粒；③设计和开发与植物根系共生的微生物组，使其能复原土壤中的养料（如氮元素）从而得以改良贫瘠土壤。

设计和开发相应的土壤微生物组，使其能局部浓缩矿物质和其他微量营养素，从而得以提高作物的养分含量，包括：①设计和开发相应的土壤微生物组，使其能提升氮和磷的生物利用度（而且不是宿主植物生物体选择性的）；②设计相应的微生物组，使其可对处于根际的氮、磷、钾、维生素和微量元素等进行浓缩；③设计相应的微生物组，使其可在预设的环境条件下自溶，从而能够释放出植物生长所需的营养物质；④设计可大规模生长并应用于农用土壤的微生物组（即微生物肥料），以补充前一个生长季中丢失的营养物质。

设计和开发植物根际微生物群落，使其通过植物根系分泌物促进对碳的捕获，包括：①通过根系渗出化合物的过度表达增加植物的碳捕获表型；②设计和开发根际微生物群落，将根系分泌物转化为稳定的配合物。

设计和开发可帮助改善土壤物理特性（如质地、密度、孔隙度和通气性等）的微生物组，包括：①设计相应的微生物组，使其能够生成生物膜或耐热的孢子，从而得以有助于保持土壤中的水分；②设计和开发相应的土壤微生物组，使其能根据需求产出低成本、生物基的超强吸水材料（如生产保水聚合物的丙烯酸分泌型微生物群）；③设计和开发相应的微生物组，使其能分泌细胞外聚合物以减少侵蚀（如风、水等的侵蚀）。

2. 提高作物抗逆能力

设计和开发叶层与根际微生物组以减少植物病原体的感染，包括：①设计和开发相应的微生物组，使其可分泌植物防御激素（如水杨酸）以应对病原体，从而使植物免受病原体的侵害（而不会改变植物的生长或产量）；②设计和开发与植物共生的微生物组，使其能产生抗微生物的化合物以抵御病原体。

设计和开发相应的植物微生物组以提高作物的抗旱能力，包括：①设计能生成生物膜的叶片微生物组，以减少蒸腾但不影响植物对二氧化碳的吸收；②设计和开发相应的微生物组，使其能在对干旱或炎热敏感的植物中发挥作用，帮助植物从大气中捕获水分。

设计和开发具有疾病抑制作用的土壤微生物组，从而得以改善植物健康，包括：①设计和开发相应的微生物组，使其能在胁迫诱导的环境条件（如干旱、洪水等）下支持植物的抗逆能力；②设计和开发相应的微生物组，使其能表达诱饵细胞壁成分（成为病原体的靶标）；③设计和开发相应的微生物组，使其能分泌病原体特异性的细胞壁降解酶，从而得以降低病原体的致病风险。

设计相应的微生物组，使其能通过与附生植物的相互作用促进地上固氮，包括：①设计和开发相应的微生物组，使其能支持植物与可固氮的植物体表附生微生物（如蓝藻）的共生；②设计和开发植物叶际微生物组，使其能通过与宿主植物的附生进行固氮。

3. 减缓食物的腐败

设计和开发相应的微生物组，以促进食物保鲜并减少对食品冷藏储存的依赖，包括：①设计和开发相应的微生物组，使之能直接对抗造成腐败的微生物；②设计和开发相应的微生物组，使之能动态地表达防腐物质（如苯甲酸盐）以响应特定的环境信号（如时间、温度、pH 等）。

设计和开发相应的微生物组，使其能检测出与食物腐败相关的早期生物标志物并给出报告，并且这一过程不受食源性病原体的影响，包括：①设计和开发能被识别并整合入某种微生物中的生物传感器，其能对腐败特异性的群体感应分子做出响应；②设计和开发相应的惰性微生物组，其生成的丙酸酯可以抑制其他细菌的生长，从而能被用作防止食物变质的防腐剂。

设计和开发相应的微生物组，使其能选择性地释放能加速或减缓果实成熟的分子（如乙烯、水杨酸甲酯等），包括：①设计相应的微生物组，使其能产生或分解乙烯以作为对局部浓度的响应（使果实成熟快但腐坏缓慢）；②设计和开发相应的食品安全用途微生物组，将其接种在新鲜食品的表面后可形成生物膜，从而阻止了气体转移的发生（即减缓氧化或防止在外源催熟激素的作用下发生反应）。

4. 减少食源性病原体传播

设计微生物组来检测和报告食源性病原体，包括：①设计相应的生物传感器，其被识别并整合到对毒素和/或群体感应分子（如肠道沙门氏菌）具有响应的微生物中；②设计和开发相应的微生物组以对食源性的病毒（如甲型肝炎病毒）进行检测，并能在检测时进行色度指示。

利用工程化的微生物组杀伤环境食源性病原体（如单核细胞增多性李斯特菌、梭菌属、弯曲杆菌属、弓形虫等），包括：①设计和开发相应的微生物组，使其能对涉及食源性病原体的已知细菌毒素（如肉毒杆菌毒素）进行降解；②设计和开发相应的微生物组，使其能对已知的食源性病原体相关病毒（如甲型肝炎病毒）进行消解。

开发可用于动物疾病监测的工程微生物组，包括：①设计和开发相应的工程微生物组，当发生生态失调时，其能从病原体或非感染性疾病中产生易于检测（如比色法）和可被安全排出（如通过尿液或粪便）的代谢物；②设计和开发相应的微生物组，使其能获取和编码病原体的 DNA（如存储在质粒上的甲型流感基因组片段）以便能更容易地对病原体的基因进行测序，以及对病原体的演化或重组进行跟踪；③设计和开发人畜共患病的体内（即在动物体内）传感子，以改善动物健康状况并减少向人类的传播。

5. 开发替代性食品

对于食品行业使用工业生物技术生产的食品配料（如调味剂、脂肪酸、酶等），利用基于微生物组的方法来提高生产效率并降低其成本，包括：①对于植物基的或发酵的食品成分，识别出其中生物合成途径复杂并且利用单个产品宿主无法合理高效地实现生产的品种；②设计和开发相应的微生物群落，其中共存的各成员比例适当，从而能以最高的效率完成高复杂性的合成途径，如此该群落中就不会存在对生物合成速率起限制作用的物种；③利用相应的微生物组，以较低的成本从复杂的农业或工业生物技术残留生物质中生产出新型的原料（这些原料可用于后续发酵或被用作细胞培养中的肉汤培养基）。

设计和开发模块化、多样化的微生物组，使其能改善植物基蛋白质的功能，同时，在对植物基肉类产品中使用的富蛋白成分进行加工时，还可以降低加工过程对环境的影响，包括：①鉴定出特定的食用安全性微生物菌株，其表达的酶具有改善植物基蛋白的性质（如溶解性、乳化性、胶凝能力、水和脂肪的结合能力等）的功能；②开发工程化的微生物群落，使其可以同时或顺序性地改善植物蛋白的功能（例如，可能首先需要具有高水解活性的种群来提高溶解度，然后由具有高交联活性的种群接管以重新获得胶凝能力）；③开发经过优化的微生物组，其能有效地利用植物基的底物进行发酵过程，一直以来这些发酵过程被用于乳制品或肉类生产，以赋予植物基奶酪和萨拉米（Salami）等食品丰富的口味。

开发新的单细胞蛋白生产平台，使其具有优化的营养特性、更低的成本，以及利用非传统原料（如甲烷营养细菌、光合蓝藻、绿藻等）的能力，包括：①对大量的微生物物种进行高通量筛选，以确定适合作为新型蛋白质来源（如不含已知毒素、核酸含量低、消化率和蛋白质含量高、无味或咸味等）的候选物种；②开发出稳定的微生物组，其具有比例平衡、风味协调较为理想等特征，并能利用多种农业或工业生物技术的副产物作为原料；③利用代谢工程来识别某些候选菌株产生的有毒或不良代谢产物，并对候选菌株库进行筛选，以将这些产物作为碳源代谢成有用的生物质；④设计和开发相应的微生物群落，使其在整体上可以抗击不良菌株的污染（例如开发合成的致死系统，其中的两种菌株必须以相等的比例共存以维持彼此的存活，而当有竞争性的菌株破坏这种平衡时，两者会一起合成以竞争者为靶标的毒性代谢产物）。

设计完全或几乎完全由微生物组成的结构化肉类替代品,包括:①设计和开发相应的微生物组,使其能将木质纤维素生物质部分转化为人类可食用的大分子(甚至作为食品生产的前体),从而得以在保持原料纤维性的同时提高适口性和消化率;②识别出或通过工程化改造的方法得到可共同形成复杂宏观结构(即生物膜)的微生物组,这样的结构囊括了肉类的非均向性,带有离散纤维、结构齐整以及软硬组织的非异构区域。

6. 减轻畜牧业环境影响

在动物的生长、增重和健康等方面减少对抗生素的依赖,包括:①设计和开发相应的肠道微生物组,使其具有抵抗病原菌入侵的能力;②设计和开发可在动物饲料中生长的微生物组,以检测和杀死环境中存在的动物或人类病原体;③对牛、绵羊、山羊等动物的瘤胃/后肠微生物组结构进行控制,以对动物持续生长所需的挥发性脂肪酸(其对动物生长具有促进作用)的产生进行优化;④设计和开发相应的微生物组,使其能在不使用抗生素的情况下促进牲畜的生长和增重(即引入益生元)。

对肉牛、绵羊、山羊、奶牛等动物的瘤胃/后肠微生物组进行工程化改造利用,从而减少碳元素(如以甲烷的形式)的释放,包括:①设计和开发含有甲烷氧化菌的微生物组,在一次接种后就能稳定地定植于牲畜肠道中,以减少甲烷的产生;②对瘤胃微生物组中的产甲烷菌进行工程化改造,以持续性地将甲烷氧化成更为环保的化合物(如甲醇);③设计和开发能分泌小分子抑制剂的微生物组,以防止反刍动物体内产生甲烷。

利用微生物组对动物饲料进行预处理以提高动物饲料的利用率,包括:①设计和开发相应的微生物组,使其能合成未经加工饲料中不存在的动物营养素(如必需氨基酸、微量营养素、维生素等);②设计和开发相应的微生物组,使其能维持干草料、半干草料或青贮饲料中的特定水分含量,从而得以提升饲料作物的生产效率;③设计和开发相应的微生物组,使其能快速形成并保持厌氧环境以防止饲料腐败。

7. 减少化肥和农药依赖

设计和开发能生成驱虫物质的叶际微生物组,包括:①设计相应的微生物组,使其产生的化合物能减少虫类的食草性;②设计相应的微生物组,使其对产水杨酸微生物构成抑制作用从而增强虫类的食草性;③对蜜蜂和其他传粉媒介的微生物组进行工程化改造利用,从而为它们提供对病原体的抵抗性;④对土壤微生物组进行工程化改造利用,使其可检测和降解入侵物种产生的异株克生性化学物质,从而得以帮助保护原生的植物生态;⑤设计出对入侵昆虫或水生入侵物种具有特异性毒性的微生物组喷剂;⑥设计和开发相应的微生物组,使其利用 RNA 干扰

（RNAi）特异性地以入侵物种为靶标并将它们杀灭。

设计和开发食用安全的可固氮微生物组，以减少或消除对肥料和化学补充剂的需求，包括：①开发空间结构化的土壤微生物组，减少能量的投入并降低肥料生产的成本；②设计和开发相应的微生物组，其可拓展共生固氮细菌的植物宿主范围，从而使它们能与更多样化的作物共生（如与非豆科植物根瘤菌物种共生）；③对根际微生物组中的代谢途径进行工程化改造利用，以提高固氮活性（特别是对于不存在天然固氮微生物组的作物）；④设计和开发相应的微生物组，使其与农作物形成植物附生性的相互作用并实现地上固氮。

第7章 农业细胞工厂与合成食品

细胞一词，最早于 1665 年由英国科学家罗伯特·胡克提出。他采用光学显微镜观察软木塞薄切片时，发现一格格的小空间，并将其命名为细胞，从此开启了细胞学说研究的新纪元。细胞学说是关于细胞为生物体基本结构和功能单位的学说，由德国植物学家施莱登和动物学家施万于 1838~1839 年在前人研究成果的基础上最早提出。细胞学说与能量守恒转换定律、生物进化论被誉为 19 世纪自然科学三大发现。

细胞工厂技术的理论基础源于细胞学、遗传学与工程学等现代科学理论的集成交叉，是一项通过改变细胞内的遗传物质，获得新的生命功能或细胞产品的前沿技术。合成生物技术按照工程科学的设计理念，将生命体系中发挥调控、编码和代谢功能的基本单元，统称为生物元件。利用成熟表征的生物元件，按照电子工程学原理，设计和构建可调控的基因模块，进一步在更大规模的设计中与其他元件进一步组合成具有特定生物学功能的人工线路，最后将理想底盘创建为多用途的"细胞工厂"。在全球气候变化、人口增长以及消费习惯不断变化的趋势下，现有的食品生产方式将难以满足未来人口的需求，细胞工厂在农业领域的产业化应用，将有可能重塑和颠覆现有农业生产体系，创造出全新的未来合成食品生产模式。

合成食品技术以细胞工厂为平台，合成更健康、更安全、更营养、更美味、更高效的新一代食品，包括以下几类：①人造食品生产，如淀粉、油脂、糖、蛋奶、肉等各类合成产品；②优质蛋白替代，如豆血红蛋白、乳蛋白、胶原蛋白及卵蛋白等各种功能性蛋白；③活性物质合成，如香兰素、白藜芦醇等食品风味剂、着色剂、防腐剂或甜味剂。当前，以人造食品和智能制造等为代表的未来食品产业发展迅猛，动植物和微生物细胞工厂、未来食品 3D 打印和数字化等颠覆性技术的不断涌现，标志着现代食品行业将迎来新一轮的技术革命。

7.1 细胞工厂设计原理与应用场景

细胞工厂的基础是细胞，而细胞是构成自然界生物体的最小的基本功能单位。除病毒外，所有的生命形式都由细胞构成。细胞微小到肉眼不可见，原核细胞直径平均为 $1\sim10$ μm，而真核细胞直径平均为 $3\sim30$ μm。另外，细胞的结构复杂而精巧，各种结构组分配合协调，使生命活动能够自我调控并高度有序地进行。

所有细胞的表面均被一层由磷脂双分子层构成基本支架的膜结构所包裹，为生命活动提供一个相对稳定的独立空间环境。细胞毫无例外地含有 2 种核酸，即 DNA 与 RNA，作为遗传信息复制与转录的载体，同时具有 1~2 种核糖体，其功能是按照 mRNA 的指令将遗传密码转换成氨基酸序列并从氨基酸单体构建蛋白质聚合物，又被称为蛋白质合成的分子机器。此外，细胞通常合成 4 种生物大分子，即蛋白质、核酸、脂类和糖类，由其行使成千上万种的生物学功能。总之，与其他工程化系统一样，细胞有边界，有分工合作的功能组分，有信息中心对其遗传和代谢等生命活动进行调控。根据研究的生物类型不同，可分为植物细胞、动物细胞和微生物细胞。不同细胞根据自身特点在不同领域发挥着重要作用，并具有巨大的开发潜力。

所谓"细胞工厂"，就是把细胞作为工厂化"生产车间"，经过人工设计和改造，构建高效定向的"生产流水线"，使其具备特定的功能或合成特定的目标产物。细胞工厂的设计原理遵循如下基本准则：①合成途径人工设计：基于已知的生化反应途径或通过建立代谢网络模型，人工设计并构建一条由原料到产品的最优合成途径，以可再生的生物质资源为原料，生产高附加值产品；②底盘代谢流平衡：平衡代谢途径中每步反应的代谢流，同时需要避免某些代谢中间体无效积累，以最佳水平将能量与物质流引向目标产物，提高目标产物合成效率；③合成途径前体供应：底盘细胞中作为合成前体的物质通常被维持在很低的水平，需要进行系统优化和改造底盘，才有可能使合成途径前体供应充足，甚至需要调整多个前体供应比例，以满足目标产物的高效合成；④辅因子再生与平衡：底盘细胞中各种酶促反应需要一系列辅因子的参与，这些辅因子如 NAD(P)H 等，需要维持在一个相对平衡的状态，以确保代谢通路的顺畅；⑤产物毒性与反馈抑制：某些目标产物、代谢中间体和代谢副产物，对底盘细胞的生长和代谢等产生毒性，或末端代谢产物反馈抑制其合成途径中关键酶活性，需要通过定向进化、遗传改造和工艺改进等，解除毒性和反馈抑制问题，以获取更高的产量。

"细胞工厂"是一种具象化的说法，简单来讲就是将细胞设计创建成为一个生产特定生物产品的"工厂"，它在工农业、医药健康、能源和材料等领域具有广阔的应用前景（图 7-1）。微生物细胞工厂通过人工设计与智能改造，可以生产高附加值化合物，广泛应用于农业食品，如生物农药杀虫剂、饲料添加剂以及食品原料、食品添加剂、调味剂等。动物细胞工厂通过干细胞培养等途径，直接生产出食品或食品原料，如人造肉、人造奶等。植物细胞工厂通过植物细胞培养也具有直接生长成为植株或者高附加值植物原料的潜能。

农业细胞工厂技术发展经历了不同的历史阶段。20 世纪 50 年代，当时科学家开始尝试使用细胞培养技术来生产一些药物和疫苗。随着时间的推移，这项技术逐渐被应用于农业领域，以生产肉类、乳制品和其他农产品。80 年代初期，第

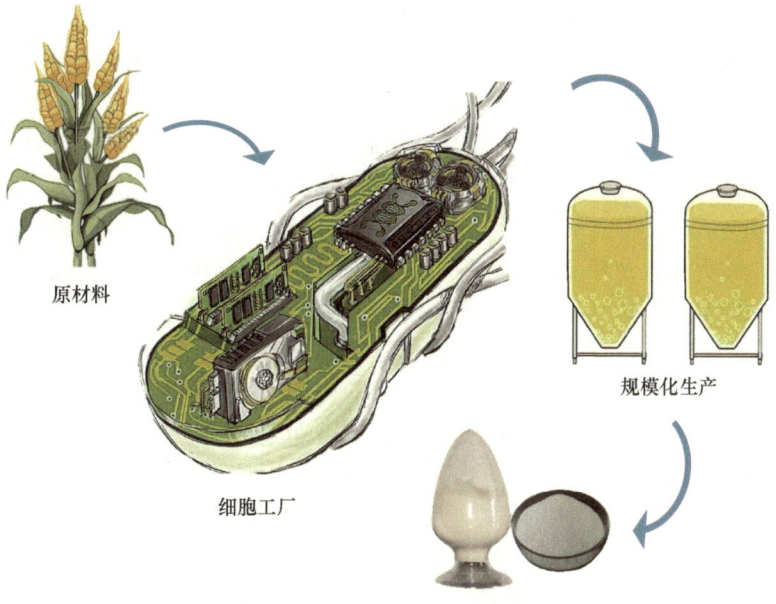

图 7-1 细胞工厂技术流程和应用场景

一次成功使用动物细胞培养技术生产肉类产品。90年代中期，第一次成功使用植物细胞培养技术生产乳制品。进入21世纪以来，随着技术的不断进步，农业细胞工厂技术开始得到更广泛的应用，并推出了一系列创新产品。农业细胞工厂的技术优势包括：①高效性，即能够通过优化代谢途径和基因表达，实现对目标产物的高效生产；②精准性，即通过基因编辑精准调控技术，可以实现对微生物的改造和优化，适应不同产物的生产需求；③可持续性，即以可再生的农业生物质资源，生产高附加值产品，且生产过程绿色低碳，有助于减少对传统化石能源的依赖。

在现代农业与食品领域，为什么构建细胞工厂？首先，传统农业技术远远不能满足未来30年内全球人口的粮食需求，以及人类对粮食安全和营养品质的需求。细胞工厂作为合理而系统的工程策略，可为全球粮食需求提供创新的解决方案，提高粮食生产力和营养质量。其次，细胞工厂是一种新型的物质生产模式，具有绿色、清洁、可再生的特征，可从根本上改变传统制造业依赖化石资源和"高污染、高排放"的生产方式，是经济社会可持续发展的重大方向。近年来全球生物技术迅猛发展，形成了集研究、开发、生产于一体的体系。"十四五"时期规划中重点布局了"加强原创性引领性科技攻关"，农业可持续发展成为现代农业重点攻关。这就要求更多创新科技助力农业发展，细胞工厂作为优势发展方向，成为农业布局中不可缺少的一员。

以细胞工厂生产优质蛋白为例，通过工业化发酵生产蛋白的速度，是种植业的500倍，是养殖业的2000倍。一亩大豆田每年可收获约130 kg大豆，获得52 kg植物蛋白。而占地面积不足25 m^{2}的100 t发酵罐，一年能生产近100万 kg发酵蛋白。此外，发酵蛋白转化率也较高。通过微生物发酵方式，利用1 kg淀粉，可以生产出200 g左右的蛋白质，而用1 kg淀粉喂养养殖动物，仅能生产出47 g蛋白质。

目前，农业细胞工厂面临三大技术瓶颈，即高昂的生产成本、有限的生产规模，以及缺乏法规管理框架。特别是细胞工厂产品需要大量的培养基、能源和专业设备的投入，导致其生产成本远高于传统农业方式，如现阶段培养肉的生产成本大约为每磅100美元，相比之下，传统肉类的生产成本仅为每磅4美元，较高的生产成本是限制其产业化应用的亟待解决的核心问题。此外，农业细胞工厂的生产规模目前仍处于起步阶段，由于缺乏有效的生产技术和标准化流程，难以实现大规模生产和商品化。

7.2 农业细胞工厂的表达系统

目前，农业细胞工厂的表达系统包括植物、哺乳动物、昆虫、大肠杆菌、酵母等细胞表达系统，并通过优化载体或增强子，优化分泌信号序列和共表达分子伴侣和非编码 RNA 等策略，持续提高生产率和分泌效率，降低生产成本。

7.2.1 植物细胞表达系统

构建植物高效系统的关键是分离鉴定适用于植物细胞的启动子。根据作用方式及功能，可将植物启动子分为组成型启动子、诱导型启动子和组织特异型启动子等 3 类。双子叶植物组成型表达系统常用的启动子有来自花椰菜花叶病毒的 35S 启动子和来自农杆菌的胭脂碱合酶启动子，而单子叶植物常用的启动子有水稻肌动蛋白-1（Rac1）启动子以及玉米泛素-1（Ubi-1）启动子等。与组成型启动子相比，诱导型启动子具有独特的优点，包括：①缺乏诱导物时，不能起始转录，不表达目的基因；②在植物的特定发育阶段、特异的组织器官或特定生长环境下，施加诱导信号，诱导目的基因的表达；③可解除胁迫，停止目的基因的表达。这种快速、定点诱导外源基因转录的"开"与"关"，可真正实现外源基因的精确调控。在各类诱导型启动子中，化学诱导系统由于可控性强，应用最为广泛，常见的有四环素诱导、类固醇诱导、乙醇诱导、杀虫剂诱导及铜诱导等。四环素诱导表达系统是一种基于大肠杆菌的 *Tet* 抗性操纵子所建立的用于诱导基因表达的调控系统。大肠杆菌转座子 *Tn10* 编码一个四环素抑制蛋白 TetR，四环素操纵子的启动子区含有一段操纵序列，在无四环素环境下，TetR 蛋白能够结合 tetO，导致启动子不能起始转录四环素抗性基因。当添加四环素后，TetR 蛋白特异性结合四环素分子而改变构象，导致其从 tetO 脱离，可以表达四环素抗性基因。利用这一原理，构建四环素激活或抑制表达系统，具有本底活性低、诱导活性高、诱导剂用量少、能精准控制靶启动子的开启和关闭，以及可进行定量分析等优点，目前已广泛应用于烟草、番茄、马铃薯和薛类植物中。来自拟南芥的热激蛋白基因的启动子在某些植物中已经被成功用于在热激之后诱导相关基因的表达，在没有热激处理时，该启动子处于抑制状态，但经过 37℃的热激处理后，通过反向激活启动下游目的基因的转录复制。

植物在生长发育过程中会受到病原微生物、害虫等的侵害，导致其存活率下降。生物胁迫诱导型启动子可以在植物受到生物胁迫时激活防御基因并调控其表达，从而对植物自身起到保护作用。目前已经报道了多种病原菌诱导型启动子，如大麦 *Hv-Ger4c* 基因的启动子、甘蓝型油菜 *BnGH17* 基因的启动子 pBnGH17 D7、葡萄 *VpWhy1* 基因的启动子 pVp、水稻 *Os2H16* 基因的启动子 POs2H16 等。害虫诱导型启动子可以在植物未受到侵害时减少毒性蛋白不必要的表达，从而减轻对植物的负面影响。目前已经报道了多个这类启动子，包括玫瑰 *RbPCD1* 基因的启动子 RbPCD1pro 和水稻 *Os01g73940* 基因的启动子 BPHIP 等。物理胁迫诱导型启动子是指能对光照、极端温度、干旱等逆境胁迫做出反应，使植物能够适应非正常光照、极端温度和干旱等恶劣环境,并维持其生长发育的一类启动子。首个被发现的干旱诱导型启动子是拟南芥 *rd29* 基因的启动子,在之后的研究中陆续报道了许多干旱诱导型启动子,包括水稻 *OsNAC6* 基因的启动子 POsNAC6、水稻 *OsDhn1* 基因的启动子、水稻 *Oshox24* 基因的启动子 Oshox24P、硬质小麦 *TdHDZipI-3* 基因的启动子 HDZI-3 与 *TdHDZipI-4* 基因的启动子 HDZI-4、硬质小麦 *TdP1P2;1* 基因的启动子、拟南芥 *AtNCED3* 基因的启动子、柑橘 *Cu-Lea5* 基因的启动子和棉花 *PGHSP26* 基因的启动子等。

植物组织特异性表达系统可以驱动外源基因在植物发育过程中某一特定的时空表达,使目的基因的表达产物在特定细胞或组织中积累(表 7-1)。目前广泛使用的植物组织特异性表达系统主要有 2 种,即特定启动子驱动法和 GAL4/UAS 激活标签法。在特定启动子调控下,基因往往只在某些特定的器官或组织部位表达,并表现出发育调节的特性。其中,研究较多的是胚乳特异性谷蛋白基因启动子,如水稻谷蛋白启动子上游–104~–60 bp 有两个顺式作用元件 AACA 和 GCN4,GCN4 能增强启动子的活性,而启动子的组织特异性则须两者协同作用。利用组织特异型启动子不仅能使目的基因的表达产物在一定器官或组织部位积累,增加区域表达量,同时也可以避免植物营养的不必要浪费,并表现出发育调节的特性,其最大的优点是它所启动的外源基因在受体中仅在需要的部位特异表达,从而避免了组成型启动子启动的外源基因在受体植物中非特异、持续、高效表达所造成的浪费。GAL4/UAS 激活标签法的原理是利用特定的启动子或增强子,以组织特异性的方式激活酵母转录激子 GAL4 的表达,GAL4 又以同样的方式引起 GAL4 反应元件(UAS)-目的基因的转录。目前,在植物细胞中广泛使用的 GAL4/UAS 系统大多是以拟南芥和水稻等为模式生物建立的,主要用于研究特定基因的功能或者信号响应的特异组织定位,或者在特定细胞或组织中表达致死的基因,达到切除靶细胞的目的。随着测序技术和遗传转化技术的进步,日益成熟的 GAL4/UAS 技术可望应用于高效表达目标产物的植物细胞工厂创建中。

表 7-1　植物组织特异性的启动子

启动子	植物	表达组织
rbcS-3A	豌豆(*Pisum sativum*)	叶
PDX1(GSE1)	水稻(*Oryza sativa*)	叶片、叶鞘和穗茎
PDX1(GSE2)	水稻(*Oryza sativa*)	叶鞘和茎
LATS2	番茄(*Lycopersicon esculentum*)	花粉
SK2	马铃薯(*Solanum tuberosum*)	雌蕊
ZmC5	玉米(*Zea mays*)	花粉
PsTL1	秋子梨(*Pyrus serotina*)	雌蕊
LICCR	银合欢(*Leucaena leucocephala*)	维管组织
GhACTI	陆地棉(*Gossypium hirsutum*)	纤维细胞

续表

启动子	植物	表达组织
napA	欧洲油菜（*Brassica napus*）	种子（胚、胚乳）
csp1	小果咖啡（*Coffee arabica*）	种子
Alpha-globulin	陆地棉（*Gossypium hirsutum*）	种子
gbss1	小麦（*Triticum aestivum*）	种子
zE19	玉米（*Zea mays*）	种子（胚乳）
RCc3	水稻（*Oryza sativa*）	根
Pyk10	拟南芥（*Arabidopsis thaliana*）	根

外源蛋白瞬时表达系统是近年来发展的一种快速、高效的外源蛋白质表达技术，具有如下两个显著优点：①操作简单快速，避免了组织培养等繁杂过程，易于规模化生产；②瞬时表达水平高，许多外源基因片段未整合到基因组中，外源蛋白表达量最高可达植物总可溶性蛋白的10%。目前发展最快、应用最广的是烟草花叶病毒介导的植物瞬时表达系统，其原理是将目的基因克隆到植物病毒基因组载体上的启动子下游，通过体外转录后直接侵染，或借助基因枪等将其导入植物细胞瞬时表达。病毒介导的大规模基因瞬时转化系统有着非常显著的优点。病毒载体可以进入植株体各类细胞大量繁殖，外源基因表达的蛋白质不仅数量多，还可借此研究外源基因在植物整体范围内的功能。另外，植物RNA病毒还可以在植物细胞内形成dsRNA中间体，进而启动RNAi，干扰靶标基因的表达，可由此快速研究植物基因的功能。农杆菌介导的植物瞬时表达系统是另一个获得目的基因短暂的高水平表达的方法，其原理是将目的基因插入载体，转化到农杆菌中，通过真空渗透等方法使T-DNA进入细胞核内进行瞬时表达，其优点是可以在完整植株上操作，T-DNA转移效率高，可以携带较大的外源片段，目前主要应用于叶片组织。

7.2.2 动物细胞表达系统

哺乳动物细胞表达系统能够为重组人源蛋白提供最接近于天然状态的翻译后修饰，在蛋白表达过程中会形成接近天然蛋白的蛋白质折叠和聚合，具备活性蛋白所必需的空间结构和修饰。由哺乳动物细胞翻译后再加工修饰产生的外源蛋白质，在活性方面远高于原核表达系统及酵母、昆虫细胞等真核表达系统，更接近于天然蛋白质。这一特性使得哺乳动物细胞表达系统在重组蛋白药物，特别是治疗性重组单抗药物的研发和生产中有最为广泛的应用。根据目的蛋白表达的时空差异，可将哺乳动物细胞表达系统分为瞬时表达系统、组成型表达系统和诱导型表达系统。瞬时表达系统导入宿主细胞后，不经选择培养，载体DNA随细胞分裂而逐渐丢失，目的蛋白的表达时间较短，表达量高。组成型表达系统导入宿主细胞后，目的基因整合到细胞基因组上，不会随着细胞传代而消失，能够持久稳定表达目的蛋白。诱导型表达系统在外源小分子的诱导下启动目的基因的转录，可在特定的时间或特定的组织、细胞类型内表达，经诱导后目的基因的表达可大大提高。常用的哺乳动物细胞表达系统如含有目的基因的重组表达载体，有病毒载体和质粒载体等，载体上包括完整的外源基因表达盒，携带目的基因、调控序列（启动子、终止子等）和筛选报告基因等。哺乳动物细胞表达的重组产物，带有复杂的糖链结构，和人源糖蛋白的糖链结构较为相似，故成为目前主要的异源糖蛋白表达系统。与其他系统相比，哺乳动物细胞表达系统的优势在于能够指导蛋白质的正确折叠，提供复杂的 N 型糖基化和准确的 O 型糖基化等多种翻译后加工功能，因而表达产物在分子结构、理化特性和生物学功能方面最接近天然的高等生物蛋白质分子。

昆虫表达系统具有真核表达系统的翻译后加工功能，使重组蛋白在结构和功能上更加接近天然蛋白。它也可以表达序列很大的外源基因，并且能够在一个宿主细胞内同时表达多个外源基因。虽然昆虫是杆状病毒的自然宿主，但是不会感染其他动植物以及人类，所以昆虫表达系统非常安全。核型多角体病毒是重组杆状病毒表达系统中最常用的载体，它能在受感染的细胞内形成大量的多角体蛋白衍生蛋白，但该蛋白并不是必需蛋白，因此可以用编码外源蛋白的可读框替代编码多角体衍生蛋白的可读框以构建表达载体。利用杆状病毒结构基因中多角体蛋白的强启动子构建的表达载体，可使很多真核目的基因得到有效甚至高水平的表达。该表达系统具有真核表达系统的翻译后加工功能，如二硫键的形成、糖基化及磷酸化等，使重组蛋白在结构和功能上更接近天然蛋白，其最高表达量可达昆虫细胞蛋白总量的50%。利用昆虫宿主细胞的蛋白质因子和相关酶系，可实现目的基因的高表达。通过将杆状病毒和带有目的基因序列的质粒载体进行共转染，能够将目的基因人为地引入杆状病毒多角体蛋白基因序列两翼的同源区中。昆虫细胞表达宿主系统应用广泛，例如，可用于快速生产和纯化丝状病毒糖蛋白；杆状病毒产生的端部 Pfs230 结构域可以作为生物活性传播阻断疫苗，以加速消灭疟疾寄生虫；开发猪圆环病毒 2 型和猪肺炎支原体的联合基因工程疫苗；表达汉坦病毒核衣壳（N）蛋白和糖蛋白（Gn 和 Gc），以制备汉坦病毒样颗粒；纯化的病毒样颗粒为小鼠提供免受病毒攻击的保护等。Sf9 细胞为杆状病毒表达系统中最常见的细胞系，在 S2、Sf21、Tn-368、High-FiveTM 等细胞也可用于表达重组蛋白。MultiBac 是一种先进的杆状病毒/昆虫细胞系统，已被开发并用于生产多种蛋白复合物。Bac-2-The Future 是一种基于 Tn7 的第二代表达系统，可与多种克隆方法兼容，且其蛋白产量与其他传统系统相当或更高。FlexiBAC 蛋白表达系统及其相应的扩展互补穿梭载体系统大大减少了克隆步骤，简化了杆状病毒的生产工艺。许多用于蛋白质表达的昆虫细胞系也会持续感染其他外来病毒，现已分离出不能感染外来病毒的新昆虫细胞系，采用这些细胞可建立更加高效和安全的生物制剂生产平台。

7.2.3 微生物表达系统

大肠杆菌是典型原核模式微生物，作为宿主菌广泛应用于基因工程操作、分子生物学机制研究，以大肠杆菌为工业底盘可实现氨基酸、大宗化学品、精细化学品等的高效生产。大肠杆菌表达系统是最常见的一种原核表达系统，易操作、成本低、周期短、表达量高。目前已经建立并广泛应用的有基于 T7、Lac、Tac 元件的表达系统。同时，为满足不同性质蛋白的表达需要，也有不同系列的菌株被改造成表达系统。通过改变宿主菌株的遗传特性、改变诱导温度，或者对外源蛋白基因进行适当的突变、修饰或改造等，可以筛选出实现高水平表达目的重组蛋白的适宜条件。但大肠杆菌系统也有一些缺点，如蛋白表达过程中易形成包涵体。为了避免包涵体的形成和改善表达物的可溶性，可向基因序列中添加融合标签、补充辅助因子及共表达蛋白等生物分子或化学伴侣，例如，在 N 端或 C 端添加 Fh8、SUMO、His、TRX、MBP 等不同的标签可提高蛋白质的溶解度，从而提高亲和纯化效率。枯草芽孢杆菌是一种典型原核模式微生物，属于好氧的革兰氏阳性细菌，具有生长能力旺盛、易培养、蛋白分泌能力强等优点，常用于工业酶的生产。该系统最突出的优点是目的基因表达的蛋白质产物可以直接分泌到细胞外，不生成包涵体，下游纯化成本较低，枯草芽孢杆菌很受欢迎，被广泛用于外源蛋白的表达。但是枯草芽孢杆菌表达系统也有一些缺点，如分泌外源蛋白时，常常会混杂多种蛋白酶，并一同带到细胞外。改进措施则是，主要通过遗传改良和菌种筛选等技术优化宿主菌，从而减少外泌蛋白酶对外源蛋白的降解破坏。真核酵母表达系统长期用于酿酒产业和食品工业，安全可靠，是最具前景的真核表达系统之一。此外，酵母不仅具有原核生物的很多优点，如易于培养、繁殖快、表达量大等，还同时具有对翻译后蛋白进行糖基化、磷酸化等表观遗传学修饰的真核表达系统特点。毕赤酵母能够在以甲醇为唯一碳源的培养基上大量生长，并且具有醇氧化酶 AOX1 强启动子，目的产物既可以胞内表达也可以分泌表达，具有表达量高且遗传物质稳定等特点。目前已有多种改造的菌株被广泛应用，其常用载体也被相继构建且很多已实现商品化。

7.3 农业细胞工厂的表达产物

农业细胞工厂通过在微生物细胞中表达异源生物合成途径来实现蛋白质、氨基酸、碳水化合物、脂肪酸、维生素等的高效生产。

7.3.1 蛋白质

农业细胞工厂可以表达一系列蛋白质，如动物性优质蛋白，能提供人体必需的所有氨基酸，或来源于豆类、谷物和坚果等植物性蛋白（图7-2）。此外，还可以表达酶类蛋白，如消化酶，以帮助分解食物；表达结构蛋白如胶原蛋白和弹性蛋白；表达运输蛋白如血红蛋白，负责运输氧气；表达防御蛋白如抗体和抗菌肽等。乳酸链球菌素（亦称乳链菌肽，nisin）是一种抗菌寡肽，并且是唯一一种被批准在商业上用作食品防腐剂的细菌素，2020年时的市场规模估值为4.43亿美元。随着对肉类替代品（既包括人造肉，也包括植物肉）需求的不断增长，从大豆中大量生产新型的含血红素蛋白，以赋予独特色泽与风味。Impossible Foods 公司将密码子优化的大豆 *LegH c2*（*LGB2*）基因以及一系列天然血红素 B 生物合成基因，成功地在毕赤酵母中合成大豆 LegH。2020 年，*Nature Communications* 杂志发表了题为"Synthetic biology 2020—2030: six commercially-available products that are changing our world"的文章，列举了6个在2000～2020年已商业化并正在改变世界的6个生物合成产品，其中包括利用重组毕赤酵母表达豆血红蛋白，作为未来人造食品配料并改善其口感和风味。

7.3.2 碳水化合物

碳水化合物是生命细胞结构的主要成分及主要供能物质，也是人类获取能量的最经济和最主要的来源。农业细胞工厂更多聚焦于较难获得的稀有糖、寡糖、多糖等碳水化合物的生物合成。例如，阿洛酮糖是一种新型功能性稀有糖，甜度约为蔗糖的70%，口感纯正，几乎不含卡路里，具有降血糖、抗氧化、保护神经等多项保健、药用功能。塔格糖是一种稀有单糖，甜度为等量蔗糖的92%，热量仅为蔗糖的1/3。通过设计一种碳分配新策略，引入β-葡萄糖苷酶、木糖还原酶、纤维二糖转运蛋白和半乳糖醇-2-脱氢酶，在敲除半乳糖激酶的酿酒酵母中，成功实现将乳糖转化成了稀有糖塔格糖。寡糖是一种新型功能性糖源，广泛应用于食品、保健品、饮料、医药、饲料添加剂等领域。目前，农业细胞工厂已在 2′-岩藻糖基乳糖（2′-FL）和乳糖-*N*-新四糖（LNnT）等寡糖生物合成上得到成功应用。多糖是构成生命的四大基本物质之一，特别是由不同的单糖分子缩合而成的不均一性多糖，常见如透明质酸和肝素等，目前也已开发出微生物细胞工厂，实现从一碳化合物到肝素的微生物从头合成。

7.3.3 脂肪

脂肪是人类生存的三大营养素和能量来源之一，主要由脂肪酸构成，可分为

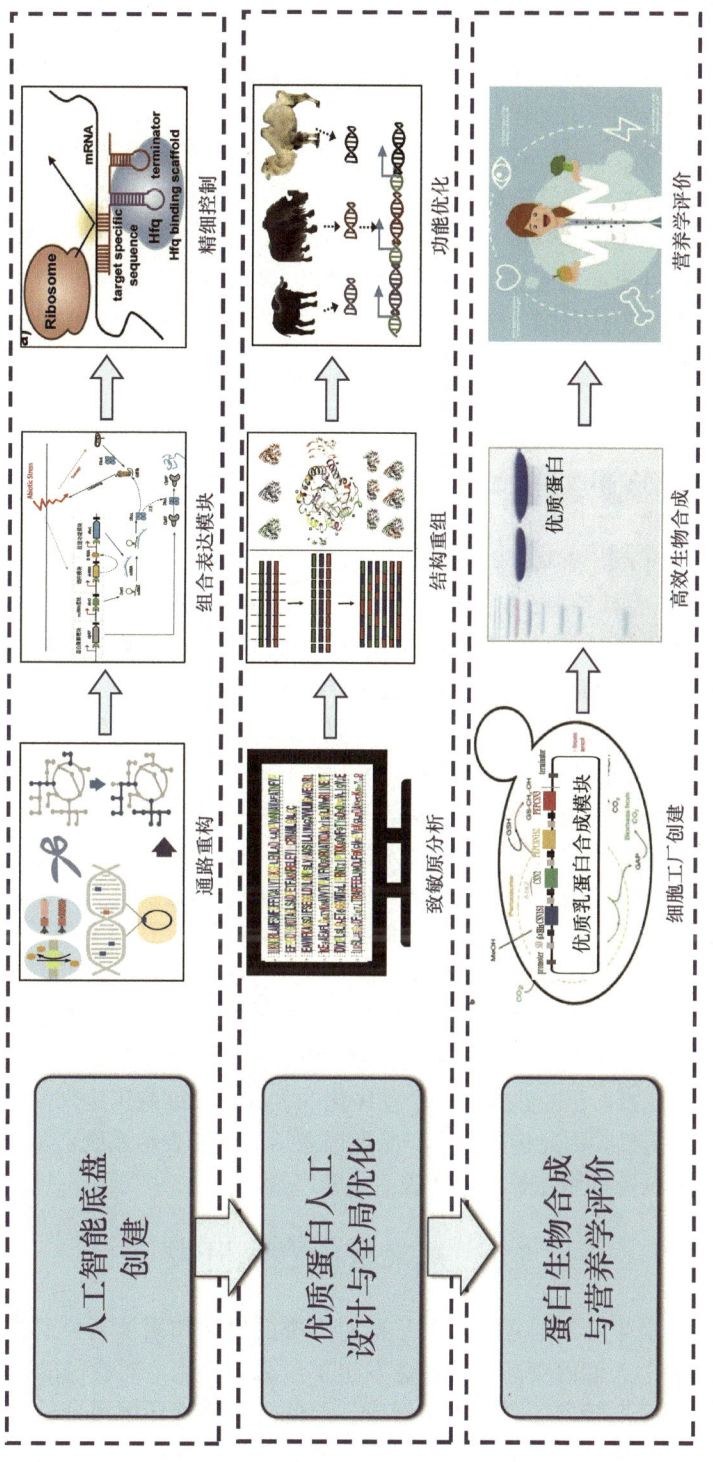

图 7-2 农业细胞工厂合成蛋白质的技术路线

饱和脂肪酸和不饱和脂肪酸。细菌、酵母、霉菌和微藻等多种农业微生物细胞工厂底盘菌株利用葡萄糖、木质纤维素、淀粉、甘油甚至一碳化合物等原料合成脂肪酸或各种类型的不饱和脂肪酸，如 ω-6 系列的 γ-亚麻酸和花生四烯酸，以及 ω-3 系列的 α-亚油酸、二十二碳五烯酸和二十二碳六烯酸等。解脂耶氏酵母属于半子囊菌类。其因抗逆性强、耐酸碱环境、底物谱广、胞内乙酰辅酶 A 和三羧酸循环代谢通量高等特殊代谢特征，被开发作为诸多精细化学品和天然产物的潜在微生物细胞工厂，目前产品包括二十二碳六烯酸、赤藓糖醇、柠檬酸、2-苯乙醇、番茄红素、虾青素、法尼烯、芳樟醇、花生四烯酸、紫色杆菌素和超长链蜡酯等。

7.3.4 食品添加剂

食品添加剂是指改善食品品质和色、香、味，以及满足防腐和工艺需要而添加进入食品的物质，如甜味剂（赤藓糖醇、甜菊糖苷、阿洛酮糖）、甜味蛋白（索马甜、巴西甜蛋白）、营养强化剂[母乳低聚糖（HMO）]、色素（β-胡萝卜素、花青素）、维生素、香精香料、抗氧化剂、防腐剂等。例如，以酵母细胞作为生产基础，通过发酵面包酵母生产一种天然食品用色素甜菜碱，相比植物提取物中的天然色素更具有热稳定性，目前已实现半工业化生产规模。通过酵母菌生产巴西甜蛋白，因与水果中发现的巴西甜蛋白具有生物同一性，因此以一种对消费者友好的方式标记为"oubli 水果甜蛋白质"，2022 年第一款巴西甜蛋白产品——低糖巧克力蛋白棒。维生素 B_2 和维生素 B_{12} 已经成功实现了农业细胞工厂商业化生产。维生素 B_2 实现枯草芽孢杆菌和棉阿舒囊霉发酵异源从头合成，而维生素 B_{12} 通过脱氮假单胞菌和费氏丙酸杆菌发酵实现异源从头合成。在番茄红素的细胞工厂生物合成中使用了多种微生物底盘，包括三孢布拉氏霉、冠孢素链霉菌、产朊假丝酵母、布拉克须霉、解脂耶氏酵母、大肠杆菌和酿酒酵母。番茄红素在大肠杆菌中的生物合成需要进行 3 个步骤，先从法尼基焦磷酸（FPP）开始，经香叶基香叶基焦磷酸合酶、八氢番茄红素合酶、八氢番茄红素脱氢酶催化后，FPP 转化为番茄红素。食品工业中常用的香料，如香兰素，已经建立了一个程序化的大肠杆菌细胞工厂来生产。由于香兰素对细胞具有毒性，因此构建一个产品反馈激活的动态表达系统，通过使用工程化转录调控子来维持细胞生长并提高香兰素的产量。

7.4 未来合成食品开发

食物是人类生存所必需的，其平衡对人类的健康和福祉至关重要。随着社会和科技的发展，人们的食品消费观念发生了巨大的变化，对食品的需求也从基本的"保障性供应"转向了"营养与健康"。此外，随着环境污染日益严重和世界人口增长，在保持食品的安全性、营养价值和可持续性的同时，需要采用新工艺来满足更高的食物与营养需求。

当前，新一轮科技革命和产业变革正在以新一代信息技术、新能源技术、先进材料与制造技术和新一代生物技术为主要突破口，处于从蓄势待发状态进入群体迸发状态的关键时期，颠覆性技术将不断涌现，进而引发新的产业变革。在未来食品科技领域，生物技术即生物工程、合成生物学、基因改造和纳米生物技术等；数字技术即人工智能、大数据存储和分析，以及区块链技术等；工程技术即自动化和机器人技术等；可视化技术即增强现实、混合现实和虚拟现实等的交叉融合，推动未来食品技术不断创新发展，特别是动植物和微生物细胞工厂、未来食品 3D 打印和数字化等颠覆性技术的不断涌现，标志着现代食品行业将迎来新一轮的技术革命，其显著特征是细胞培养肉初创企业呈爆炸式增加，植物蛋白肉产品实现商业化生产，微生物蛋白质替代孕育巨大市场，人造奶技术处于产业化初创阶段，食用微生物油脂新资源开发利用，以及微生物风味剂和着色剂合成应用成为新的产业发展焦点。2022 年美国施密特未来智库发布《美国生物经济：为灵活和竞争性的未来规划路线》，建议加强生物农业、生物转化、生物智造和未来食品等前沿技术开发，引领规模超过 4 万亿美元的全球生物经济发展。

当前，食品产业规模庞大，合成食品未来可期。Market Research Engine 发布报告，2022 年全球食品相关产品市场规模为 6222 亿美元，2027 年将达 8600 亿美元，年均增速将保持 8.42%。2022 年，中国食品科学技术学会首次颁布中国食品科技十大进展，涉及细胞工程、微生物育种、农产品技术创新、肠道健康、酿酒工程、蛋白质加工等多个领域，包括食品加工关键共性技术、绿色低碳环保技术、食品生物工程技术、功能性食品加工技术、食品安全关键技术和智能技术装备等（表 7-2）。2023 年《食品行业科技创新白皮书》呈现四大技术融合发展趋势：①人工智能、大数据、物联网、扩展现实、区块链等新一代信息技术（IT）技术推动食品产业和食品安全领域的数字化转型；②电子感官、先进检测和 3D 打印等先进制造技术助力食品产业生产工艺的自动化升级换代；③纳米材料、高分子材料、生物材料和智能材料等新材料应用，推动食品领域环保与健康安全技术进步；④合成生物学、营养组学等现代生物科技促进食品产业新业态发展，人造淀粉、人造肉奶等新兴食品未来可期。

表 7-2　2022 年中国食品科技十大进展

获奖项目	主要完成单位
食品生物制造中细胞工厂碳代谢流优化关键技术及应用	江南大学、宜兴食品与生物技术研究院
基于人工智能的益生乳酸菌精准筛选及产业化关键技术	内蒙古农业大学
玉米和杂粮健康食品创新关键技术与应用	吉林农业大学
全自动模拟人体胃肠道消化酶解装置创制	南昌大学
传统浓香型白酒智能酿造集成技术	泸州老窖股份有限公司

续表

获奖项目	主要完成单位
大豆蛋白质柔性化加工理论创新与应用	东北农业大学
细胞培养肉1——细胞培养肉创新产业化核心技术	南京农业大学、南京周子未来食品科技有限公司
细胞培养肉2——培育肉制造关键技术及产品研究	中国肉类食品综合研究中心
基于过热蒸汽无菌灭酶的无菌米饭高效连续化生产关键技术	南京乐鹰科技股份有限公司、江苏大学
食品真实性非靶向多组学鉴别关键技术及应用	中国检验检疫科学研究院
高水分挤压植物基肉制品技术创新与应用	中国农业科学院农产品加工研究所

7.4.1 国际发展趋势

以合成生物学、物联网、人工智能、增材制造、纳米技术和3D打印等为技术基础的未来食品设计与智造，通过植物工厂、藻类工厂、细胞工厂、人工合成等新型食物生产方式，能高效生产粮食、蔬菜、肉、淀粉、油脂、蛋白质和功能性营养素等食品和组分，最大限度地减小对环境、气候、自然资源依赖的同时，提高生产效率、增加食物产出、保障食物安全，实现可持续的食物供应。利用合成生物技术等颠覆性创新技术手段，构建具有特定合成能力的细胞工厂，生产人类所需的淀粉、蛋白质、油脂、糖、奶、肉等各类未来食品，胶原蛋白、蚕丝蛋白、肉类蛋白及卵蛋白等各种食用蛋白，以及香兰素、白藜芦醇、甜菊糖苷等食品添加剂或着色剂。

1. 智造工艺进步，促进植物蛋白肉产品规模化生产

植物蛋白肉以谷物、豆类等植物源蛋白质为主要原料，采用工业化方式生产，改变组织结构，使之呈现肉类特性和纤维状结构。新型植物蛋白肉重组改良技术以其绿色、高效快速发展得到广泛关注，美国、荷兰等基于合成生物学和植物蛋白先进加工技术，实现了植物蛋白肉、人造蛋等的商品化，并在提升产品品质和功能方面深入研究。目前，美国和欧洲都已经开展了大量植物蛋白人造肉的相关研究，主要集中在植物蛋白纤维化加工与蛋白品质改良技术，包括采用物理挤压等方法处理植物蛋白，使其具有类似肌肉纤维的物理质构以及整合脂肪酸、血红素、维生素、风味物质，并结合3D打印等技术，使植物蛋白肉的口感接近真实肉制品。此外，现代细胞工厂与酶工程等技术也越来越多地应用于开发新食物来源、改善食品质构、均衡营养饮食以及个性化食品等领域。到2019年底，中国植物蛋白总产量约为2.2万t，远低于发达国家，但比2018年底增长了5.5个百分点。中国植物蛋白产品销售增长率超过6.4%，远远高于3.3%的全球水平。我国是全球最大的肉类食品生产消费大国，植物肉拥有广阔的发展前景。2018年之前，中国植物肉以素肉为主要产品形式，行业发展缓慢，增长速度在14%左右波动。受全球植物肉行业发展及中国猪肉供给不足的影响，2019 年中国植物肉产品在素肉基础上升级改善，行业发展速度加快，2018～2020 年年复合增长率达 26.4%，高于同期美国植物肉行业增长速度。

2. 细胞工程应用，加速动物细胞肉制品爆炸式增长

2013 年荷兰马斯特里赫特大学制造出世界首例培养牛肉汉堡。随后，美国、日本、韩国等相继展开细胞培养肉的研发，培养肉生产技术如细胞培养肉相关研究覆盖了培养肉生产的上下游关键技术，包括无血清培养基研制、成肌/成脂分化调控、大规模反应器放大工艺、三维成型材料和制造方法等得到迅速发展。总体来看，虽然主要发达国家早已进行细胞培养肉技术布局，但关键技术瓶颈尚未完全攻克，未来仍有很大的技术开发空间。全球细胞培养肉初创企业呈爆炸式增加，基本覆盖从原料供应、工艺开发、装备、终端产品的上下游产业链，代表性企业有美国的 Memphis Meats 和 Wild Type、荷兰的 Mosa Meat、以色列的 Future Meat Technologies 等。2020 年，美国 Eat Just 企业生产的细胞培养鸡块获得新加坡食品局批准入市，是全球首例上市的培育肉产品。2021 年，以色列 Future Meat Technologies 建成世界第一个细胞培养肉工厂，每天可生产 500 kg 的培养牛肉制品，相当于 5000 个汉堡肉饼。当前，细胞培养肉的大规模工业化生产仍面临巨大挑战，其中最关键的是生产原料（如培养基和支架材料）的成本高昂以及产品品质的不足，未来重点研究方向包括：①设计高性能细胞因子：细胞因子是无血清培养基中不可或缺的功能性添加剂，开发高稳定性、高活性的细胞因子将提高其利用率并降低成本。近年来飞速发展的蛋白质工程技术，如定向进化、合理设计和 AI 蛋白质设计等，为获得具有更高产量、稳定性、特异性和生物活性的细胞因子提供了有效方法。②开发功能性水解物：微生物如酵母富含营养，经发酵和水解后可以获得含有多种营养物质的混合物，包括游离氨基酸、维生素和活性肽等。同时，可以进一步改造微生物，开发出含有生长因子、胰岛素和白蛋白等功能性物质的复合水解物，其具有显著的成本优势。③探索自定义功能支架：细胞支架构筑仿生三维微环境并提供机械支持，对细胞功能调节和组织形成至关重要，同时也是影响培养肉成本的重要因素。目前，在重组表达全长胶原蛋白、明胶等蛋白类材料方面仍面临产量低、易降解、凝胶性能差等技术挑战。④定制化生产食品配料：食品化加工是提高培养肉适口性和营养强化的关键环节。目前，微生物细胞工厂已实现了多种食品配料的生物合成，如酶制剂、着色剂和调味剂等。今后将在系统解析细胞培养肉与传统肉品风味和营养差异的基础上，利用微生物细胞工厂为培养肉定制化生产食品配料。

3. 高效细胞合成，开拓微生物优质蛋白巨大市场

微生物蛋白作为替代蛋白的一种，具有与动物蛋白相似的营养价值和功能特性，同时具有高营养价值、低环境污染、低成本等优势，是可持续发展的食品来源。

微生物蛋白主要包括酵母蛋白、细菌蛋白、大型真菌蛋白等。酵母蛋白含有全部必需氨基酸，属于全价蛋白，营养丰富且发酵工艺成熟，无致敏成分，适合人群广泛。细菌蛋白一般是以碳氢化合物（如天然气或沥青）或甲醇作为底物，蛋白质含量占干重的3/4以上。大型真菌蛋白以食用菌蛋白为主，通过生物反应器进行培育，缩短培育时间，压缩之后就能形成质地紧密的蛋白产品。微生物蛋白的蛋白质含量可高达干燥生物质的75%，且包含所有必需氨基酸，是食品应用中的理想替代蛋白。微生物蛋白的生产过程低碳环保，以酵母蛋白为例，生产每千克酵母蛋白的碳排放量仅为动物蛋白的1/20，水耗为动物蛋白的1/200，这使得酵母蛋白在降低碳排放、节约耕地和淡水资源方面具有显著优势。目前，根据微生物制造蛋白的主要原料来源，微生物蛋白合成工艺可以分为3种典型路线：①以淀粉质为原料，利用玉米等生物发酵常用的淀粉质原料，经过液化和糖化等处理得到的可发酵利用的糖作为底物，微生物能够进行细胞生长和蛋白质合成；②以有机废弃物为原料，利用工农业和生活产生的有机废弃物制造微生物蛋白，如秸秆、稻壳固态发酵生产食用菌；③以一碳化合物为原料，以自然界含量丰富或工业生产中来源广泛的CO_2、甲醇、甲酸和甲烷作为底物，创制出碳氮高效协同代谢与转化的微生物细胞工厂，实现从低二氧化碳等一碳化合物和无机氮向微生物蛋白的转变。近年来，随着全球人口增长和消费者对健康、环保食品需求的增加，微生物蛋白市场展现出强劲的增长态势。2018～2022年，微生物蛋白市场的复合年增长率高达96.8%，预计未来15年内，微生物合成的替代蛋白产品将占据约22%的全球食用蛋白市场份额，产业规模达到2900亿美元左右。目前全球有超过70家食品公司从事微生物蛋白的开发生产。其中，英国品牌Quorn™真菌蛋白产量达25 000 t/年，在全球大约20个国家被商业化销售，全球市场价值约为2.14亿欧元。微生物蛋白肉主要以细菌、酵母、微藻、丝状真菌和食用真菌蛋白等为原料，通过物理与生物加工处理，模仿天然肉的肉色和肉质，并且营养丰富均衡。由于采用工厂化和规模化发酵生产方式，微生物蛋白肉生产潜力巨大。美国空气蛋白（Air Protein）初创公司利用特殊微生物（hydrogenotroph）将CO_2转化为可食用营养蛋白，外观类似全麦面粉。瑞典人造肉公司Mycorena于2019年推出了被认为是肉类理想替代品的真菌蛋白"PromycVega"。美国Nature's Fynd公司的发酵真菌蛋白产品FY蛋白含有9种必需氨基酸的完整蛋白质，已经被制作成肉类和乳制品的替代品在市场上销售。日本Prime Roots公司使用米曲霉作为主要成分生产培根、鸡肉、猪肉、牛肉和火鸡替代产品。

4. 营养精准组合，加快人造奶概念产品产业化

2014年，美国Perfect Day公司提出人造牛奶概念，设计改造酵母细胞，使其工业化发酵牛乳蛋白（乳清蛋白和酪蛋白）以及相应营养成分，模仿动物源奶类的成分、功能、质地和风味，经过精细化加工，实现人造乳制品的精准营养和绿色制造。经过生产工艺优化,该公司的人造牛奶蛋白初创产品含 6 种牛奶蛋白、8 种脂肪酸、矿物质、维生素和糖类,具有与牛奶相似的营养成分和风味,同时还突破产业化的成本障碍,其生产成本较普通牛奶蛋白低 40%左右。与天然动物奶比较,人造奶制品还有一个显著优势就是不含乳糖、胆固醇和致敏原等不良因子。牛奶及其乳制品是 FAO 和 WHO 认定的导致人类食物过敏的八大类食品之一,牛乳蛋白过敏是婴幼儿最普遍的一类食物过敏,因此,美国及欧盟新食品标签法规定牛奶必须标示其致敏原成分。目前,牛奶中已知的主要致敏原包括 αS1-酪蛋白、αS2-酪蛋白、β-酪蛋白、κ-酪蛋白、β-乳球蛋白和 α-乳白蛋白等。比对分析致敏原数据库,可以针对不同来源的乳蛋白序列进行人工设计,提高其生物活性同时删除其致敏原,可望获得更加营养和健康的人造奶制品。在天然牛奶中,蛋白质的含量仅为 3%左右,主要由酪蛋白和乳清蛋白两大部分组成,但其风味和活性成分非常复杂。牛奶特有的风味物质包括游离脂肪酸、醇、酯、内酯、醛、酮、酚、醚、含硫化合物及萜类等多种有机物,主要由牛奶中蛋白质、脂肪、乳糖三大类物质降解或各类衍生物之间反应生成。其中,脂肪作为一种重要食物成分,对未来人造乳制品的风味、口感和营养品质等的改良至关重要。天然牛奶含有免疫球蛋白、乳过氧化物酶、溶菌酶、酪蛋白源和乳清蛋白源的生物活性肽、不饱和脂肪酸、激素(如褪黑素)及细胞因子(如白细胞介素)等活性组分,具有多种生理功能和免疫保护作用。利用合成生物学技术改造微生物底盘,组合合成多种脂肪类风味物质以及多肽类生物活性物质,实现新一代人造奶的生物智造,应用前景更加广阔。

5. 拓展新兴资源,微生物油脂产业发展前景广阔

油脂是重要的工业原料,也是人类生存的三大营养素之一。微生物油脂是继植物油脂、动物油脂之后开发出来的又一人类食用油脂新资源,可以替代动植物源油脂或用于生产功能油脂产品。细菌、酵母、霉菌、微藻等多种微生物具有利用葡萄糖、木质纤维素、淀粉、甘油甚至一碳化合物等原料合成脂肪酸的能力。作为微生物生命活动的代谢产物之一,微生物油脂和动植物一样有着两种存在方式:①作为细胞的结构组成部分而存在于细胞质中,如微生物细胞膜上的磷脂,在微生物中含量恒定。②在微生物细胞内以脂滴或脂肪粒形式贮存于细胞质中。某些微生物如酵母、霉菌、微藻、细菌的细胞内能积累大量油脂,有的菌体干基内的含油脂数值甚至可以达 70%以上,同时这些油脂与一般植物油脂有类似的脂肪酸结构。利用微生物细胞工厂生产的 γ-亚麻酸(GLA)、花生四烯酸(AA)、ω-3 二十碳五烯酸(eicosapentaenoic acid,EPA)、二十二碳六烯酸(docosahexaenoic acid,DHA)等营养价值高且具有特殊保健功能的功能油脂产品,相继在日本、英国、法国、新西兰等国家投入市场。此外,营养添加剂 EPA、DHA 和柚皮素,增香剂覆盆子酮、聚-γ-谷氨酸,香料化合物藏红花醛、乙酸异丁酯、乙酸异戊酯,以及抗氧化剂羟基酪醇的生物合成处于产业化阶段,但是产率仍然很低,并且工艺规模的放大仍然具有挑战性。特别是 EPA 和 DHA 是高价值的必需 ω-3 多不饱和脂肪酸(polyunsaturated fatty acid,PUFA),近来被用作营养添加剂和增强剂。据估算,ω-3 多不饱和脂肪酸的市场规模将从 2019 年时的 40.7 亿美元增长到 2025 年时的 85.2 亿美元。利用诸如裂壶藻之类的微藻对 EPA 和 DHA 进行从头生产,可以获得高含量水平的多不饱和脂肪酸,DHA 占总脂质的 42.9%,占干细胞重量的 26.7%。杜邦公司通过 EPA 生物合成途径整合以及 β-氧化破坏和三羧酸循环等,成功构建高产 EPA 的解脂耶氏酵母工程菌,在摇瓶培养物中 EPA 产量占总脂质的 56.6%,占干细胞重量的 15%。

6. 保障舌尖安全,微生物源食品添加剂产品种类繁多

微生物源食品添加剂是指为改善食品品质和色香味,增加食品的营养价值,满足消费者的多样化需求,保障舌尖安全,而加入食品中的微生物合成的功能性物质,其产品种类繁多,包括:①防腐剂,用于防止食品变质和发酵;②抗氧化剂,用于防止食品因氧化而变质;③着色剂,使食品颜色更鲜艳美观;④风味剂,增加食品的香味和风味;⑤甜味剂,调节食品的甜味程度;⑥调味剂,改善食品的口感和味觉(图 7-3)。

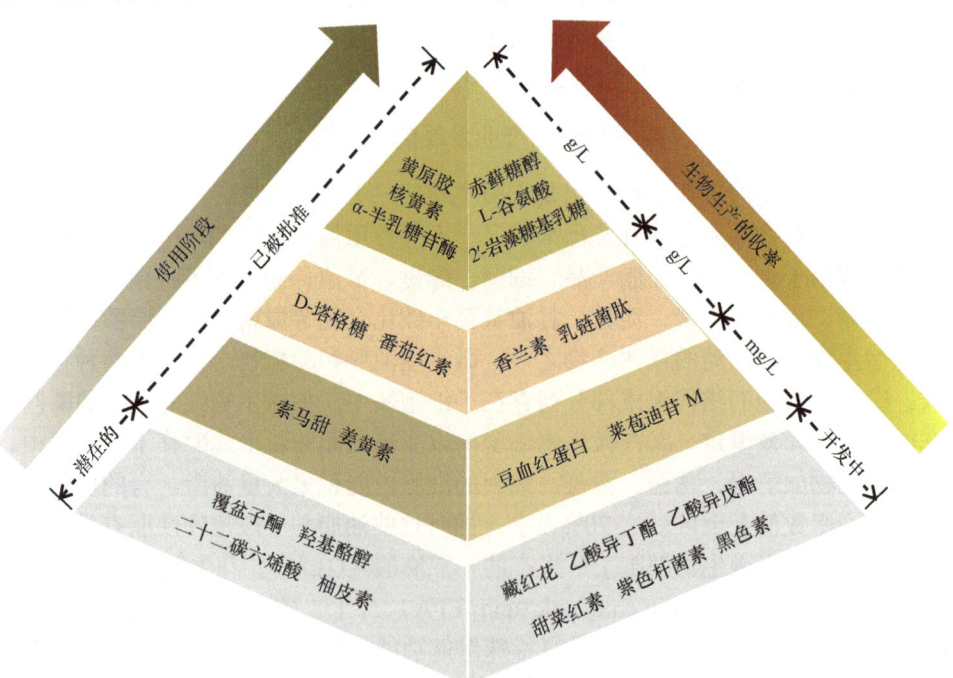

图 7-3 生物基食品添加剂和食品着色剂的示意性金字塔图

根据使用阶段和生物生产的收率大致将这些化合物分为 4 组,每组中的代表性示例都已显示在金字塔的相应层级中

(1) 已商品化的微生物源食品添加剂

黄原胶被广泛地用作食品中的稳定剂、增稠剂/增黏剂、胶凝/成膜剂和乳化剂。黄原胶于20世纪70年代由美国CP Kelco公司首次实现商品化，2019年市场规模超9.6亿美元。赤藓糖醇（erythritol）是一种很受欢迎的食品甜味剂，工业生产始于20世纪90年代初的日本，2019年全球市场规模超过1.95亿美元，预计到2026年将达3.1亿美元。2′-岩藻糖基乳糖是母乳中的200多种人乳寡糖（human milk oligosaccharide，HMO）中最丰富、最简单的低聚糖，已被广泛用作婴儿配方奶粉中的糖添加剂，全球范围内已经有几家公司对此进行了商业化，德国公司Jennewein Biotechnologie GmbH实现的产量效价高达180 g/L。L-谷氨酸（L-glutamate）是赋予食物鲜味的主要化合物。核黄素是一种黄色食品着色剂和膳食补充剂，1990年巴斯夫股份公司开始大规模工业化生产核黄素，2019年全球市场总值约为78亿美元。D-塔格糖是已获批准的一种低热量甜味剂。2020年，包括D-塔格糖在内的低热量甜味剂的市场规模达到15.5亿美元。作为一种环状单萜，柠檬烯（limonene）是一种具备了公认安全（GRAS）的多用途化合物，被广泛用于食品和饮料行业，2020年全球市场规模为3.141亿美元。

(2) 具有应用潜力的微生物源食品香味剂

香兰素（vanillin，4-羟基-3-甲氧基苯甲醛）是一种流行的芳香性香味化合物，目前市场上超过99%的香兰素都来源于化学合成。但包括芽孢杆菌属（Bacillus）、假单胞菌属（Pseudomonas）、拟无枝酸菌（Amycolatopsis）和链霉菌属（Streptomyces）在内的许多细菌都有能力以阿魏酸、丁子香酚或异丁香酚为原料生产香兰素，生产效价范围介于0.1~32.5 g/L。2017年生物技术公司苏威（Solvay）推出了一种名为Rhovanil®（罗唯安™）的天然香兰素产品，通过酵母对阿魏酸进行的发酵过程获得，该产品在美国和欧洲被标识为一种"天然香料"。乙酸异丁酯和乙酸异戊酯是结构相似的两种中度支链型酯类，在酿酒酵母的发酵中自然生成，是带有果味的挥发性香味剂和香料，2019年时，它们的全球市场规模分别为95亿美元和53.446亿美元。在大肠杆菌（E. coli）中从头合成乙酸异丁酯和乙酸异戊酯，收率分别为2.5 g/L及780 mg/L。藏红花醛是一种天然存在于藏红花中的环状萜醛和C10类胡萝卜素衍生的化合物，已被广泛用作香味添加剂，能赋予食品独特的藏红花香气和风味，2019年时的全球市场规模为32亿美元。

(3) 潜力巨大的微生物源食品着色剂

番茄红素及其他的类胡萝卜素都是广受欢迎的食品着色剂和膳食补充剂，2020年时其全球市场规模的估计值为1.26亿美元。甜菜红素（betalain）是一类水溶性的N-杂环化合物。靛玉苷（indigoidine）是一种天然的蓝色颜料，是一类细菌非核糖体肽（non-ribosomal peptide，NRP）分子。目前唯一的商品化天然蓝色着色剂是来自蓝绿色螺旋藻属藻类的蛋白提取物，其中的蓝色主要来源于蓝色的藻胆蛋白藻蓝素。蓝色的花青素是另一种所需的高潜力候选物,研究人员通过对拟南芥属(*Arabidopsis*)植物细胞的代谢工程成功地生产出一种蓝色的酰化 A5 矢车菊素。紫色杆菌素(violacein)是一种吲哚并咔唑化合物和具有紫色的色素。谷氨酸棒杆菌被用作紫色杆菌素生产的底盘,在 3 L 生物反应器中获得的最高产率达 5.4 g/L,是迄今为止实现的最高产量效价。黑色素(melanin)和类黑色素是一类复杂的酚基或吲哚基杂聚物,作为黑色的食品着色剂颇受关注。芽孢杆菌和具备公认安全的酵母菌似乎是用于食品用黑色素生产的最具吸引力的宿主,能够以酪氨酸为原料生产出一种类黑色素。

(4)其他功能的微生物源食品添加剂

柚皮素是一种多酚聚酮化合物(2S)-黄烷酮,具有抗炎性、抗氧化性和神经保护活性。柚皮素的从头生物合成途径由苯丙素途径和类黄酮途径组成,现行价格约为每千克 404 美元。覆盆子酮是一种非常高价值的食品用香料化合物,包括覆盆子酮在内的酮类食品添加剂,2019 年市场规模为 4.43 亿美元。在大肠杆菌中,通过对模式途径的工程化改造,成功地以香豆酸为原料生产出了产量效价达 90.97 mg/L 的覆盆子酮;在酿酒酵母中实现了覆盆子酮的首次从头生产,并且通过厌氧条件下的合成酶融合,将产量效价提升至 2.81 mg/L;在谷氨酸棒杆菌中,以香豆酸为原料生产出的覆盆子酮,实现产量效价达 99.8 mg/L。作为一种营养和功能性食品添加剂,橄榄树羟基酪醇或 3,4-二羟基苯乙醇,是一种潜在的抗氧化剂和抗菌剂,可用于包括烘焙产品、饮料、酸奶、油脂、蔬菜和水果以及果汁在内的多种食品中。

7. 引领未来发展,食品 3D 打印与数字烹饪技术创新

3D 食品打印应用将颠覆传统养殖生产方式,大幅减少甲烷排放、用水量,减轻土壤污染等,同时在个性化食品及特定营养需求方面具有广阔的市场前景。利用 3D 打印技术,消费者可以设计和制造具有定制形状、颜色、风味、质地结构和营养的食品。通过 3D 打印可以生产质地柔软的食品来解决老年人咀嚼困难的问题,也可以生产形状新颖的健康零食满足儿童的营养需求。利用纳米纤维素晶体独特的界面性质和自组装特性制备的水凝胶和高内相乳液具有优良的 3D 打印自支撑性,为未来食品的定向制造提供了更多的可能性。2021 年,日本科学家利用 3D 生物打印技术成功组装了含有肌肉、脂肪和血管且与商业牛排高度相似的整块牛肉。从新鲜食物中提取"食品墨水",根据设计形状进行打印并逐层组装,保持天然营养、质感、口感和风味,包括:①碳水化合物(表 7-3):意大利面食品牌推出的 3D 食品打印机 BluRhapsody,能以意大利粉浆为原材料,3D 打印出蛤蜊状、海胆状、花瓶状等形状,定制出更多不同尺寸、形状、颜色或口味的个性化 3D 打印面食;②膳食纤维:新加坡南洋理工大学等 2021 年开发了一种可以

从新鲜或冷冻蔬菜中提取"食品墨水"的新方法,比现有的工艺能更好地保存蔬菜的营养和风味;③脂肪:中国 3D 食品打印机生产商杭州时印科技有限公司旗下"盼打"品牌推出世界上打印速度最快的 3D 巧克力打印机,消费者可以通过微信扫码选择自己喜欢的模型进行现场打印;④植物蛋白质:以色列公司 Redefine Meat 推出以植物蛋白为原材料的 3D 食品打印机,生产包括汉堡包等的 New-Meat 植物肉产品系列,已在以色列、荷兰、德国和英国的 120 多家餐厅中销售;⑤动物蛋白质:总部在美国纽约的 Modern Meadow 现代牧场公司旨在将通过细胞培植而非宰杀动物而得来的皮革和肉食产品进行商业化,通过使用 3D 生物打印机制造人造肉品和皮革。

表 7-3　3D 打印食品的"食物源墨水"及其成分

种类	成分
碳水化合物	卡拉胶、果胶、淀粉、米粉、饼干、意大利面、土豆泥、紫薯泥、豆沙、奶黄、莲蓉、翻糖、蛋白糖霜、杏仁膏、口香糖、奶糖、软糖、果酱类、蜂蜜、枫糖浆等
脂肪	巧克力、奶酪、黄油、裱花淡奶油等
蛋白质	明胶、浓缩乳蛋白、鸡蛋白蛋白、酪蛋白酸钠、肉糜、昆虫蛋白、微藻蛋白、豆类蛋白、菌蛋白、植物基人造肉、酵素等
膳食纤维	果胶、果蔬混合物等
其他功能成分	柠檬汁(维生素 C)、益生菌、浓缩橙汁(维生素 D 添加)等

美国航空航天局正在探索将 3D 打印食品整合到太空中的方法,采用 30 年货架期的粉状食品层,按照"数字菜谱"混合各种粉末,制造色、香、味俱全的食品,将为宇航员烹制出各种风味的营养美餐。美国、俄罗斯和以色列相关公司合作,提出"三维生物打印方案",在微重力环境下成功打印出牛肉、兔肉和鱼肉,意味着将来太空人的食品将不受限于真空干燥制品。在太空中进行三维打印肉类比在地面上容易,因为在微重力环境下,肌肉组织可以无需任何支架的支撑向各个方向自由生长。相比之下在地面,肌肉组织需要依附在一个阵列式支架上,而且一次只能向一个方向打印。

8. 满足市场需求,工程化多元化个性化食品不断涌现

(1)工程化合成食品

将食物原料中的基本组分、营养素、风味物质等分离出来,利用挤压剪切、超微粉碎、乳化均质、纳米组装、增材制造等工程化技术,实现产品质构、风味等的重塑,亦可通过选择性添加功能性成分进行营养强化。利用高水分挤压、定向冷冻等新兴技术,可以将以植物蛋白为代表的替代蛋白加工具有高度类似动物肉纤维结构和质构特征的替代肉制品。替代肉不仅可以满足消费者对肉类口感和滋味的追求,还能够降低因动物性成分摄入过多给人体健康带来的负面效应,如肥胖、心脑血管疾病等。全球已有 Beyond Meat、Impossible Foods 等超过 400 家公司进行植物肉的研发和生产，2021 年其市场规模超过 50 亿美元。

（2）多元化功能食品

消费者对营养健康和个性化食品的需求与日俱增，在饱腹之余对食物的营养、安全、美味和精神享受提出了更高的要求。一些消费者希望食物的外在形式更加丰富，一些消费者对食物的内在成分和健康裨益有所期待；同时，消费者还希望未来食品能够量身定制，满足其在营养和美味等方面的个性化需求。借助挤压剪切、纳米组装、3D 打印等工程化加工技术，通过智慧型工业化餐饮模式构建，融合大数据和感知交互食品设计，未来食品制造将更加多元。

（3）个性化定制食品

大数据与食品个性化设计利用消费、健康和食物的大数据，针对不同人群的身体特征和饮食习惯，精准制造具有不同功能属性的食品，精确管理日常膳食，为消费者提供定制的营养和美味。将大数据分析技术与食品组学技术相结合，通过建立微生物组、饮食、生活方式、遗传和健康之间的相互关系，开展高精度个性化食品设计。利用脂质体、纳米乳液、皮克林乳液、纳米胶束等递送体系对膳食营养素进行封装保护和靶向控释，可以提高营养素的稳定性和生物利用率，实现精准营养干预。

7.4.2 我国发展动态

习近平总书记提出"树立大食物观，构建多元化食物供给体系，多途径开发食物来源"的战略构想，为未来食品产业高质量绿色发展指明了方向。在全球气候变化、人口增长以及消费习惯不断变化的趋势下，现有的食品生产方式将难以满足未来人口的需求，我国面临的食物安全、生态安全以及产业安全形势尤为严峻。为在全球竞争中把握发展主动权，我国应高度关注世界各国对未来食品产业的最新部署重点与发展路径，制定我国未来食品发展战略，创制突破性和颠覆性的未来食品重大产品，培育未来食品战略性新兴产业，为保障国家食物安全和生态安全、改善国民营养健康提供重大科技支撑。

1. 未来食品原料合成

以谷氨酸棒杆菌为出发菌株，基于系统生物学和代谢工程技术，对关键酶氨基酸序列进行分析、定点突变，提高关键酶活性，并解除反馈抑制；最后，将 L-缬氨酸合成代谢模块进行针对性表达强化，使得 L-缬氨酸的发酵产量达到 54.1 g/L。在枯草芽孢杆菌内搭建 Phr60-Rap60-Spo0A 的群体响应系统用于高效合成七烯甲萘醌（MK-7）。通过群体响应系统的动态调控，MK-7 的发酵产量达到 360 mg/L，该发酵水平完全满足当前的工业化和市场需求。将组学技术与发酵过程优化控制技术结合，使得裂壶藻产 DHA 的发酵产量达到 23 g/L。对发酵条件逐级进行优化，最终实现 5 t 发酵罐规模的工业化生产。中国科学家在枯草芽孢杆菌中设计并创制了 14 个可以响应胞内中间代谢产物的生物传感器，并将该生物传感器与基于 CRISPRi 的逻辑"非"门进行耦合，实现 N-乙酰氨基葡萄糖合成的动态平衡与最优调控，在 15 L 发酵罐上通过补料分批发酵 N-乙酰氨基葡萄糖产量达到 131.6 g/L，该发酵水平是目前微生物发酵生产方法中报道的最高产量，这将对 N-乙酰氨基葡萄糖发酵工业化生产起到极大的推动作用。河南新拓洋生物工程有限公司逐步形成维生素 C、异 VC 钠、D-核糖等产品谱系，成为全球最大的异 VC 钠生产研发基地。目前已建成维生素 C、异 VC 钠、D-核糖 3 条生产线，是着力打造自动化、数据化、智能化、信息化的新型智能绿色制造示范工厂，将二期建设 10 万 t 乳酸、6 万 t 聚乳酸和 5 万 t 阿洛酮糖，同时布局玉米秸秆制乳酸和乳酸生产线和阿洛酮糖等健康糖产业，初步形成合成生物产业布局。梅花生物科技集团股份有限公司于 2021 年开始起致力于合成生物学菌种改造平台、工业放大平台的搭建，已有生产谷氨酸、苏氨酸、鸟嘌呤核苷等的新一代升级菌种陆续投放生产。未来还将在合成生物学技术上持续投入，设计优化氨基酸等多品类生产细胞工厂。

2. 优质蛋白替代

食用蛋白质的传统来源是畜牧业，长期存在耗能大、污染高、抗生素残留、高胆固醇等不利健康的影响。替代蛋白可减少全球环境污染和资源浪费，满足绿色健康消费理念。同时有效解决人口增长以及城市化进程所带来的肉类需求总量大幅攀升问题。目前我国研发的优质替代蛋白主要有四类，包括植物蛋白、微生物蛋白、昆虫蛋白和动物细胞培养蛋白等（表 7-4）。其中，植物蛋白来源于植物，营养全面，易被人体消化吸收，具有多种生理保健功能。平时常见的豆类、谷类、薯类、坚果均含有蛋白质，其中豆类尤其是大豆蛋白含量高达 40%。植物蛋白整体成本低、安全性强、易消化，现已大量应用，是目前为止最佳的替代蛋白。微生物蛋白以工农业及石油废料人工培养微生物菌体，形成蛋白质、脂肪、碳水化合物、维生素等混合物组成的细胞质团。由于微生物生长繁殖速率快，生产效率高，农业废料、废气均可成为其生产原料，来源广泛，市场规模巨大。昆虫蛋白以昆虫为原料，从昆虫的各个生长阶段如卵、幼虫、成虫、蛹、蛾等提取蛋白质。由于昆虫数量大，繁殖快，且高蛋白、低脂肪，营养结构合理，肉质纤维少，又易于吸收，是继植物蛋白和微生物蛋白之后的第三大类蛋白质来源。动物细胞培养蛋白采用组织培养技术，以动物干细胞培育而成。这个过程培养的肌肉组织，具有动物肌肉相同的蛋白质特征。但目前细胞肉的成本昂贵，约为 300 美元/kg，且技术壁垒高，尚未真正推向市场。目前我国开发利用较多的植物蛋白类产品主要包括大豆蛋白、豌豆蛋白、花生蛋白、小麦面筋蛋白、大米蛋白等，其中小麦面筋蛋白多为配料产品，豌豆蛋白和大豆蛋白多因其功能特性和较高的营养价值用作营养蛋白粉和植物基肉产品的重要原料。在蛋白质产品中，大豆分离蛋白在肉制品中的应用量最大，占70%以上；保健品、乳品饮料约10%；素食应用领域（如千页豆腐等）约10%；其他领域（组织蛋白加工、宠物饲料、烘焙等）约10%。而随着植物蛋白热的兴起，大豆分离蛋白应用量在素食、饮料及保健品等应用领域呈上升趋势。

表 7-4 国内外优质蛋白替代产业现状

替代蛋白类型	植物蛋白	动物细胞培养蛋白	昆虫蛋白	微生物蛋白		
	以植物为基础	人工培养动物干细胞获得蛋白	饲养昆虫提取蛋白，食用昆虫	精准发酵	发酵食品	生物质
产品特点	与动物性食物质地和味道相似的植物性食物共3代：第一代：大豆；第二代：大米、油菜；第三代：浮萍、大麻	使用细胞培养技术，通过体外动物细胞培养产生的动物蛋白，与真肉结构、味道更为相似	通过饲养高蛋白食用昆虫（粉虫、黑水虻等），然后提取昆虫蛋白	以微生物为细胞工厂（酵母、细菌等）定向生产特定功能类蛋白质（如乳清蛋白、血红素等）	使用微生物调制具有独特风味、营养成分的植物衍生产品（如酸奶、豆豉）	发酵培育微生物细胞（食用酵母微藻等），经加工提取有效物质。作为食品的主要成分或主要成分之一
技术成熟度	第一、二代产品已商业化	尚未商业化	技术成熟，商业化低	技术不完整，商业化低	技术成熟，应用广泛	蛋白产量较低

3. 细胞培育肉开发

目前，江南大学、南京农业大学、中国科学院天津工业生物技术研究所等国内高校科研单位已经针对人造肉开展相关工作，在植物蛋白肉与细胞培养肉方面已经有一定的积累，包括植物蛋白肉的人造肉制造关键酶制剂开发、血红蛋白等风味物质微生物合成、植物蛋白纤维化工艺开发等，以及细胞培养肉的肌肉干细胞获取、大规模细胞培养反应器开发、食品化合成及安全性评价等方面。自2019年Beyond Meat上市后，中国传统素肉企业进入转型期，合作创新人造肉产品，国内大量初创企业涌入人造肉行业赛道，国外企业瞄准中国庞大市场，中国人造肉市场开始快速起步。南京农业大学周光宏教授团队使用猪肌肉干细胞培养20 d后，获得了中国第1块质量为5 g的细胞培养肉。近年来，国外食品巨头不断抢占我国人造肉产业市场。国内人造肉初创企业（如星期零食品科技有限公司、未食达科技有限公司、珍肉食品科技有限公司等）不断兴起，并陆续推出人造肉相关的比萨、月饼、肉排和肉酱等产品。

《"十四五"全国农业农村科技发展规划》中提到细胞培养肉和其他人工合成蛋白，将合成生物技术的发展列为其"升级食品产业，减少传统水产养殖对环境资源造成的压力"目标的关键。从企业端来看，国内多家初创企业都在发力细胞肉市场，并且获得相应的融资。目前，国内细胞肉市场的参与者主要有周子未来食品科技有限公司、CellX、遇见味来生物技术有限公司、极麋生物科技有限公司、超技良食生物科技有限公司等。南京周子未来食品科技有限公司应用自研的无血清培养基和独立驯化的种子细胞，在百升级生物反应器进行无载体悬浮培养，单周可以获得公斤级细胞培养肉。未来，经过优化后，单周可获得百公斤级细胞培养肉。百升级生物反应器在细胞培养肉中的应用可以极大限度地降低细胞生产成本，扩大单次细胞培养肉的生产产量，是实现细胞培养肉产业化、工业化道路上至关重要的一步。2022 年，以开发细胞培养肉产品为核心的细胞农业科技公司 CellX 完成了近亿元人民币 A 轮融资，目前已建立起种子细胞、培养基、新型工艺、创新产品四大研发平台。超技良食研发出世界首款藏香猪细胞培养肉和源于被业界誉为猪类"名门贵族"的第一块细胞培养巴马猪五层肉。2023 年，又研制出世界首块细胞培养"黄羽鸡肉排"。

4. 牛乳蛋白与人造奶研发

根据《中国农业展望报告（2021—2030）》，我国奶制品消费持续增长，2030 年奶制品消费量将达 6933 万 t；同时市场缺口巨大，预计 2030 年奶制品进口为 2563 万 t。为满足上述消费需求和应对国际蛋白替代市场的激烈竞争，我国在乳蛋白重组表达与人造奶生物合成等技术领域已开始进行研发布局，为提高乳蛋白表达效率，通过基因重组将前肽 PEP 与目标蛋白融合，实现了多种难表达乳蛋白的高效合成，且为可溶性的活性蛋白；同时通过人工设计组装多基因串联表达模块，构建 αs1-酪蛋白、αs2-酪蛋白、β-酪蛋白、κ-酪蛋白 4 种酪蛋白的共表达-共纯化体系，实现了酪蛋白的高效表达与组合合成，同时正在开展人、山羊、骆驼、青藏高原牦牛等不同物种乳蛋白的资源挖掘与人工优化，筛选获得优质的乳蛋白组合。为研发婴幼儿配方奶粉，我国科研工作者对其中的营养物质进行了开发和应用。母乳寡糖在母乳中的含量为 5-15 g/L，其中 2′-岩藻糖基乳糖（2′-FL）、3′-岩藻糖基乳糖（3′-FL）和乳酸-N-新四糖（LNnT）等占比较大。在枯草芽孢杆菌中开发基于核酸适配体的基因表达调节系统，并将其成功应用于 2′-FL 的生物合成途径中，使用基于核酸适配体的上调和下调元件分别调节外源途径基因的表达和内源乳糖运输抑制基因的表达，最终 2′-FL 的产量达到 674 mg/L，达到枯草芽孢杆菌发酵产 2′-FL 的最高值。以大肠杆菌 BL21 为出发菌株，分别比较了不同来源的 FutA 酶并筛选得到催化活性较好的来源于幽门螺杆菌的 FutA 酶，3′-FL 发酵产量高达 12.43 g/L。在枯草芽孢杆菌中异源重构 LNnT 代谢合成途径，采用模块化策略对 UDP-GlcNAc 合成模块和 UDP-Gal 合成模块分别进行优化与组装，并基于 CRISPRi 系统对关键竞争分支途径基因表达进行阻遏下调，敲除基因组上编码 UDP-葡萄糖脱氢酶的 *tuaD* 基因，最终 LNnT 产量高达 5.41 g/L。近年来，从事二十碳四烯酸（ARA）、DHA等原料研发和生产的国内高科技企业纷纷将目光投向了合成生物学。其中如嘉必优生物技术（武汉）股份有限公司正在筹建智能研发平台，集成合成生物学研发平台、智能发酵测试平台及高通量检测平台。截至2022年上半年，基于构建的合成生物学技术平台，开展了2′-FL、3′-SL、虾青素、依克多因、二十碳五烯酸（EPA）和麦角硫因等高附加值产品的开发。其中，2′-FL已完成中试，获得96%纯度的产品，正在进行法规许可申报阶段，3′-SL已完成实验室全套工艺优化和验证。人工酵母合成虾青素项目进入中试阶段，并产出了虾青素菌体，具备产业化基础。基于地衣芽孢杆菌的α-熊果苷合成项目底物转化效率达到行业领先水平。

7.5　国家战略与重点领域

未来食品产业是由颠覆性技术突破牵引、满足未来社会发展需求的新兴产业，将为经济社会发展创造全新动力，推动人类生产生活方式深刻变革，也是世界主要国家把握未来发展主动权、占据竞争制高点的关键所在。新冠疫情以来，食物供给与环境保护、公共卫生与营养健康、产业链与供应链安全、国际贸易与生物经济等问题凸显，通过技术和产业变革引领经济社会转型发展成为各国共识。食物供给不足、损失浪费严重、人类营养健康需求迫切等现实问题驱动传统产业转型升级和未来食品科技革新。

7.5.1　重大需求

食物是人类生存的基础，保证食物安全供给是实现人类可持续发展的必要条件。世界人口从1950年的25.4亿增长到2022年的79.9亿，总量增加了两倍。全球人口的迅速增长给食物的供给带来了严峻的考验。随着科技的进步，虽然人类利用传统方式生产食物的效率得到了显著提高，但食物供给不足导致的饥饿仍是全世界面临的主要问题。据FAO统计，2020年全球饥饿人口数量高达7.68亿，每年5岁以下儿童因食物不足和营养缺乏死亡的人数约有300万。同时，人类可利用的地球环境资源日趋紧张，人均耕地和水资源拥有量逐年下降，至2017年，全球人均耕地面积和水资源比20世纪60年代初均下降了约56%。不可预测的气候变化、极端天气、自然灾害等多重风险给传统食物生产系统带来威胁，另外，人类活动造成的大量碳排放对生态环境造成进一步的破坏，显著降低了生物多样性和生态恢复能力，使本就紧缺的地球可再生资源雪上加霜。这些因素对未来的食物供给埋下了严重的隐患，如何大幅度提升食物的供给能力成为未来食品的一大挑战。

当前，食品安全和营养健康等问题得到更多社会层面的关注。高糖、高盐、高热量、低营养的过度加工食品在全球范围内的消费以 20%～90%的年均速度增长，不合理膳食结构引起的健康问题日趋严重。《柳叶刀》的调查显示，2017 年饮食危险因素造成全球 1100 万成人死亡，占死亡总人数的 22%。我国饮食结构问题主要包括高钠、高脂、高糖、水果蔬菜和杂粮摄入不足，其造成的心血管疾病死亡率、癌症死亡率都位于世界第一位。2020 年我国成年人高血压患病率高达 27.5%，糖尿病患病率为 11.9%，高胆固醇血症患病率为 8.2%。随着消费者健康意识的觉醒，对食品营养和健康提出了更高的要求。同时，人们的营养消费意识正逐渐从"大众化"向"个性化"转变，消费者对个性化定制营养健康食品的期待在迅速增长。而在数字化社会的大背景下，食品行业正在发生巨大变革，数字化食品的新业态，在未来将给食品产业的转移、革新带来新机遇。这既是食品行业健康发展的必要需求，也是顺应国家时代发展的必然选择。

全球化农业竞争的实质是科技竞争，在以强大生物技术为支撑的种业产业基础上，发达国家主导了全球农产品市场。原创性技术创新和有效的知识产权保护是发达国家提高国际竞争力的重要法宝。国际农业跨国公司依靠技术、资本和管理优势，进入我国市场，给农业产业带来巨大冲击。我国食品市场一直是国外跨国公司觊觎的焦点，国际跨国公司凭借雄厚的资金和高端技术，对尚处于市场化起步发展阶段的我国未来食品安全构成严重威胁。目前，掌握现代生物技术的国际公司不断兼并重组，全球农业产业格局正因高端科技竞争而发生重大调整。我国农业科技处于关键发展时期，大力研发大力发展未来食品设计与智造技术，是实现我国农业科技跨越式发展的战略选择。

7.5.2 发展战略

未来食品科技将发展成为综合系统生物学、合成生物学、物联网、人工智能、增材制造、医疗健康、感知科学等多技术多学科交叉的集成，从食品加工扩展到食品组学、食品感知学、食品合成生物学和食品纳米科学等基础科学问题，构成多学科交叉体系，支撑未来食品领域的健康和可持续发展。食品进入"大时代"：大规模、大业态、大市场、大龙头、大集群、大安全、大品牌。未来食品的发展路径将是 3T[生物技术（BT）、信息技术（IT）、食品技术（FT）]融合，推进未来食品相关战略性新兴产业发展。

1. 发展路径

1）原创性理论创新：在元件回路设计原理、人工底盘设计原理、精准网络调控机制和高效固碳固氮机制等方面取得重大理论突破。

2）引领性技术创新：在人工智能技术、合成生物技术、细胞工厂技术和先进智造技术等方面取得重大技术突破。

3）革命性产品创制：通过生物技术、信息技术和食品技术的 3T 融合，创制微生物源血红蛋白/牛乳蛋白/抗菌肽等优质蛋白替代产品、人造肉/人造奶/人造脂肪/风味物质产品等生物组合合成产品、个性化 3D 打印食品/高能量太空食品等未来食品概念产品、以二氧化碳或氮气为原料的人工淀粉/人工蛋白产品等碳氮循环经济产品、未来食品精准评价与检测技术产品等营养精准评价产品。

7.5.3 重点研发领域

1. 农业合成生物底层技术研发

1）生物元件高通量挖掘表征技术：整合基因组、宏基因组、转录组等多组学数据，构建生物元件的代谢网络扰动模型，开发增强子、启动子等调控元件高通量挖掘和活性定量表征技术，建立调控肥用、药用、饲用、食用功能物质生物合成的标准化调控元件库；搭建高通量细胞-组织-器官间代谢互作与合成网络解析技术体系，实现时空差异表达催化元件的高通量筛选鉴定，建立催化功能物质合成的标准化催化元件库，为功能模块与线路设计构建提供标准化元件。

2）功能模块与线路智能设计技术：开发基于预训练大语言模型的蛋白质多级结构和功能预测模型，构建优化蛋白质表达水平及催化活力的编码序列设计技术；开发深度学习模型，构建不同活性、组织特异性和环境诱导型的人工调控元件设计技术；整合蛋白质和调控元件智能设计技术，开发底盘细胞数字孪生算法，设计与底盘细胞高度适配的高效固碳/固氮、氨转运、前体供给等功能模块与线路，为底盘细胞设计改造提供方案。

3）底盘细胞精准编辑技术：挖掘新型自主知识产权的核酸酶，提高基因识别精度和效率，开发基于新型核酸酶的基因编辑工具，优化提升大片段基因编辑效率、编辑精度和序列适用性；创制精准基因编辑检测体系，提升编辑产物检测精准度，开发基因编辑检测工具、配套体系和应用试剂盒；在肥用、药用、饲用、食用功能物质生产底盘细胞中整合新型基因编辑工具，优化提升功能模块和线路编辑构建效率。

4）人工染色体高效组装技术：开发功能基因组元件设计组装算法和软件工具，建立大规模 DNA 片段快速、准确组装技术流程，构建复杂基因组体内大片段 DNA/染色体高效递送系统，实现在不同细胞系中的高效递送整合；设计优异基因型，准确合成去除冗余非编码区的基因组，合成组装含有调控元件、功能模块和合成线路的兆级人工染色体，大幅度提高从头构建未来食品细胞工厂的效率。

2. 利用前沿合成生物制造技术，挖掘新种质

1）基于乙醇梭菌、甲烷氧化菌、氢氧化菌、微藻等一碳同化菌（藻）天然底盘细胞，系统重编程全局代谢网络，利用电能驱动等使能技术，创建高版本合成生物体，高效同化一碳气体生物合成菌体（藻）蛋白，实现一碳原料多元化利用。

2）挖掘创制高产、抗逆性强的资源昆虫种质资源。依照产业需求，结合传统育种和前沿生物技术手段，利用现有的种质资源，采用种间杂交、辐射诱变、化学诱变、基因编辑等合成生物技术手段，创制昆虫突变群体，形成高产抗逆性强的创新资源，加大知识产权保护力度，推动种质资源优势转化为产业核心优势。

3. 生产过程智能化识别和精准调控

（1）气体发酵智能化识别和精准调控

利用神经网络和代谢通量技术，研究气体发酵过程的智能化识别与精准调控。充分利用具有处理复杂时变问题和高度非线性系统的强大能力的神经网络模型，形成、实现发酵过程的状态预测和模式识别；利用代谢通量模型和遗传算法，确定产物生物合成的理想载流途径，并明确代谢流中的不利因素，反馈调节生产菌的宏观过程参数，从而实现了发酵过程的多尺度解析与耦连，推进优化含 CO_2 气体发酵制乙醇的二代发酵技术，从根本上实现 CO_2 的利用及固定；研发秸秆气化高效生产一碳菌蛋白技术，推动气体发酵新技术的创制与革新。

（2）昆虫自动化养殖与深加工技术

该技术包括农业废弃物（厨余、粪污、尾菜等）原料封闭无臭储运，输送设备、昆虫智慧养殖技术、昆虫干燥、脱脂、抗菌肽提取深加工技术；构建养殖、加工特性数据库、开发产品品质预测模型及深加工成套设备；进行产品经济、环境效益和全生命周期（LCA）评估。将以数据库为基础的运算模型搭载到应用软件系统，建立并完善从原料性质—养殖过程—产品质量—养殖效果的涉及全产业链的昆虫规模化养殖及品质控制评价体系。

4. 蛋白构效、高值化与经济性分析

基于红外光谱、质谱、X 射线衍射等技术全面解析新型一碳菌蛋白、藻蛋白和昆虫蛋白多级蛋白质结构；检测基本物质组成、理化及加工特性并与鱼粉、大豆蛋白进行比较分析；研究湿热加工处理中蛋白质在压力、温度、水分、剪切作用等因素下微观结构及理化性质变化规律及内在机理。研究蛋白理化及加工特性对产品质量的影响规律及机理，探索其在类似于组织肉等食品及饲料中的高值化应用的潜在价值；筛选适用于一碳原料蛋白和昆虫蛋白的酶解条件；结合养殖试验和体外试验利用营养学、分子生物学、组学等手段揭示蛋白酶解产物的生物活性及在畜牧、水产动物养殖中的应用效果和作用机制研究。创建全流程、多维度系统化模型，客观、系统评价其技术、经济和环境效益，运用全生命周期（LCA）科学评估和预测该类新技术的未来发展前景。

5. 农业细胞工厂及未来食品重大产品

1）营养功能蛋白生物合成：突破单细胞蛋白、功能性乳蛋白、血红蛋白、硒蛋白、活性肽等营养功能蛋白高效绿色制备、活性保存和稳态化调控技术，优化底盘菌株代谢流，构建高效、稳定合成食品蛋白组分的细胞工厂；开发营养功能蛋白健康产品，提升绿色制造智能化水平，进行产业化示范。

2）人工淀粉及油脂生物合成：设计改良一碳气体及生物质原料合成淀粉/高值油脂的酶元件及合成路径，优化体外多酶分子机器，发展多酶固定化技术，实现淀粉体外合成途径的高效级联催化；开发高效低碳的高值油脂生产菌种，重塑优化油脂合成代谢途径，突破过程模拟和生产放大技术工艺，创制高值淀粉/油脂新型产品，大幅提高淀粉/油脂合成效率。

3）食品风味物质生物合成：改造芳香族香料、萜烯、酯类、代糖等风味化合物关键合成元件，有效提升功能效率；建立关键模块组合和集成技术，构建典型风味化合物合成细胞工厂；通过代谢通量调控、转运蛋白工程、辅因子工程、模块化共培养工程等多角度优化合成路径与底盘细胞的适配性、缓解产物抑制，高效合成目标风味化合物，并实现其在食品加工中的应用。

4）未来食品营养配方及评价：开发合成食品营养素重要参数计量技术和标准品，建立安全质量分级标准阈值与食品营养健康多维度评价体系，明确合成食品中外源添加化学性风险因子及其代谢物在食品生产全链条中的迁移行为，形成合成食品在营养功能及安全性等方面的评价技术指南草案及制订未来食品标准和法律法规，设计开发高精度多营养组分、精准功能属性的未来食品配方，基于配方和新型合成原料开发复配未来食品。

7.5.4 政策建议

1. 确立国家未来合成食品发展战略

未来食品技术是农业科技领域中最具引领性和颠覆性的战略高技术，世界各国均将其作为国家优先发展战略给予重点支持。美国 2018 年出台《美国创新战略》，并发布《至 2030 年推动食品与农业研究的科学突破报告》，将生物技术、信息技术和未来食品技术及其融合发展列为未来农业发展的主要突破方向，并对其进行了战略部署，2020 年通过《无尽前沿法案》，拟在未来 5 年内向包括生物技术、基因组学和合成生物学在内的十大关键技术领域投资 1000 亿美元。欧盟委员会 2018 年颁布最新版本的生物经济战略《欧洲可持续生物经济：加强生物与经济、社会和环境之间的联系》，2021 年启动"地平线欧洲"第九个研究框架计划，将生物技术、信息技术和未来食品技术研发列为重要方向。世界新兴国家如印度和巴西等，纷纷把生物技术、信息技术和未来食品技术融合创新列入国家科技优先发展战略。近年来，美国等发达国家加快推进未来食品基础研究和技术创新，以抢占未来农业的发展主动权和技术制高点，未来食品领域的国际竞争日趋白热化。中国作为一个传统农业大国，为应对全球生物技术迭代升级、未来农业竞争加剧的严峻挑战，应该充分发挥新型举国体制优势，加快未来食品重大科技计划实施和未来食品国家实验室建设，打造我国农业战略科技力量，在基础理论创新、关键技术突破、重大产品创制生物安全评价和条件能力建设等方面增强我国未来食品核心竞争力，完善国家生物技术、信息技术和未来食品技术融合创新体系，推动我国由食品产业大国向未来食品科技强国转变（图7-4）。

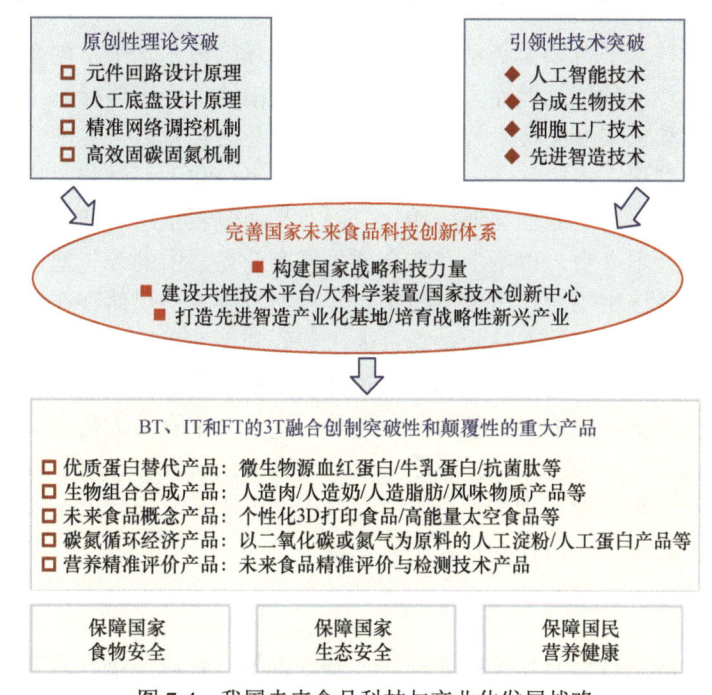

图 7-4 我国未来食品科技与产业化发展战略

2. 加强原始创新与知识产权保护

当前，科技创新成为国际战略博弈的主要战场，围绕科技制高点的竞争空前激烈。在世界范围内，美国、欧盟和日本等发达国家及地区极其重视科技领域的原始创新与知识产权保护，并通过专利保护的全球布局，确保其在科技竞争中的优势地位和全球经济中的垄断地位。与西方发达国家比较，我国生物技术、信息技术和未来食品技术融合研发整体薄弱，新基因、新机制和新概念相关的原始创新缺乏，基因编辑、合成生物和未来食品等颠覆性技术领域，关键基因、关键酶、关键元器件和先进工艺等相关原创技术的知识产权基本掌握在国外公司手里，我国未来食品产业化发展面临极其严峻的功能基因知识产权制约与核心技术"卡脖子"问题。另外，长期以来我国知识产权意识淡薄，知识产权保护法律法规不健全，市场竞争不规范，不利于营造良好的科技创新环境，是造成我国原始创新动力不足、科技与产业需求脱节、创新链产业链脱节的一个重要因素。建议尽快修订我国食品智造，特别是未来食品等相关法律法规，以基因、产品和工艺的知识产权保护为抓手，系统设计与整体布局知识产权保护的全球化战略，建立和完善知识产权保护与转化新机制，加快构建龙头企业牵头、高校院所支撑、各创新主体相互协同的创新联合体，确保我国未来食品关键共性技术自主可控。

3. 加快共性平台和大科学装置建设

重大共性技术平台和大科学装置是世界科技强国技术水平、创新能力和综合实力的集中体现，是彰显世界大国形象与科技强国地位的重要标志。随着生物技术、信息技术和未来食品技术等前沿技术的兴起与融合发展，美国等发达国家加强高通量、大型化、规模化、自动化的重大共性平台和大科学装置建设，如在生物育种领域相继建立了专业化遗传转化，以及高通量表型组、智能发酵工艺和人工智能决策等技术平台，以确保其在全球生物产业竞争中的领先地位。与西方发达国家相比，我国生物育种重大科技平台建设与发展水平仍然存在较大差距，具有自主知识产权的关键核心技术缺乏、人工智能和大数据等前沿先进技术落后。建议在生物育种战略性、关键性领域前瞻部署一批具有国际一流水平、多学科交叉集成、提供服务支撑的科技条件平台建设，建设未来食品大数据、农业人工智能和农业细胞工厂等重要共性技术平台以及农业基因资源库、农业表型组和智能发酵平台等大科学装置，为建设世界科技强国、保障国家食物安全、生态安全和食品产业安全提供不可替代的科技平台支撑。

4. 注重生物安全与生物伦理监管

当前，全球科技创新速度显著加快，基因编辑、合成生物和人工智能等新兴科技发展日新月异，对生物大分子和基因功能及作用机制的研究进入精准调控阶段，从认识生命、改造生命走向合成生命、设计生命，不断孕育农业和食品领域的新动能和新业态。生物技术与信息技术融合的未来食品技术是一项具有颠覆性、交叉性和不确定性等技术特征的新兴科技，涉及元器件人工设计，以及人工基因线路、细胞工厂创制及未来食品合成等颠覆性技术和新兴科技产品，在给人类带来福祉的同时，也可能引发生物安全与生物伦理的新风险与新挑战。目前，我国已建立了基于前沿科学的分子特征识别、非靶标生物检测和生物多样性评价技术体系，以及针对毒理、致敏、营养等全方位的生物技术产品食用安全评价体系，形成了高精度、高通量和高效率转基因生物安全评价和检测监测系统。在此基础上，需要采用代谢组和大数据等新技术手段，建立新的检测技术体系和新的生物安全评价标准，针对可能产生的食用和环境安全新风险开展系统理论研究，同时要加强农业生物技术产品前瞻性、关键共性风险识别与预警、安全评价及监测检测技术研发，为应对新发和潜在的未来食品安全问题提供有力的技术保障。中国农业科技伦理的研究还处于起步阶段，尚未形成科学规范的理论与监管体系。建议加强农业科技伦理的相关理论研究，前瞻研判科技发展带来的规则冲突、社会风险和伦理挑战，完善相关法律法规、伦理审查规则及监管框架，建立健全与国际接轨的未来食品研发、应用和产业化的伦理审查制度。

第 8 章　回顾与展望：未来 30 年的农业合成生物技术

21 世纪兴起的合成生物技术被誉为影响世界未来的颠覆性技术之一，引发继 DNA 双螺旋结构发现和基因组测序之后的第三次生物科技革命，已成为世界各国增强核心竞争力、抢占未来发展制高点的重大国家战略。合成生物技术通过生物、工程、物理、化学、计算机等学科交叉融合，旨在设计、改造和构建新的生物系统，以实现特定的生物学功能，其在农业中的应用，将为世界性农业生产难题提供革命性的解决方案，培育农业碳经济和氨经济等生物经济新形态，引发细胞农业、低碳农业和智能农业等新动能与新业态革命，是国际农业科技战略必争的前沿领域。

8.1　发展历程回顾

合成生物学（synthetic biology）的概念最早于 1910 年由法国物理化学家勒杜克在其所著的《生命的机理》一书中提出。百年前提出的合成生物学，是指利用物理和化学方法合成类生物体系来模拟生命过程，而现代版定义则是指采用工程设计理念，对生物体进行有目标的设计改造乃至重新合成，创建出具特定功能或非自然功能的人工生物或人造产品。合成生物技术的起源最早可追溯至 20 世纪 70 年代，当时，科学家开始利用重组 DNA 技术将外源基因导入到其他生物体中，从而创造出具有新的特性和功能的生物体。但直到 2000 年美国科学家 EricKool 开发了遗传开关，将合成生物技术重新定义为基于系统生物学的遗传工程，标志着这一颠覆性理论与技术体系的正式创立。经过数十年的发展，合成生物技术经历了从简单基因操作到复杂生物系统构建的跨越，现如今，合成生物学的应用领域已经涵盖生命科学、生物医药、农业、食品、能源、材料、环境等几乎各行各业。

当前，合成生物技术与纳米材料、人工智能、大数据科学和食品科学等交会融合，将开辟一个全新的生物技术世界，正在加速向合成农业、绿色制造、精准诊疗、环境保护和生物安全等领域渗透和应用的进程，引领产业技术变革方向，重塑世界产业格局，引发生产方式、社会模式的深刻变化。合成生物技术的发展历史可以简单划分为如下 3 个发展阶段（图 8-1）。

第 8 章 回顾与展望：未来 30 年的农业合成生物技术 | 263

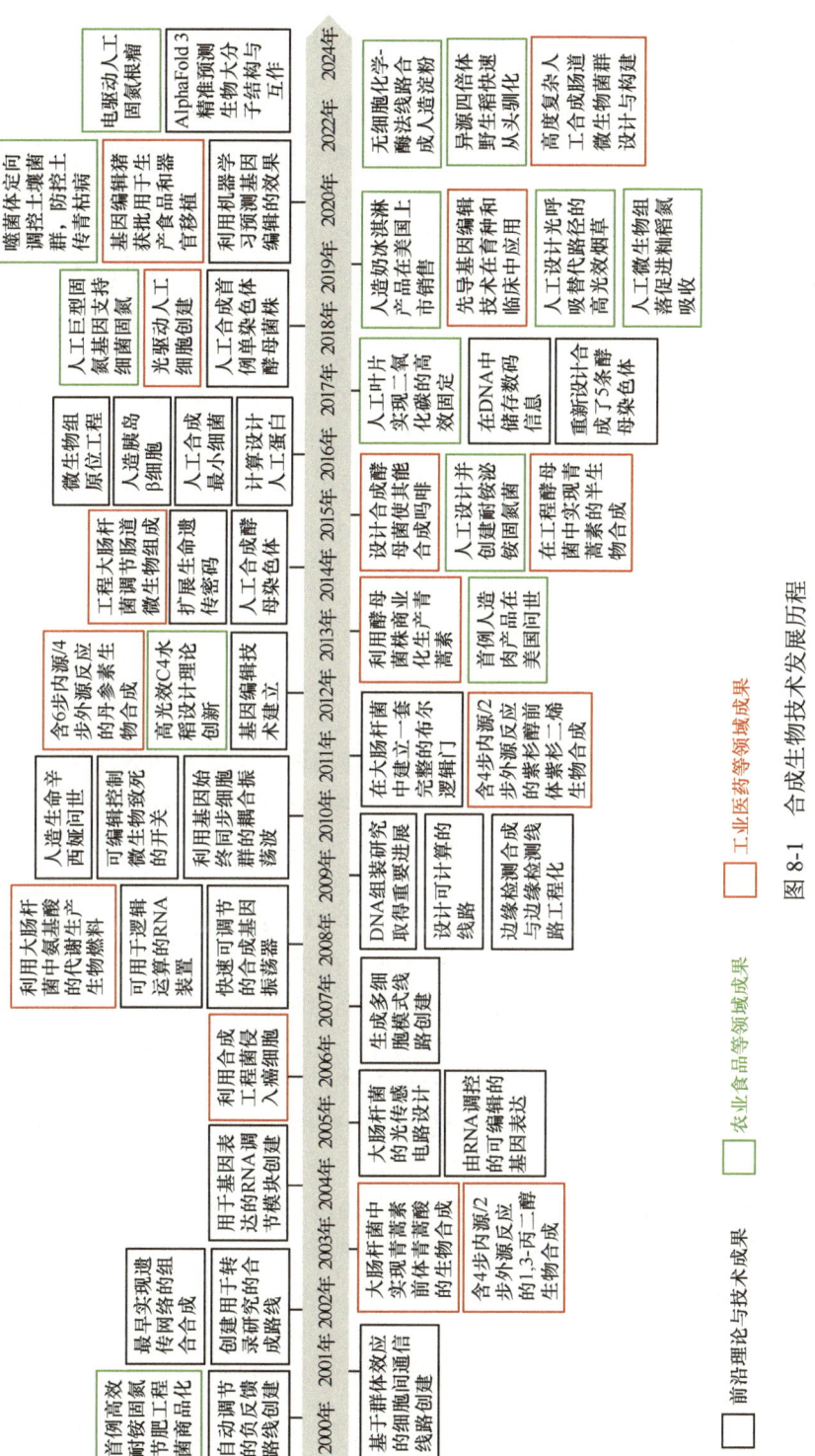

图 8-1 合成生物技术发展历程

8.1.1 设计原理与工程化技术创建阶段（20世纪中叶至1999年）

1953年，DNA双螺旋模型建立，开辟了生命科学研究的新纪元，催生了一系列重大理论与科学突破。其后，科学家揭示了DNA通过转录生成RNA，再经翻译生成蛋白质的过程，即中心法则。1965年，中国科研团队完成了结晶牛胰岛素的全合成，这是世界上第一个人工合成的蛋白质。1968年，首个限制性核酸内切酶 *Eco*RI 的分离鉴定，为即将到来的基因工程时代奠定了重要基础。1973年，将真核基因转入原核细菌中成功表达，首次实现了跨物种的基因转移和表达，至此人类可以按自己的意愿在体外克隆基因，定向地改造生物的遗传特性。20世纪80年代，具有划时代意义的DNA测序和PCR技术建立，以及之后发现的启动子、终止子、基因编码序列、核糖体结合位点、转录调控因子、调控小RNA分子等，为合成生物技术提供了设计原理指导和底层工具支撑。这一阶段，合成生物技术的设计原理和工程化技术逐步形成，极大地提高了人类对生命本质的认识水平，标志着现代生命科学从认识生命进入理解生命、改造生命乃至创造生命的新阶段。

8.1.2 合成生命与颠覆性创新阶段（2000～2019年）

2000年，人类全基因组测序完成，推动现代生命科学进入组学和后组学时代，同年，高效耐铵固氮节肥工程菌在美国和中国获准商品化生产。2002年，通过化学合成的具有感染性的脊髓灰质炎病毒，是人类历史上首个人工合成的生命体。2010，首个"人工合成基因组细胞"诞生，新细胞具有预期的表型特性，并能持续自我复制。2011年，利用3种转录因子构建的合成模拟基因线路，能进行加法、除法、对数和平方根计算与模拟传感。合成模拟基因线路还可构建模拟数字电路，对细胞进行编程，然后让细胞作为计数器，精确调控生物大分子的代谢过程，调节生物体的生长发育。2012年，提出高光效C4水稻的设计理论概念，理论上，将C4光合途径导入C3水稻，产量增加50%。2013年，采用牛肌肉干细胞培养出了20 000条细小的肌肉纤维，并制作出首例人造肉产品：一块重量为85 g的肉饼。2014年，完成了青蒿素半生物合成工艺，青蒿酸产量达25 g/L，通过体外光催化生产青蒿素。2017年，含非天然碱基对dNaM-dTPT3的DNA在大肠杆菌中实现转录和翻译，并使非天然氨基酸在绿色荧光蛋白中定位结合。2019年，首次实现大麻素及其相关衍生物的酵母细胞工厂合成。这一阶段，生命科学领域引入了工程科学"自下而上"的研究理念，人工合成生命与颠覆性创新成果不断涌现，将在合成农业、绿色制造、精准诊疗、环境保护和生物安全等领域产生深远影响。

8.1.3 技术成熟与产业化应用阶段（2020年至今）

2020年，由微生物导电蛋白组成纳米薄膜，以空气中的水分梯度为驱动力，产生约 0.5 V 的持续电压，理论上这种"空气发电机"的电功率超过传统太阳能电池。2021年，中国科学家采用"搭积木式"策略，设计了由4个功能模块、11个化学和酶学催化步骤组成的无细胞化学-酶法线路，首次实现了人造淀粉合成；异源四倍体野生稻快速从头驯化获得成功，旨在最终培育出新型多倍体水稻作物，大幅提升粮食产量并增加环境变化适应性；首个能自主移动、自动修复和自我复制的活体机器人 Xenobot 3.0 问世，引发生物伦理争议。2022年，DeepMind 公司升级版 AlphaFold2 在原子精度上预测蛋白质、DNA、RNA 及其分子复合物的三维结构与相互作用，并生成高清动画。2023年，首台生物相机诞生，活细胞摇身一变成为"摄影大师"，颠覆了传统的数据存储和提取技术手段。2024年，合成生物技术产业赛道十大趋势包括基因编辑、生物计算、下一代测序、基因疗法、合成疫苗、替代蛋白、细胞农业、微生物组工程、表观遗传学和基因文库。这一阶段，利用跨学科领域深度交融，基因测序、基因合成、基因组装以及基因编辑等合成生物底层技术日趋完善，将不断突破传统农业、食品和工业等领域的生产模式，同时为癌症治疗、遗传疾病治疗以及传染病防控提供全新的解决方案。

8.2 农业合成生物技术发展远景

2016年，美国马里兰大学等机构组成的国际研究团队对比1750年工业革命和1950年绿色革命的前后环境变化数据，指出人类活动对地球影响的增长速度是工业化前的700倍，绿色革命后温室气体 CO_2、CH_4、N_2O 的大气浓度变化速率相比工业化前增加了700倍、1000倍和300倍。美国《2016—2045年新兴科技趋势报告》预测，到2045年，全球气候变化将导致地球表面的温度升高 1~3℃，全球气候变暖将导致作物的平均产量下降3%~7%，全球40%的人口将会面临严重缺乏水源的问题，全球25%的农地将会由于干旱和污染等原因严重退化，同时预测未来科技发展前景，包括大数据和量子计算机广泛应用，机器人和智能化系统无处不在，再生医学和精准医疗保障健康，特别是未来合成生物农业将突破自然法则，开创人工设计和从头合成农业微生物品种的新纪元。

8.2.1 促进从研究范式到产业模式的未来科技革命

合成生物技术的研发包括两个层面：造物致知，即通过逐层构筑生物体系来学习和了解生命科学的底层规律，为生命科学研究提供新的范式；造物致用，即作为核心驱动力，促进生物技术和生物制造迭代发展，推动未来生物经济发展。

当前，新一轮科技革命和产业变革正以新一代信息技术、新能源技术、先进材料与制造技术和新一代生物技术为主要突破口，处于从蓄势待发状态进入群体迸发状态的关键时期，以合成生物技术为代表的颠覆性技术不断涌现，促进未来科技从研究范式到产业模式的革命。

1. 形成新研究范式

新研究范式的出现常常会改变学科的研究方向、方法论、核心理论或者范式认知模式，带来颠覆性的科学理论与技术变革。随着合成生物、大数据和人工智能等方面颠覆性技术的兴起，当前科学界正在突破传统的实验、理论、计算研究范式。合成生物技术突破了传统生物学以发现描述与定性分析为主的研究范式，为生命科学提供了一种新的研究范式，即生物模拟"干实验"与实验研究"湿实验"结合的科学范式。合成生物技术将工程学中的标准化、模块化以及建模策略应用于生物学中，将复杂的生命系统分解，在元件、回路、途径等不同维度上进行设计、组装、构建并加以测试，开启了可定量、可计算、可预测及工程化的研究新时代。

2. 推动新科技发现

合成生物技术开启了生命科学"会聚"研究新时代，其交叉融合特性会聚了科学研究带来的"发现能力"、工程学理念带来的"建造能力"，以及颠覆性技术带来的"发明能力"，从而全面提升未来科技的"创新能力"。合成生物技术与自上而下的系统生物学相辅相成，从合成的理念和策略出发，突破生命科学传统研究从整体到局部的还原论策略，开启理解生命本质的新途径，必将提升对生命结构与功能、整体与部分、运行与调控基本规律的新认知，推动生命科学的新理论发现，进而加快新技术发明。生命信息存储计算、基因测序合成组装、人机交互调节等新技术开发，促进合成生物技术自动化、智能化和工程化重大平台设施建设，通过大平台和大协作，推动理论新发现、技术新发明、产业新动能和发展新理念的突破性跨越。

3. 培育新产业模式

合成生物技术被誉为改变世界未来的颠覆性技术之一，将全面改变农业、工业、医疗和环保等领域业态，带来新产品、新业态和新模式的发展。合成生物技术已经成为下一代生物制造产业高速发展的强大引擎，通过替代传统制造路线，提高生产效率和经济效益，实现可持续的循环生产模式，使用可再生生物质原料，显著减少对化石燃料的依赖。合成生物技术将为人类和动物疾病治疗提供新型可编程治疗方案，不仅将为疾病的早期精确诊断提供新思路，同时还将开发出基于合成生物原理设计的细胞疗法、细菌疗法和疫苗等新型治疗手段。未来30年，合成生物技术将在农业和食品领域广泛应用，将颠覆传统种养殖业和食品产业的生产模式,培育细胞农业、低碳农业和智能农业等新动能与新业态。

8.2.2 合成生物创制孕育生物经济的颠覆性产品

合成生物技术作为现代科技领域中最具引领性和颠覆性的战略高技术,有望突破传统农业瓶颈和资源刚性约束,为光合作用、生物固氮、生物抗逆、生物催化及合成食品等世界性农业生产难题提供革命性的解决方案,同时可以通过创制高产优质高效新品种和开发节能减排安全新工艺,培育细胞农业、低碳农业和智能农业等新业态与新动能。特别是 CO_2 固定技术和绿色合成氨氮技术等前沿技术的创新应用,将培育碳经济/氨经济等生物经济新形态,促进以 CO_2 为基础原料生产碳水食物、碳基材料和碳基能源等碳循环产业,以及以氮气为原料合成氨、以氨为原料转化蛋白质或氢能源等氮循环产业发展。

1. 以 CO_2 为原料合成人工淀粉,培育碳生物经济

作为最主要的粮食成分之一,淀粉的可持续供应是人类未来面临的重要挑战。淀粉是生物界贮藏最丰富的多糖之一,也是许多农作物收获器官的主要贮藏性物质。淀粉和糖类合称碳水化合物,与脂肪、蛋白质并称三大能量物质,是人类食物的三大基本构成,同时也是重要的工业原料。CO_2 是主要的温室气体,同时也是一种取之不尽、用之不竭的廉价一碳原料,以 CO_2 为原料的生物制造既可以减少 CO_2 排放,又可以提供可持续供给的碳基化合物。利用合成生物学技术,在利用和固定 CO_2 方面取得了重要进展。利用产乙酸菌转化合成气(H_2/CO_2 或 CO)生产乙酸,后取发酵上清液培养酵母工程菌以生产脂质化合物,最终经过底物和发酵过程优化,脂质化合物浓度可达 115 g/L,此种两步法联合培养展现了在利用 CO_2 等一碳原料进行生物制造方面的巨大潜力;利用光合微生物作为光吸收体开发的生物光伏(BPV)为可再生能源生产提供了生物学方案,但由于光合微生物外电子活性很弱,通过结合光合蓝细菌,实现了利用光能固定 CO_2,同时生成电流,进一步研究开拓了新的方向;利用代谢性逆合成分析形成初步框架,从包括人类、植物和微生物在内的 9 种生命体中选择了 16 种不同来源的酶,构建了一条比植物更高效的固定大气中 CO_2 的合成途径,其成为 6 种自然进化的 CO_2 固定途径之外的第 7 种方法,为 CO_2 人工生物转化利用开辟了新路径。尽管一碳原料生物经济潜力巨大,但需要解决的问题同样很多,比如怎样提升还原力和能量输入以便更加高效地吸收利用底物等。未来利用对天然酶的定向进化或者从头设计新酶将会是实现一碳原料生物制造的关键。从 CO_2 到淀粉的无细胞化学-酶法合成,为下一代生物制造和未来农业生产带来变革性的重大影响。这一成果使淀粉生产的传统农业种植模式向工业车间生产模式转变成为可能,促进以 CO_2 为基础原料生产碳水食物、碳基材料和碳基能源等碳

循环产业发展。

2. 以 N_2 为原料合成铵和人工蛋白，培育氨生物经济

氨是现代工业及农业化肥的重要化工原料，也是氢能的主要载体之一。据国际氨能源协会报告，目前全球每年氨产量约为 2 亿 t，然而其生产原料 98%来自化石燃料，是重要的 CO_2 排放"大户"。将 N_2 直接光还原为 NH_3 一直是活跃的研究领域，但是目前报道的光化学过程中氨的产率太低，无法在规模扩大的设备中使用。探索更多的绿色制氨方法，如固氮酶合成氨、光催化合成氨及电催化合成氨，这些方法已受到世界各国的高度关注。光电催化合成氨技术最大的优点是利用多种可持续能源和水作为氢的来源，在温和条件下合成氨，有望实现真正的零排放。但这项技术也面临反应选择性、反应活性及反应能量效率都较低等困难和挑战。固氮酶合成氨工艺具有电子效率高、能耗低的优点，但反应速度慢限制了氨产率的提高，此外，催化剂的稳定性和回收利用也是难题。可持续氨合成的另一种替代途径是利用固氮酶生物体和仿生催化剂创造一条通往氨氮的生物技术路线，这种路线可能会在农业中发展并具有重要意义。该路线可直接在土壤中运行并提供作物生长所需的氮源。2021 年，世界经济论坛发布的《2021 十大新兴技术》指出，绿色合成氨技术和自主固氮工程作物等将促进农业生产方式的颠覆性革命。以 N_2 为原料合成氨、以氨为原料转化蛋白质或氢能源等氮循环产业的发展，将促进基于化石燃料的经济向基于氨燃料的经济转变，有望如期实现"双碳"目标，推动人类社会从工业文明向生态文明迈进。

8.3 未来 30 年我国农业合成生物技术发展战略

农业合成生物技术及其产业发展事关国家粮食安全、生态安全、绿色发展和国民健康，是当前国际农业科技竞争的热点领域和世界农业发展的战略制高点。合成生物技术在农业领域的应用有助于推动世界农业从单功能、低效益、高污染、高资源依存型的传统农业向多功能、高效益、绿色低碳、高科技支撑型的未来农业转变。

8.3.1 面临的挑战与存在的问题

合成生物技术在农业中应用，有望突破全球资源短缺和极端气候变化等农业发展的瓶颈，将开创人类按照自身需求设计农业生物、创制新型高效智能人工品种的新纪元。中国作为一个发展中的世界农业大国，面临国际贸易竞争日趋白热化的局面，农业资源和生态环境的刚性制约日益突出，食物消费结构亟待转型升级，农业生产结构需要不断优化等重大挑战。到 2030 年，我国粮食总需求量将攀升至 7.2 亿 t，肉需求量达 1.23 亿 t，粮食缺口超过 1 亿 t，肉蛋奶缺口达 5000 万 t。

我国人均耕地是世界平均水平的 40%，淡水资源人均占有量约占世界平均水平的 1/4。我国农田化学农药和化肥利用率低下，其不合理使用带来了严重的土壤退化、环境污染和食品安全等问题。我国是畜禽养殖和饲料生产大国，2021 年生产饲料达 2.93 亿 t，但同时存在饲用资源严重短缺、霉菌毒素污染严重等瓶颈问题。当前和今后一段时期，我国农业科技发展处于重要战略机遇期，但与加快建设农业强国的要求相比，我国农业科技仍然存在诸多短板弱项，部分核心种源、高端装备依赖进口，创新链条中有卡点，企业技术创新能力不强，农业科技进步贡献率同世界先进水平相比还有不小差距。

作为推动生物经济发展重要引擎的合成生物技术，已成为世界主要科技经济强国提升国家核心竞争力的战略高地，也是当前中美两国科技和产业竞争的主战场。2022 年，美国施密特未来智库发布《美国生物经济：为灵活和竞争性的未来规划路线》，其指出中国将是未来争夺全球主导地位的主要竞争对手，建议从政策体系、技术创新、成果转化、基础设施、人才培养等方面推进生物经济战略，引领规模超过 4 万亿美元的全球生物经济发展。当今世界，美国已成为世界头号的生物技术强国和生物经济大国。但是，近年来人才培育、供应链和基础设施不足，以及国际竞争等因素，使得美国面临着失去世界领先地位的风险。为维护其经济和科技的世界霸主地位与遏制中国科技发展，美国在高科技领域制定了一系列法案。其中，2022 年美国出台《芯片和科学法案》，制定了更大资金规模和更广覆盖范围的扶持政策，提升美国芯片产能在全球市场的占比，同时加入"中国护栏"条款，力图通过芯片封锁阻断中国高科技产业的发展道路。同年 9 月，美国总统拜登正式签署《关于推进生物技术和生物制造创新以实现可持续、安全和有保障的美国生物经济的行政命令》，同时启动《国家生物技术和生物制造计划》，旨在减少美国对中国等国家的供应链依赖，确保美国生物科技全球霸主地位。

为应对上述挑战，我国在合成生物技术领域加强了自立自强的战略部署，相继成立了深圳市合成生物学创新研究院、天津市国家合成生物技术创新中心等国家科技创新平台。目前，我国合成生物相关企业大多集聚在粤港澳、长三角、京津冀地区，形成了以上海（长三角）、深圳（珠三角）、天津（京津冀）等地为代表的产业集群。在农业合成生物技术领域，一是聚焦生物种业，建设形成全链条研发、测试、评价的基地与产业化设施平台，其中基因研究中心 4 个、转基因技术研究中心 2 个、中试与产业化基地 9 个、生物安全评价与检测监测中心 15 个；二是先后利用国家科技重大专项和国家重点研发计划等，支持转基因作物新品种培育及农业合成生物技术、基因编辑技术等农业前沿技术研发，培育具有自主知识产权的转基因抗虫棉、基因编辑系统 CRISPR/Cas12i/Cas12j 等；三是全面推进转基因作物产业化应用，增产节本增效和生态效果显著，将有力推动我国农业生产方式的重大变革。虽然我国在农业合成生物重点领域已经具备一定的基础和优势，但与世界先进水平和国家农业高质量发展的需求相比还有一定差距，尚面临自主知识产权核心技术未突破、原创新型合成生物技术产品未开发、合成生物产业体系未优化等多方面挑战。

1. 农业合成生物原创和核心技术亟待突破

当前全球范围内广泛使用的基因编辑工具、人工智能算法和模型等生物合成核心底盘技术主要由西方发达国家掌握。我国亟须突破国外专利封锁，研发具有自主知识产权的新一代基因编辑、基因合成组装、功能模块/线路智能设计等关键技术，确保我国在合成生物技术竞争中占据有利地位。

2. 新一代农业合成生物技术产品亟待开发

我国农业合成生物技术产品同质化、仿制化程度严重，原创核心产品匮乏，产品质量参差不齐。亟须加强新型合成生物技术产品研发投入力度，创制一批我国原创的、具备国际竞争力的生物合成肥料、药物、饲料以及食品，提升我国在全球农业合成生物技术产品市场中的竞争力。

3. 农业合成生物产业体系亟待优化

我国农业合成生物产业大而不强，产业集中度偏低，原创技术和产品少，企业核心竞争力不足。亟须加快核心技术和产品的推广与应用，孵化培育农业合成生物龙头企业，加速推动我国农业合成生物产业体系由大向强转变，实现跨越式发展。

8.3.2 战略布局与发展目标

为保障国家粮食安全和生态安全，促进农业可持续发展，我国亟待实施农业合成生物技术及其产业化的跨越发展战略，分技术跨越、产业跨越和整体跨越三个阶段，进行农业合成生物技术及其产业发展的战略布局和重点部署。

（1）技术跨越阶段（2025～2035 年）：提升农业合成生物技术创新体系整体效能，抢占农业科技创新制高点，破解农业资源趋紧、环境问题突出、生态系统退化等重大瓶颈问题，在与光合作用、生物固氮、生物抗逆、生物催化等相关的人工元器件和功能模块在底盘生物中的适配以及新型高效智能产品的设计与装配等方面实现技术突破，实现农业合成生物技术研发的整体水平向国际先进水平跨越。

（2）产业跨越阶段（2036～2045 年）：形成体系化理论突破、专业化技术集成、集团化协同作战的创新格局，人工智能高光效固氮和抗逆品种、新一代酶制剂与农药以及未来合成食品等实现产业化，农业合成生物技术研发水平跻身世界先进行列，打造国际化农业合成生物龙头企业集群，由农业产业大国向产业强国跨越。

（3）整体跨越阶段（2046~2055年）：我国农业合成生物技术研究开发与产业化整体水平达到世界先进水平，细胞农业、低碳农业和智能农业等新业态与新动能蓬勃发展，农业生产方式实现颠覆性变革。

未来农业合成生物学将以高效光合、生物固氮、生物抗逆、生物制剂和未来食品等领域为重点突破口，实现三个发展阶段的战略目标。

（1）2035年：建设国家级的农业合成生物技术创新平台，建立标准化、规模化、智能化的人工模块和回路设计以及高适配底盘细胞改造，创建国际先进水平的农业微生物细胞工厂。创制新一代高效根际固氮微生物产品，在田间示范条件下替代化学氮肥25%。农作物光合效率提升30%，生物量提升20%。农作物耐受中度盐碱化，耐旱节水15%。人造淀粉和人造肉、人造奶等未来食品实现商品化生产。

（2）2045年：建设国际领先的农业生物基因资源筛选规模化、基因研究系统化、元件组装工艺化、模块设计智能化的工艺集成创新平台，开发新一代生物农药、饲用抗生素替代品、重组酶制剂、新型基因工程疫苗等重大产品。扩大根瘤菌宿主范围，构建非豆科作物结瘤固氮的新体系，减少化学氮肥用量50%。农作物光合效率提升30%，产量提升10%。农作物耐受中度盐碱化并增产10%~20%，耐旱节水20%~30%。

（3）2055年：按照自身需求设计农业生物、创制新型高效智能人工品种，减少化学农药和肥料用量35%以上，农作物光合效率提升50%，产量提升15%~25%，饲用抗生素替代率达90%以上。打通以二氧化碳和氮气为原料直接合成淀粉与蛋白质的高效生物途径，植物和微生物源蛋白质替代率达50%。利用创制高产优质高效新品种和开发节能减排安全新工艺，培育细胞农业、低碳农业和智能农业等新业态与新动能。

从国际科技前沿和未来农业发展趋势来看，我国农业合成生物技术的研发链条仍不完善。因此，必须进一步完善农业合成生物技术的国家创新体系，加快建设国家级的农业合成生物技术创新平台，促进前沿学科交叉融合，使我国成为国际一流的农业合成生物技术理论创新中心；建设农业生物基因资源筛选规模化、基因研究系统化、元件组装工艺化、模块设计智能化的工艺集成创新平台，使其成为引领未来农业发展方向的合成生物技术集成创新中心；建立高水平的农业合成生物技术创新团队，打造我国农业科技的领军人才培养和创新创业高地。当前和今后一个时期，我国农业科技发展处于重要战略机遇期，同时为应对全球气候变化、人口增长、环境污染和资源匮乏等问题以及确保"碳达峰碳中和"目标实现，所面临的挑战将更加严峻。因此，迫切需要利用合成生物技术突破性地提高对光、肥、水和土地等资源的利用率，增强产业的国际竞争力，促进我国现代农业跨越发展，保障粮食安全、生态安全和国民健康。

参 考 文 献

白洋, 钱景美, 周俭民, 等. 2017. 农作物微生物组: 跨越转化临界点的现代生物技术. 中国科学院院刊, 32(3): 260-265.
常瀚文, 郑鑫铃, 骆健美, 等. 2020. 抗逆元件及其在高效微生物细胞工厂构建中的应用进展. 生物技术通报, 36(6): 13-34.
陈沫先, 韦中, 田亮, 等. 2021. 合成微生物群落的构建与应用. 科学通报, 66(3): 273-283.
陈文新, 陈文峰. 2004. 发挥生物固氮作用 减少化学氮肥用量. 中国农业科技导报, 6(6): 3-6.
邓子新. 2017. 代谢科学: 解密自然代谢, 谋划生物"智"造. 中国科学: 生命科学, 47(5): 459-461.
高沥文, 陈世国, 张裕, 等. 2022. 基于 RNA 干扰的生物农药的发展现状与展望. 中国生物防治学报, 38(3): 700-715.
胡伟娟, 傅向东, 陈凡, 等. 2019. 新一代植物表型组学的发展之路. 植物学报, 54(5): 558-568.
康倩, 向梦洁, 张大伟. 2021. 枯草芽孢杆菌在系统与合成生物技术中研究进展及工业应用. 生物工程学报, 37(3): 923-938.
匡廷云. 2003. 光合作用原初光能转化过程的原理与调控. 南京: 江苏科学技术出版社.
匡廷云. 2004. 作物光能利用效率与调控. 济南: 山东科学技术出版社.
李雷, 姜卫红, 覃重军, 等. 2015. 合成生物学使能技术的研究进展. 中国科学(生命科学), 45(10): 950-968.
李琳红, 王海宝, 梁沛. 2024. RNA 杀虫剂研究进展. 现代农药, 23(4): 13-21.
林敏. 2020. 转基因技术. 北京: 中国农业科学技术出版社.
林敏. 2021. 农业生物育种技术的发展历程及产业化对策. 生物技术进展, 11(4): 405-417.
刘夏, 秦磊, 李春. 2021. 细胞工厂底盘抗逆属性的分子调控进展. 生命科学, 33(12): 1452-1461.
刘晓, 熊燕, 王方, 等. 2012. 合成生物学伦理、法律与社会问题探讨. 生命科学, 24(11): 1334-1338.
农业部农业转基因生物安全管理办公室, 中国农业科学院生物技术研究所, 中国农业生物技术学会, 2012. 转基因 30 年实践(第二版). 北京: 中国农业科学技术出版社.
彭凯, 逯晓云, 程健, 等. 2020. DNA 合成、组装与纠错技术研究进展. 合成生物学, 1(6): 697-708.
王根平, 杜文明, 夏兰琴. 2014. 植物安全转基因技术研究现状与展望. 中国农业科学, 47(5): 823-843.
王星, 何山文, 侯嘉玮, 等. 2023. 植物种子内生细菌组的研究进展. 微生物学报, 63(4): 1365-1378.
谢平. 2016. 浅析物种概念的演变历史. 生物多样性, 24(9): 1014-1019.
谢晓刚, 薛嘉, 康健, 等. 2019. 基因编辑技术发展及其在家畜上的应用. 农业生物技术学报, 27(1): 139-149.
熊明民, 杨亚岚, 阮进学, 等. 2016. 我国动物生物育种产业现状及发展策略探讨. 农业生物技术学报, 24(8): 1199-1206.

许可, 王靖楠, 李春. 2020. 智能抗逆微生物细胞工厂与绿色生物制造. 合成生物学, 1(4): 427-439.

许智宏. 2010. 现代生物技术的宣传与普及: 科学家的职责——在国内首次生物技术与现代农业科普与传播研讨会上的讲话. 华中农业大学学报(社会科学版) (6): 1-3.

燕永亮, 田长富, 杨建国, 等. 2021. 人工高效生物固氮体系创建及其农业应用. 生命科学, 33(12): 1532-1543.

燕永亮, 王忆平, 林敏. 2019. 生物固氮体系人工设计的研究进展. 生物产业技术 (1): 34-40.

晏雄鹰, 王振, 娄吉芸, 等. 2023. 生物燃料高效生产微生物细胞工厂构建研究进展. 合成生物学, 4(6): 1082-1121.

张博, 马永硕, 尚轶, 等. 2020. 植物合成生物学研究进展. 合成生物学, 1(2): 121-140.

张静昆, 李文佳, 曾鹏, 等. 2022. 作物从头驯化策略的提出与进展. 中国农业科技导报, 24(12): 68-77.

张立新, 卢从明, 彭连伟, 等. 2017. 利用合成生物学原理提高光合作用效率的研究进展. 生物工程学报, 33(3): 486-493.

张丽, 高健, 刘长青, 等. 2022. 耐受性工程调控微生物细胞工厂胁迫抗性. 生物工程学报, 38(4): 1373-1389.

张杉杉, 栾国栋, 吕雪峰. 2019. 蓝细菌光驱固碳细胞工厂的合成生物学开发策略. 生命科学, 31(4): 372-384.

张先恩. 2019. 中国合成生物学发展回顾与展望. 中国科学: 生命科学, 49(12): 1543-1572.

赵国屏. 2018. 合成生物学: 开启生命科学"会聚"研究新时代. 中国科学院院刊, 33(11): 1135-1149.

赵国屏. 2019. 合成生物学——生物工程产业化发展的新时期. 生物产业技术 (1): 1.

赵亚伟, 姜卫红, 邓子新, 等. 2019. 碱基编辑器的开发及其在细菌基因组编辑中的应用. 微生物学通报, 46(2): 319-331.

周正富, 庞雨, 张维, 等. 2021. 乳蛋白重组表达与人造奶生物合成: 全球专利分析与技术发展趋势. 合成生物学, 2(5): 764-777.

宗媛, 高彩霞. 2019. 碱基编辑系统研究进展. 遗传, 41(9): 777-800.

Albertsen M, Hugenholtz P, Skarshewski A, et al. 2013. Genome sequences of rare, uncultured bacteria obtained by differential coverage binning of multiple metagenomes. Nature Biotechnology, 31(6): 533-538.

Aleklett K, Kiers E T, Ohlsson P, et al. 2018. Build your own soil: exploring microfluidics to create microbial habitat structures. The ISME Journal, 12(2): 312-319.

Alivisatos A P, Blaser M J, Brodie E L, et al. 2015. A unified initiative to harness Earth's microbiomes. Science, 350(6260): 507-508.

Allen Q M, Febres V J, Rathinasabapathi B, et al. 2022. Engineering a plant-derived astaxanthin synthetic pathway into *Nicotiana benthamiana*. Frontiers in Plant Science, 12: 831785.

Anantharaman K, Brown C T, Hug L A, et al. 2016. Thousands of microbial genomes shed light on interconnected biogeochemical processes in an aquifer system. Nature Communications, 7: 13219.

Ando H, Lemire S, Pires D P, et al. 2015. Engineering modular viral scaffolds for targeted bacterial population editing. Cell Systems, 1(3): 187-196.

Antoniewicz M R, Kelleher J K, Stephanopoulos G. 2007. Elementary metabolite units (EMU): a novel framework for modeling isotopic distributions. Metabolic Engineering, 9(1): 68-86.

Arkin A P, Cottingham R W, Henry C S, et al. 2018. KBase: the United States department of energy systems biology knowledgebase. Nature Biotechnology, 36(7): 566-569.

Arne Alphenaar P, Visser A, Lettinga G. 1993. The effect of liquid upward velocity and hydraulic retention time on granulation in UASB reactors treating wastewater with a high sulphate content. Bioresource Technology, 43(3): 249-258.

Asnicar F, Thomas A M, Passerini A, et al. 2024. Machine learning for microbiologists. Nature Reviews Microbiology, 22(4): 191-205.

Balagaddé F K, Song H, Ozaki J, et al. 2008. A synthetic *Escherichia coli* predator-prey ecosystem. Molecular Systems Biology, 4: 187.

Balakrishnan M, Sacia E R, Sreekumar S, et al. 2015. Novel pathways for fuels and lubricants from biomass optimized using life-cycle greenhouse gas assessment. Proceedings of the National Academy of Sciences of the United States of America, 112(25): 7645-7649.

Banerjee S, Schlaeppi K, van der Heijden M G A. 2018. Keystone taxa as drivers of microbiome structure and functioning. Nature Reviews Microbiology, 16(9): 567-576.

Barney B M, Eberhart L J, Ohlert J M, et al. 2015. Gene deletions resulting in increased nitrogen release by *Azotobacter vinelandii*: application of a novel nitrogen biosensor. Applied and Environmental Microbiology, 81(13): 4316-4328.

Barrick J E, Yu D S, Yoon S H, et al. 2009. Genome evolution and adaptation in a long-term experiment with *Escherichia coli*. Nature, 461(7268): 1243-1247.

Batista-Silva W, da Fonseca-Pereira P, Martins A O, et al. 2020. Engineering improved photosynthesis in the era of synthetic biology. Plant Communications, 1(2): 100032.

Batstone D J, Puyol D, Flores-Alsina X, et al. 2015. Mathematical modelling of anaerobic digestion processes: applications and future needs. Reviews in Environmental Science and Bio/Technology, 14(4): 595-613.

Bauermeister A, Mannochio-Russo H, Costa-Lotufo L V, et al. 2022. Mass spectrometry-based metabolomics in microbiome investigations. Nature Reviews Microbiology, 20(3): 143-160.

Beattie G A, 2018. Metabolic coupling on roots. Nature Microbiology, 3(4): 396-397.

Beatty P H, Good A G. 2011. Future prospects for cereals that fix nitrogen. Science, 333(6041): 416-417.

Bein A, Shin W, Jalili-Firoozinezhad S, et al. 2018. Microfluidic organ-on-a-chip models of human intestine. Cellular and Molecular Gastroenterology and Hepatology, 5(4): 659-668.

Berg P, Singer M F. 1995. The recombinant DNA controversy: twenty years later. Proceedings of the National Academy of Sciences of the United States of America, 92(20): 9011-9013.

Ben Shabat S K, Sasson G, Doron-Faigenboim A, et al. 2016. Specific microbiome-dependent mechanisms underlie the energy harvest efficiency of ruminants. The ISME Journal, 10(12): 2958-2972.

Beyß M, Azzouzi S, Weitzel M, et al. 2019. The design of FluxML: a universal modeling language for ^{13}C metabolic flux analysis. Frontiers in Microbiology, 10: 1022.

Bi Y L, Tu Y, Zhang N F, et al. 2021. Multiomics analysis reveals the presence of a microbiome in the gut of fetal lambs. Gut, 70(5): 853-864.

Blank S, Dorf B. 2012. The Startup Owner's Manual: The Step-by-Step Guide for Building a Great

Company. Hoboken:John Wiley & Sons Inc.

Blankenship R E, Tiede D M, Barber J, et al. 2011. Comparing photosynthetic and photovoltaic efficiencies and recognizing the potential for improvement. Science, 332(6031): 805-809.

Borenstein E, Kupiec M, Feldman M W, et al. 2008. Large-scale reconstruction and phylogenetic analysis of metabolic environments. Proceedings of the National Academy of Sciences of the United States of America, 105(38): 14482-14487.

Bowen J L, Babbin A R, Kearns P J, et al. 2014. Connecting the dots: linking nitrogen cycle gene expression to nitrogen fluxes in marine sediment mesocosms. Frontiers in Microbiology, 5: 429.

Bradley R W, Buck M, Wang B J. 2016. Tools and principles for microbial gene circuit engineering. Journal of Molecular Biology, 428(5): 862-888.

Brewin B, Woodley P, Drummond M. 1999. The basis of ammonium release in nifL mutants of *Azotobacter vinelandii*. Journal of Bacteriology, 181(23): 7356-7362.

Briones A, Raskin L. 2003. Diversity and dynamics of microbial communities in engineered environments and their implications for process stability. Current Opinion in Biotechnology, 14(3): 270-276.

Brophy J A N, Triassi A J, Adams B L, et al. 2018. Engineered integrative and conjugative elements for efficient and inducible DNA transfer to undomesticated bacteria. Nature Microbiology, 3(9): 1043-1053.

Browne H P, Forster S C, Anonye B O, et al. 2016. Culturing of 'unculturable' human microbiota reveals novel taxa and extensive sporulation. Nature, 533(7604): 543-546.

Burnett M J B, Burnett A C. 2020. Therapeutic recombinant protein production in plants: challenges and opportunities. Plants, People, Planet, 2(2): 121-132.

Caspeta L, Chen Y, Nielsen J. 2016. Thermotolerant yeasts selected by adaptive evolution express heat stress response at 30℃. Scientific Reports, 6: 27003.

Cell Press. 2016. The history of beer yeast. http://phys.org/news/2016-09-beer-yeasts-dogs-wine-cats.html [2016-9-13].

Chen C Y, Zhou Y Y, Fu H, et al. 2021. Expanded catalog of microbial genes and metagenome-assembled genomes from the pig gut microbiome. Nature Communications, 12(1): 1106.

Chen J H, Chen S T, He N Y, et al. 2020. Nuclear-encoded synthesis of the D1 subunit of photosystem II increases photosynthetic efficiency and crop yield. Nature Plants, 6(5): 570-580.

Chen J X, Lim B, Steel H, et al. 2021. Redesign of ultrasensitive and robust RecA gene circuit to sense DNA damage. Microbial Biotechnology, 14(6): 2481-2496.

Chen T J, Wang J Q, Yang R, et al. 2011. Laboratory-evolved mutants of an exogenous global regulator, IrrE from *Deinococcus radiodurans*, enhance stress tolerances of *Escherichia coli*. PLoS One, 6(1): e16228.

Chi W, Sun X W, Zhang L X. 2012. The roles of chloroplast proteases in the biogenesis and maintenance of photosystem II. Biochimica et Biophysica Acta (BBA) - Bioenergetics, 1817(1): 239-246.

Chong K, Xu Z H. 2014. Investment in plant research and development bears fruit in China. Plant Cell Reports, 33(4): 541-550.

Cobb R E, Wang Y J, Zhao H M. 2015. High-efficiency multiplex genome editing of *Streptomyces* species using an engineered CRISPR/Cas system. ACS Synthetic Biology, 4(6): 723-728.

Cole R H, Tang S Y, Siltanen C A, et al. 2017. Printed droplet microfluidics for on demand dispensing of picoliter droplets and cells. Proceedings of the National Academy of Sciences of the United States of America, 114(33): 8728-8733.

Connell J L, Ritschdorff E T, Whiteley M, et al. 2013.3D printing of microscopic bacterial communities. Proceedings of the National Academy of Sciences of the United States of America, 110(46): 18380-18385.

Costello Z, Martin H G. 2018. A machine learning approach to predict metabolic pathway dynamics from time-series multiomics data. NPJ Systems Biology and Applications, 4: 19.

Dalal J, Lopez H, Vasani N B, et al. 2015. A photorespiratory bypass increases plant growth and seed yield in biofuel crop *Camelina sativa*. Biotechnology for Biofuels, 8: 175.

Datta M S, Sliwerska E, Gore J, et al. 2016. Microbial interactions lead to rapid micro-scale successions on model marine particles. Nature Communications, 7: 11965.

Deng Y W, Zhai K R, Xie Z, et al. 2017. Epigenetic regulation of antagonistic receptors confers rice blast resistance with yield balance. Science, 355(6328): 962-965.

DiMucci D, Kon M, Segrè D. 2018. Machine learning reveals missing edges and putative interaction mechanisms in microbial ecosystem networks. mSystems, 3(5): e00181-18.

Dixon R, Kahn D. 2004. Genetic regulation of biological nitrogen fixation. Nature Reviews Microbiology, 2(8): 621-631.

Dobzhansky T. 1951. Genetics and the origin of species. New York: Columbia University Press.

Dong W, Stockwell V O, Goyer A. 2015. Enhancement of thiamin content in *Arabidopsis thaliana* by metabolic engineering. Plant & Cell Physiology, 56(12): 2285-2296.

Duan C G, Zhu J K, Cao X F. 2018. Retrospective and perspective of plant epigenetics in China. Journal of Genetics and Genomics, 45(11): 621-638.

Dubilier N, McFall-Ngai M, Zhao L P, 2015. Microbiology: Create a global microbiome effort. Nature, 526(7575): 631-634.

Dunham S J B, Ellis J F, Li B, et al. 2017. Mass spectrometry imaging of complex microbial communities. Accounts of Chemical Research, 50(1): 96-104.

Duvick D N. 2001. Biotechnology in the 1930s: the development of hybrid maize. Nature Reviews Genetics, 2(1): 69-74.

Edwards J, Johnson C, Santos-Medellín C, et al. 2015. Structure, variation, and assembly of the root-associated microbiomes of rice. Proceedings of the National Academy of Sciences of the United States of America, 112(8): E911-E920.

Edwards L. 2011. Brewery from 500 BC reveals its secrets. http://phys.org/news/2011-01-brewery-bc-reveals-secrets.html [2016-9-13].

Enke T N, Datta M S, Schwartzman J, et al. 2019. Modular assembly of polysaccharide-degrading marine microbial communities. Current Biology, 29(9): 1528-1535.e6.

Eydallin G, Ryall B, Maharjan R, et al. 2014. The nature of laboratory domestication changes in freshly isolated *Escherichia coli* strains. Environmental Microbiology, 16(3): 813-828.

Falkowski P G, Fenchel T, Delong E F. 2008. The microbial engines that drive Earth's biogeochemical cycles. Science, 320(5879): 1034-1039.

Faust K, Raes J. 2012. Microbial interactions: from networks to models. Nature Reviews Microbiology, 10(8): 538-550.

Feike D, Korolev A V, Soumpourou E, et al. 2019. Characterizing standard genetic parts and establishing common principles for engineering legume and cereal roots. Plant Biotechnology Journal, 17(12): 2234-2245.

Feist A M, Palsson B O. 2016. What do cells actually want? Genome Biology, 17(1): 110.

Yuste-Lisbona F J, Fernández-Lozano A, Pineda B, et al. 2020. *ENO* regulates tomato fruit size through the floral meristem development network. Proceedings of the National Academy of Sciences of the United States of America, 117(14): 8187-8195.

Field C B, Behrenfeld M J, Randerson J T, et al. 1998. Primary production of the biosphere: integrating terrestrial and oceanic components. Science, 281(5374): 237-240.

Fitzpatrick C R, Copeland J, Wang P W, et al. 2018. Assembly and ecological function of the root microbiome across angiosperm plant species. Proceedings of the National Academy of Sciences of the United States of America, 115(6): E1157-E1165.

Flanders Institute for Biotechnology. 2016. Beer yeasts are dogs; wine yeasts are cats. Available at: http://www.alphagalileo.org/ViewItem.aspx?ItemId=167549&CultureCode=en [2016-9-13].

Forster S C, Kumar N, Anonye B O, et al. 2019. A human gut bacterial genome and culture collection for improved metagenomic analyses. Nature Biotechnology, 37(2): 186-192.

Fortunato C S, Huber J A. 2016. Coupled RNA-SIP and metatranscriptomics of active chemolithoautotrophic communities at a deep-sea hydrothermal vent. The ISME Journal, 10(8): 1925-1938.

Furman O, Shenhav L, Sasson G, et al. 2020. Stochasticity constrained by deterministic effects of diet and age drive rumen microbiome assembly dynamics. Nature Communications, 11(1): 1904.

Gach P C, Shih S C C, Sustarich J, et al. 2016. A droplet microfluidic platform for automating genetic engineering. ACS Synthetic Biology, 5(5): 426-433.

Gaida S M, Al-Hinai M A, Indurthi D C, et al. 2013. Synthetic tolerance: three noncoding small RNAs, DsrA, ArcZ and RprA, acting supra-additively against acid stress. Nucleic Acids Research, 41(18): 8726-8737.

Gao C, Xu P, Ye C, et al. 2019. Genetic circuit-assisted smart microbial engineering. Trends in Microbiology, 27(12): 1011-1024.

Gao C X. 2018. The future of CRISPR technologies in agriculture. Nature Reviews Molecular Cell Biology, 19(5): 275-276.

Gao C X. 2021. Genome engineering for crop improvement and future agriculture. Cell, 184(6): 1621-1635.

Gebreselassie N A, Antoniewicz M R. 2015. ^{13}C-metabolic flux analysis of co-cultures: a novel approach. Metabolic Engineering, 31: 132-139.

Ghosh A, Misra S, Bhattacharyya R, et al. 2020. Agriculture, dairy and fishery farming practices and greenhouse gas emission footprint: a strategic appraisal for mitigation. Environmental Science and Pollution Research International, 27(10): 10160-10184.

Ghosh A, Nilmeier J, Weaver D, et al. 2014. A peptide-based method for ^{13}C metabolic flux analysis in microbial communities. PLoS Computational Biology, 10(9): e1003827.

Gibson D G, Glass J I, Lartigue C, et al. 2010. Creation of a bacterial cell controlled by a chemically synthesized genome. Science, 329(5987): 52-56.

Gilmore I S, Heiles S, Pieterse C L. 2019. Metabolic imaging at the single-cell scale: recent advances in mass spectrometry imaging. Annual Review of Analytical Chemistry, 12(1): 201-224.

Giordano M, Beardall J, Raven J A. 2005. CO_2 concentrating mechanisms in algae: mechanisms, environmental modulation, and evolution. Annual Review of Plant Biology, 56: 99-131.

Good A. 2018. Toward nitrogen-fixing plants. Science, 359(6378): 869-870.

Gruber-Dorninger C, Pester M, Kitzinger K, et al. 2015. Functionally relevant diversity of closely related *Nitrospira* in activated sludge. The ISME Journal, 9(3): 643-655.

Hao Y, Zong W B, Zeng D C, et al. 2020. Shortened snRNA promoters for efficient CRISPR/Cas-based multiplex genome editing in monocot plants. Science China Life Sciences, 63(6): 933-935.

Harbers K, Jähner D, Jaenisch R. 1981. Microinjection of cloned retroviral genomes into mouse zygotes: integration and expression in the animal. Nature, 293(5833): 540-542.

Harcombe W R, Riehl W J, Dukovski I, et al. 2014.Metabolic resource allocation in individual microbes determines ecosystem interactions and spatial dynamics. Cell Reports, 7(4): 1104-1115.

Harden M M, He A, Creamer K, et al. 2015. Acid-adapted strains of *Escherichia coli* K-12 obtained by experimental evolution. Applied and Environmental Microbiology, 81(6): 1932-1941.

Hardin G. 1960. The competitive exclusion principle. Science, 131(3409): 1292-1297.

Harindintwali J D, Zhou J L, Muhoza B, et al. 2021. Integrated eco-strategies towards sustainable carbon and nitrogen cycling in agriculture. Journal of Environmental Management, 293: 112856.

Hartley J L, Temple G F, Brasch M A. 2000. DNA cloning using *in vitro* site-specific recombination. Genome Research, 10(11): 1788-1795.

Hatzenpichler R, Scheller S, Tavormina P L, et al. 2014. *In situ* visualization of newly synthesized proteins in environmental microbes using amino acid tagging and click chemistry. Environmental Microbiology, 16(8): 2568-2590.

Hatzenpichler R, Connon S A, Goudeau D, et al. 2016. Visualizing *in situ* translational activity for identifying and sorting slow-growing archaeal-bacterial consortia. Proceedings of the National Academy of Sciences of the United States of America, 113(28): E4069-E4078.

Hawley A K, Brewer H M, Norbeck A D, et al. 2014. Metaproteomics reveals differential modes of metabolic coupling among ubiquitous oxygen minimum zone microbes. Proceedings of the National Academy of Sciences of the United States of America, 111(31): 11395-11400.

He D, Zhang M, Liu S B, et al. 2019. Protease-mediated protein quality control for bacterial acid resistance. Cell Chemical Biology, 26(1): 144-150.e3.

He Z L, Gentry T J, Schadt C W, et al. 2007. GeoChip: a comprehensive microarray for investigating biogeochemical, ecological and environmental processes. The ISME Journal, 1(1): 67-77.

Head I M, Jones D M, Röling W F M. 2006. Marine microorganisms make a meal of oil. Nature Reviews Microbiology, 4(3): 173-182.

Heckmann D, Lloyd C J, Mih N, et al. 2018. Machine learning applied to enzyme turnover numbers reveals protein structural correlates and improves metabolic models. Nature Communications, 9(1): 5252.

Heinemann J, Deng K, Shih S C C, et al. 2017. On-chip integration of droplet microfluidics and nanostructure-initiator mass spectrometry for enzyme screening. Lab on a Chip, 17(2): 323-331.

Hellerstein M K. 2003. *In vivo* measurement of fluxes through metabolic pathways: the missing link in functional genomics and pharmaceutical research. Annual Review of Nutrition, 23: 379-402.

Hellweger F L, Clegg R J, Clark J R, et al. 2016. Advancing microbial sciences by individual-based modelling. Nature Reviews Microbiology, 14(7): 461-471.

Henderson G, Cox F, Ganesh S, et al. 2015. Rumen microbial community composition varies with diet and host, but a core microbiome is found across a wide geographical range. Scientific Reports, 5: 14567.

Henze M, Gujer W, Mino T, et al. 2000. Activated Sludge Models ASM1, ASM2, ASM2d and ASM3. London: IWA Publishing.

Herridge D F, Peoples M B, Boddey R M. 2008. Global inputs of biological nitrogen fixation in agricultural systems. Plant and Soil, 311(1): 1-18.

Hess M, Sczyrba A, Egan R, et al. 2011. Metagenomic discovery of biomass-degrading genes and genomes from cow rumen. Science, 331(6016): 463-467.

Hillesland K L, Stahl D A. 2010. Rapid evolution of stability and productivity at the origin of a microbial mutualism. Proceedings of the National Academy of Sciences of the United States of America, 107(5): 2124-2129.

Hong Y Z, Zeng J, Wang X H, et al. 2019. Post-stress bacterial cell death mediated by reactive oxygen species. Proceedings of the National Academy of Sciences of the United States of America, 116(20): 10064-10071.

Hsu R H, Clark R L, Tan J W, et al. 2019. Microbial interaction network inference in microfluidic droplets. Cell Systems, 9(3): 229-242.e4.

Hua K, Zhang J S, Botella J R, et al. 2019. Perspectives on the application of genome-editing technologies in crop breeding. Molecular Plant, 12(8): 1047-1059.

Huang P, Zhang Y, Xiao K P, et al. 2018. The chicken gut metagenome and the modulatory effects of plant-derived benzylisoquinoline alkaloids. Microbiome, 6(1): 211.

Huang W E, Stoecker K, Griffiths R, et al. 2007. Raman-FISH: combining stable-isotope Raman spectroscopy and fluorescence *in situ* hybridization for the single cell analysis of identity and function. Environmental Microbiology, 9(8): 1878-1889.

Huang Y M, Sheth R U, Zhao S J, et al. 2023. High-throughput microbial culturomics using automation and machine learning. Nature Biotechnology, 41(10): 1424-1433.

Huber R, Ritter D, Hering T, et al. 2009. Robo-Lector - a novel platform for automated high-throughput cultivations in microtiter plates with high information content. Microbial Cell Factories, 8: 42.

Hwang H H, Yu M D, Lai E M. 2017. *Agrobacterium*-mediated plant transformation: biology and applications. The Arabidopsis Book, 15: e0186.

Imam S, Noguera D R, Donohue T J. 2015. An integrated approach to reconstructing genome-scale transcriptional regulatory networks. PLoS Computational Biology, 11(2): e1004103.

ISAAA. 2018. Global Status of Commercialized Biotech/GM Crops in 2018: Biotech Crops Continue to Help Meet the Challenges of Increased Population and Climate Change. Ithaca: ISAAA.

Iwabuchi N, Sunairi M, Urai M, et al. 2002. Extracellular polysaccharides of *Rhodococcus rhodochrous* S-2 stimulate the degradation of aromatic components in crude oil by indigenous marine bacteria. Applied and Environmental Microbiology, 68(5): 2337-2343.

Jackson B E, McInerney M J. 2002. Anaerobic microbial metabolism can proceed close to thermodynamic limits. Nature, 415(6870): 454-456.

Jansson J K, Hofmockel K S. 2018. The soil microbiome: from metagenomics to metaphenomics.

Current Opinion in Microbiology, 43: 162-168.

Jia H Y, Sun X Y, Sun H, et al. 2016. Intelligent microbial heat-regulating engine (IMHeRE) for improved thermo-robustness and efficiency of bioconversion. ACS Synthetic Biology, 5(4): 312-320.

Jiang C Y, Dong L B, Zhao J K, et al. 2016. High-throughput single-cell cultivation on microfluidic streak plates. Applied and Environmental Microbiology, 82(7): 2210-2218.

Jin H, Kim S S, Venkateshalu S, et al. 2023. Electrochemical nitrogen fixation for green ammonia: recent progress and challenges. Advanced Science, 10(23): 2300951.

Johnson C H, Dejea C M, Edler D, et al. 2015. Metabolism links bacterial biofilms and colon carcinogenesis. Cell Metabolism, 21(6): 891-897.

Johnson J M, Franzluebbers A J, Weyers S L, et al. 2007. Agricultural opportunities to mitigate greenhouse gas emissions. Environmental Pollution, 150(1): 107-124.

John Wallace R, Sasson G, Garnsworthy P C, et al. 2019. A heritable subset of the core rumen microbiome dictates dairy cow productivity and emissions. Science Advances, 5(7): eaav8391.

Kaltenpoth M, Strupat K, Svatoš A. 2016. Linking metabolite production to taxonomic identity in environmental samples by (MA)LDI-FISH. The ISME Journal, 10(2): 527-531.

Kaminski T S, Scheler O, Garstecki P. 2016. Droplet microfluidics for microbiology: techniques, applications and challenges. Lab on a Chip, 16(12): 2168-2187.

Kamke J, Kittelmann S, Soni P, et al. 2016. Rumen metagenome and metatranscriptome analyses of low methane yield sheep reveals a *Sharpea*-enriched microbiome characterised by lactic acid formation and utilisation. Microbiome, 4(1): 56.

Kampinga H H, Mayer M P, Mogk A. 2019. Protein quality control: from mechanism to disease. Cell Stress and Chaperones, 24(6): 1013-1026.

Kebeish R, Niessen M, Thiruveedhi K, et al. 2007. Chloroplastic photorespiratory bypass increases photosynthesis and biomass production in *Arabidopsis thaliana*. Nature Biotechnology, 25(5): 593-599.

Kehe J, Kulesa A, Ortiz A, et al. 2019. Massively parallel screening of synthetic microbial communities. Proceedings of the National Academy of Sciences of the United States of America, 116(26): 12804-12809.

Kelly J, Daly K, Moran A W, et al. 2017. Composition and diversity of mucosa-associated microbiota along the entire length of the pig gastrointestinal tract; dietary influences. Environmental Microbiology, 19(4): 1425-1438.

Khush G S. 2001. Green revolution: the way forward. Nature Reviews Genetics, 2(10): 815-822.

Kim H J, Boedicker J Q, Choi J W, et al. 2008. Defined spatial structure stabilizes a synthetic multispecies bacterial community. Proceedings of the National Academy of Sciences of the United States of America, 105(47): 18188-18193.

King K C, Brockhurst M A, Vasieva O, et al. 2016. Rapid evolution of microbe-mediated protection against pathogens in a worm host. The ISME Journal, 10(8): 1915-1924.

Kirst H, Formighieri C, Melis A. 2014. Maximizing photosynthetic efficiency and culture productivity in cyanobacteria upon minimizing the phycobilisome light-harvesting antenna size. Biochimica et Biophysica Acta (BBA) - Bioenergetics, 1837(10): 1653-1664.

Konopka A, Lindemann S, Fredrickson J, 2015. Dynamics in microbial communities: unraveling mechanisms to identify principles. The ISME Journal, 9(7): 1488-1495.

Kotula J W, Jordan Kerns S, Shaket L A, et al. 2014. Programmable bacteria detect and record an environmental signal in the mammalian gut. Proceedings of the National Academy of Sciences of the United States of America, 111(13): 4838-4843.

Kromdijk J, Głowacka K, Leonelli L, et al. 2016. Improving photosynthesis and crop productivity by accelerating recovery from photoprotection. Science, 354(6314): 857-861.

Kuroda H, Maliga P. 2001. Complementarity of the 16S rRNA penultimate stem with sequences downstream of the AUG destabilizes the plastid mRNAs. Nucleic Acids Research, 29(4): 970-975.

Kuypers M M M, Marchant H K, Kartal B. 2018. The microbial nitrogen-cycling network. Nature Reviews Microbiology, 16(5): 263-276.

Kwak M J, Kong H G, Choi K, et al. 2018. Rhizosphere microbiome structure alters to enable wilt resistance in tomato. Nature Biotechnology, 36(11): 1100-1109.

Kwak S Y, Lew T T S, Sweeney C J, et al. 2019. Chloroplast-selective gene delivery and expression in planta using chitosan-complexed single-walled carbon nanotube carriers. Nature Nanotechnology, 14(5): 447-455.

Kwon C T, Heo J, Lemmon Z H, et al. 2020. Rapid customization of Solanaceae fruit crops for urban agriculture. Nature Biotechnology, 38(2): 182-188.

LaCroix R A, Palsson B O, Feist A M. 2017. A model for designing adaptive laboratory evolution experiments. Applied and Environmental Microbiology, 83(8): e03115-16.

Ladau J, Eloe-Fadrosh E A. 2019. Spatial, temporal, and phylogenetic scales of microbial ecology. Trends in Microbiology, 27(8): 662-669.

Lagier J C, Dubourg G, Million M, et al. 2018. Culturing the human microbiota and culturomics. Nature Reviews Microbiology, 16(9): 540-550.

Lagier J C, Khelaifia S, Alou M T, et al. 2016. Culture of previously uncultured members of the human gut microbiota by culturomics. Nature Microbiology, 1(12): 16203.

Lan F, Demaree B, Ahmed N, et al. 2017. Single-cell genome sequencing at ultra-high-throughput with microfluidic droplet barcoding. Nature Biotechnology, 35(7): 640-646.

Laureni M, Weissbrodt D G, Villez K, et al. 2019. Biomass segregation between biofilm and flocs improves the control of nitrite-oxidizing bacteria in mainstream partial nitration and anammox processes. Water Research, 154: 104-116.

Lawson C E, Wu S, Bhattacharjee A S, et al. 2017. Metabolic network analysis reveals microbial community interactions in anammox granules. Nature Communications, 8: 15416.

Lederberg J, Tatum E L. 1946. Gene recombination in *Escherichia coli*. Nature, 158(4016): 558.

Lee J W, Chan C T Y, Slomovic S, et al. 2018. Next-generation biocontainment systems for engineered organisms. Nature Chemical Biology, 14(6): 530-537.

Lee K S, Palatinszky M, Pereira F C, et al. 2019. An automated raman-based platform for the sorting of live cells by functional properties. Nature Microbiology, 4(6): 1035-1048.

Lee K, Uh K, Farrell K. 2020. Current progress of genome editing in livestock. Theriogenology, 150: 229-235.

Leister D. 2012. How can the light reactions of photosynthesis be improved in plants? Frontiers in Plant Science, 3: 199.

Levy A, Salas Gonzalez I, Mittelviefhaus M, et al. 2017. Genomic features of bacterial adaptation to plants. Nature Genetics, 50(1): 138-150.

Li C, Zhang R, Meng X B, et al. 2020. Targeted, random mutagenesis of plant genes with dual cytosine and adenine base editors. Nature Biotechnology, 38(7): 875-882.

Li L, Jiang W H, Qin Z J, et al. 2015. Recent advances in the enabling technologies for synthetic biology. Scientia Sinica Vitae, 45(10): 950-968.

Li M S, Gao L, White J C, et al. 2023. Nano-enabled strategies to enhance biological nitrogen fixation. Nature Nanotechnology, 18(7): 688-691.

Li T D, Yang X P, Yu Y, et al. 2018. Domestication of wild tomato is accelerated by genome editing. Nature Biotechnology, 36(12): 1160-1163.

Liang L Y, Liu R M, Garst A D, et al. 2017. CRISPR enAbled trackable genome engineering for isopropanol production in *Escherichia coli*. Metabolic Engineering, 41: 1-10.

Lilja E E, Johnson D R. 2016. Segregating metabolic processes into different microbial cells accelerates the consumption of inhibitory substrates. The ISME Journal, 10(7): 1568-1578.

Lin Q P, Zong Y, Xue C X, et al. 2020. Prime genome editing in rice and wheat. Nature Biotechnology, 38(5): 582-585.

Lin T, Zhu G T, Zhang J H, et al. 2014. Genomic analyses provide insights into the history of tomato breeding. Nature Genetics, 46(11): 1220-1226.

Lin Z L, Li J H, Yan X F, et al. 2021. Engineering of the small noncoding RNA (sRNA) DsrA together with the sRNA chaperone hfq enhances the acid tolerance of *Escherichia coli*. Applied and Environmental Microbiology, 87(10): e02923-20.

Liu D, Yang L, Zhang J Z, et al. 2020. Domestication and breeding changed tomato fruit transcriptome. Journal of Integrative Agriculture, 19(1): 120-132.

Liu H W, Brettell L E, Qiu Z G, et al. 2020. Microbiome-mediated stress resistance in plants. Trends in Plant Science, 25(8): 733-743.

Liu Q J, Schumacher J, Wan X Y, et al. 2018. Orthogonality and burdens of heterologous and gate gene circuits in *E. coli*. ACS Synthetic Biology, 7(2): 553-564.

Liu R M, Liang L Y, Choudhury A, et al. 2019. Multiplex navigation of global regulatory networks (MINR) in yeast for improved ethanol tolerance and production. Metabolic Engineering, 51: 50-58.

Liu X Y, Zhang P J, Zhao Q, et al. 2023. Making small molecules in plants: a chassis for synthetic biology-based production of plant natural products. Journal of Integrative Plant Biology, 65(2): 417-443.

Liu Y P, Tang H Z, Lin Z L, et al. 2015. Mechanisms of acid tolerance in bacteria and prospects in biotechnology and bioremediation. Biotechnology Advances, 33(7): 1484-1492.

Liu Y, Tay J H. 2002. The essential role of hydrodynamic shear force in the formation of biofilm and granular sludge. Water Research, 36(7): 1653-1665.

Lloréns-Rico V, Simcock J A, Huys G R B, et al. 2022. Single-cell approaches in human microbiome research. Cell, 185(15): 2725-2738.

Löffler F E, Edwards E A. 2006. Harnessing microbial activities for environmental cleanup. Current Opinion in Biotechnology, 17(3): 274-284.

Long B M, Hee W Y, Sharwood R E, et al. 2018. Carboxysome encapsulation of the CO_2-fixing enzyme Rubisco in tobacco chloroplasts. Nature Communications, 9(1): 3570.

Long B M, Rae B D, Rolland V, et al. 2016. Cyanobacterial CO_2-concentrating mechanism components: function and prospects for plant metabolic engineering. Current Opinion in Plant Biology, 31: 1-8.

Long S P, Ainsworth E A, Leakey A D B, et al. 2005. Global food insecurity. Treatment of major food crops with elevated carbon dioxide or ozone under large-scale fully open-air conditions suggests recent models may have overestimated future yields. Philosophical Transactions of the Royal Society B: Biological Sciences, 360(1463): 2011-2020.

Louca S, Polz M F, Mazel F, et al. 2018. Function and functional redundancy in microbial systems. Nature Ecology & Evolution, 2(6): 936-943.

Louie K B, Bowen B P, Cheng X L, et al. 2013. "Replica-extraction-transfer" nanostructure-initiator mass spectrometry imaging of acoustically printed bacteria. Analytical Chemistry, 85(22): 10856-10862.

Lozano G L, Bravo J I, Garavito Diago M F, et al. 2019. Introducing THOR, a model microbiome for genetic dissection of community behavior. mBio, 10(2): e02846-18.

Lu Z H, Yuan Y, Han Q, et al. 2024. Lab-on-a-chip: an advanced technology for the modernization of traditional Chinese medicine. Chinese Medicine, 19(1): 80.

Luo C Z, Xia B, Zhong R Q, et al. 2022. Early-life nutrition interventions improved growth performance and intestinal health *via* the gut microbiota in piglets. Frontiers in Nutrition, 8: 783688.

Luo Z S, Gao Y, Guo X P, et al. 2025. *Myceliophthora thermophila* as promising fungal cell factories for industrial bioproduction: from rational design to industrial applications. Bioresource Technology, 419: 132051.

Lund Nielsen J, Nielsen P H. 2005. Advances in microscopy: microautoradiography of single cells. Methods in Enzymology, 397(5): 237-256.

Ma L, Li Y X, Chen X Y, et al. 2019. SCRaMbLE generates evolved yeasts with increased alkali tolerance. Microbial Cell Factories, 18(1): 52.

Ma Y J, Domingo-Félez C, Plósz B G, et al. 2017. Intermittent aeration suppresses nitrite-oxidizing bacteria in membrane-aerated biofilms: a model-based explanation. Environmental Science & Technology, 51(11): 6146-6155.

Ma Y H, Yates J R 3rd. 2018. Proteomics and pulse azidohomoalanine labeling of newly synthesized proteins: what are the potential applications? Expert Review of Proteomics, 15(7): 545-554.

MacArthur R. 1955. Fluctuations of animal populations and a measure of community stability. Ecology, 36(3): 533-536.

Maier A, Fahnenstich H, Von Caemmerer S, et al. 2012. Glycolate oxidation in A. thaliana chloroplasts improves biomass production. Frontiers in Plant Science, 3: 38.

Manghwar H, Lindsey K, Zhang X L, et al. 2019. CRISPR/Cas system: recent advances and future prospects for genome editing. Trends in Plant Science, 24(12): 1102-1125.

Mark Welch J L, Rossetti B J, Rieken C W, et al. 2016. Biogeography of a human oral microbiome at the micron scale. Proceedings of the National Academy of Sciences of the United States of America, 113(6): E791-E800.

Martín H G, Goldenfeld N. 2006. On the origin and robustness of power-law species-area relationships in ecology. Proceedings of the National Academy of Sciences of the United States of America, 103(27): 10310-10315.

Marx V. 2019. Engineers embrace microbiome messiness. Nature Methods, 16(7): 581-584.

Masson-Boivin C, Sachs J L. 2018. Symbiotic nitrogen fixation by rhizobia: the roots of a success story. Current Opinion in Plant Biology, 44: 7-15.

Mata-Nicolás E, Montero-Pau J, Gimeno-Paez E, et al. 2020. Exploiting the diversity of tomato: the development of a phenotypically and genetically detailed germplasm collection. Horticulture Research, 7: 66.

McCarty P L, Bae J, Kim J, 2011. Domestic wastewater treatment as a net energy producer – can this be achieved? Environmental Science & Technology, 45(17): 7100-7106.

McGlynn S E, Chadwick G L, Kempes C P, et al. 2015. Single cell activity reveals direct electron transfer in methanotrophic consortia. Nature, 526(7574): 531-535.

McGrath J M, Long S P. 2014. Can the cyanobacterial carbon-concentrating mechanism increase photosynthesis in crop species? A theoretical analysis. Plant Physiology, 164(4): 2247-2261.

McIlroy S J, Saunders A M, Albertsen M, et al. 2015. *MiDAS*: the field guide to the microbes of activated sludge. Database, 2015: bav062.

McNerney M P, Doiron K E, Ng T L, et al. 2021. Theranostic cells: emerging clinical applications of synthetic biology. Nature Reviews Genetics, 22(11): 730-746.

Medlock G L, Carey M A, McDuffie D G, et al. 2018. Inferring metabolic mechanisms of interaction within a defined gut microbiota. Cell Systems, 7(3): 245-257.

Mee M T, Collins J J, Church G M, et al. 2014. Syntrophic exchange in synthetic microbial communities. Proceedings of the National Academy of Sciences of the United States of America, 111(20): E2149-E2156.

Mendes R, Garbeva P, Raaijmakers J M. 2013. The rhizosphere microbiome: significance of plant beneficial, plant pathogenic, and human pathogenic microorganisms. FEMS Microbiology Reviews, 37(5): 634-663.

Mendoza-Suárez M A, Geddes B A, Sánchez-Cañizares C, et al. 2020. Optimizing *Rhizobium*-legume symbioses by simultaneous measurement of rhizobial competitiveness and N_2 fixation in nodules. Proceedings of the National Academy of Sciences of the United States of America, 117(18): 9822-9831.

Metje-Sprink J, Menz J, Modrzejewski D, et al. 2019. DNA-free genome editing: past, present and future. Frontiers in Plant Science, 9: 1957.

Meuwissen T, Hayes B, Goddard M. 2016. Genomic selection: a paradigm shift in animal breeding. Animal Frontiers, 6(1): 6-14.

Mohanta T K, Bashir T, Hashem A, et al. 2017. Genome editing tools in plants. Genes (Basel), 8(12): 399.

Molina-Hidalgo F J, Vazquez-Vilar M, D'Andrea L, et al. 2021. Engineering metabolism in *Nicotiana* species: a promising future. Trends in Biotechnology, 39(9): 901-913.

Moralejo-Gárate H, Mar'atusalihat E, Kleerebezem R, et al. 2011. Microbial community engineering for biopolymer production from glycerol. Applied Microbiology and Biotechnology, 92(3): 631-639.

Morrell W C, Birkel G W, Forrer M, et al. 2017. The experiment data depot: a web-based software tool for biological experimental data storage, sharing, and visualization. ACS Synthetic Biology, 6(12): 2248-2259.

Mosbæk F, Kjeldal H, Mulat D G, et al. 2016. Identification of syntrophic acetate-oxidizing bacteria in anaerobic digesters by combined protein-based stable isotope probing and metagenomics. The ISME Journal, 10(10): 2405-2418.

Mueller U G, Sachs J L. 2015. Engineering microbiomes to improve plant and animal health. Trends in Microbiology, 23(10): 606-617.

Mulat D G, Ward A J, Adamsen A P S, et al. 2014. Quantifying contribution of synthrophic acetate oxidation to methane production in thermophilic anaerobic reactors by membrane inlet mass spectrometry. Environmental Science & Technology, 48(4): 2505-2511.

Muñoz-Tamayo R, Giger-Reverdin S, Sauvant D. 2016. Mechanistic modelling of *in vitro* fermentation and methane production by rumen microbiota. Animal Feed Science and Technology, 220: 1-21.

National Academies of Sciences, Engineering, and Medicine. 2019. Science Breakthroughs to Advance Food and Agricultural Research by 2030. Washington, DC: The National Academies Press. https://doi.org/10.17226/25059.

Nadell C D, Drescher K, Foster K R. 2016. Spatial structure, cooperation and competition in biofilms. Nature Reviews Microbiology, 14(9): 589-600.

Nakajima Y, Itayama T. 2003. Analysis of photosynthetic productivity of microalgal mass cultures. Journal of Applied Phycology, 15(6): 497-505.

Naves E R, de Ávila Silva L, Sulpice R, et al. 2019. Capsaicinoids: pungency beyond *Capsicum*. Trends in Plant Science, 24(2): 109-120.

Nayak D D, Metcalf W W, 2017. Cas9-mediated genome editing in the methanogenic archaeon *Methanosarcina acetivorans*. Proceedings of the National Academy of Sciences of the United States of America, 114(11): 2976-2981.

Nayfach S, Roux S, Seshadri R, et al. 2021. A genomic catalog of earth's microbiomes. Nature Biotechnology, 39(4): 499-509.

Nielsen J, Keasling J D. 2016. Engineering cellular metabolism. Cell, 164(6): 1185-1197.

Nielsen J. 2003. It is all about metabolic fluxes. Journal of Bacteriology, 185(24): 7031-7035.

Nielsen P H, Mielczarek A T, Kragelund C, et al. 2010. A conceptual ecosystem model of microbial communities in enhanced biological phosphorus removal plants. Water Research, 44(17): 5070-5088.

Nielsen P H, Saunders A M, Hansen A A, et al. 2012. Microbial communities involved in enhanced biological phosphorus removal from wastewater: a model system in environmental biotechnology. Current Opinion in Biotechnology, 23(3): 452-459.

Nobu M K, Narihiro T, Rinke C, et al. 2015. Microbial dark matter ecogenomics reveals complex synergistic networks in a methanogenic bioreactor. The ISME Journal, 9(8): 1710-1722.

Noor E, Cherkaoui S, Sauer U. 2019. Biological insights through omics data integration. Current Opinion in Systems Biology, 15: 39-47.

Northen T R, Yanes O, Northen M T, et al. 2007. Clathrate nanostructures for mass spectrometry. Nature, 449(7165): 1033-1036.

Nuñez J, Renslow R, Cliff J B 3rd, et al. 2017. NanoSIMS for biological applications: current practices and analyses. Biointerphases, 13(3): 03B301.

O'Connell K P, Goodman R M, Handelsman J. 1996. Engineering the rhizosphere: expressing a bias. Trends in Biotechnology, 14(3): 83-88.

Ojala T, Häkkinen A E, Kankuri E, et al. 2023. Current concepts, advances, and challenges in deciphering the human microbiota with metatranscriptomics. Trends in Genetics, 39(9): 686-702.

Okabe S, Satoh H, Watanabe Y. 2001. Analysis of microbial structure and function of nitrifying biofilms. Methods in Enzymology, 337: 213-224.

Orphan V J, House C H, Hinrichs K U, et al. 2001. Methane-consuming archaea revealed by directly coupled isotopic and phylogenetic analysis. Science, 293(5529): 484-487.

Ort D R, Merchant S S, Alric J, et al. 2015. Redesigning photosynthesis to sustainably meet global food and bioenergy demand. Proceedings of the National Academy of Sciences of the United States of America, 112(28): 8529-8536.

Orth J D, Thiele I, Palsson B Ø. 2010. What is flux balance analysis? Nature Biotechnology, 28(3): 245-248.

Ortiz-Marquez J C F, Do Nascimento M, Curatti L. 2014. Metabolic engineering of ammonium release for nitrogen-fixing multispecies microbial cell-factories. Metabolic Engineering, 23: 154-164.

Oyetunde T, Bao F S, Chen J W, et al. 2018. Leveraging knowledge engineering and machine learning for microbial bio-manufacturing. Biotechnology Advances, 36(4): 1308-1315.

Palková Z. 2004. Multicellular microorganisms: laboratory versus nature. EMBO Reports, 5(5): 470-476.

Panke-Buisse K, Poole A C, Goodrich J K, et al. 2015. Selection on soil microbiomes reveals reproducible impacts on plant function. The ISME Journal, 9(4): 980-989.

Panwar B S, Ram C, Narula R K, et al. 2018. Pool deconvolution approach for high-throughput gene mining from *Bacillus thuringiensis*. Applied Microbiology and Biotechnology, 102(3): 1467-1482.

Papenfort K, Bassler B L. 2016. Quorum sensing signal-response systems in Gram-negative bacteria. Nature Reviews Microbiology, 14(9): 576-588.

Pedrolli D B, Ribeiro N V, Squizato P N, et al. 2019. Engineering microbial living therapeutics: the synthetic biology toolbox. Trends in Biotechnology, 37(1): 100-115.

Peng X F, Wilken S E, Lankiewicz T S, et al. 2021. Genomic and functional analyses of fungal and bacterial consortia that enable lignocellulose breakdown in goat gut microbiomes. Nature Microbiology, 6(4): 499-511.

Pérez-González A, Caro E. 2019. Benefits of using genomic insulators flanking transgenes to increase expression and avoid positional effects. Scientific Reports, 9(1): 8474.

Pesaresi P, Scharfenberg M, Weigel M, et al. 2009. Mutants, overexpressors, and interactors of *Arabidopsis* plastocyanin isoforms: revised roles of plastocyanin in photosynthetic electron flow and thylakoid redox state. Molecular Plant, 2(2): 236-248.

Phelan V V, Liu W T, Pogliano K, et al. 2012. Microbial metabolic exchange—the chemotype-to-phenotype link. Nature Chemical Biology, 8(1): 26-35.

Picioreanu C, Kreft J U, van Loosdrecht M C M. 2004. Particle-based multidimensional multispecies biofilm model. Applied and Environmental Microbiology, 70(5): 3024-3040.

Picioreanu C, Pérez J, van Loosdrecht M C M. 2016. Impact of cell cluster size on apparent half-saturation coefficients for oxygen in nitrifying sludge and biofilms. Water Research, 106: 371-382.

Pickar-Oliver A, Gersbach C A. 2019. The next generation of CRISPR-Cas technologies and applications. Nature Reviews Molecular Cell Biology, 20(8): 490-507.

Pierre-Jerome E, Moss B L, Lanctot A, et al. 2016. Functional analysis of molecular interactions in synthetic auxin response circuits. Proceedings of the National Academy of Sciences of the United States of America, 113(40): 11354-11359.

Podolsky I A, Seppälä S, Lankiewicz T S, et al. 2019. Harnessing nature's anaerobes for biotechnology and bioprocessing. Annual Review of Chemical and Biomolecular Engineering, 10: 105-128.

Prakadan S M, Shalek A K, Weitz D A. 2017. Scaling by shrinking: empowering single-cell 'omics' with microfluidic devices. Nature Reviews Genetics, 18(6): 345-361.

Price M N, Wetmore K M, Jordan Waters R, et al. 2018. Mutant phenotypes for thousands of bacterial genes of unknown function. Nature, 557(7706): 503-509.

Qiu J, Jia L, Wu D Y, et al. 2020. Diverse genetic mechanisms underlie worldwide convergent rice feralization. Genome Biology, 21(1): 70.

Qu K Y, Guo F, Liu X R, et al. 2019. Application of machine learning in microbiology. Frontiers in Microbiology, 10: 827.

Ramayo-Caldas Y, Mach N, Lepage P, et al. 2016. Phylogenetic network analysis applied to pig gut microbiota identifies an ecosystem structure linked with growth traits. The ISME Journal, 10(12): 2973-2977.

Raymond J, Siefert J L, Staples C R, et al. 2004. The natural history of nitrogen fixation. Molecular Biology and Evolution, 21(3): 541-554.

Razzaq A, Saleem F, Kanwal M, et al. 2019. Modern trends in plant genome editing: an inclusive review of the CRISPR/Cas9 toolbox. International Journal of Molecular Sciences, 20(16): 4045.

Riglar D T, Giessen T W, Baym M, et al. 2017. Engineered bacteria can function in the mammalian gut long-term as live diagnostics of inflammation. Nature Biotechnology, 35(7): 653-658.

Rinke C, Schwientek P, Sczyrba A, et al. 2013. Insights into the phylogeny and coding potential of microbial dark matter. Nature, 499(7459): 431-437.

Roell M S, Zurbriggen M D. 2020. The impact of synthetic biology for future agriculture and nutrition. Current Opinion in Biotechnology, 61: 102-109.

Ronda C, Chen S P, Cabral V, et al. 2019. Metagenomic engineering of the mammalian gut microbiome *in situ*. Nature Methods, 16(2): 167-170.

Rotaru A E, Shrestha P M, Liu F H, et al. 2014. A new model for electron flow during anaerobic digestion: direct interspecies electron transfer to *Methanosaeta* for the reduction of carbon dioxide to methane. Energy & Environmental Science, 7(1): 408-415.

Röttjers L, Faust K. 2019. Can we predict keystones? Nature Reviews Microbiology, 17(3): 193.

Ruf S, Karcher D, Bock R. 2007. Determining the transgene containment level provided by chloroplast transformation. Proceedings of the National Academy of Sciences of the United States of America, 104(17): 6998-7002.

Rusten B, Eikebrokk B, Ulgenes Y, et al. 2006. Design and operations of the Kaldnes moving bed biofilm reactors. Aquacultural Engineering, 34(3): 322-331.

Sasson G, Moraïs S, Kokou F, et al. 2022. Metaproteome plasticity sheds light on the ecology of the rumen microbiome and its connection to host traits. The ISME Journal, 16(11): 2610-2621.

Sauer U. 2006. Metabolic networks in motion: ^{13}C-based flux analysis. Molecular Systems Biology, 2(1): 62.

Savir Y, Noor E, Milo R, et al. 2010. Cross-species analysis traces adaptation of Rubisco toward optimality in a low-dimensional landscape. Proceedings of the National Academy of Sciences of the United States of America, 107(8): 3475-3480.

Scarborough M J, Lawson C E, Hamilton J J, et al. 2018. Metatranscriptomic and thermodynamic insights into medium-chain fatty acid production using an anaerobic microbiome. mSystems, 3(6): e00221-18.

Schaffner M, Rühs P A, Coulter F, et al. 2017. 3D printing of bacteria into functional complex materials. Science Advances, 3(12): eaao6804.

Scheller S, Yu H, Chadwick G L, et al. 2016. Artificial electron acceptors decouple archaeal methane oxidation from sulfate reduction. Science, 351(6274): 703-707.

Schink B. 1997. Energetics of syntrophic cooperation in methanogenic degradation. Microbiology and Molecular Biology Reviews, 61(2): 262-280.

Schnepf H E, Whiteley H R. 1981. Cloning and expression of the *Bacillus thuringiensis* crystal protein gene in *Escherichia coli*. Proceedings of the National Academy of Sciences of the United States of America, 78(5): 2893-2897.

Seshadri R, Leahy S C, Attwood G T, et al. 2018. Cultivation and sequencing of rumen microbiome members from the Hungate1000 Collection. Nature Biotechnology, 36(4): 359-367.

Shade A, Peter H, Allison S D, et al. 2012. Fundamentals of microbial community resistance and resilience. Frontiers in Microbiology, 3: 417.

Shah P, Fritz J V, Glaab E, et al. 2016. A microfluidics-based *in vitro* model of the gastrointestinal human-microbe interface. Nature Communications, 7: 11535.

Shapiro R S, Chavez A, Collins J J. 2018. CRISPR-based genomic tools for the manipulation of genetically intractable microorganisms. Nature Reviews Microbiology, 16(6): 333-339.

Shen B R, Wang L M, Lin X L, et al. 2019. Engineering a new chloroplastic photorespiratory bypass to increase photosynthetic efficiency and productivity in rice. Molecular Plant, 12(2): 199-214.

Shen M J, Wu Y, Yang K, et al. 2018. Heterozygous diploid and interspecies SCRaMbLEing. Nature Communications, 9(1): 1934.

Sheth R U, Cabral V, Chen S P, et al. 2016. Manipulating bacterial communities by *in situ* microbiome engineering. Trends in Genetics, 32(4): 189-200.

Shi W B, Moon C D, Leahy S C, et al. 2014. Methane yield phenotypes linked to differential gene expression in the sheep rumen microbiome. Genome Research, 24(9): 1517-1525.

Shih S C C, Goyal G, Kim P W, et al. 2015. A versatile microfluidic device for automating synthetic biology. ACS Synthetic Biology, 4(10): 1151-1164.

Shin Y C, Than N, Min S, et al. 2024. Modelling host–microbiome interactions in organ-on-a-chip platforms. Nature Reviews Bioengineering, 2(2): 175-191.

Si T, Chao R, Min Y H, et al. 2017. Automated multiplex genome-scale engineering in yeast. Nature Communications, 8(1): 15187.

Sleight S C, Bartley B A, Lieviant J A, et al. 2010. In-fusion BioBrick assembly and re-engineering.

Nucleic Acids Research, 38(8): 2624-2636.

Smith A L, Stadler L B, Cao L, et al. 2014. Navigating wastewater energy recovery strategies: a life cycle comparison of anaerobic membrane bioreactor and conventional treatment systems with anaerobic digestion. Environmental Science & Technology, 48(10): 5972-5981.

Solden L M, Naas A E, Roux S, et al. 2018. Interspecies cross-feeding orchestrates carbon degradation in the rumen ecosystem. Nature Microbiology, 3(11): 1274-1284.

Steensels J, Gallone B, Voordeckers K, et al. 2019. Domestication of industrial microbes. Current Biology, 29(10): R381-R393.

Stewart R D, Auffret M D, Warr A, et al. 2019. Compendium of 4, 941 rumen metagenome-assembled genomes for rumen microbiome biology and enzyme discovery. Nature Biotechnology, 37(8): 953-961.

Swenson T L, Karaoz U, Swenson J M, et al. 2018. Linking soil biology and chemistry in biological soil crust using isolate exometabolomics. Nature Communications, 9(1): 19.

Swenson W, Wilson D S, Elias R. 2000. Artificial ecosystem selection. Proceedings of the National Academy of Sciences of the United States of America, 97(16): 9110-9114.

Swift C L, Brown J L, Seppälä S, et al. 2019. Co-cultivation of the anaerobic fungus *Anaeromyces robustus* with *Methanobacterium bryantii* enhances transcription of carbohydrate active enzymes. Journal of Industrial Microbiology & Biotechnology, 46(9-10): 1427-1433.

The Tomato Genome Consortium. 2012. The tomato genome sequence provides insights into fleshy fruit evolution. Nature, 485(7400): 635-641.

Thompson J A, Oliveira R A, Djukovic A, et al. 2015. Manipulation of the quorum sensing signal AI-2 affects the antibiotic-treated gut microbiota. Cell Reports, 10(11): 1861-1871.

Tilman D. 1996. Biodiversity: population versus ecosystem stability. Ecology, 77(2): 350-363.

Tilman D, Balzer C, Hill J, et al. 2011. Global food demand and the sustainable intensification of agriculture. Proceedings of the National Academy of Sciences of the United States of America, 108(50): 20260-20264.

Tilman D, Reich P B, Knops J, et al. 2001. Diversity and productivity in a long-term grassland experiment. Science, 294(5543): 843-845.

Tran L M, Rizk M L, Liao J C. 2008. Ensemble modeling of metabolic networks. Biophysical Journal, 95(12): 5606-5617.

Trivedi P, Batista B D, Bazany K E, et al. 2022. Plant-microbiome interactions under a changing world: responses, consequences and perspectives. New Phytologist, 234(6): 1951-1959.

Turnbaugh P J, Ley R E, Hamady M, et al. 2007. The human microbiome project. Nature, 449(7164): 804-810.

Truong D T, Tett A, Pasolli E, et al. 2017. Microbial strain-level population structure and genetic diversity from metagenomes. Genome Research, 27(4): 626-638.

Tusé D, Nandi S, McDonald K A, et al. 2020. The emergency response capacity of plant-based biopharmaceutical manufacturing—what it is and what it could be. Frontiers in Plant Science, 11: 594019.

Thiele I, Palsson B Ø. 2010. A protocol for generating a high-quality genome-scale metabolic reconstruction. Nature Protocols, 5(1): 93-121.

U.S. National Institutes of Health. 1976. Recombinant DNA research guidelines. Federal Register,

41(131): 27902-27943.
Utrilla J, O'Brien E J, Chen K, et al. 2016. Global rebalancing of cellular resources by pleiotropic point mutations illustrates a multi-scale mechanism of adaptive evolution. Cell Systems, 2(4): 260-271.
Vaidya A S, Helander J D M, Peterson F C, et al. 2019. Dynamic control of plant water use using designed ABA receptor agonists. Science, 366(6464): eaaw8848.
Van Den Bossche T, Arntzen M Ø, Becher D, et al. 2021. The Metaproteomics Initiative: a coordinated approach for propelling the functional characterization of microbiomes. Microbiome, 9(1): 243.
van Dongen U, Jetten M S M, van Loosdrecht M C M. 2001. The SHARON®-Anammox® process for treatment of ammonium rich wastewater. Water Science and Technology, 44(1): 153-160.
Varotto S, Tani E, Abraham E, et al. 2020. Epigenetics: possible applications in climate-smart crop breeding. Journal of Experimental Botany, 71(17): 5223-5236.
Varshney R K, Bohra A, Yu J M, et al. 2021. Designing future crops: genomics-assisted breeding comes of age. Trends in Plant Science, 26(6): 631-649.
Vasil I K. 2008. A history of plant biotechnology: from the cell theory of schleiden and schwann to biotech crops. Plant Cell Reports, 27(9): 1423-1440.
Venturelli O S, Carr A C, Fisher G, et al. 2018. Deciphering microbial interactions in synthetic human gut microbiome communities. Molecular Systems Biology, 14(6): e8157.
Venturelli O S, Egbert R G, Arkin A P. 2016. Towards engineering biological systems in a broader context. Journal of Molecular Biology, 428(5): 928-944.
Verstraete W, Wittebolle L, Heylen K, et al. 2007. Microbial resource management: the road to go for environmental biotechnology. Engineering in Life Sciences, 7(2): 117-126.
Vicente E J, Dean D R. 2017. Keeping the nitrogen-fixation dream alive. Proceedings of the National Academy of Sciences of the United States of America, 114(12): 3009-3011.
Vlaeminck S E, Cloetens L F F, Carballa M, et al. 2008. Granular biomass capable of partial nitritation and anammox. Water Science and Technology, 58(5): 1113-1120.
VTT Technical Research Centre of Finland. 2015. New flavors for lager beer-successful generation of hybrid yeasts. http://phys.org/news/2015-03-flavors-lager-beersuccessful-hybrid-yeasts.html [2016-9-13].
Wang H R, Vieira F G, Crawford J E, et al. 2017. Asian wild rice is a hybrid swarm with extensive gene flow and feralization from domesticated rice. Genome Research, 27(6): 1029-1038.
Wang J, Guo C, Dai Q L, et al. 2016. Salt tolerance conferred by expression of a global regulator IrrE from *Deinococcus radiodurans* in oilseed rape. Molecular Breeding, 36(7): 88.
Wang J L, Yan D L, Dixon R, et al. 2016. Deciphering the principles of bacterial nitrogen dietary preferences: a strategy for nutrient containment. mBio, 7(4): e00792-16.
Wang L M, Shen B R, Li B D, et al. 2020. A synthetic photorespiratory shortcut enhances photosynthesis to boost biomass and grain yield in rice. Molecular Plant, 13(12): 1802-1815.
Wang L, Dash S, Ng C Y, et al. 2017. A review of computational tools for design and reconstruction of metabolic pathways. Synthetic and Systems Biotechnology, 2(4): 243-252.
Wang L, Wang X, He Z Q, et al. 2020. Engineering prokaryotic regulator IrrE to enhance stress tolerance in budding yeast. Biotechnology for Biofuels, 13(1): 193.

Wang P H, Correia K, Ho H C, et al. 2019. An interspecies malate–pyruvate shuttle reconciles redox imbalance in an anaerobic microbial community. The ISME Journal, 13(4): 1042-1055.

Wang X F, Tsai T, Deng F L, et al. 2019. Longitudinal investigation of the swine gut microbiome from birth to market reveals stage and growth performance associated bacteria. Microbiome, 7(1): 109.

Wang B B, Lin Z C, Li X, et al. 2020. Genome-wide selection and genetic improvement during modern maize breeding. Nature Genetics, 52(6): 565-571.

Wegener G, Krukenberg V, Riedel D, et al. 2015. Intercellular wiring enables electron transfer between methanotrophic archaea and bacteria. Nature, 526(7574): 587-590.

Weigmann K. 2019. Fixing carbon: To alleviate climate change, scientists are exploring ways to harness nature's ability to capture CO_2 from the atmosphere. EMBO Reports, 20(2): e47580.

Werner J J, Knights D, Garcia M L, et al. 2011. Bacterial community structures are unique and resilient in full-scale bioenergy systems. Proceedings of the National Academy of Sciences of the United States of America, 108(10): 4158-4163.

Wheelwright S C, Clark K B. 1992. Revolutionizing Product Development: Quantum Leaps in Speed, Efficiency, and Quality. New York: The Free Press.

Williams H T P, Lenton T M. 2007. Artificial selection of simulated microbial ecosystems. Proceedings of the National Academy of Sciences of the United States of America, 104(21): 8918-8923.

Winkler M H, Meunier C, Henriet O, et al. 2018. An integrative review of granular sludge for the biological removal of nutrients and recalcitrant organic matter from wastewater. Chemical Engineering Journal, 336: 489-502.

Winkler M K H, Kleerebezem R, Kuenen J G, et al. 2011. Segregation of biomass in cyclic anaerobic/aerobic granular sludge allows the enrichment of anaerobic ammonium oxidizing bacteria at low temperatures. Environmental Science & Technology, 45(17): 7330-7337.

Xu P, Clark C, Ryder T, et al. 2017. Characterization of TAP Ambr 250 disposable bioreactors, as a reliable scale-down model for biologics process development. Biotechnology Progress, 33(2): 478-489.

Xiao L, Estellé J, Kiilerich P, et al. 2016. A reference gene catalogue of the pig gut microbiome. Nature Microbiology, 1(12): 16161.

Xu K, Gao L M, Hassan J U, et al. 2018. Improving the thermo-tolerance of yeast base on the antioxidant defense system. Chemical Engineering Science, 175: 335-342.

Xu K, Qin L, Bai W X, et al. 2020. Multilevel defense system (MDS) relieves multiple stresses for economically boosting ethanol production of industrial *Saccharomyces cerevisiae*. ACS Energy Letters, 5(2): 572-582.

Xu N, Lv H F, Wei L, et al. 2019. Impaired oxidative stress and sulfur assimilation contribute to acid tolerance of *Corynebacterium glutamicum*. Applied Microbiology and Biotechnology, 103(4): 1877-1891.

Yamamoto K, Watanabe H, Ishihama A. 2014. Expression levels of transcription factors in *Escherichia coli*: growth phase- and growth condition-dependent variation of 90 regulators from six families. Microbiology, 160(Pt 9): 1903-1913.

Yan Y L, Yang J, Dou Y T, et al. 2008. Nitrogen fixation island and rhizosphere competence traits in the genome of root-associated *Pseudomonas* stutzeri A1501. Proceedings of the National Academy of Sciences of the United States of America, 105(21): 7564-7569.

Yang H, Wu J Y, Huang X C, et al. 2022. ABO genotype alters the gut microbiota by regulating GalNAc levels in pigs. Nature, 606(7913): 358-367.

Yang J G, Xie X Q, Yang M X, et al. 2017. Modular electron-transport chains from eukaryotic organelles function to support nitrogenase activity. Proceedings of the National Academy of Sciences of the United States of America, 114(12): E2460-E2465.

Yang J G, Xie X Q, Xiang N, et al. 2018. Polyprotein strategy for stoichiometric assembly of nitrogen fixation components for synthetic biology. Proceedings of the National Academy of Sciences of the United States of America, 115(36): E8509-E8517.

Yang J G, Xie X Q, Wang X, et al. 2014. Reconstruction and minimal gene requirements for the alternative iron-only nitrogenase in *Escherichia coli*. Proceedings of the National Academy of Sciences of the United States of America, 111(35): E3718-E3725.

Yu H, Lin T, Meng X B, et al. 2021. A route to *de novo* domestication of wild allotetraploid rice. Cell, 184(5): 1156-1170.e14.

Yu J, Xu F, Wei Z W, et al. 2020. Epigenomic landscape and epigenetic regulation in maize. Theoretical and Applied Genetics, 133(5): 1467-1489.

Zampieri G, Vijayakumar S, Yaneske E, et al. 2019. Machine and deep learning meet genome-scale metabolic modeling. PLoS Computational Biology, 15(7): e1007084.

Zengler K, Hofmockel K, Baliga N S, et al. 2019. EcoFABs: advancing microbiome science through standardized fabricated ecosystems. Nature Methods, 16(7): 567-571.

Zengler K, Zaramela L S. 2018. The social network of microorganisms—how auxotrophies shape complex communities. Nature Reviews Microbiology, 16: 383-390.

Zenner C, Hitch T C A, Riedel T, et al. 2021. Early-life immune system maturation in chickens using a synthetic community of cultured gut bacteria. mSystems, 6(3): e01300-20.

Zhalnina K, Zengler K, Newman D, et al. 2018. Need for laboratory ecosystems to unravel the structures and functions of soil microbial communities mediated by chemistry. mBio, 9(4): e01175-18.

Zhan C F, Matsumoto H, Liu Y F, et al. 2022. Pathways to engineering the phyllosphere microbiome for sustainable crop production. Nature Food, 3(12): 997-1004.

Zhan Y H, Yan Y L, Deng Z P, et al. 2016. The novel regulatory ncRNA, NfiS, optimizes nitrogen fixation *via* base pairing with the nitrogenase gene nifK mRNA in *Pseudomonas* stutzeri A1501. Proceedings of the National Academy of Sciences of the United States of America, 113(30): E4348-E4356.

Zhang J Y, Liu Y X, Zhang N, et al. 2019. NRT1.1B is associated with root microbiota composition and nitrogen use in field-grown rice. Nature Biotechnology, 37(6): 676-684.

Zhang L X. 2015. Chloroplast biogenesis. Biochimica et Biophysica Acta (BBA) - Bioenergetics, 1847(9): 759-760.

Zhao L P, Zhang F, Ding X Y, et al. 2018. Gut bacteria selectively promoted by dietary fibers alleviate type 2 diabetes. Science, 359(6380): 1151-1156.

Zhao X, Jiang L, Fang X Y, et al. 2022. Host-microbiota interaction-mediated resistance to inflammatory bowel disease in pigs. Microbiome, 10(1): 115.

Zhao Y S, Mette M F, Reif J C, 2015. Genomic selection in hybrid breeding. Plant Breeding, 134(1): 1-10.

Zhong S L, Fei Z J, Chen Y R, et al. 2013. Single-base resolution methylomes of tomato fruit development reveal epigenome modifications associated with ripening. Nature Biotechnology, 31(2): 154-159.

Zhou K, Qiao K J, Edgar S, et al. 2015. Distributing a metabolic pathway among a microbial consortium enhances production of natural products. Nature Biotechnology, 33(4): 377-383.

Zhu G T, Wang S C, Huang Z J, et al. 2018. Rewiring of the fruit metabolome in tomato breeding. Cell, 172(1/2): 249-261.

Zhu H C, Li C, Gao C X. 2020. Applications of CRISPR-Cas in agriculture and plant biotechnology. Nature Reviews Molecular Cell Biology, 21(11): 661-677.

Zhu Q L, Tan J T, Liu Y G. 2022. Molecular farming using transgenic rice endosperm. Trends in Biotechnology, 40(10): 1248-1260.

Zhu X G, Long S P, Ort D R. 2010. Improving photosynthetic efficiency for greater yield. Annual Review of Plant Biology, 61: 235-261.

Zhu X G, Portis JR A R, Long S P. 2004. Would transformation of C_3 crop plants with foreign Rubisco increase productivity? A computational analysis extrapolating from kinetic properties to canopy photosynthesis. Plant, Cell & Environment, 27(2): 155-165.

Zhu Y G, Peng J J, Chen C, et al. 2023. Harnessing biological nitrogen fixation in plant leaves. Trends in Plant Science, 28(12): 1391-1405.

Zhuang K, Izallalen M, Mouser P, et al. 2011. Genome-scale dynamic modeling of the competition between *Rhodoferax* and *Geobacter* in anoxic subsurface environments. The ISME Journal, 5(2): 305-316.

Ziels R M, Sousa D Z, David Stensel H, et al. 2018. DNA-SIP based genome-centric metagenomics identifies key long-chain fatty acid-degrading populations in anaerobic digesters with different feeding frequencies. The ISME Journal, 12(1): 112-123.

Zomorrodi A R, Segrè D, 2016. Synthetic ecology of microbes: mathematical models and applications. Journal of Molecular Biology, 428(5): 837-861.

Zsögön A, Čermák T, Naves E R, et al. 2018. *De novo* domestication of wild tomato using genome editing. Nature Biotechnology, doi: 10.1038/nbt. 4272.